高等学校新工科计算机类专业系列教材

嵌入式系统原理与应用

QIANRUSHI XITONG YUANLI YU YINGYONG

王忠民　贺炎　编著

西安电子科技大学出版社

内 容 简 介

本书基于 ARM 公司的 Cortex-M3 微处理器核和意法半导体公司的 STM32F103 微控制器，介绍嵌入式系统的基本原理，以及基于 ARM Cortex-M3 微处理器的嵌入式系统设计与开发方法。

本书共 13 章，主要内容包括 Cortex-M3 微处理器体系结构、ARM Cortex-M3 指令系统与程序设计以及 STM32F103 系列微控制器片上外设原理与应用等。本书既注重基础原理，又强调工程开发技术，以在 Keil MDK 开发环境中构建不依赖于任何微控制器芯片的纯汇编工程为基础，帮助读者很好地理解 ARM Cortex-M3 IP 核原理与指令系统，以 Proteus 仿真软件为工具方便读者对 STM32F103 系列微控制器片内 I/O 资源的学习。本书的所有例题都给出了 Keil MDK 交叉开发环境下的程序代码，涉及片内 I/O 的也都给出了 Proteus 仿真原理图和实验仿真代码，在重难点知识处放置了二维码，扫码即可观看对应的微课视频。

本书适合作为高等学校计算机、电子信息、自动化等信息类专业高年级本科生、研究生嵌入式系统课程的教材，也可供从事嵌入式系统开发的技术人员参考。

图书在版编目（CIP）数据

嵌入式系统原理与应用 / 王忠民，贺炎编著. -- 西安 ：西安电子科技大学出版社, 2025. 6. -- ISBN 978-7-5606-7651-7

Ⅰ. TP360.21

中国国家版本馆 CIP 数据核字第 2025FD2062 号

策　　划　明政珠
责任编辑　明政珠
出版发行　西安电子科技大学出版社（西安市太白南路 2 号）
电　　话　（029）88202421　88201467　　　邮　　编　710071
网　　址　www.xduph.com　　　　　　　　电子邮箱　xdupfxb001@163.com
经　　销　新华书店
印刷单位　陕西日报印务有限公司
版　　次　2025 年 6 月第 1 版　　　　　　2025 年 6 月第 1 次印刷
开　　本　787 毫米×1092 毫米　1/16　　印　张　26.5
字　　数　633 千字
定　　价　75.00 元
ISBN 978-7-5606-7651-7
XDUP 7952001-1

*** 如有印装问题可调换 ***

前　言

随着信息技术的飞速发展，嵌入式系统作为连接物理世界与数字世界的桥梁，其重要性日益凸显。从智能手机、智能家居、汽车电子到工业自动化，嵌入式系统无处不在，深刻地改变着人们的生活方式与生产方式。因此，掌握嵌入式系统的基本原理以及嵌入式系统的开发，已成为计算机、电子信息以及自动化相关专业学生必备的专业技能之一。

随着嵌入式技术的不断发展和应用需求的不断变化，国内高校嵌入式相关课程的教学内容也在不断更新——从经典的、简单易上手但资源有限的 8 位 MCS-51 单片机，到具有增强数据处理能力和更丰富外设接口的 16 位 MCS-96 单片机，再到具有强大计算能力、高效的功耗管理以及广泛的生态系统支持的各类 ARM Cortex-M3 微控制器等。当前，基于 ARM Cortex-M3 的微控制器凭借其高性能、低功耗以及针对实时控制应用的优化，成为嵌入式市场的主流。众多芯片厂商基于 ARM Cortex-M3 推出了各具特色的微控制器产品，其中意法半导体公司推出的 STM32F103 系列微控制器，凭借其广泛的用户基础、丰富的开发资源、易于上手的开发环境以及强大的社区支持，成为学习嵌入式系统开发的理想选择。本书选择 STM32F103 系列微控制器作为学习的硬件平台。

本书共 13 章，内容分为 ARM Cortex-M3 微处理器体系结构(第 1、2 章)、ARM Cortex-M3 指令系统与程序设计(第 3、4 章)以及 STM32F103 系列微控制器片上外设原理与应用(第 5～13 章)等三大部分。本书既注重基础原理，又强调工程开发技术，以在 Keil MDK 开发环境中构建不依赖于任何微控制器芯片的纯汇编工程为基础，帮助读者很好地理解 ARM Cortex-M3 IP 核原理与指令系统，以 Proteus 仿真软件为工具方便读者对 STM32F103 系列微控制器片内 I/O 资源的学习。本书的所有例题都给出了 Keil MDK 交叉开发环境下的程序代码，涉及片内 I/O 的也都给出了 Proteus 仿真原理图和实验仿真代码。

嵌入式系统课程需要读者掌握众多的基础理论和开发与调试技术。读者既要掌握 ARM Cortex-M3 微处理器的组成与工作原理，熟悉基本的汇编语言指令及程序设计，还要掌握 Cortex-M3 微控制器片上外设的原理与应用；既要掌握寄存器开发模式以便对底层硬件进行访问，还要能熟练使用意法半导体提供的标准外设库进行高效的工程开发；既要熟练掌握 Keil MDK 集成开发环境的使用，能够使用 Proteus 仿真软件进行纯软件环境下的工程仿真与调试，还要掌握基于 JTAG 的嵌入式开发板软件的下载与调试等。作者基于多年来从事嵌入式课程教学的经验，希望能为读者提供一本理论与实践紧密结合、软件仿真与开发板硬件调试相结合的通俗易懂的嵌入式系统原理与应用教材。本书的主要特点如下：

第一，重视硬件，强调底层。目前嵌入式系统教材大多都基于微控制器芯片厂商提供的 API，会花大量篇幅介绍其片上外设的技术开发细节，而对 Cortex-M3 微处理器的组成与工作原理涉及较少。本书期望改变目前嵌入式系统教学过程中重上层应用软件开发、轻嵌入式系统底层硬件实现的现状，从最基本的硬件原理和底层硬件出发，详细介绍Cortex-M3 内核的组成与工作原理，在介绍基于库函数的工程开发的同时，详细介绍如何通过汇编语言直接访问寄存器、汇编语言访问位带别名区、C 地址指针访问寄存器以及 C 结构体成员访问寄存器等片上外设的开发模式，使读者能够从底层很好地理解嵌入式系统的实现机理，并且在使用芯片厂商提供的 API 开发遇到问题时能够从底层去寻找解决问题的方法。同时，在掌握了 Cortex-M3 微处理器底层原理后，当需要转去使用其他芯片厂商推出的 Cortex-M3 微控制器时也就变得相对容易多了。

第二，加强实践，强调动手。嵌入式系统课程涉及的内容很多，在学习过程中会遇到各种各样晦涩难理解的概念和规则，解决这些问题的最直接也是最有效的方法就是直接上机实践。为了方便读者学习 Cortex-M3 微处理器的组成原理和指令系统，了解嵌入式系统的启动过程，本书在第 1 章就给出了基于 ARM Cortex-M3 处理器的纯汇编工程构建方法，方便后续学习 ARM Cortex-M3 内核以及指令系统遇到问题时，直接上机进行调试。在介绍 STM32F103 片上外设之前，详细介绍了基于设备支持包与标准外设库的工程构建方法，便于读者真正掌握 ARM 公司提供的 CMSIS、意法半导体公司提供的设备支持包和标准外设库相关文件在工程中的作用，以使读者能够根据需要，不依赖任何模板来构建自己的工程。

第三，软件仿真与硬件调试相结合，培养嵌入式系统软硬件协同开发能力。在学习嵌入式系统课程时，读者最好自己有一款与教材使用的微控制器同型号的开发板，或者随时能够到实验室进行实验，但一般读者都不具备这些条件。为了解决这一问题，同时为了满足未来进行嵌入式系统设计工作的需要，本书引入 Proteus 仿真软件，在介绍 STM32F103 微控制器片上资源时，每章开头都给出了一个基于 Proteus、由 STM32F103 最小系统和相应外设组成的电路原理图，读者在 MDK 中生成可执行文件后，就可以在 Proteus 中进行仿真调试了。建议读者按照实验室中嵌入式开发板上外设的实际连接情况，对本书给出的例子进行修改，在 Proteus 仿真环境中绘制与实际电路板一致的电路原理图进行仿真调试，调试通过后，在上实验课时再下载到实验板上进行硬件环境下的验证与调试。

本书第 1～6 章由王忠民编写，第 7～13 章由贺炎编写，王忠民负责本书的策划和统稿工作。研究生李艳、冯朝、成泽、刘朴淳完成了本书部分插图的绘制，并对初稿进行了通读和校对。在编写本书的过程中，西安电子科技大学出版社的明政珠等编辑给予了大力支持，在此一并致谢。此外，作者还参考了很多相关资料，在此对各位作者表示感谢。

由于嵌入式技术发展日新月异，加之作者水平所限，书中难免有不足之处，恳请读者批评指正。如果读者对本书有任何意见和建议，请与作者联系，电子邮箱：zmwang@xupt.edu.cn，heyan0220@xupt.edu.cn。

作　者
2025 年 2 月

目　录

第 1 章

ARM 嵌入式系统概述

在当今这个日新月异的科技时代，嵌入式系统作为连接物理世界与数字世界的桥梁，其重要性日益凸显。从智能手机、智能家居到工业自动化、航空航天，嵌入式技术几乎渗透到了我们生活的方方面面。它不仅推动着社会生产力的飞速发展，还深刻改变着人们的生活方式和思维模式。因此，掌握嵌入式系统原理与开发的基本技能，对于培养创新思维、适应未来挑战至关重要。

本章旨在为读者提供嵌入式系统原理与嵌入式系统开发的入门性知识。首先介绍了嵌入式系统的概念以及在嵌入式系统领域占据主导地位的 ARM 公司及其推出的 ARM 处理器的发展历程；其次介绍了目前在嵌入式控制领域广泛流行的 ARM 公司的 Cortex-M3 微处理器，以及基于该处理器由意法半导体公司(ST)推出的 STM32 系列微控制器(Microcontroller Unit，MCU)的相关知识；最后重点介绍了嵌入式系统开发流程、交叉开发工具 Keil MDK5 以及嵌入式系统开发仿真工具 Proteus 等。通过本章的学习，读者可建立起对嵌入式系统的宏观认识，了解嵌入式系统开发过程各环节所涉及的关键知识和所要用到的开发与仿真工具，初步掌握嵌入式系统开发所要求的基本知识和技能，形成嵌入式系统开发的整体思路，为后续各章的学习奠定基础。

➤➤ 本章知识点与能力要求

◆ 与传统的个人计算机(Personal Computer，PC)相比较，了解嵌入式系统的软硬件及其应用领域的特点、嵌入式系统开发的特点以及与基于 PC 的系统开发的不同之处；

◆ 了解 ARM 公司推出的 ARM 架构和处理器的发展历史，熟悉 ARM Cortex-M3 处理器的特点；

◆ 了解意法半导体公司基于 ARM 公司的 Cortex-M3 处理器推出的 STM32 系列微控制器的特点，熟悉 STM32F103 微控制器的性能；

◆ 了解嵌入式系统开发需要掌握的基本知识和技能，初步了解和熟悉 Keil MDK5 集成开发工具和 Proteus 仿真工具，了解嵌入式系统课程需要读者学习和掌握的主要知识点，为后续各章的学习奠定基础。

1.1 嵌入式系统概述

1.1.1 计算机的发展历程

计算机是 20 世纪人类最伟大的发明之一。计算机的发展，从一开始就和电子技术，特别是微电子技术密切相关。从第一台电子管计算机诞生以来，电子计算机经历了以下 4 个时代。

计算机
发展历史

"端边云"新型
计算架构与嵌入式
系统学习的重要性

嵌入式系统
发展历史
介绍

(1) **电子管计算机时代**：20 世纪 40 年代，电子管技术的发展催生现代计算机的诞生。世界上第一台电子管计算机是由美国宾夕法尼亚大学的艾克特和莫克利制造的 ENIAC，它是一台巨大而笨重的机器，用于解决科学和军事计算问题。

(2) **晶体管计算机时代**：20 世纪 50 年代，晶体管取代了电子管，使计算机变得更小、更可靠、更快速。IBM 公司的 IBM 7090 和 DEC 公司的 PDP-8 是当时最著名的晶体管计算机。

(3) **集成电路计算机时代**：20 世纪 60 年代末，集成电路技术的发展使大量的电子元件集成到一块芯片上，进一步使计算机更小、更强大。这一时期出现了 IBM 的 System/360 系列和 DEC 的 PDP-11 系列等计算机。

(4) **大规模、超大规模集成电路时代**：20 世纪 70 年代末以来，大规模、超大规模集成电路的出现，使得个人计算机成为可能。经过 40 多年的发展，个人计算机从早期苹果公司的 Apple Ⅱ(8 位机)、IBM 的 IBM PC(16 位机)，发展到后来的 32 位机和 64 位机，得到了快速的普及和广泛的应用。

图 1.1 为不同时代制作电子计算机所使用的电子器件。

(a) 电子管   (b) 晶体管   (c) 集成电路芯片   (d) 超大规模集成电路芯片

图 1.1   电子计算机不同时代使用的电子器件

1.1.2   "后 PC 时代"计算机的发展趋势

进入 21 世纪以后，随着移动通信和无线网络的发展，个人移动计算设备如智能手机和平板电脑开始广泛普及，这些设备不仅具有计算功能，还具备了移动通信、互联网接入和多媒体娱乐等功能。计算机发展进入了个人移动计算时代，也被称为"后 PC 时代"。

　　"后 PC 时代"个人计算机逐渐失去主导地位,虽然个人计算机仍然存在并发挥作用,但随着智能手机、平板电脑、物联网设备以及云计算和边缘计算等新兴技术的快速发展,计算机的形态和使用方式正在发生重大变化。

　　在过去的 PC 时代,个人计算机主导市场,大型厂商垄断了操作系统和硬件市场。少数几家公司控制着市场份额,限制了创新和竞争。随着移动设备(如智能手机和平板电脑)的普及以及物联网与云计算的兴起,计算机市场变得更加多元化和开放,更多的厂商能够进入市场,推动创新和竞争。

　　随着物联网技术、云计算技术、人工智能技术在智能制造、无人驾驶、智慧城市等产业领域的快速推广和应用,基于端边云的新型计算架构得到快速发展。端边云("端"是指边缘侧的端设备,"边"是指边缘侧的边缘计算设备,"云"是指云端的云服务器)架构是指将计算和数据处理分布在设备的边缘(如智能手机、物联网设备)和云端之间的一种架构。按照端边云架构的思路,可以将计算机分为以下三大类:

　　(1) 端设备(Edge Devices):它们是部署在网络边缘侧的设备,通常拥有较小的尺寸和相对较弱的计算能力,如智能手机、平板电脑、传感器等。它们相对于其他计算机更接近数据源和终端用户,主要负责采集数据、处理本地任务以及与云端进行通信。

　　(2) 边缘计算设备 (Edge Computing Devices):它们是在网络边缘提供计算资源和服务的设备,通常拥有比端设备更强大的计算能力和存储容量,如工业网关、边缘服务器等。边缘计算设备主要用于处理端设备产生的数据,同时将处理结果传输到云端或其他边缘设备上。

　　(3) 云计算设备 (Cloud Computing Devices):它们是集中在云端提供计算资源和服务的设备,通常具有高度的可伸缩性、安全性和稳定性。云计算设备主要负责存储和处理海量数据,同时为用户提供各种应用和服务,包括存储、计算、分析等。

　　可以看出,除了云服务器和边缘服务器之外,端边云架构中的端设备和绝大多数的边缘计算设备都是典型的嵌入式计算机系统。总的来说,"后 PC 时代"计算机的发展趋势是多元化、开放化和分布式的,嵌入式系统的应用范围进一步扩大。因此,对于计算机类、电子信息类相关专业的学生来说,学习和掌握嵌入式系统的相关理论和开发技术非常重要。

1.1.3　嵌入式系统的发展历程

　　嵌入式系统的概念最早可以追溯到 20 世纪 70 年代。当时,随着微处理器的出现和计算机技术的不断发展,人们开始探索将计算机技术应用于各种各样的设备中,以实现自动化控制和数据处理等功能。人们把实现对象体系智能化控制的计算机系统,称作嵌入式计算机系统。通常嵌入式计算机系统被定义为:"以应用为中心,以计算机技术为基础,软件硬件可裁剪,适用于对功能、可靠性、成本、体积、功耗有严格要求的专用计算机系统。"随着微电子技术的飞速发展,嵌入式系统应用日益广泛,嵌入式产品形态各异、无处不在。嵌入式系统在我国的发展可以划分为以下几个阶段:

　　(1) 初期阶段(20 世纪 70 年代至 80 年代初): 这个阶段是我国嵌入式系统发展的起点。当时,我国高校开始开设计算机课程,并引进了一些国外的计算机设备和技术。在这个阶段,嵌入式系统的应用主要集中在科研、军工和仪器仪表等领域。由于国内技术和资源的限制,嵌入式系统的发展相对较慢。

(2) **单板机时代(20 世纪 70 年代中后期至 90 年代初)**：这个阶段，Zilog 公司 1976 年推出了 Z80 微处理器，北京工业大学基于该微处理器开发出的如图 1.2 所示的 TP801 单板机成为当时我国最具影响力的计算机产品之一，被广泛应用于高校教学、科研以及工业自动化控制领域。TP801 单板机是我国第一台功能较好且实用性较强的单板机，被认为是中国电子计算机发展的一个里程碑。在这个阶段，嵌入式系统的开发工具主要是汇编语言。由于硬件资源有限，开发主要集中在裸机编程和底层驱动开发上。应用场景包括实时控制、仪器仪表、自动化设备等领域。我国高校在 20 世纪八九十年代最早开设的"微机原理与接口技术"课程就是基于 Z80 微处理器来讲授的，到 90 年代初期才逐步改用 Intel x86 系列微处理器作为"微机原理与接口技术"课程的讲授内容。

图 1.2　Zilog 公司的 Z80 微处理器与用其开发的 TP801 单板机

(3) **单片机时代(20 世纪 70 年代后期至今)**：随着技术的发展和工业控制领域的需要，Intel 公司先后在 1976 年推出了 8 位的 8048 单片机，1980 年推出了 8 位的 8051 单片机，1983 年推出了 16 位 Intel 8096 单片机。51 系列单片机内部除了集成中央处理器(CPU)与控制电路外，还包含了一些基本的片内 I/O。这些单片机具有成本低、功能强大、易于学习和使用等特点，成为嵌入式系统教学和实际应用的主要平台，其中 8051 单片机在嵌入式系统领域得到了广泛的应用，尤其在自动控制、通信、仪器仪表等领域中发挥着重要作用。随着时间的推移，8051 单片机衍生出了许多不同的版本和变种，成为最受欢迎的单片机之一。图 1.3 为 Intel 51 单片机以及基于 51 单片机设计的开发板。开发工具主要是 Keil C51 等集成开发环境(Integrated Development Environment，IDE)，以及相关的编译器、调试器等。到目前为止，"单片机原理"课程仍然为控制类、仪器仪表类专业的专业必修课。

(a) 8051 单片机　　　　　　　　　　　(b) 单片机开发板

图 1.3　Intel 51 单片机与单片机开发板

(4) ARM 时代(21 世纪 00 年代中期至今)：21 世纪以来，以 ARM(Advanced RISC Machine，高级精简指令集机器)架构为基础，不同半导体厂家推出了各种 ARM 嵌入式微控制器，特别是以 ARM7TDMI 和 Cortex-M3 微处理器核为基础推出的各种 ARM 嵌入式微控制器得到了广泛应用。图 1.4 为意法半导体公司开发的 STM32F103 微控制器与嵌入式开发板。ARM 架构的嵌入式系统具有低功耗、高性能和广泛的应用领域等优势，成为当前嵌入式系统教学和产业应用的热点。ARM 的专业开发工具包括 Keil MDK、IAR Embedded Workbench 等。为了满足"后 PC 时代"对嵌入式系统开发人才的广泛需求，许多高校调整了课程设置，基于 ARM 架构的"嵌入式系统原理"课程已经成为计算机类、电子信息类相关专业学生的一门专业必修课。

　　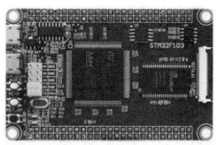

(a) STM32F103 微控制器　　　　　　　　　(b) 嵌入式开发板

图 1.4　STM32F103 微控制器与嵌入式开发板

总之，嵌入式计算机的发展经历了从单板机到单片机，再到 ARM 架构处理器的演进过程。单板机和单片机具有成本高、集成度低和功耗较大的特点，而 ARM 架构处理器则具有低功耗、高性能和丰富的外设接口等特点，被广泛应用于各个领域的嵌入式系统。

1.2　ARM 处理器的发展历程

1.2.1　ARM 公司的发展历程

ARM 公司是一家总部位于英国的半导体公司，其核心业务是设计和授权许可处理器架构，盈利主要来自处理器授权和芯片版税两个方面，并不制造芯片，因此被称为"IP(Intellectual Property，知识财产)公司"。ARM 公司的发展历程可以分为以下几个阶段。

ARM 公司与
架构发展历史

(1) 创业期(1978—1985 年)：1978 年，物理学家赫尔曼·豪泽(Hermann Hauser)和工程师 Chris Curry 在英国剑桥创办了 CPU(Cambridge Processing Unit)公司，主要业务是为当地市场供应电子设备。1979 年，CPU 公司改名为 Acorn 计算机公司。1985 年，Roger Wilson 和 Steve Furber 设计了他们的第一代 32 位、6 MHz 的处理器，用它做出了一台精简指令集计算机(Reduced Instruction Set Computing，RISC)，这就是第一代 ARM 处理器 ARM1。

(2) 分拆与独立发展期(1990—1994 年)：1990 年，Acorn 公司出现了财务危机，由苹果公司投入资金，VLSI Technology 提供设备，Acorn 加入十多位工程师，分割出独立子公司

Advanced RISC Machine(ARM)。1992 年，ARM 发布了第一版 ARM6 处理器，这些处理器在早期的消费电子产品中得到了广泛应用，包括 Acorn Archimedes 个人计算机和苹果公司的 Newton MessagePad。

(3) **快速发展期(1994—2000 年)**：20 世纪 90 年代末到 21 世纪初，ARM 处理器开始大量应用于移动设备。这个阶段推出了许多经典的产品，如 ARM7、ARM9 等。这些产品在性能、功耗和成本等方面取得了很好的平衡，因此在消费电子、移动通信等领域得到了广泛应用。

(4) **技术创新期(2000 年至今)**：随着移动互联网的兴起，ARM 处理器的应用领域进一步扩大。在这个阶段，ARM 推出了许多新的技术和产品，如 Cortex 系列处理器、NEON 多媒体处理技术、TrustZone 安全技术等。这些新技术使得 ARM 处理器在性能、功耗和安全性等方面得到了进一步的提升，为各种应用提供了更好的支持。2016 年 7 月，日本软银集团以 234 亿英镑(约合 310 亿美元)的价格收购了 ARM 公司。

由于嵌入式硬件资源的限制以及开发环境与运行环境不一致，嵌入式系统开发时必须借助运行于宿主平台(通常为 PC)上的集成开发工具。ARM 公司推出其处理器的同时，提供了一系列的集成开发工具。从 20 世纪 90 年代末期开始，ARM 先后推出了 ARM ADS(ARM Developer Suite)集成开发工具 ADS1.0、ADS2.0、ADS2.1、ADS2.2、ADS2.5 等版本，国内高校在早期引入 ARM 嵌入式系统课程教学时大多使用的就是 ARM ADS 开发工具。2005 年，ARM 公司收购了长期从事嵌入式集成开发工具研发的 Keil Software 公司，Keil 公司的 MDK-ARM 集成开发环境就被整合到 ARM 生态系统中，推出了 Keil MDK-ARM 集成开发工具。由于 Keil 公司的加盟以及技术的不断进步，2009 年之后 ARM 公司就不再对早期的 ARM ADS 开发工具进行维护了。本书在介绍 ARM Cortex-M3 嵌入式处理器及相关微控制器时，就使用 ARM Keil MDK5 集成开发工具。

1.2.2　ARM 架构及处理器的发展历程

ARM 架构是一系列基于 RISC 原则的处理器架构。ARM 架构是进行 ARM 处理器设计开发的基础。自 1985 年 ARMv1 架构发布以来，已经经历了多个版本的演进和升级。对于每一架构版本，ARM 公司都会推出一系列的 ARM 处理器。比如，广泛流行的 ARM7TDMI 是基于 ARMv4 架构的，Cortex-M3 是基于 ARMv7 架构的。下面简要介绍 ARM 架构版本的推出时间、主要特点以及对应的典型处理器。

(1) ARMv1(1985 年)：ARMv1 是最早的 ARM 指令集架构版本。它是一个 32 位的精简指令集架构，支持 16 位数据总线和 8 位地址总线，具有低功耗、低成本、小尺寸等特点。基于 ARMv1 架构的处理器是 ARM1。

(2) ARMv2(1986 年)：ARMv2 支持 32 位数据总线和 32 位地址总线，支持多周期指令执行，增加了协处理器接口，支持浮点数运算。基于 ARMv2 架构的处理器是 ARM2。

(3) ARMv3(1992 年)：ARMv3 是 ARM 架构的重大升级。ARMv3 架构相对于之前的版本提供了更高的性能。它引入了指令流水线和乘法指令等新功能，提升了指令执行效率。ARMv3 架构中的指令长度可以是 16 位或 32 位，这使得指令集具有更高的代码密度。但需要注意的是，ARMv3 架构并没有引入 Thumb 指令集，这是在后续的 ARMv4 架构中引入的。基于 ARMv3 架构的处理器是 ARM6。

(4) ARMv4(1994 年)：ARMv4 是对 ARMv3 的改进和增强。为了提高代码的密度，首次引入 16 位的 Thumb 指令集，微处理器可以在 ARM 和 Thumb 两种状态间进行切换。ARMv4 架构的代表处理器是 ARM7TDMI，它是第一个支持 Thumb 指令集的处理器。前些年我国高校的嵌入式系统教材就是基于 ARMv4 版本的 ARM7TDMI 处理器编写的。基于 ARM7TDMI 的微控制器具有比较广泛的应用。

(5) ARMv5(1997 年)：ARMv5 引入了 Secure Mode，提供了更加安全的执行环境；增加了 DSP(Digital Signal Processing，数字信号处理)指令集，提高了处理器在数字信号处理方面的性能。基于 ARMv5 架构的处理器是 ARM9。

(6) ARMv6(2002 年)：ARMv6 是对 ARMv5 的改进和升级，引入了支持乱序执行的技术(Out-of-Order Execution)，提高了处理器性能。基于 ARMv6 架构的处理器是 ARM11。

(7) ARMv7(2005 年)：从 ARMv7 版本开始，ARM 处理器的命名不再使用数字了，根据应用场景的不同分为 Cortex-A(Application)、Cortex-R(Real-time) 和 Cortex-M(Microcontroller) 3 个系列。ARMv7 架构的典型处理器有 Cortex-A7、Cortex-R4 和 Cortex-M3 等。本书就是基于 Cortex-M3 处理器编写的。

(8) ARMv8(2011 年)：ARMv8 是一个重大的架构变革，引入了 64 位 ARM 处理器架构(AArch64)。支持同时运行 32 位和 64 位应用程序，并提供了更大的寻址空间和更高的性能。基于 ARMv8 架构的处理器有 Cortex-A72、Cortex-R52、Cortex-M23 等。

(9) ARMv9(2021 年)：ARMv9 基于 ARMv8，增添了针对矢量处理的 DSP、机器学习、安全等的技术支持。其典型处理器有 Cortex-A710、Cortex-A510 等。ARMv9 架构的发布标志着 ARM 继续推动处理器技术的演进和创新。它为各种领域的应用带来了更加强大和安全的处理能力，并推动了移动设备、物联网、边缘计算、云计算等领域的发展。

表 1.1 给出了 ARM 公司处理器推出的时间，注意以数字命名的处理器与 ARM 架构的版本号并不是一一对应的。

表 1.1　ARM 处理器发布时间

年份	Classic Cores					Cortex Cores			
	ARM7	ARM8	ARM9	ARM10	ARM11	Microcontroller	Real-time	Application (32bit)	Application (64bit)
1993	ARM700								
1994	ARM710 ARM7DI ARM7DMI								
1995	ARM710a								
1996		ARM810							
1997	ARM710T ARM720T ARM740T								
1998			ARM9TDMI ARM940T						
1999			ARM9E-S ARM966E-S						

续表

年份	Classic Cores					Cortex Cores			
	ARM7	ARM8	ARM9	ARM10	ARM11	Microcontroller	Real-time	Application (32bit)	Application (64bit)
2000			ARM920T ARM922T ARM946E-S	ARM1020T					
2001	ARM7TDMI-S ARM7EJ-S		ARM9EJ-S ARM926EJ-S	ARM1020E ARM1022E					
2002				ARM1026ES-J	ARM1136J(F)-S				
2003			ARM968E-S		ARM1156T2(F)-S ARM1176JZ(F)-S				
2004						Cortex-M3			
2005					ARM11MPCore			Cortex-A8	
2006			ARM996HS						
2007						Cortex-M1		Cortex-A9	
2008									
2009						Cortex-M0		Cortex-A5	
2010						Cortex-M4(F)		Cortex-A15	
2011							Cortex-R4 Cortex-R5 Cortex-R7	Cortex-A7	
2012						Cortex-M0+			Cortex-A53 Cortex-A57
2013								Cortex-A12	
2014						Cortex-M7(F)		Cortex-A17	
2015									Cortex-A35 Cortex-A72
2016						Cortex-M23 Cortex-M33(F)	Cortex-R8 Cortex-R52	Cortex-A32	Cortex-A73
2017									Cortex-A55 Cortex-A75
2018						Cortex-M35P			Cortex-A76
2019									
2020						Cortex-M55	Cortex-R82		Cortex-A78
2021									Cortex-A710
2022						Cortex-M85			
2023									Cortex-A720
2024							Cortex-R82AE		Cortex-A725

1.3　ARM Cortex 处理器

1.3.1　ARM Cortex 处理器的分类

ARM 公司从 2005 年 ARMv7 架构开始，处理器的命名不再沿用传统的数字命名。也就是说，ARM11 之后处理器的命名开始使用 Cortex 了。Cortex 命名方式的引入，标志着 ARM 处理器进入了一个新的发展阶段，ARM 处理器已经从传统的嵌入式领域扩展到了移动计算、服务器、物联网等多个领域，具有更广泛的应用前景和商业潜力。目前，ARM 的 Cortex 处理器系列包括以下几种类型：

(1) **Cortex-A 系列处理器(Application Processor)**：ARM 的高性能应用处理器系列，其中包括 Cortex-A77、Cortex-A76、Cortex-A75、Cortex-A73 等型号。这些处理器主要用于智能手机、平板电脑、笔记本电脑和其他移动计算设备，具有较高的性能和复杂的功能。

(2) **Cortex-R 系列处理器(Real-time Processor)**：ARM 的实时应用处理器系列，其中包括 Cortex-R8、Cortex-R7、Cortex-R5 等型号。这些处理器主要用于具有低延迟、高可靠性和实时性要求的嵌入式系统。

(3) **Cortex-M 系列处理器(Microcontroller Processor)**：ARM 的微控制器处理器系列，其中包括 Cortex-M7、Cortex-M4、Cortex-M3 等型号。这些处理器被广泛应用于对实时性要求高，具有较小尺寸和低功耗的嵌入式系统。

Cortex 系列处理器的主要特点如表 1.2 所示。

表 1.2　Cortex 系列处理器的主要特点

项　目	Cortex-A 系列处理器	Cortex-R 系列处理器	Cortex-M 系列处理器
设计特点	Cortex-A 系列处理器旨在提供高性能计算能力，适用于需要处理复杂任务和大规模数据的应用场景	Cortex-R 系列处理器专注于实时应用，具备快速响应和可靠性的特点，适用于对时间敏感的系统需求	Cortex-M 系列处理器专注于低功耗和节能性能，适合于电池供电或功耗敏感的嵌入式系统
系统特点	Cortex-A 系列处理器支持 SMP(Symmetrical Multi-Processing，对称多处理)，可以将多个核心组合在一起，实现并行计算，并提高整体性能	Cortex-R 系列处理器提供实时调度和响应机制，具有高可靠性和容错性，能够实现快速上电和复位	Cortex-M 系列处理器通常具有较小的芯片面积和低成本设计，支持实时操作系统，支持多任务和实时调度，实现并发处理和响应
目标市场	移动计算、智能手机、可穿戴设备等移动计算设备，高性能服务器、高端处理器等	工业微控制器、汽车电子系统以及医疗设备，确保高精度的实时数据处理和响应	物联网设备、工业自动化领域的小型控制器和传感器节点以及智能感知设备，如智能摄像头、智能音箱和人机交互设备等

1.3.2 Cortex-M 系列处理器

Cortex-M 系列处理器主要应用于低性能端的控制领域。与早期控制领域使用的 Zilog 公司的 Z80 单板机、Intel 公司的 51 系列单片机以及 ARM 公司的 ARM7TDMI 处理器相比，Cortex-M 系列处理器具有以下主要特点和优势：

(1) 更高的性能：Cortex-M 系列处理器采用先进的微架构设计和高时钟频率，提供更高的处理性能，能够处理更复杂的任务。

(2) 低功耗设计：Cortex-M 系列处理器采用低功耗设计策略，包括多种省电模式和节能技术，可降低功耗，延长设备的电池寿命。

(3) 小封装和体积：Cortex-M 系列处理器采用较小的封装和芯片面积，适合嵌入式系统和紧凑型设备的设计，节省空间。

(4) 多核支持：Cortex-M 系列处理器提供多核版本，支持对称多处理和异构多处理架构，提供更高的并行计算能力。

(5) 丰富的外设接口：Cortex-M 系列处理器内置丰富的外设接口，如通用输入输出、SPI(Serial Peripheral Interface，串行外设接口)、I^2C(Inter-Integrated Circuit，集成电路总线)、UART(Universal Asynchronous Receiver/Transmitter，通用异步收发器)等，方便与其他设备进行通信和连接。

这些特点和优势使得 Cortex-M 系列处理器成为控制领域中的首选，满足了现代嵌入式系统对性能、功耗、尺寸和外设接口的需求。表 1.3 按照推出的时间顺序列出了 Cortex-M 系列主要处理器所使用的架构版本和主要特性。

表 1.3　Cortex-M 系列主要处理器特性

处理器	推出时间	架构版本	主 要 特 性
Cortex-M3	2004 年	ARMv7-M	主频最高可达 120 MHz；使用 Thumb-2 指令集，提供更紧凑的代码和更好的性能；内置硬件除法器和乘法器；支持多达 8 个中断优先级，是一款面向标准嵌入式市场的高性能低成本的 ARM 处理器
Cortex-M1	2005 年	ARMv6-M	较小的面积和功耗，适合于成本敏感的嵌入式系统；为 FPGA 和 ASIC 设计提供了一种低成本的解决方案；支持 Thumb 指令集，具有较高的代码密度，是一款专门面向 FPGA 设计实现的 ARM 处理器
Cortex-M0	2009 年	ARMv6-M	适用于成本敏感的嵌入式系统；更小的面积和功耗，与 Cortex-M3 相比功耗降低了约 30%；使用 Thumb-2 指令集，提供更紧凑的代码和更好的性能；可与 Cortex-M3 处理器兼容，方便升级和维护，是一款面积最小以及能耗极低的 ARM 处理器
Cortex-M4	2010 年	ARMv7-M	支持 DSP 指令集和浮点运算，加速音频和图像处理等应用；内置 DSP 加速器、浮点单元和存储器保护单元；可支持多达 8 个硬件中断优先级，提供更灵活的中断控制能力，是一款在 Cortex-M3 基础上增加浮点、DSP 功能以满足数字信号控制市场的 ARM 处理器

续表

处理器	推出时间	架构版本	主　要　特　性
Cortex-M7	2014 年	ARMv7-M	更高的性能，最高可达 400 MHz；内置 DSP 指令集和浮点运算单元，提供更快的数据处理速度；使用可预测性的缓存和 Tightly-Coupled Memory(TCM)技术，降低延迟，是一款在 Cortex-M4 基础上进一步提升计算性能和 DSP 处理能力的 ARM 处理器，主要面向高端嵌入式市场
Cortex-M23	2016 年	ARMv8-M Baseline	更安全的架构，使用 TrustZone 技术提供硬件级别的安全防护；更小的面积和功耗，降低了约 25%的功耗；具有较好的实时性能和低延迟，适合于对实时性要求高的应用，是一款在 Cortex-M0 基础上加入 TrustZone 安全特性支持的 ARM 处理器，满足物联网(IoT)安全要求
Cortex-M33	2016 年	ARMv8-M Mainline	更高的性能和更好的能效比，最高可达 1000 DMIPS 和 200 MHz；支持 TrustZone 技术，提供硬件级别的安全防护；具有更好的实时性能和更低的延迟；支持 DSP 指令集和浮点运算，提供更快的数据处理速度，是一款在 Cortex-M3/M4 基础上加入 TrustZone 安全特性支持的 ARM 处理器，满足物联网安全要求
Cortex-M35P	2018 年	ARMv8-M Security Extension	更强的安全性能，支持更多的安全特性和防护机制；支持 TrustZone 技术和 ARMv8.1-M Mainline 安全扩展；具有更好的实时性能和更低的延迟；支持 DSP 指令集和浮点运算，提供更快的数据处理速度

注：FPGA—Field-Programmable Gate Array，现场可编程门阵列；ASIC—Application Specific Integrated Circuit，专用集成电路。

1.3.3　Cortex-M3 处理器

Cortex-M3 是一款由 ARM 公司设计的 32 位嵌入式处理器，采用了 ARMv7-M 架构，它于 2004 年推出，是 ARM Cortex-M 系列处理器中的第一款。

Cortex-M3 处理器

Cortex-M3 在 Cortex-M 系列处理器中具有重要地位，被广泛应用于各种嵌入式系统，包括工业控制、智能电表、汽车电子、消费类电子等领域。Cortex-M3 处理器具有较高的性能和可靠性，并且以其低功耗、小面积和成本效益而闻名。Cortex-M3 是 ARMv7 架构的"掌上明珠"，和曾经在业界有广泛影响的 ARM7 相比，Cortex-M3 引入了许多新的技术和特色，具体如下：

(1) **Thumb-2 指令集**：Cortex-M3 处理器采用了 Thumb-2 指令集。Thumb-2 是 Thumb 的超集，它同时支持 16 位和 32 位指令，这样就不需要像早期的处理器需要在 Thumb 和

ARM 两种工作状态(16 位的 Thumb 状态和 32 位的 ARM 状态)之间来回切换了。有关 Thumb-2 指令集将在第 3 章详细介绍。

(2) **多级中断优先级**：引入了一个新的中断架构，称为嵌套向量中断控制器(Nested Vectored Interrupt Controller, NVIC)，能够实现快速且低开销的中断响应和处理；支持多达 8 个中断优先级，使得系统可以更精确地控制和管理中断。这对于实时系统和响应性能要求高的应用非常重要，可以提供更可靠和灵活的中断处理机制。有关中断的详细内容将在第 2 章介绍。

(3) **高性能总线接口**：Cortex-M3 处理器具有高性能的总线接口，可以与外部存储器和外设进行高速数据传输。这使得 Cortex-M3 处理器在处理大量数据和高速通信时表现出色。有关总线接口将在第 2 章介绍。

(4) **内存保护**：通过可选的内存保护单元(Memory Protection Unit, MPU)，Cortex-M3 能够支持操作系统的安全和稳定运行，通过分区保护来防止程序间的不当访问。

(5) **调试和开发**：Cortex-M3 支持广泛的调试和软件开发工具，包括 JTAG(Joint Test Action Group，一种国际标准测试协议)和 Serial Wire Debug (SWD)等接口，这些都大大方便了开发过程。

(6) **低功耗模式**：Cortex-M3 设计时考虑到了能效比，具有多种低功耗模式，包括睡眠模式和待机模式等。这些模式可以在系统空闲时降低功耗，延长电池寿命，并提供更好的节能效果。这种节能设计对需要电池供电的便携式设备尤其重要。

总之，Cortex-M3 是一个高效、灵活的处理器解决方案，在 ARM Cortex-M 系列处理器中占据着重要地位。它引入了 Thumb-2 指令集、先进的嵌套向量中断管理以及存储器保护等新技术，非常适合需要高性能、低功耗和紧凑代码的嵌入式应用。

1.4 STM32 微控制器

意法半导体(ST)公司于 1987 年成立，是由意大利的 SGS 微电子公司和法国 Thomson 半导体公司合并而成的。1998 年 5 月，SGS-Thomson Microelectronics 将公司名称改为意法半导体有限公司。意法半导体公司是世界上最大的半导体公司之一。意法半导体公司基于 ARM Cortex-M 系列处理器生产的 STM32 系列微控制器有着较长的历史，其主要的发展历程如下：

2007 年，意法半导体公司首次推出基于 ARM Cortex-M3 的 STM32 系列微控制器。这些微控制器以其低功耗、高性能和丰富的外设特性而受到广泛关注。

2010 年，意法半导体公司引入基于 ARM Cortex-M4 的 STM32F4 系列微控制器。该系列微控制器具有更强大的信号处理能力和 DSP 指令集，使其在音频处理、图像处理和通信应用中得到广泛应用。

2013 年，意法半导体公司推出基于 ARM Cortex-M0 的 STM32F0 系列微控制器。这些微控制器具有低成本、低功耗和小尺寸的特点，适用于对资源要求较低的应用。

2014 年，意法半导体公司推出基于 ARM Cortex-M7 的 STM32F7 系列微控制器。该系列微控制器提供了更高的性能和更大的存储容量，适用于要求更高计算能力的应用，如高级图形界面、音频和视频处理等。

此后，意法半导体公司不断推出新的 STM32 系列微控制器，引入了更多功能并改进性能。

1.4.1　STM32 系列微控制器命名规则

意法半导体公司的 STM32 系列微控制器产品线采用了一套命名规则，以便于快速识别其性能和功能。STM32 系列微控制器的名称主要由以下部分组成(以 STM32F103R6T6 为例说明)。

1. 产品系列名(STM32)

STM32 系列微控制器名称以 STM32 开头，表示该产品系列为意法半导体公司基于 ARM Cortex-M 系列的 32 位微控制器。

2. 产品类型名(STM32F)

产品类型是 STM32 系列控制器名称的第二部分，通常有 F(FlashMemory，通用快闪)、W(无线系统芯片)、L(低功耗低电压，1.65~3.6V)等类型。

3. 产品子系列名(STM32F103)

产品子系列是 STM32 系列微控制器名称的第三部分。STM32F 产品子系列有很多，如 050(ARM Cortex-M0 处理器)、100(ARM Cortex-M3 处理器，超值型)、101(ARM Cortex-M3 处理器，基本型)、102(ARM Cortex-M3 处理器，USB 基本型)、103(ARM Cortex-M3 处理器，增强型)、105(ARM Cortex-M3 处理器，USB 互联网型)、405/407(ARMCortex-M4 处理器)等。

4. 引脚数(STM32F103R)

引脚数是 STM32 系列微控制器名称的第四部分，通常有 T(36 pin)、C(48 pin)、R(64 pin)、V(100 pin)、Z(144 pin)和 I(176 pin)等类型。

5. Flash 存储器容量(STM32F103R6)

Flash 存储器容量是 STM32 系列微控制器名称的第五部分，通常有 4(16 KB Flash，小容量)、6(32 KB Flash，小容量)、8(64 KB Flash，中容量)、B(128 KB Flash，中容量)、C(256 KB Flash，大容量)、D(384 KB Flash，大容量)、E(512 KB Flash，大容量)、F(768 KB Flash，大容量)、G(1 MB Flash，大容量)等类型。

6. 封装方式(STM32F103R6T)

封装方式是 STM32 系列微控制器名称的第六部分，通常有 T(LQFP，Low-profile Quad Flat Package，薄型四侧引脚扁平封装)、H(BGA，Ball Grid Array，球栅阵列封装)、U(VFQFPN，Very thin Fine pitch Quad Flat Pack No-lead package，超薄细间距四方扁平无铅封装)、Y(WLCSP，Wafer Level Chip Scale Packaging，晶圆片级芯片规模封装)等类型。

7. 温度范围(STM32F103R6T6)

温度范围是 STM32 系列微控制器名称的第七部分，通常有 6(-40~85℃，工业级)、

7(−40～105℃，工业级)这 2 种类型。

1.4.2　STM32 主要产品线

意法半导体公司自 1987 年起开始开发基于 ARM Cortex-M 处理器的 STM32 系列微控制器。伴随着科技的飞速发展，嵌入式系统已经深入到人们日常生活的方方面面。在各领域中，意法半导体公司推出的 STM32 系列微控制器以其卓越性能、低功耗和成本优势得到了广泛应用。下面给出 STM32 系列产品线及其特点，以帮助读者更好地理解并选择合适的微控制器。

1．STM32F0 系列(入门级微控制器)

STM32F0 系列基于 ARM Cortex-M0 处理器，提供 20～64 MHz 主频范围，具有良好的实时性能和低功耗。该系列产品适用于简单的嵌入式应用，如家居自动化、工业传感器等。STM32F0 兼具高性价比与强大功能，是初学者入门嵌入式系统开发的理想选择。

2．STM32F1 系列(经典中坚力量)

STM32F1 系列基于 Cortex-M3 处理器，主频可达 72 MHz，搭载丰富的外设资源，包括定时器、通信接口和模拟接口等。该系列 MCU 具有较高性能和稳定性，适用于中等复杂度的嵌入式系统，如消费电子、医疗设备等。STM32F1 系列已经成为许多工程师的首选。

3．STM32F2 系列(高性能低功耗的完美结合)

STM32F2 系列基于 Cortex-M3 处理器，主频高达 120 MHz，具有出色的处理能力。该系列产品采用先进的低功耗技术，平衡了高性能与低功耗之间的需求。STM32F2 被广泛应用于通信设备、物联网终端等场景，适用于对性能和功耗要求较高的领域。

4．STM32F3 系列(高度集成数字模拟功能)

STM32F3 系列基于 Cortex-M4 处理器，最高主频可达 72 MHz。它具有丰富的数字模拟外设资源，包括高精度 ADC、DAC 以及运算放大器等。STM32F3 适用于需要高度集成模拟功能的应用，如电源管理、电机控制等。

5．STM32F4 系列(高性能数字信号处理)

STM32F4 系列微控制器基于 Cortex-M4 处理器，主频可高达 180 MHz，具备硬件浮点单元(Floating Point Unit，FPU)，支持 DSP 指令集。STM32F4 在处理复杂数字信号、高速数据流和实时任务方面具有优势，被广泛应用于航空航天、工业自动化等高性能领域。

6．STM32F7 系列(引领行业新标准)

STM32F7 系列采用 Cortex-M7 处理器，最高主频达到 216 MHz，具备高级的缓存架构以及双精度浮点单元。STM32F7 适用于高性能图形显示、多媒体处理等领域，已经成为许多高端应用的核心部件。

7．STM32H7 系列

STM32H7 系列是 STM32 家族中性能最强大的一员，基于 Cortex-M7 处理器，最高主频可达 480 MHz。它具备丰富的存储资源、高速接口和先进的安全功能，支持运行复杂的实时操作系统和高级图形界面。STM32H7 被广泛应用于汽车电子、机器人技术、高速通信设备等高性能领域，满足对处理能力要求极高的应用场景。

8. STM32L 系列(低功耗专家)

STM32L 系列微控制器着重强调低功耗特性。基于 Cortex-M0+或 Cortex-M4 处理器，该系列产品采用了多种低功耗模式，有效延长电池续航时间。STM32L 系列适用于需要长时间运行的物联网设备、便携式消费电子产品等，确保在保持高性能的同时降低整体功耗。

9. STM32WL 系列(无线连接的新篇章)

STM32WL 系列是意法半导体公司推出的首款整合无线连接功能的微控制器，搭载 LoRa、(G)FSK、(G)MSK 等多种无线通信协议。基于 Cortex-M4 和 Cortex-M0+双处理器架构，STM32WL 兼具高性能与低功耗，适用于智能物流、远程监控等远距离无线连接场景。

10. STM32MP1 系列(多核力量，激发无限可能)

STM32MP1 系列是意法半导体公司推出的首款多核处理器，集成了 Cortex-A7 和 Cortex-M4 处理器。它支持更加复杂的操作系统(如 Linux)以及图形化界面，适用于工业物联网、智能家居等高级应用。STM32MP1 为嵌入式产品市场带来了前所未有的创新和灵活性。

STM32 产品线涵盖了从入门级到高端的各种单片机产品，满足不同行业和应用场景的需求。这一系列产品凭借高性能、低功耗、丰富的外设和优质的生态系统获得了广泛的应用。无论进行哪个领域的项目开发，都可以从 STM32 家族中找到合适的微控制器解决方案。本书将基于 STM32F1 系列中的 STM32F103 系列微控制器进行介绍。

1.5　Keil MDK5 嵌入式系统集成开发工具

1.5.1　Keil MDK5 概述

Keil 公司及
Keil MDK5

由于嵌入式系统本身的运算能力和交互能力的限制，在开发时需要借助有较好人机交互与运算能力的桌面 PC(宿主环境)来进行交叉开发，因此，需要一个运行在宿主环境的集成交叉开发工具。在宿主环境下通过模拟器来实现嵌入式系统指令代码的模拟运行与调试，调试通过后再下载到目标板上做进一步的调试和运行。

目前市面上针对不同微控制器的集成开发工具很多，这里介绍被广大嵌入式系统开发者广泛使用的 Keil 公司提供的集成开发工具。Keil 公司成立于 1982 年，由两家私人公司德国慕尼黑的 Keil Elektronik GmbH 和美国德克萨斯的 Keil Software Inc 联合运营。在成立初期，Keil 公司与 Intel 合作，为 Intel 8051 系列单片机提供编译器和开发工具。2005 年 Keil 公司被 ARM 公司收购，这使得 Keil 能够更好地与 ARM 架构的处理器和开发工具进行整合。目前使用最为广泛的是用于英特尔 8051 单片机开发的 Keil C51 和用于 ARM 微控制器开发的 Keil MDK(Microcontroller Development Kit)集成开发工具。

Keil 公司为不同的微控制器设计了一套统一的集成开发环境 Keil μVision，它包括工程管理、源代码编辑、编译设置、模拟仿真、下载调试等功能。目前最新的版本为 μVision5。

基于该版本对应的 ARM 集成开发工具被称为 Keil MDK5。这里主要介绍 Keil MDK5 的安装以及该集成开发环境中基于 ARM 处理器工程和基于微控制器工程的构建方法等。

Keil MDK5 安装程序可以从 Keil 官网(https://www.keil.com/download/)下载。具体安装步骤和方法详见有关资料。安装完成后的 Keil MDK5 界面如图 1.5 所示。

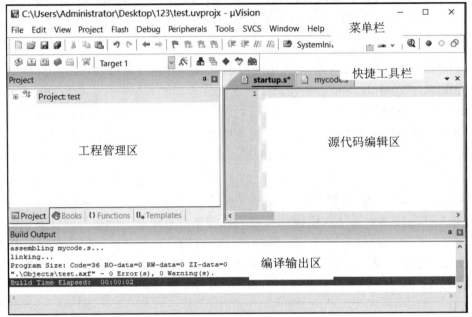

图 1.5　安装完成后的 Keil MDK5 界面

1.5.2　基于 ARM Cortex-M3 处理器的工程构建

在 Keil MDK5 集成环境中构建基于 ARM 处理器的工程,是学习本书前半部分 ARM Cortex-M3 处理器体系结构、指令系统以及基于 ARM Cortex-M3 核程序设计等相关知识的基础。读者可以通过构建基于 ARM 内核支持包的工程来进行相关内容的学习与实践,而不需要考虑具体半导体厂家微控制器芯片的相关知识。

基于 ARM Cortex M3
微处理器工程的构建

Keil MDK5 是 Keil 公司基于其 μVision5 集成开发环境为 ARM 公司的 Cortex M 内核以及基于该核由不同半导体厂家生产的微控制器而开发的嵌入式集成开发环境。因此,该集成环境中有关 ARM 内核的支持包由 ARM 公司提供。

Keil MDK5 在安装过程中自动安装了 ARM 公司提供的支持 Cortex-M3 处理器的软件包,如图 1.6 所示。单击"Project"→"New μVision Project…",在弹出的对话框中,选择要存放工程的目录,输入工程名,单击保存后,弹出图 1.6(a)所示的对话框,可以看出目前只有 ARM 一个软件包(ARM 软件包是 MDK5 安装过程中自动安装的,目前还没有安装支持有关半导体公司微控制器的软件包)。单击"ARM",依次选择图 1.6(b)中的"ARM Cortex M3"→"ARMCM3",单击"OK",即生成了一个基于 ARMCM3 内核的工程。

有关如何构建基于 ARM 处理器的纯汇编工程将在第 3 章详细介绍。构建纯汇编工程是学习和理解 ARM Cortex-M3 核原理与指令系统的基础,读者应该很好地理解与掌握它。

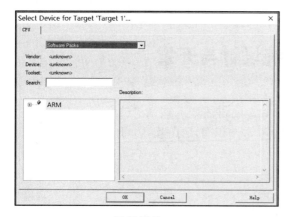
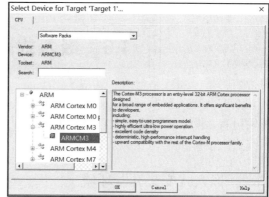

(a) 选择设备　　　　　　　　　　　　(b) 选择 ARMCM3

图 1.6　构建基于 ARM Cortex-M3 处理器的工程

1.5.3　基于 STM32F1 系列微控制器芯片支持包的工程构建

基于意法半导体
微控制器工程的构建

本书的后半部分将介绍基于意法半导体公司的 STM32F1xx 微控制器的嵌入式系统开发。构建基于微控制器芯片支持包的工程是学习具体微控制器芯片的基础。首先登录 Keil 官网下载支持该系列微控制器芯片的软件包 Keil.STM32F1xx_DFP.1.x.x，单击该软件包将其安装到 MDK5 集成开发环境中。如图 1.7(a)所示，此时除了默认安装的 ARM 支持包外，还安装了意法半导体公司的 STM32F1 系列微控制器芯片的支持包 STM32F1 Series。

构建基于 STM32F1 系列微控制器芯片支持包工程的步骤为：单击 "Project" → "New μVision Project…"，在弹出的对话框中，选择要存放工程的目录，输入工程名，单击 "保存" 后，弹出图 1.7(a)所示的对话框。从图 1.7(b)可以看出，STM32F1 Series 软件包包括对很多类型微控制器的支持。本书介绍 STM32F103 系列微控制器，该系列又有很多不同型号的微控制器芯片，基于显示上的方便，假设我们选用了 STM32F103C4 这款芯片进行工程开发，选中 "STM32F103C4"，单击 "OK"，即可生成基于 STM32F103C4 微控制器芯片的工程。

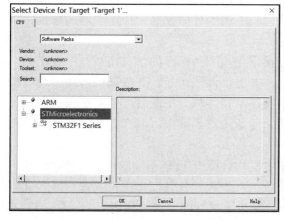
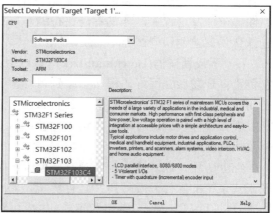

(a)　　　　　　　　　　　　　　　　(b)

图 1.7　构建基于 STM32F1 系列微控制器芯片支持包的工程

1.6   嵌入式系统设计与开发

本节从交叉开发环境、开发工具、调试方法等方面讲述嵌入式系统的
开发过程，使读者对嵌入式系统开发应该具备的基本知识有所了解，方便
后续进一步详细学习相关知识。

宿主机-目标机
交叉开发环境

1.6.1   嵌入式交叉开发环境

由于软/硬件资源受限，嵌入式系统的开发不能在其平台上直接进行，因此一般采用图
1.8 所示的交叉开发方式来实现。嵌入式交叉开发环境由宿主机、目标机/板和交叉连接宿
主机与目标板的下载调试器三部分组成。

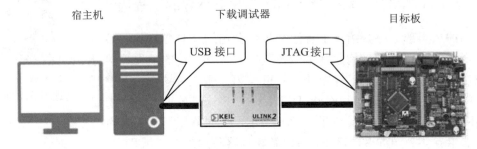

图 1.8   嵌入式交叉开发环境

(1) **宿主机(Host Machine)**：开发人员用来编写、编译和仿真与调试嵌入式系统代码的
计算机。宿主机通常是个人计算机或工作站，运行着开发者所需的操作系统(如 Windows、
Linux 等)和开发环境(如 Keil MDK、IAR Embedded Workbench 等)。在宿主机上，开发者可
以使用集成开发工具进行代码编写、编译和调试，最终生成可在目标板上运行的程序。

(2) **目标板(Target Board)**：嵌入式系统的实际硬件平台，它是开发人员开发、测试和
部署嵌入式应用的目标设备。目标板上搭载了微控制器、存储器、各种接口和外设等组成
部件。在开发过程中，开发者需要将编写好的代码下载到目标板上运行，并通过与目标板
进行交互来验证和调试程序的正确性。

(3) **下载调试器(Download/Debugger)**：连接宿主机和目标板的仿真调试与下载工具，
它负责将开发者编写好的程序下载到目标板上，并提供调试功能。下载调试器通常通过特
定的接口(如 JTAG、SWD 等)与目标板进行连接，从宿主机上下载程序到目标板，并支持
开发者在目标板上进行单步调试、寄存器查看、变量跟踪等操作，以帮助开发人员定位和
修复代码中的问题。

综上所述，嵌入式系统的开发环境中，宿主机和目标机/板是不同的机器，也就是说，
嵌入式系统的软件开发环境和运行环境是不一致的。嵌入式软件在宿主机上使用嵌入式开
发工具进行编写、编译、链接和定位，生成可在目标机上执行的二进制代码，然后通过 JTAG
接口、串口或网口将代码下载到目标板上调试，调试完成后，将最终调试好的二进制代码
烧写到目标板上运行。

1.6.2　嵌入式软件开发

嵌入式系统软件的开发是在宿主机上进行的。由于宿主机使用的处理器与目标板使用的是不同的处理器，在软件开发过程中，宿主机上必须安装一个能够模拟目标板上处理器指令执行的集成开发环境。下面简单介绍使用 Keil MDK 集成开发工具在宿主机上进行嵌入式系统软件开发的一般过程。

(1) 安装 Keil MDK：首先，需要从 Keil 官网下载适用于宿主机操作系统的 Keil MDK 安装程序。运行安装程序，按照提示完成 Keil MDK 的安装。

(2) 创建工程：打开 Keil MDK，并单击菜单栏中的"Project"→"New μVision Project"，选择一个目录来保存工程文件。然后，设置工程名称和存放源代码和其他资源文件的目录。

(3) 添加源代码：在工程目录中，右键单击"Source Group"，选择"Add New Item to Group 'Source Group'"，将源代码文件添加到工程中。可以添加多个源代码文件，如 C 文件、汇编文件等。

(4) 配置目标设备：单击菜单栏中的"Project"→"Options for Target"，在弹出的对话框中选择目标设备的型号和编译器选项。可以根据实际的目标设备选择相应的芯片系列和型号。

(5) 生成可执行文件：在 Keil MDK 中单击菜单栏中的"Project"→"Build Target"，或者使用快捷键 F7，进行工程编译。编译过程中会生成目标文件、库文件以及可执行文件。

(6) 仿真和调试：通过下载调试器，将生成的二进制映像加载到目标硬件平台上进行仿真和调试。使用调试器进行单步执行、断点设置等操作来跟踪代码执行和变量状态，以定位和修复错误。

(7) 部署和测试：当软件在仿真和调试阶段顺利运行后，将二进制映像部署到实际的目标硬件平台上进行测试，确保软件在目标平台上的性能、稳定性和兼容性。

以上是基于 Keil MDK 集成开发工具进行嵌入式系统软件开发的一般过程。具体的开发流程还需根据项目的实际情况和需求进行调整。

1.6.3　基于 Proteus 的嵌入式系统硬件设计

在嵌入式系统开发过程中，硬件平台选择或设计是至关重要的。通常有两种解决途径：产品初始设计时，为了节约开发时间，可以直接选用微控制器生产商提供的评估板或者市场上由第三方提供的可供二次开发的开发板进行嵌入式产品的开发。通常由第三方提供的开发板可能会存在资源冗余的问题，会增加产品的生产成本，这时就需要自己设计满足系统需求的嵌入式硬件系统。

在本书的学习过程中，读者可以购买第三方提供的开发板来实现对微控制器片内资源的学习。但从培养读者嵌入式系统软硬件协同开发能力，满足未来职场对嵌入式系统开发人员的能力要求考虑，本书使用目前被嵌入式系统设计工程师广泛使用的 EDA 工具软件 Proteus 进行教材内容的组织。本书提供的 STM32 微控制器片内 I/O 资源学习的例子，均给出了 Keil MDK5 集成开发环境的工程代码和 Proteus 环境下的原理图及仿真结果。

1. Proteus 概述

Proteus 软件是英国 Lab Center Electronics 公司推出的 EDA 工具软件，是一款广泛应用于嵌入式系统开发的虚拟原型设计软件。它允许开发者在计算机上构建和仿真电子电路，并且可以模拟所连接的微控制器、传感器、执行器以及其他外围设备，可以一键切换到 PCB(Printed Circuit Board，印制电路板)设计，真正实现了从概念到产品的完整设计，是目前世界上唯一将电路仿真软件、PCB 设计软件和虚拟模型仿真软件三合一的仿真平台。Proteus 的主要功能和特点如下：

(1) **电路设计**：Proteus 提供了一个直观的图形界面，可以用来设计和布局电子电路。用户可以从元件库中选择各种电子元件，如电阻、电容、集成电路以及各种传感器和执行器，并将它们连接起来构成完整的电路。

(2) **仿真和调试**：Proteus 具有强大的电路仿真功能，可以在计算机上模拟运行设计的电路。用户可以通过添加输入信号、设置模拟参数和运行仿真来验证电路的功能。此外，Proteus 还提供了调试工具，可帮助用户识别和解决电路中的问题。

(3) **微控制器仿真**：Proteus 支持多种常见微控制器的仿真，包括 PIC、AVR、ARM 等。用户可以编写程序代码，并将其下载到微控制器仿真中进行测试和调试。这使得开发者能够在实际硬件制造之前，通过仿真环境来评估和改进系统的性能。

(4) **PCB 设计**：Proteus 还提供 PCB 设计功能，可以将完成的电路布局设计转化为 PCB 布线图。用户可以进行元件放置、连线、引脚分配等操作，并最终生成可用于制造实际 PCB 的文件。

(5) **互联模拟**：Proteus 中的多个电路可以进行互联模拟，使得用户能够在不同电路之间模拟信号传输和通信。这对于开发嵌入式系统的整体功能非常重要，可以帮助开发者验证不同电路模块之间的接口和交互。

总体而言，Proteus 在嵌入式系统开发中扮演着关键的角色，通过其强大的电路设计、仿真和调试功能，帮助开发者更高效地设计、验证和测试嵌入式系统。

2. 基于 Proteus 的嵌入式系统硬件设计与仿真

启动 Proteus 后，其运行界面如图 1.9 所示。其中主要有 3 个窗口，分别为编辑窗口、预览窗口和元件显示窗口。

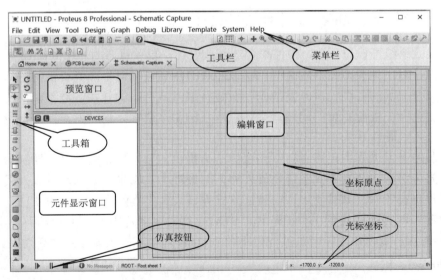

图 1.9 Proteus 原理图设计界面

（1）**编辑窗口(Edit Window)**。编辑窗口是 Proteus 的主要设计和编辑区域，用于创建和修改电路图。在编辑窗口中，可以绘制原理图，添加元件和连线，定义信号和属性，进行布局和布线等操作。此窗口提供了丰富的绘图工具和功能，能够灵活地进行设计和编辑，同时也可通过快捷键和菜单栏访问多种操作。

（2）**预览窗口(Preview Window)**。预览窗口显示了当前设计文件的预览图像，可以在进行编辑和布局时预览整体效果。通过预览窗口，可以快速浏览和导航到不同部分，并对设计的整体外观进行初步评估。

（3）**元件显示窗口(Components Display Window)**。元件显示窗口显示了可用的元件库和元件列表。它提供了各种预定义的元件符号和模型，以及其他设计所需的组件。可以在元件显示窗口中浏览和搜索元件、选择适当的元件进行设计，并将其拖放到编辑窗口中进行使用。

图 1.10 为在 Proteus 中进行嵌入式系统原理图的设计与仿真。本书在介绍 STM32 微控制器的片上资源时，都给出了 Proteus 仿真的例子。仿真通过后，在实验课时再将仿真调试通过的代码下载到实验板进行调试与运行。这样做的目的是使读者掌握 Proteus 仿真软件的使用，这是作为嵌入式硬件工程师必须具备的技能之一；另外，读者在 Proteus 环境对编写的嵌入式代码进行仿真调试，从而能够解决实验时间和硬件资源限制的问题。有关 Proteus 的安装与使用可参考有关手册。

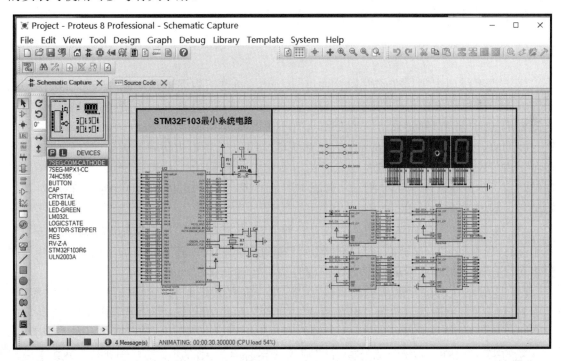

图 1.10　Proteus 环境下嵌入式系统原理图的设计与仿真

3. 嵌入式系统硬件设计的基本步骤

一般来讲，嵌入式系统硬件设计包括以下几个关键步骤：

（1）系统架构设计。在嵌入式系统硬件设计的初期，需要进行系统

Proteus 介绍及嵌入式
系统开发步骤

架构设计。这包括确定系统的整体结构和模块划分，选择适合的处理器架构、存储器类型、外围设备等，并进行系统级接口规划。

(2) 电路原理图设计。基于系统架构设计，进行电路原理图设计。通过使用电路设计器软件，将各个模块的功能电路设计出来，并进行连接。这一步骤通常包括选择合适的元器件、进行电路仿真和优化。

(3) PCB 设计。在电路原理图设计完成后，进行 PCB 设计。PCB 设计是将电路原理图转化为实际的 PCB 板，包括布线、分层、走线、添加元器件封装等。PCB 设计需要考虑电磁干扰、信号完整性、功耗等因素。

(4) 元器件选型和采购。根据设计需求，进行元器件的选型和采购。选择合适的元器件是保证系统性能和可靠性的关键，需要考虑性能指标、成本、供货可靠性等。

(5) 嵌入式系统调试。完成 PCB 设计后，需要进行硬件的调试。这包括焊接元器件、连接电源，使用多种测试设备和工具对系统进行功能验证和故障排除。这一步骤通常需要使用示波器、逻辑分析仪、调试器等工具。

(6) 系统集成测试。在硬件设计和调试完成后，进行系统集成测试。这包括将硬件与软件进行整合，验证系统在实际使用中的功能和性能指标，确保系统能满足预期的要求。

总之，嵌入式系统硬件设计涉及系统架构设计、电路原理图设计、PCB 设计、元器件选型和采购、调试以及系统集成测试等多个环节。它需要设计人员具备扎实的电子电路和数字信号处理等知识，并且与软件设计团队密切合作，共同完成嵌入式系统的开发。

1.6.4　嵌入式系统调试

嵌入式系统调试是指在硬件和软件集成之后，通过下载调试器对嵌入式系统进行功能验证、故障排除和性能优化的过程。ISP、以太网和 JTAG 是嵌入式系统中宿主机与目标板之间常用的通信接口和协议，它们分别具有不同的特点和应用场景。

(1) ISP(In-System Programming，在系统可编程)：一种数据传输协议，允许程序在目标设备上进行在线编程。它通常使用串行或并行接口进行通信，并具有简单、快速、易于实现等特点。ISP 通常用于微控制器、闪存芯片和 FPGA 中，可以通过 ISP 接口程序对其进行编程、更新和擦除操作。

(2) 以太网：一种局域网通信协议，在嵌入式系统中常用于设备之间的网络通信。它基于 TCP/IP 协议栈，支持高速数据传输和大量连接的同时，具有广泛的应用场景。嵌入式设备可以通过以太网实现远程配置、远程升级、远程调试等功能。

(3) JTAG：一种通用的测试和调试接口，用于在嵌入式系统中将开发板与计算机相连。它支持目标设备的调试、仿真、故障排查等功能，在嵌入式系统的开发和调试过程中被广泛应用。

总的来说，ISP、以太网和 JTAG 是嵌入式系统中常用的通信接口和协议。ISP 主要用于在线编程、更新和擦除芯片程序，以太网主要用于设备之间的网络通信，JTAG 主要用于目标设备的调试和故障排查。在实际的嵌入式系统设计和应用中，根据需求选择适当的通信接口和协议非常重要。下面详细介绍目前几种常见的基于 JTAG 测试和调试接口标准的下载调试器。

JTAG 是一种通用的测试和调试接口标准。它最初由美国电子工业协会的 Joint Test Action Group 组织制定，旨在提供一种标准化的方式来测试集成电路和 PCB。JTAG 接口通常由多个信号线组成，包括测试时钟(TCK)、测试数据输入(TDI)、测试数据输出(TDO)、测试模式选择(TMS)和复位控制(TRST)等。通过这些信号线，可以在目标设备上进行调试、测试和编程操作。JTAG 协议在定义时，由于当时的计算机普遍带有并口，因而在连接计算机端时定义使用的是并口。而计算机发展到了今天，不要说笔记本电脑，现在台式计算机上面有并口的都已经很少了，取而代之的是 USB 接口。那么能不能让 JTAG 支持 USB 协议，用 USB 接口来连接宿主机进行嵌入式系统的调试呢？基于这个想法，人们就设计了使 JTAG 支持串口 USB 的 J-Link、U-Link 以及 ST-Link 等仿真调试器。

1. J-Link 下载调试器

J-Link 是德国 SEGGER 公司推出的基于 JTAG 的仿真器。简单地说，就是通过一个 JTAG 协议转换盒实现 USB 到 JTAG，其连接到计算机用的是 USB 接口，而连接到目标板内部用的还是 JTAG 协议，可以与 Keil MDK 集成开发环境无缝连接，在下载速度、效率和功能等方面具有良好的特性，是目前 ARM 开发中最实用的 JTAG 下载调试工具，如图 1.11(a)所示。

2. U-Link 下载调试器

U-Link 是 ARM/Keil 公司推出的与 Keil MDK 集成开发工具集成的下载调试器，是一款多功能 ARM 调试工具，可以通过 JTAG 接口连接到目标系统进行调试或下载程序，已经成为国内主流的 ARM 开发工具。它提供比 J-Link 更高级的调试功能，如跟踪代码执行、数据监视等。目前网上可找到的是 U-Link 的升级版本 U-Link2 和 U-LinkPro 调试器。U-Link2 外形图如图 1.11(b)所示。

3. ST-Link/V2 下载调试器

ST-Link/V2 是意法半导体公司为评估、开发 STM8 系列和 STM32 系列 MCU 而设计的集在线仿真调试与下载于一体的调试工具。STM32 系列微控制器是通过 JTAG/SWD 接口与 ST-Link/V2 连接，ST-Link/V2 通过高速 USB2.0 与宿主机端连接，下载速度快，并且支持全速运行、单步调试和断点调试等各种调试方法，可以查看 I/O 状态和变量数据等。ST-Link/V2 外形图如图 1.11(c)所示。

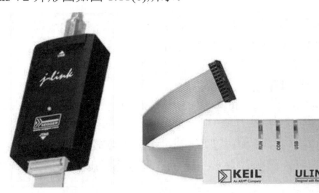

(a) J-Link　　　　　　　　(b) U-Link2　　　　　　　　(c) ST-Link/V2

图 1.11　常见的下载调试器

1.7　嵌入式系统学习建议

随着物联网与人工智能等技术在不同行业产业领域的广泛应用，端边云新型计算架构对边缘侧边缘设备的计算能力有了更高的要求，传统的 51 单片机以及基于 ARM 公司早期的 ARM7TDMI 核的微控制器已经越来越难以满足实际应用场景的需求。因此，ARM 公司推出的基于 ARMv7 架构的 32 位 Cortex-M3 微控制器内核，以及基于该核的微控制器(本书选择意法半导体公司的 STM32F103 微控制器芯片)成为计算机和信息类各专业学生学习嵌入式系统的首选。

嵌入式系统原理与应用课程涉及 ARM Cortex-M3 内核体系结构、基于该核半导体厂家推出的微控制器以及嵌入式系统开发等内容，需要学习和掌握的内容很多，初学者常常会觉得很迷茫，无从下手。本节将简要介绍本书涉及的主要内容，并为读者提供一些学习建议，期望能对读者学习嵌入式系统课程提供一些帮助。

1.7.1　ARM Cortex-M3 处理器学习难点及建议

1. 学习难点

(1) Cortex-M3 核的复杂架构和高级功能可能导致初学者难以迅速掌握。

(2) 指令集较多，且不同指令的功能和用法各异，需要花费较多时间熟悉。

(3) 深入理解核的工作原理和内部机制需要较高的抽象思维能力和电子工程基础知识。

2. 学习建议

(1) 理论与实践相结合：在学习 Cortex-M3 核的组成时，可以结合实物或仿真工具进行实践，观察核的实际运行情况，加深理解。

(2) 分阶段学习指令集：不要试图一次性掌握所有指令，而是分阶段学习，先从常用指令开始，逐渐扩展到其他指令。对于一些不太常用的指令，也没有必要花太多的精力，需要时查阅相关手册。

(3) 使用 Keil MDK5 开发环境：在 Keil MDK5 中建立纯汇编工程，通过编写和调试汇编代码，加深对指令和 Cortex-M3 处理器工作原理的理解。

1.7.2　STM32F103 微控制器学习难点及建议

1. 学习难点

(1) STM32F103 微控制器功能丰富，片内资源众多，学习难度较大。

(2) 理解各种外设的工作原理和配置方法需要一定的电子工程和嵌入式系统知识。

2. 学习建议

(1) 查阅官方文档：STM32F103 的官方文档非常详细，包括寄存器说明、外设配置方法和应用示例等。官方的数据手册和帮助手册是最好的教程，读者在学习过程中遇到任何问题，除了自己上机调试分析外，很重要的一点就是要养成查阅官方文档的习惯。

(2) 基于 Proteus 进行仿真：使用 Proteus 等仿真工具搭建 STM32F103 的仿真电路，模拟各种外设的工作情况，有助于理解其工作原理和配置方法。

(3) 实践项目驱动：通过实践项目来驱动学习，例如设计一个简单的 LED 闪烁程序或串口通信程序，利用这些实践机会深入学习和应用 STM32F103 的片内资源。

1.7.3　嵌入式系统开发学习难点及建议

1. 学习难点

(1) 嵌入式系统开发涉及硬件和软件两个方面，需要综合考虑电路设计、程序编写和调试等多个环节。

(2) 在开发过程中可能会遇到各种硬件故障或软件错误，需要具备一定的故障排查和解决问题的能力。

2. 学习建议

(1) 模块化开发：将嵌入式系统划分为多个模块，分别进行设计和开发，这样可以降低开发难度，提高开发效率。

(2) 使用集成开发环境：利用 Keil MDK5 和 Proteus 等集成开发环境和仿真工具进行程序编写和仿真调试。这些环境通常提供丰富的功能和工具，有助于简化开发过程。

(3) 学习调试技巧：掌握基本的调试技巧，如使用断点、单步执行和查看变量值等，对于发现和解决问题至关重要。

(4) 参考优秀案例：参考他人的优秀案例或开源项目，了解他们的设计思路和实现方法，可以帮助自己更快地掌握嵌入式系统开发的技巧和规律。

总之，学习基于 ARM 公司的 Cortex-M3 核和 STM32F103 微控制器的嵌入式系统原理课程需要耐心和毅力。ARM 公司的处理器版本从 ARMv1 已经发展到 ARMv9，ARM 公司基于这些架构推出了不同型号的处理器核，技术迭代和更新很快；不同的半导体厂家基于这些处理器核又不断推出满足不同层次需要的微控制器芯片，并且为了方便开发者使用自己的芯片，都在不遗余力地推出新的便于使用的开发工具。本书介绍基于 ARMv7 架构的 Cortex-M3 微处理器以及意法半导体公司的 STM32F103 系列微控制器。虽然基于 Cortex-M3 的微处理器目前仍是嵌入式市场的主流处理器，然而，在一些高端应用领域，基于 ARMv8 架构的微控制器已经开始使用，国内华为公司在 2016 年就推出了基于 ARMv8 架构的麒麟芯片。ARM 公司的 ARMv9 架构也已经于 2021 年问世，相信不久也会推出基于该架构的微处理器芯片。

作为计算机和信息类专业的读者，在这个技术飞速发展与快速迭代的时代，需要认真地从底层学起，真正搞明白其原理，才能达到触类旁通、举一反三的目的，将来才能很好地适应技术的快速发展，满足社会对高层次嵌入式开发人员的需要。在学习过程中遇到问题时，除了要靠自己上机实践调试外，也一定要利用好官方网站和相关学习论坛，以达到事半功倍的目的。下面给出一些官方资源和学习论坛的链接。

(1) **ARM 官方网站**：ARM 公司的官方网站提供了丰富的技术文档、指南和培训资源，包括 Cortex-M 系列处理器的技术文档和指令集参考手册。

(2) **ARM 社区论坛**：ARM Developer 社区论坛是一个交流和学习的平台，可以在这里找到与 Cortex-M 系列处理器相关的讨论、问题解答和技术分享。

(3) **Keil 开发者社区**：Keil 开发者社区是针对 Keil MDK 用户的论坛，可以在这里获取关于 Cortex-M3 指令集和 Keil 开发工具的帮助和资源。

(4) **ST 社区论坛**：STMicroelectronics 官方社区论坛也是一个学习 Cortex-M3 相关知识的好地方，特别是针对意法半导体公司的 Cortex-M3 微控制器。

曾经某 IT 大师说过"一切计算机科学的问题都可以用分层来解决"。嵌入式课程学习过程涉及的从汇编语言到 C 语言，从直接配置寄存器到使用库，从裸机到系统，从操作系统到应用层软件，无不体现着这样的分层思想。开发的系统多了，跨越的软件层次多了，会深刻地认同大师的这句话，分层思想在嵌入式系统开发上体现得淋漓尽致。学习嵌入式课程过程中，需要按照这种分层的思想，从 Cortex-M3 微处理器的组成原理与可访问资源出发，掌握微控制器片内资源的访问原理，才能比较容易地理解和熟练使用芯片厂商为了方便微控制器芯片的开发而提供的各种开发工具。

本 章 小 结

本章介绍了嵌入式系统的基本概念、ARM 处理器的发展历程、意法半导体公司基于 Cortex-M3 处理器开发的 STM32 微控制器的命名规则和产品线、Keil MDK5 集成开发环境、工程的构建方法以及嵌入式系统仿真调试等，并给出了学习嵌入式系统的一些建议。

随着物联网技术、云计算技术、人工智能技术在智能制造、无人驾驶、智慧城市等产业领域的快速推广和应用，基于端边云的新型计算架构得到快速发展。除了云服务器和边缘服务器之外，端边云架构中的端设备和绝大多数的边缘计算设备都是典型的嵌入式计算机系统。因此，对于计算机类、电子信息类相关专业的学生来说，学习和掌握嵌入式系统的相关理论和开发技术就显得非常重要了。

ARM 公司作为一家芯片架构设计公司，从 1985 年推出 ARM 架构 V1 版本以来，版本不断迭代更新，2021 年推出目前最新的 ARMv9 架构。对于每一架构版本，ARM 公司都推出了一系列的 ARM 处理器，比如前几年广泛流行的 ARM7TDMI 处理器是基于 V4 架构的，Cortex-M3 是基于 V7 架构的。本书介绍基于 ARMv7 架构的 Cortex-M3 处理器。

STM32 是意法半导体公司推出的基于 ARM Cortex-M 内核的 32 位系列微控制器。这些微控制器以其高性能、低功耗、丰富的外设和广泛的应用领域而广受开发者青睐。意法半导体公司的 STM32F10x 系列微控制器是基于 ARM Cortex-M3 内核设计的，这一系列微控制器在嵌入式系统设计领域有着广泛的应用。本书基于 STM32F103 系列微控制器进行介绍。

MDK5(MDK-ARM Version 5)是由德国 Keil 公司(现已并入 ARM 公司)开发的一款针对 ARM Cortex-M 系列微控制器的完整软件开发环境。它被广泛应用于各种基于 ARM Cortex-M 内核的嵌入式系统开发，特别是在 STM32 系列微控制器的开发中得到了广泛应用。在本书的学习过程中，读者可以购买第三方提供的开发板来对微控制器片内资源进行学习。但从培养读者嵌入式系统软硬件协同开发能力，满足未来职场对嵌入式系统开发人员的能力要求考虑，本书使用目前被嵌入式系统设计工程师广泛使用的 EDA 工具软件 Proteus，对例题进行了仿真验证。本书提供的 STM32 微控制器片内 I/O 资源学习的例子，均给出了 Keil MDK5 集成开发环境的主要工程代码和 Proteus 环境下的原理图及仿真结果。

本章涉及的内容较多，涵盖了嵌入式系统开发方方面面的内容，如 ARM 公司的 Cortex 处理器(IP 核)、意法半导体公司的 STM32F10x 微控制器、Keil MDK5 集成开发环境、Proteus 仿真软件以及 JLINK 硬件调试器等，有关细节在本书后续会展开介绍。通过本章学习，希望读者能够对嵌入式系统开发应该具备的整体知识架构有所了解，为后续各章节的学习奠定相关入门基础知识。

习　　题

1. 什么是嵌入式系统？与传统计算机系统相比有何特点？

2. 与传统的基于 PC 的开发比较，嵌入式系统开发有什么特点和不同？

3. ARM 架构已经从 ARMv1(1985 年)发展到 ARMv9(2021 年)，Cortex-M3 处理器是基于哪个 ARM 架构版本设计的？有什么特点？

4. 从 ARMv7 开始，ARM 处理器的命名不再使用数字了，而根据应用场景的不同分为 Cortex-A(Application)、Cortex-R(Real-time)、Cortex-M(Microcontroller)3 个系列。试说明这 3 类处理器的特点和应用场景。

5. Cortex-M3 处理器首次采用了 Thumb-2 指令集，与早期的 ARM 指令集和 Thumb 指令集相比较，Thumb-2 指令集有哪些优势和特点？

6. 意法半导体公司基于 ARM 公司的 Cortex-M3 处理器开发了 STM32F103 系列微控制器芯片，试以 STM32F103R6T6 为例说明其命名规则。

7. 嵌入式系统的功耗管理对于移动设备和无线传感器网络等场景中的应用至关重要。试说明如何有效管理嵌入式系统的功耗。

8. 简要介绍在 Keil MDK5 集成开发环境中，构建基于 ARM Cortex-M3 处理器(与具体的微控制器无关)工程的过程。

9. 简要介绍在 Keil MDK5 集成开发环境中，基于 STM32F1 系列微控制器芯片支持包，构建基于某款微控制器工程的过程。

10. 简要介绍在 Proteus 环境中进行嵌入式系统设计与仿真的过程。

11. 在进行嵌入式系统硬件调试时，需要通过仿真器把宿主机与目标板相连，进行程序的下载和仿真调试。目前常见的调试器有 J-Link、U-Link 以及 ST-Link 等，试介绍这些调试器各自的特点。

第 2 章

ARM Cortex-M3 微处理器体系结构

Cortex-M3 是 ARM 公司 2004 年推出的基于 ARMv7 架构的 32 位微处理器。Cortex-M3 采用 Thumb-2 指令集，较好解决了代码性能和代码密度之间的平衡问题；采用哈佛结构，拥有独立的指令总线和数据总线(I-Code 总线和 D-Code 总线)，允许指令和数据在同一时间被访问，提高了处理器的性能；采用三级(取指、译码和执行三个阶段)流水线技术，提高了代码执行速度；内建的嵌套向量中断控制器(Nested Vectored Interrupt Controller，NVIC)提供了卓越的中断处理能力，缩短了中断延迟。Cortex-M3 微处理器以其低功耗、高性能、高代码密度和丰富的调试支持等特点，成为继 Intel 80C51、ARM7TDMI 处理器之后在嵌入式控制领域得到广泛应用的一款微处理器。

本章从开发者的角度，对开发过程中需要访问和使用的 Cortex-M3 微处理器中的资源进行介绍，内容包括 Cortex-M3 微处理器的总体结构、寄存器、存储器系统以及中断与异常等。本章涉及概念较多，是后续学习指令系统、微控制器以及片内 I/O 等的基础，需要读者认真掌握，后续学习过程中遇到相关细节时可返回本章进一步加深理解。

▶▶ 本章知识点与能力要求

◆ 熟悉 ARM Cortex-M3 的主要组成部件和功能，了解微处理器的基本工作原理。

◆ 准确理解 Cortex-M3 处理器支持的两种工作模式：处理器模式(Handler mode)和线程模式(Thread mode)，支持的两种特权级别：特权级(Privileged)和用户级(User/Unprivileged)，以及引入两种工作模式和两种特权级别在确保系统安全可靠运行方面所起的作用。

◆ 掌握寄存器的命名和使用方法，理解特殊功能寄存器的作用和使用方法。

◆ 理解和掌握 Cortex-M3 存储器映射、堆栈操作以及存储器保护等。

◆ 了解 Cortex-M3 处理器嵌套向量中断控制器 NVIC 的功能；掌握 Cortex-M3 处理器中断和异常处理机制；了解中断(异常)向量表的结构和作用；掌握系统启动(复位)的响应过程。

2.1　ARM Cortex 体系结构概述

ARM 公司在经典处理器 ARM11 以后的产品都改用 Cortex 命名，主要分成 A、R 和 M 三类，旨在为各种不同的市场提供服务，A 系列处理器面向尖端的、基于虚拟内存的操作系统和用户应用，R 系列处理器针对实时系统，M 系列处理器针对微控制器。本节介绍与 ARM Cortex 微处理器相关的一些概念。

注意：为了叙述上的方便和概念上的统一，本书将 ARM 公司推出的被半导体厂商用来开发自己的微控制器芯片的 ARM Cortex-M3 IP 核简称为 Cortex-M3 或微处理器；半导体厂商基于该 IP 核推出的芯片称为微控制器或微控制器芯片。

2.1.1　冯·诺依曼结构和哈佛结构

众所周知，早期的微处理器内部大多采用冯·诺依曼结构，如图 2.1 所示，以 Intel 公司的 X86 系统微处理器为代表。采用冯·诺依曼结构的微处理器的程序空间和数据是合在一起的，取指令和取操作数通过同一条总线通过时分复用的方式进行。在高速运行时，不能达到同时取指令和取操作数的目的，从而形成了传输过程的瓶颈。冯·诺依曼体系结构被大多数微处理器所采用，ARM7 处理器也采用此体系结构。

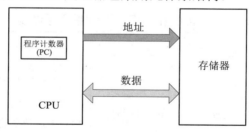

图 2.1　冯·诺依曼体系结构

随着微电子技术的发展，以数字信号处理 DSP 和 ARM 为应用代表的哈佛总线技术应运而生，如图 2.2 所示。在采用哈佛总线体系结构的芯片内部，程序空间和数据空间是分开的，这就允许同时取指令(来自程序空间)和取操作数(来自数据空间)，从而使运算能力大大提高。目前，绝大多数的 DSP 以及 ARM9 以上系列 ARM 处理器内核都采用哈佛体系结构。

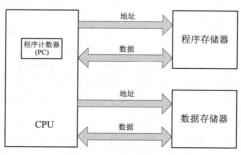

图 2.2　哈佛体系结构

2.1.2 复杂指令集 CISC 和精简指令集 RISC

CISC(Complex Instruction Set Computer，复杂指令集计算机)和 RISC(Reduced Instruction Set Computer，精简指令集计算机)是当前 CPU 的两种架构。它们的区别在于不同的 CPU 设计理念和方法。

早期的计算机大都采用 CISC 指令集处理器。它的特点是：指令系统庞大，一般都有数百条指令；指令长度不固定，寻址方式复杂，增加了硬件电路的复杂程度；指令系统中绝大多数复杂指令在程序设计过程中使用频率较低，浪费严重。目前，只有 Intel 及其兼容 CPU 还在使用 CISC 架构。

1979 年，美国加州大学伯克利分校提出了 RISC 的概念。RISC 指令集优先选取使用频率高的简单指令，避免复杂指令；将指令长度固定，指令格式和寻址方式种类减少；以控制逻辑为主，不用或少用微码控制等措施来达到上述目的。

ARM 采用 RISC 结构，在简化处理器结构，减少复杂功能指令的同时，提高了处理器的速度。考虑到处理器访问存储器的指令执行时间远远大于寄存器内操作指令的执行时间，RISC 型处理器采用了 Load/Store(加载/存储)结构，即只有 Load/Store 指令可以访问存储器实现操作数的读写操作，其余指令都不允许进行存储器操作。同时，为了进一步提高指令和数据的存取速度，RISC 型处理器增加了指令高速缓冲 I-Cache、数据高速缓冲 D-Cache 及多寄存器结构，使指令的操作尽可能在寄存器之间进行。表 2.1 给出 CISC 和 RISC 两种指令系统的特点。

表 2.1　CISC 和 RISC 两种指令系统比较

指令集类别	CISC	RISC
指令数目	指令数量很多	较少，通常少于 100 条
执行时间	有些指令的执行时间很长，如需要访问存储器来获得操作数的指令执行时间通常较长	所有运算所涉及的操作数都直接从寄存器获得，指令的执行时间短，且较固定
编码长度	指令的编码长度可变，1～15 字节	指令的编码长度固定，通常为 4 个字节
寻址方式	寻址方式复杂，增加了硬件实现的复杂度	寻址方式简单
操作	可对存储器操作数和寄存器操作数进行算术和逻辑操作	只能对寄存器操作数进行算术和逻辑操作，采用 Load/Store 体系结构
编译	难以用优化编译器生成高效的目标代码程序	采用优化编译技术，可生成高效的目标代码程序

图 2.3 为 x86 汇编程序的 Debug 调试环境。可以看出，最短的指令有 1 个字节(PUSH AX，指令编码为 50H，1B)，最长的一个指令有 6 个字节(ADD WORD PTR[BX+SI+ 2020H]，8080H，指令编码为 818020208080H，6B)。图 2.4 为 ARM 公司 Thumb-2 精简指令集编写的一段汇编程序。Thumb-2 指令集是 ARM 公司在原有的 32 位 ARM、16 位的 Thumb 精简指令集的基础上推出的一款精简指令系统，其指令的编码有 16 位和 32 位两种，汇编器会

自动选择合适的编码。从图 2.4 的 Disassembly 区可以看出，行号为 5、10、11 的指令为 16 位指令，行号为 6、7、9 的指令为 32 位指令。

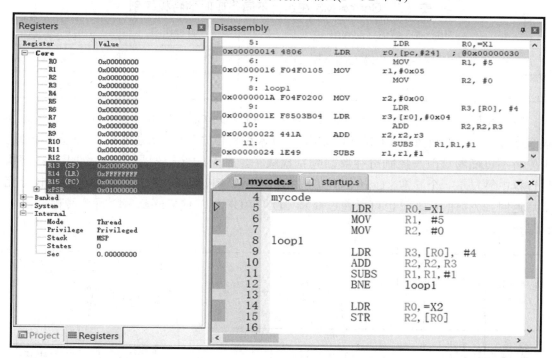

图 2.3　x86 复杂指令系统指令编码(1～6 B 不等)

图 2.4　Thumb-2 精简指令系统指令编码(4 B 或 2 B)

2.1.3　操作模式和特权级别

嵌入式软件通常由普通应用程序的代码和异常服务例程的代码

工作模式与特权级别

(包括中断服务例程的代码)组成。Cortex-M3 处理器为了通过这两种代码，实现对系统资源进行不同级别的访问控制，分别设置了两种处理器操作模式(线程模式和处理器模式)、两种特权级别(用户级和特权级)。

操作模式实际上就是指 Cortex-M3 处理器当前的运行模式，有线程模式和处理器模式两种。若 Cortex-M3 处理器正在运行的是用户的应用程序，那么当前的操作模式就是线程模式；若 Cortex-M3 处理器正在运行的是异常(中断)服务程序，那么当前的操作模式就是处理器模式。

特权级别是指在当前操作模式下，程序代码对系统硬件资源访问和使用的优先级别，包括用户级和特权级两种。特权级能够使用所有的指令访问所有的资源。用户级不能执行特权级指令(如 MSR、MRS 指令)，有限制地访问存储器和外围模块。引入用户级和特权级两级特权级别的目的，是提供一种存储器访问的保护机制，使得普通的用户程序代码不能意外地，甚至是恶意地执行涉及要害的操作。

表 2.2 给出了当 Cortex-M3 在执行中断(异常)服务程序代码和用户应用程序代码时，可使用的特权级别。可以看出，中断(异常)服务程序(处理器模式)只能运行于特权级，用户应用程序代码(线程模式)既可运行于用户模式，也可以运行在特权模式(一般是在用户程序刚启动时)。

表 2.2　Cortex-M3 在运行不同代码时的特权级别

Cortex-M3 核运行的代码	特权级	用户级
中断(异常)服务程序代码(处理器模式)	合法	非法
用户应用程序代码(线程模式)	合法	合法

Cortex-M3 核模式切换状态如图 2.5 所示。系统复位后，Cortex-M3 默认进入线程模式/特权级访问，通过置位 CONTROL[0]，可进入线程模式/用户级访问。一旦进入用户级，程序将不可能通过改写控制寄存器回到特权级了，唯一的途径就是异常。如果在程序执行过程中触发了一个异常，Cortex-M3 总是先切换成特权级，并且在异常服务程序执行完毕后返回到先前的状态，也可以通过清零 CONTROL[0]，使 Cortex-M3 进入线程模式/特权级访问。

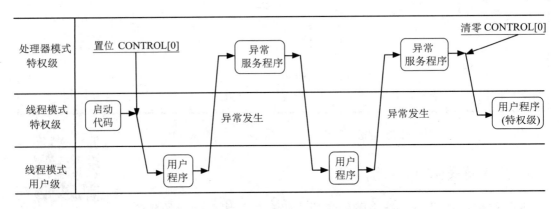

图 2.5　Cortex-M3 处理器模式与优先级切换状态图

2.2　Cortex-M3 的组成

处理器的组成

Cortex-M3 是由 ARM 公司设计的一种 32 位微处理器，基于该 IP 核由不同半导体厂家生产的微控制器芯片在嵌入式系统领域得到了广泛应用。

如图 2.6 实框内所示，Cortex-M3 由处理器核(由 CPU、NVIC、SysTick 等组成)、内存保护单元(Memory Protection Unit，MPU)、总线接口(Bus Interconnect)、跟踪系统(Trace System)和调试接口(Debug Intertface)等五部分组成。

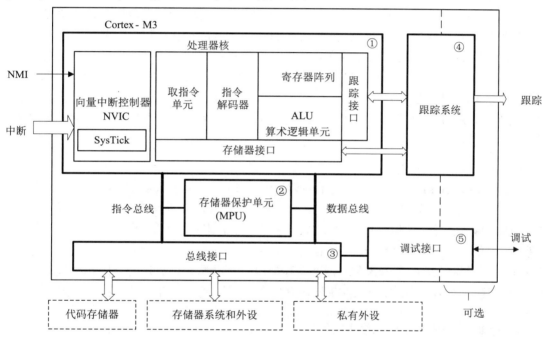

图 2.6　Cortex-M3 内核组成结构

芯片制造商得到 Cortex-M3 处理器的使用授权后，通常会根据自己产品的定位，基于 Cortex-M3 处理器(根据实际需求可以进行裁剪与调整)，然后再添加片内存储器、片上外设以及其他功能模块，如图 2.6 中的虚框所示。本书后半部分将介绍意法半导体公司生产的 STM32F103 系列微控制器的组成及片内资源的使用。

本节将对 Cortex-M3 处理器的内部结构进行简要介绍，以期读者能宏观了解 ARM Cortex-M3 组成，理解其基本工作原理。对嵌入式系统开发人员需要更详细了解和掌握的处理器核中的寄存器阵列、向量中断控制器 NVIC、存储器映射与操作等内容，将在本章后续详细介绍。

2.2.1　Cortex-M3 处理器核

Cortex-M3 处理器核(Processor Core System)如图 2.6 中编号为①的部分所示，主要由

CPU(中央处理器)、NVIC 嵌套向量中断控制器以及 SysTick(系统定时器)组成。

1. CPU(中央处理器)

中央处理器作为 Cortex-M3 处理器的核心,主要由 ALU(Arithmetic Logic Unit,算术逻辑运算单元)、寄存器组(Register Bank)、指令解码器(Decoder)、取指令单元(Instruction Fetch Unit)等部分组成。寄存器是进行嵌入式系统开发时需经常访问的硬件资源,开发人员需要很好地了解和掌握,详见 2.3 节。而 ALU、指令解码器、取指令单元,以及存储器接口和跟踪单元等对开发人员来说就没有必要去详细了解了。

2. 嵌套向量中断控制器 NVIC

嵌套向量中断控制器 NVIC 是 Cortex-M3 处理器核中的一个重要组件,与 CPU 紧密耦合,负责协调和处理中断请求,并根据优先级进行中断服务例程的调度。当一个中断请求到达时,NVIC 会根据中断向量表找到对应的中断服务例程,并自动保存处理状态。在中断服务例程执行完成后,NVIC 会恢复之前的处理状态,并返回到中断发生的地方继续执行。NVIC 与 CPU 之间通过特定的寄存器进行通信和控制。程序员可以使用相关的编程接口来配置和控制 NVIC 的行为,例如设置中断优先级、屏蔽或允许特定的中断源等。总之,NVIC 在 Cortex-M3 处理器中起着重要的作用,它与 CPU 紧密合作,确保中断的及时响应和正确处理。通过有效管理中断,NVIC 提高了系统的灵活性和可靠性,并满足实时嵌入式系统的需求。

3. 系统定时器 SysTick

系统定时器 SysTick 是一个内置于 NVIC 中的 24 位递减计数器,每隔一定的时间间隔可以产生一个中断。SysTick 在 Cortex-M3 中是一个非常有用的系统定时器,可以为操作系统提供时间管理、任务调度和延时等功能。通过合理利用 SysTick,操作系统可以更好地管理系统资源和响应外部事件。由于所有基于 Coretx-M3 的芯片都带有这个定时器,操作系统在不同半导体厂家的 Coretx-M3 器件间移植时,不必修改系统定时器的相关代码,降低了移植难度。此外,即使 Cortex-M3 处理器处于睡眠模式,SysTick 也能正常工作。

2.2.2　存储器保护单元 MPU

存储器保护单元 MPU 如图 2.6 中编号为②的部分所示。Cortex-M3 中的存储器保护单元 MPU 是一个硬件模块,可以实现对存储器进行访问控制和保护(MPU 是一个选配的单元,有些 Cortex-M3 微控制器芯片可能没有配备此组件)。它可以针对不同的存储器区域设置访问权限和保护机制,从而提高系统的安全性和可靠性。

MPU 的主要功能包括:

(1) 存储器访问控制:MPU 可以根据配置,限制对某些存储器区域的访问权限。例如,可以禁止某个任务访问其他任务的私有数据区域,或者限制外设对某个存储器区域的访问。

(2) 存储器保护:MPU 可以对存储器进行保护,防止非法访问或者意外写入。例如,可以将只读的代码区域设置为只读,防止程序运行时被修改。

(3) 存储器映射:MPU 可以实现存储器的映射和重定位,从而提高系统的灵活性。例如，可以将 ROM(Read-Only Memory，只读存储器)映射到不同的地址空间，或者将 RAM(Random Access Memory，随机存取存储器)分割成多个独立的区域。

　　MPU 在 Cortex-M3 中具有非常重要的地位，它可以有效地保护系统的各种资源，防止非法访问和攻击。在嵌入式系统中，由于资源有限，多个任务和应用程序会共用同一块存储器，这就需要对存储器进行合理的分配和保护。MPU 可以实现对存储器的细粒度控制，从而使得不同任务和应用程序之间可以安全地共享存储器。

　　另外，在支持操作系统的 Cortex-M3 系统中，MPU 可以为操作系统提供重要的支持，例如实现任务间的隔离、共享存储器的安全管理等。因此，MPU 在 Cortex-M3 中扮演着至关重要的角色。

2.2.3　Cortex-M3 总线接口

总线接口

　　Cortex-M3 总线接口如图 2.6 中编号为③的部分所示。代码存储器、片内外 SRAM(Static RAM，静态随机存取存储器)、片内外外设以及私有外设等都通过内部总线接口实现与处理器核的信息交换。Cortex-M3 的存储单元和 I/O 端口采用统一编址，32 位地址形成的 4 GB 地址空间对应的映射关系详见 2.4.1 节。正确理解 Cortex-M3 系统中的存储器和外设等资源与处理器核交换信息的总线类型，以及它们在地址空间中的对应位置，对于读者后续基于某款微控制器芯片进行嵌入式系统开发是很重要的。

　　Cortex-M3 总线接口如图 2.7 所示，包括连接代码存储器的指令总线 I-Code、数据总线 D-Code、连接片内外 SRAM、片内外外设的系统总线和内外部私有外设总线等五种类型的总线，从而实现 Cortex-M3 内外部资源与处理器核之间信息的交换。

　　说明：为了便于读者理解 Cortex-M3 总线接口的相关概念，需要先了解 ARM 公司推出的 AMBA(Advanced Microcontroller Bus Architecture，高级微控制器总线结构)规范，以及其中所定义的常见的总线协议：

　　◆　AMBA 规范：定义了一套总线协议和接口标准，旨在帮助设计高性能、低功耗的嵌入式系统。在 AMBA 规范中，包含了多种总线协议，其中最常见的有 AHB(Advanced High-performance Bus)、AHB-Lite 和 APB(Advanced Peripheral Bus)。

　　◆　AHB：AHB 是 AMBA 规范中定义的一种高性能总线协议，用于连接高性能核心组件，如处理器、高速存储器等。它支持高带宽、高性能的数据传输，并适用于对性能要求较高的系统。

　　◆　AHB-Lite：AHB-Lite 是基于 AHB 的一种精简版本的总线协议，相比于标准的 AHB 总线，AHB-Lite 在信号数量和控制逻辑上做了精简。它适用于资源受限、功耗敏感的嵌入式系统，可以提供一定程度的性能和灵活性。

　　◆　APB：APB 是 AMBA 规范中定义的一种用于连接外围设备的总线协议。它设计用于低功耗、小规模的外围设备连接，如定时器、串行接口等。APB 总线通常连接到 AHB 或者 AHB-Lite 总线上，作为外围设备和核心组件之间的桥梁。

　　在整个 AMBA 架构中，AHB、AHB-Lite 和 APB 这几种总线协议是相互配合、衔接的。AHB 一般作为连接高性能核心组件的主总线，在需要时可以与 AHB-Lite 进行连接以支持更多外围设备的接入；而 APB 则用于连接外围设备，与 AHB 或 AHB-Lite 之间进行数据交换和控制。这种层级关系和分工方式使得不同类型的组件可以在嵌入式系统中协同工作，实现高效、灵活的数据传输和控制。

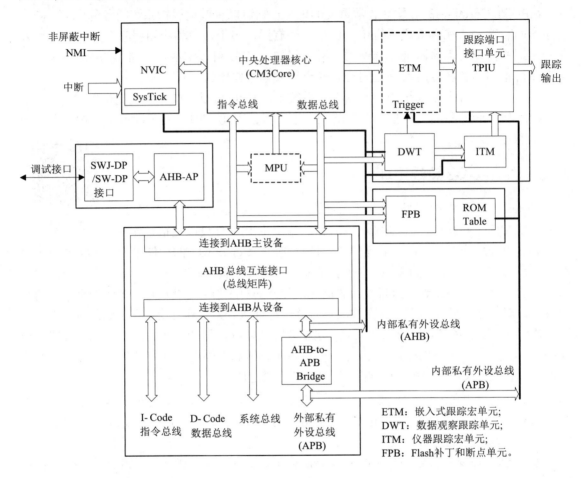

图 2.7   Cortex-M3 总线接口及总线类型

Cortex-M3 中的总线接口是一个关键的硬件模块，用于连接处理器核、存储器、外设和其他系统组件，实现数据和指令的传输和交互。总线矩阵是 Cortex-M3 处理器内部总线系统的核心。它是一个 32 位的 AHB 总线互联网络，可以将数据和指令从源组件传输到目标组件，其中包含多个总线接口，如系统总线接口(System Bus Interface)、片内总线接口(AHB-Lite Interface)和外设总线接口(APB Interface)等。

当 CPU 执行指令时，首先会向总线矩阵发送指令地址，并在下一时钟周期接收指令数据。如果指令需要访问存储器，则总线矩阵会将地址转发到存储器总线接口，并在下一时钟周期接收数据返回给 CPU。类似地，如果外设需要访问存储器，则总线矩阵会将地址转发到存储器总线接口，并在下一时钟周期接收数据返回给外设。除了数据和指令的传输，总线矩阵还负责控制总线协议、时序和优先级。它根据各个组件的访问请求和优先级，对总线访问进行仲裁和调度，以保证总线访问的公平性和合理性。总之，Cortex-M3 中的总线接口组件通过总线矩阵实现 CPU、存储器、片上外设和调试跟踪模块之间的连接。总线矩阵提供了多个总线接口，支持高效的数据和指令传输，并控制总线协议、时序和优先级，以满足不同组件的需求。

1. 指令总线 I-Code

指令总线是一条基于 AHB-Lite 总线协议的 32 位总线，负责在代码区地址范围为 0x00000000～0x1FFFFFFF 对应的存储单元内进行取指令操作(Cortex-M3 各总线连接的片内外资源的地址映射，请参考 2.4.1 节，下同)。取指令以字的长度执行，即使是对于 16 位指令也如此，因此，CPU 内核可以一次取出两条 16 位 Thumb 指令。

2. 数据总线 D-Code

数据总线也是一条基于 AHB-Lite 总线协议的 32 位总线，负责在代码区地址范围为 0x00000000～0x1FFFFFFF 对应的存储单元内进行数据(被初始化变量中的元素)访问操作，并且在处理器内部与 I-Code 总线分离，避免了指令和数据之间的竞争。D-Code 总线只支持对齐的数据传送。D-Code 总线也可以对片内 SRAM 区进行访问。

3. 系统总线 System Bus

系统总线也是一条基于 AHB-Lite 总线协议的 32 位总线，负责在 0x20000000～0xDFFFFFFF 和 0xE0100000～0xFFFFFFFF 之间的所有数据传送，包括 0x20000000～0x3FFFFFF(512 MB)的片内 SRAM 区，0x40000000～0x5FFFFFF(512 MB)的片上外设区，0x60000000～0x9FFFFFF(1 GB)的片外 RAM 区，0xA0000000～0xDFFFFFF(1 GB)的片外外设区，以及 0xE0100000～0xFFFFFFFF 厂商自定义外设区。和 D-Code 总线一样，所有的数据传送都是对齐的。

4. 内部私有外设总线

内部私有外设总线有 AHB 内部私有外设总线和 APB 内部私有外设总线两类，其中 AHB 内部私有外设总线连接要求访问速度较快的重要部件如 NVIC、系统时钟等，APB 内部私有外设总线连接跟踪调试相关部件。其对应的地址范围为 0xE0000000～0xE003FFFF。

5. 外部私有外设总线

外部私有外设总线是一条基于 APB 总线协议的 32 位总线。此总线来负责 0xE0040000～0xE00FFFFF 之间的私有外设访问。但是，由于 APB 存储空间的一部分已经被 TPIU、ETM 以及 ROM 表用掉了，只留下 0xE0042000～0xE00FF000 这个区间用于配接外部私有外设。

综上所述，可以看出 ARM Cortex-M3 提供了基于 AMBA 规范的多种总线协议，以方便芯片商基于该总线接口开发自己的微控制器芯片，初学者很容易混淆，也不太容易弄清楚它们是怎样与其他设备和存储器连接的。这里给出一个典型的连接实例，如图 2.8 所示。I-Code 总线和 D-Code 总线通过总线复用器与 Flash 代码存储器或附加的 SRAM 相连，实现了指令和数据的同时访问；AHB 系统总线连接片内静态 RAM、片外 RAM 以及各种高速设备，通过 AHB to APB 桥连接片内低速外设；私有外设总线连接 NVIC、DWT(数据观察跟踪单元、ITM(仪器跟踪宏单元)等部件。

图 2.8 给出的只是一个很简单的例子，微控制器芯片设计师基于 Cortex-M3 提供的总线接口，结合芯片的功能定位也可以选择其他的总线连接方案。对于从事嵌入式软件开发的读者，不需要了解太多有关总线的细节，只需要知道具体的存储器映射就够了。

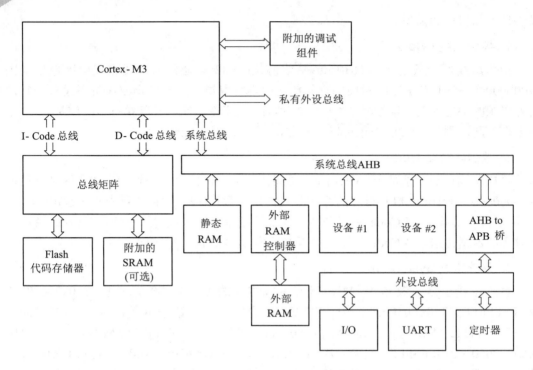

图 2.8　Cortex-M3 总线连接示例

需要说明的是，不同半导体厂家基于 Cortex-M3 核生产的微控制器芯片都会使用 Cortex-M3 中的总线接口，并且会根据不同需求把相关的片上外设挂在不同速度的总线上。以意法半导体公司的 STM32F103 系列微控制器为例，片上外设按照不同速度要求挂在了 APB1、APB2、AHB(速度由低到高，也就是说速度低的外设挂在 APB1 总线上)。为了对片上外设的相关寄存器进行访问，对每类总线都设置了相应的总线基地址，每条总线对应的地址为 APB1：0x40000000，APB2：0x4001 0000，AHB：0x4001 8000。因此，理解和掌握 Cortex-M3 中的内部总线接口，对后续学习如何访问微控制器芯片的片上外设中的相关寄存器是很有必要的。每款芯片的具体细节可查阅相关芯片的数据手册。

2.2.4　跟踪系统

跟踪系统如图 2.6 中编号为④的部分所示。跟踪系统是 Cortex-M3 内核内部集成的一套调试支持机制，负责处理与调试操作相关的各种任务，包括断点管理、程序执行控制(如暂停、恢复执行)、状态监视以及访问核心的寄存器和内存等功能。调试系统通过一系列的调试寄存器和控制逻辑实现上述功能，使得外部工具可以对正在运行的程序进行精确控制和观察。它包括以下几个关键部分：

(1) 断点单元(Breakpoint Unit)：允许开发者设置断点，当程序执行到特定位置时自动暂停，方便开发者检查程序状态和变量值。

(2) 观察点单元(Watchpoint Unit)：允许开发者设置观察点，用于监视内存访问操作，当特定的内存读写操作发生时可以触发调试事件，帮助开发者追踪问题。

(3) 系统控制空间(System Control Space, SCS)：它包含了多个用于控制和管理调试功能的寄存器，如调试控制寄存器和状态寄存器等。

(4) 调试异常和监视点(Debug Monitor)：支持在软件层面上处理调试事件，允许实现更复杂的调试逻辑。

2.2.5　调试接口

调试接口如图 2.6 中编号为⑤的部分所示。调试接口是连接外部调试器与微控制器内部跟踪系统的接口，主要有两种形式：

(1) JTAG 接口：一种标准的测试访问端口，允许通过多个引脚(4 个或 5 个)对设备进行编程和调试。

(2) SWD(Serial Wire Debug，串行线调试)接口：是一种比 JTAG 更简化的调试接口，只需要两条信号线即可完成数据传输，有效减少了所需的物理连接数，同时保持了与 JTAG 相似的功能。

除了上述两种接口，Cortex-M3 内核还支持通过特定的调试协议(如 ARM 的 CoreSight 技术)实现更高级的调试和跟踪功能，例如实时跟踪和系统分析。这些高级功能依赖于微控制器的具体实现以及外部调试器的支持。在实际应用中，SWD 接口因其所需引脚数较少而变得越来越流行，尤其适合那些空间紧凑的嵌入式应用。然而，JTAG 接口仍然因其强大的功能和广泛的兼容性而被许多系统和调试器支持。开发者可以根据自己的需求和硬件设计的限制选择合适的调试接口。

2.3　寄存器阵列

上一节介绍了 Cortex-M3 微处理器的组成和主要工作原理，使读者从宏观层面对 Cortex-M3 微处理器有了概括性了解。从本节开始，将从嵌入式系统开发者的角度出发，对嵌入式开发过程中用到的相关资源，如寄存器阵列、存储器系统以及中断和异常等进一步进行详细介绍。

在 Cortex-M3 架构中，寄存器可以分为通用寄存器和特殊功能寄存器两大类。了解和掌握这些寄存器对于开发者来说非常重要，因为它们是进行有效编程和系统控制的基础。通过精确地操作这些寄存器，开发者可以高效地实现数据处理、优化程序结构、精确控制系统行为，以及有效地管理中断和异常，从而开发出性能优异、响应迅速的嵌入式应用。

2.3.1　通用寄存器组

如图 2.9 所示，Cortex-M3 通用寄存器包括 R0～R15 共 16 个 32 位寄存器。其中 R0～R12 寄存器主要用于在指令执行时临时存放操作数、计算结果以及函数参数的传递等，R13～R15 是 3 个具有特定功能的通用寄存器。

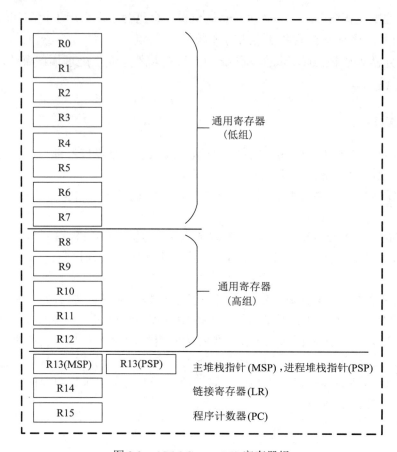

图 2.9   ARM Cortex-M3 寄存器组

1. 通用寄存器(R0～R12)

R0～R7 被称为低组寄存器，所有指令都能访问它们；R8～R12 被称为高组寄存器，只有部分 16 位 Thumb 指令能访问它们，32 位的指令则不受限制。也就是说，32 位指令能对所有通用寄存器 R0～R12 进行访问，16 位指令能对所有低组寄存器 R0～R7 进行访问，而只有个别 16 位指令能对高组寄存器 R8～R12 进行访问。例如，"ADDS R0,R1"汇编后得到的是 2 B 的机器指令(0x1840)，而使用高组寄存器的"ADDS R8,R9"就不能编码为 16 位指令了，其对应的机器指令为 32 位(0xEB180809)。

2. 堆栈指针寄存器(R13)

在 ARM Cortex-M3 微控制器架构中，存在两个关键的堆栈指针寄存器，分别是主堆栈指针(Main Stack Pointer，MSP)和进程堆栈指针(Process Stack Pointer，PSP)寄存器。这两个寄存器的存在允许微控制器在不同的运行环境下，尤其是在支持操作系统和多任务处理时灵活地管理内存堆栈。

(1) 主堆栈指针 MSP 寄存器，也写作 SP_main。MSP 是在微控制器复位后默认使用的堆栈指针，需要启动程序事先在中断向量表中进行设置。它主要用于异常处理、中断处理和系统初始化期间。在没有使用操作系统或者在裸机编程时，通常只会使用 MSP。

(2) 进程堆栈指针 PSP 寄存器，也写作 SP_process。PSP 主要用于操作系统环境下，为每个任务或线程分配独立的堆栈空间。使用 PSP 可以让操作系统更有效地管理多个任务的堆栈，便于任务切换。与 MSP 不同，PSP 在使用前需要明确进行初始化，并由操作系统管理。PSP 的使用使得微控制器能够更有效地执行多任务调度和管理。

MSP 和 PSP 是 Cortex-M3 中的两个独立寄存器，分别支持不同的使用场景。Cortex-M3 提供了一个名为 CONTROL 的特殊功能寄存器，其中包含一个用于选择当前堆栈指针的位。通过修改 CONTROL 寄存器的值，可以在 MSP 和 PSP 之间切换，从而灵活应对不同的程序和任务需求。详见"2.3.2 特殊功能寄存器"一节的描述。

3. 链接寄存器(R14)

在 ARM Cortex-M3 架构中，链接寄存器(R14)也称为 LR，主要用于存储函数(也称子程序或过程)调用、异常处理后的返回地址。当执行一个函数调用或发生异常时，返回到原来程序执行点的地址会被自动保存在 LR 中。这样，函数或异常处理完成后，可以通过 LR 中的地址返回到正确的位置继续执行程序。简而言之，LR 是用来帮助程序"记住"从哪里跳转过来，以便能够正确"跳回去"。

例如，在执行 BL(Branch and Link)指令时当前的程序计数器(Program Counter，PC)值，也就是调用函数的下一条指令的地址，会被保存到 LR 中。这样，函数执行完毕后，可以通过将 LR 的值移回 PC 值来返回到调用函数的正确位置。在嵌入式系统编程中，尤其是在使用操作系统的情况下，LR 的正确管理对于任务切换、中断处理等都至关重要。

4. 程序计数寄存器(R15)

在 ARM Cortex-M3 架构中，程序计数器 PC(R15)的主要作用有两个：

(1) 指令定位：存储下一条要执行的指令的地址，为处理器从存储器中获取(或读取)指令提供了准确的位置指引。

(2) 程序流控制：通过修改 PC 的值(比如跳转指令)，可以改变程序的执行流程，实现条件执行、循环、函数调用等操作。

5. 汇编程序中使用的寄存器名

对于多数汇编工具，在访问寄存器组中的寄存器时可以使用多种名称。在一些汇编工具中，如 Keil MDK-ARM，寄存器可以使用大写或小写来表示，如表 2.3 所示。

表 2.3 汇编程序中可使用的寄存器名

寄存器	可使用的寄存器名	备　注
R0～R12	R0，R1，…，R12; r0,r1,…,r12	在使用特殊寄存器访问指令 MRS 和 MSR 对堆栈指针寄存器进行访问时，需要专门指定是对 MSP 还是 PSP 进行访问
R13	R13, r13, SP, sp	
R14	R14, r14, LR, lr	
R15	R15, r15, PC, pc	

2.3.2　特殊功能寄存器

在 ARM Cortex-M3 中，特殊功能寄存器扮演着至关重要的角色。开发者通过专用指令

(MSR/MRS)对特殊功能寄存器的相关位置 1 或清 0,从而控制和管理处理器的状态、行为和中断响应。ARM Cortex-M3 中的特殊功能寄存器主要有程序状态寄存器组、中断屏蔽寄存器组和控制寄存器三类。

1. 程序状态寄存器组

在 Cortex-M3 中,程序状态寄存器 (Program Status Register,PSR)扮演着重要的角色,它用于反映处理器的当前状态,包括执行状态、中断状态以及其他的系统状态信息。如图 2.10 所示,Cortex-M3 的 PSR 有 3 个子状态寄存器:应用程序状态寄存器(Application PSR, APSR)、中断程序状态寄存器(Interrupt PSR,IPSR)和执行程序状态寄存器 (Execution PSR, EPSR)。

	31	30	29	28	27	26:25	24	23:20	19:16	15:10	9	8	7	6	5	4:0
APSR	N	Z	C	V	Q											
IPSR												Exception Number				
EPSR						ICI/IT	T			ICI/IT						

图 2.10 Cortex-M3 程序状态寄存器

(1) 应用程序状态寄存器 APSR:包含了算术操作的结果标志,如负标志(N)、零标志(Z)、进位/借位标志(C)、溢出标志(V)和饱和标志(Q)。这些标志用于条件指令的执行决策。

(2) 中断程序状态寄存器 IPSR:用低 8 位来表示当前正在处理的中断或异常的编号(0～255)。如果没有中断或异常正在处理,则该值为 0。

(3) 执行程序状态寄存器 EPSR:包含了与指令执行相关的状态信息,例如,T 位表示处理器当前是否处于 Thumb 状态。

通过 MSR/MRS 指令,这 3 个程序状态寄存器既可以单独访问,也可以组合访问。如图 2.11 所示,当使用三合一的方式访问程序状态寄存器时,应使用名字 xPSR 或者 PSR。

	31	30	29	28	27	26:25	24	23:20	19:16	15:10	9	8	7	6	5	4:0
xPSR	N	Z	C	V	Q	ICI/IT	T			ICI/IT		Exception Number				

图 2.11 合体后的程序状态寄存器(xPSR)

xPSR、IPSR、EPSR 寄存器只能在特权模式下被访问,APSR 可以在特权或非特权(用户级)模式下访问。

程序状态寄存器各位的意义如下:

(1) N(Negative):负数或小于标志(1 表示结果为负数或小于;0 表示结果为正数或大于)。

(2) Z(Zero):零标志(1 表示结果为零;0 表示结果不为零)。

(3) C(Carry/Borrow):进位/借位标志(1 表示结果有进位或借位;0 表示结果无进位或借位)。

(4) V(Overflow):溢出标志(1 表示结果有溢出;0 表示结果无溢出)。

(5) Q：饱和标志。在运算过程中，如果触发了饱和(即运算结果超出了可以表示的范围)，饱和标志 Q 就会被置位。例如，在字节运算中，如果最大值是 255，那么当两个数相加的结果超过 255 时，饱和运算的结果就会是 255，而不是实际的溢出值。同样地，如果运算结果小于 0，饱和运算的结果就会是 0。饱和运算通过限制运算结果的范围，可以确保系统的稳定性和可靠性，防止由于数值错误导致系统崩溃或性能下降。

(6) ICI/IT(Interrupt-Continuable Information/If-Then)：ICI 标志位与中断的继续执行相关，通过检查 ICI 标志位，处理器可以确定是否可以在中断后安全地继续执行特定的指令；IT 标志位与 If-Then 指令的基础条件有关，它存储了这些条件的状态，从而帮助处理器确定是否应该执行接下来的指令。总之，ICI 和 IT 标志位在 Cortex-M3 的执行程序状态寄存器中扮演着重要的角色，它们共同协作以支持条件执行和中断处理等功能，从而确保处理器能够高效地执行程序。

(7) T：Thumb 状态标志位(总是 1；如果试图将该位清零，会引起故障异常)。

(8) Exception Number：处理器正在处理的异常的编号。

2. 中断屏蔽寄存器组

在 Cortex-M3 中，异常和中断屏蔽操作是一个重要的功能，它允许软件根据需要临时禁止或启用某些中断，以保护关键代码段不被中断打断，或管理中断优先级。这一功能主要通过 FAULTMASK、PRIMASK 和 BASEPRI 这 3 个特殊功能寄存器实现。

(1) **FAULTMASK 寄存器**：关内部中断(异常)，是一个只有 1 位的异常屏蔽寄存器。它的默认值是 0，表示没有关异常。当置为 1 时，系统可以临时阻止除非屏蔽中断(Non-Maskable Interrupt，NMI)外的所有异常的发生，这对于执行关键代码段时保护系统稳定性非常有用。

(2) **PRIMASK 寄存器**：关外部可屏蔽中断，是一个只有 1 位的中断屏蔽寄存器。中断是由 Cortex-M3 核之外的外设产生的，它的默认值也是 0，表示没有关中断；将其置 1 后，就禁止所有可屏蔽的外部硬件中断。

(3) **BASEPRI 寄存器**：关闭优先级号大于某值的中断(不响应优先级低的中断)，它定义了被屏蔽优先级的阈值。当它被设成某个值后，所有优先级号大于等于此值的中断都被禁止(优先级号越大，优先级越低)。它的默认值是 0。

3. 控制寄存器

控制寄存器 CONTROL 是一个只有 2 位的寄存器，其中一位用于定义特权级别，另外一位用于选择当前使用哪个堆栈指针。

CONTROL[0]用于定义特权级别：0 表示特权级(线程模式)，1 表示用户级(线程模式)。

CONTROL[1]用于选择堆栈指针：0 表示当前使用主堆栈指针 MSP(复位后的默认值，处理器模式下也只能选择此值)，1 表示当前使用进程堆栈指针 PSP。

需要说明的是，这些特殊功能寄存器(除应用程序状态寄存器 APSR 外)都是在特权模式下通过专用指令 MRS(Move to Register from Special Function)和 MSR(Move to Special Function from Register)来访问的。其中 MRS 指令用于将特殊功能寄存器的值读取到通用寄存器中，MSR 指令用于将通用寄存器的值写入到特殊功能寄存器中。这 2 个指令的介绍详见 3.3 节。

2.4　存储器系统

在计算机系统中，处理器通过地址总线进行访问的系统资源有两类，一类是用来存放指令和数据的存储器单元，另一类是对外设进行控制与数据交换的 I/O 端口。早期的计算机由于地址空间有限，这两类地址空间进行独立编址，使用专门的输入输出指令来对 I/O 端口进行访问。随着微电子技术的发展，芯片的地址空间越来越大，I/O 端口和存储单元共用同一个地址空间，这种编址方式被称为统一编址，使用对存储单元访问的指令就可以实现对 I/O 端口的访问，不再需要专门的输入输出指令对 I/O 端口访问了。Cortex-M3 就采用了存储器与 I/O 端口(在 Cortex-M3 中称其为寄存器)统一编址的方式，本节将介绍 Cortex-M3 存储器地址空间的映射关系，它是后续进行嵌入式系统开发过程中对存储器以及片内 I/O 资源利用的基础。

2.4.1　Cortex-M3 存储器映射

图 2.12 为 Cortex-M3 对 32 位地址形成的 4 GB 地址空间预定义存储器和片上外设寄存器的映射关系。Cortex-M3 预先定义好了这种"粗线条的"存储器映射，通过把片上外设的寄存器映射到外设区，就可以简单地以访问内存的方式来访问这些外设的寄存器，从而控制外设的工作。因此，片上外设可以使用 C 语言来操作。这种预定义的映射关系，也使得对访问速度可以作高度优化，而且对于片上系统的设计而言更易集成。这一点对理解后续将学习的基于汇编语言或 C 语言对相关外设的寄存器进行访问非常重要，汇编语言通过寄存器对应的存储单元地址直接对存储单元进行访问，而 C 语言则通过地址指针对对应外设的寄存器进行访问。

存储器系统映射

这一事先预定义的单一固定的存储器映射极大地方便了软件在各种 Cortex-M3 微控制器芯片间的移植，比如不同半导体厂家生产的 Cortex-M3 微控制器芯片的 NVIC 和 MPU 都在相同的位置布设寄存器(I/O 端口)，使得它们变得通用。尽管如此，Cortex-M3 预定义的地址映射关系仍是"粗线条的"，它依然允许芯片制造商灵活地分配存储器空间，以制造出各具特色的微控制器产品。

Cortex-M3 将 0x00000000～0xFFFFFFFF 共 4 GB 地址空间从低地址到高地址依次划分为 6 个区域，分别是地址从 0x00000000～0x1FFFFFF(512 MB)的代码区，地址从 0x20000000～0x3FFFFFF(512 MB)的片内 SRAM 区，地址从 0x40000000～0x5FFFFFF(512 MB)的片内外设区，地址从 0x60000000～0x9FFFFFF(1 GB)的片外 RAM 区，地址从 0xA0000000～0xDFFFFFF(1 GB)的片外外设区，以及地址从 0xE0000000～0xFFFFFFFF(512 MB)的系统私有外设区。Cortex-M3 存储单元(片内与片外)和外设端口(片内与片外)统一编址的 4 GB 地址空间映射关系如图 2.12 所示。

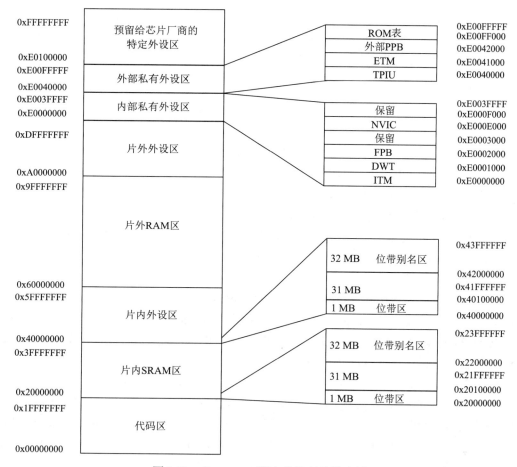

图 2.12　Cortex-M3 预定义的存储器映射

1) 代码区(0x00000000~0x1FFFFFFF)

该区域大小为 512 MB，用于存储程序的二进制指令，即存放可执行代码的区域。系统启动后中断向量表也被默认地存放在该区域 0x00000000~0x000003FF 的 1024 个单元中。

2) 片内 SRAM 区(0x20000000~0x3FFFFFFF)

该区域大小为 512 MB。芯片制造商可在此区域布设 RAM，通常用于存储程序的变量、堆栈以及其他临时数据。它位于处理器核心附近，可以被快速读取和写入，具有低延迟和高带宽。在 SRAM 区中的最底层还有一个大小为 1 MB 的空间，称为位带区，即该存储空间可以按位寻址，同时该位带区还对应一个 32 MB 的位带别名区，可实现对 8 MB 的位变量进行操作，详见 2.4.2 介绍。

3) 片内外设区(0x40000000~0x5FFFFFFF)

该区域大小为 512 MB，主要用于映射片上外设的相关寄存器。这些寄存器用于配置和控制芯片内置的外设(如定时器、串口通信等)，通过读写这些寄存器可以配置和控制相应的外设功能。ARM 将该片上外设区预留给芯片制造商，根据芯片所具备的外设实现具体的寄存器到地址的映射，若该款芯片不具备某个片上外设，则该地址范围保留。具体到某款 Cortex-M3 微控制器片上外设寄存器的地址映射关系，开发者可参考芯片手册提供的详细信息。嵌入式工程师可以通过汇编语言或 C 语言以访问内存单元的方式来访问这些片上外设的寄存器，从而控制这些外设实现具体功能。该区域的最低 1 MB 区可以按位寻址，同样对应一个 32 MB 的位带别名区，详见 2.4.2 介绍。

4) 片外 RAM 区(0x60000000～0x9FFFFFFF)

该区域大小为 1 GB。当片内 RAM 空间不足时，可以通过扩展片外 RAM 来提供更多的储存空间。与片内 RAM 区不同，片外 RAM 区没有位带区。

5) 片外外设区(0xA0000000～0xDFFFFFFF)

该区域大小为 1 GB。这个区域用于映射片外外设的寄存器，类似于片上外设区，这里的寄存器用于配置和控制与微控制器连接的外部设备。

6) 系统私有外设区(0xE0000000～0xFFFFFFFF)

该区域大小为 512 MB，用于访问 Cortex-M3 的私有外设(如 NVIC、MPU 以及片上调试组件等)。该区域分为 3 个部分：内部私有外设区、外部私有外设区和预留给半导体厂商的外设区。

(1) 内部私有外设区(0xE0000000～0xE003FFFF)：大小为 256 KB，内部私有外设区包含处理器核心的重要组成部件——嵌套向量中断控制器 NVIC、闪存补丁和断点单元 FPB(Flash Patch and Breakpoint Unit)、数据监视和跟踪单元 DWT(Data Watchpoint and Trace)、仪器化跟踪宏单元 ITM(Instrumentation Trace Macrocell)等。

(2) 外部私有外设区(0xE0040000～0xE00FFFFF)：大小为 768 KB。这些外部私有外设提供了处理器核心无法直接实现的调试、跟踪和性能分析等重要功能：提供处理器和外设的调试信息的只读存储器表(ROM 表)、外部私有外设总线(External Private Peripheral Bus，PPB)、嵌入式跟踪宏单元 ETM(Embedded Trace Macrocell)、跟踪端口接口单元 TPIU(Trace Port Interface Unit)等。

(3) 预留给半导体厂商的外设区(0xE0100000～0xFFFFFFFF)：该区域预留给半导体厂商，主要是为了让半导体厂商能够在微控制器芯片上实现自己的定制化外设，以满足不同应用领域、不同客户的需求。该区域的外设功能和目的取决于半导体厂商的具体设计。

需要说明的是，ARM 公司只是大概规定了存储单元和外设寄存器共用的这 4 GB 地址空间的映射关系，允许各半导体厂商在指定范围内自行定义和使用这些存储空间，未分配的空间为保留的地址空间。因此，在进行基于 Cortex-M3 微控制器的嵌入式系统开发时，读者还需要查阅相关微控制器芯片的数据手册，进一步确认相关地址映射信息。

2.4.2　位带操作

在嵌入式系统开发中，经常需要对存储单元中二进制数中的某位置 1 或清 0，例如，将地址 0x2000 0000 开始 4 个单元中存放的 32 位二进制数的 bit 2 位置 1，传统的方法通过"读取—修改—写回" 3 个步骤来实现，代码如下：

处理器的位带操作

```
LDR    R0, =0x20000000    ;要读取字单元的地址送 R0
LDR    R1, [R0]           ;0x20000000 字单元内容送 R1
```

| ORR | R1, #0x4 | ;将 bit 2 位置 1 |
| STR | R1, [R0] | ;写回 0x20000000 字单元 |

　　传统的"读取—修改—写回"位操作方法不仅代码复杂，执行时间长，更重要的是无法满足多线程或并发编程对"原子操作"的需求。所谓原子操作是指在执行过程中不可被中断的单个操作，通常用于多线程或并发编程中，确保对共享资源的访问和修改是安全的。在并发环境下，多个线程可能同时访问和修改共享资源，这可能导致数据一致性问题。可以通过硬件支持或软件实现，硬件支持的原子操作是由处理器提供的特定指令，这些指令可以在一个时钟周期内完成，并且是不可中断的。软件实现的原子操作通常使用锁或其他同步机制来确保操作的原子性。

　　为了解决这个问题，Cortex-M3 从硬件层面引入位带操作，如图 2.13 所示。Cortex-M3 存储器映射包括 2 个位带区(Bit Band Region)，分别为片内 SRAM 区和片内外设区中最低的 1 MB。这 2 个位带区中的地址除了可以像普通 RAM 一样使用外，它们还都有自己的位带别名区(Bit Band Alias)，位带区中每个位(bit)"膨胀"为位带别名区的一个 32 位的字(Word)，位带别名区的字只有 LSB (Least Significant Bit，字的最低位)有意义。当通过位带别名区访问这些字时，实际上达到访问原始位带区上每个位的效果。也就是说，开发者只需要给位带别名区中的字单元(4 个字节单元)送 1 或 0，硬件系统就自动实现了位带区对应位的置 1 或清 0 操作，从而实现了"原子操作"。

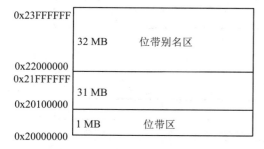

(a) 片内 SRAM 区的位带区与位带别名

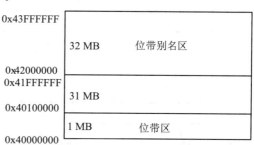

(b) 片内外设区的位带区与位带别名区

图 2.13　Cortex-M3 位带操作的地址映射

1. 位带区的位与位带别名区的字之间的映射关系

　　以片内 SRAM 区中的位带操作为例，位带区中的位与位带别名区中的字之间的对应关系如图 2.14 所示。SRAM 区最低端的 1 MB 位带区(地址范围为 0x20000000～0x200FFFFF)，每个字节包含 8 个位，对应有 8 Mb。位带区中的每一位都被映射到位带别名区中的一个字(32 位，占用 4 个单元)，因此，对应到位带别名区就需要 8 MB × 4 = 32 MB 个存储单元，对应的地址为 0x22000000～0x23FFFFFF。

　　如图 2.14 所示，位带区 0x20000000 单元中的 bit0 位被映射到位带别名区的 0x22000000～0x22000003 这 4 个单元中存放的一个字，字的最低位反映了位带区该位的状态(0 或 1)；位带区 0x20000000 单元中的 bit7 位被映射到位带别名区的 0x22000000 + 4 × 7 = 0x2200001C 开始的 4 个单元中，字的最低位反映了位带区该位的状态(0 或 1)。

　　对于本节开始的例子：将地址 0x2000 0000 中存放的 32 位二进制数的 bit 2 置 1，使用位带操作，只需要一条存储指令 STR 把 1 写入位带别名区 0x22000008 单元，就实现了位带区 0x2000 0000 中存放的 32 位二进制数的 bit 2 置 1。

```
LDR     R0, =0x22000008        ;对应的位带别名区地址送 R0
MOV     R1, #1                 ;
STR     R1,[R0]                ;将 1 送别名区 0x22000008，从而实现置 1 操作
```

对 SRAM 位带区的某个 bit 位，设它所在字节单元地址为 A，位序号为 $n(0 \leqslant n \leqslant 7)$，则该 bit 位在别名区对应的 4 个单元的首地址为：

$$AliasAddr = 0x22000000 + ((A - 0x20000000) \times 8 + n) \times 4$$

对于 SRAM 内存区，位带区各 bit 位与位带别名区之间的地址映射如表 2.4 所示。

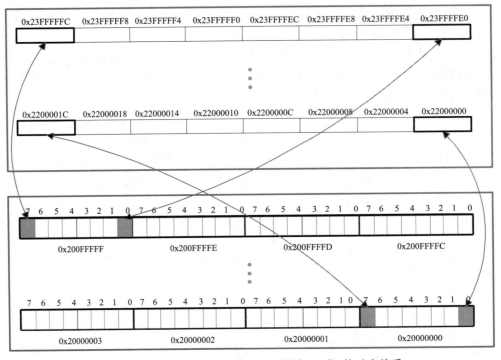

图 2.14　位带区的位与位带别名区的字(32 位)的对应关系

表 2.4　SRAM 区位带区各 bit 位与位带别名区之间的地址映射

位带区 (按位访问)	对应的位带别名区地址 (按字访问，送 1 或 0 即可使位带区对应位置 1 或清 0)
0x20000000.0	0x22000000
0x20000000.1	0x22000004
0x20000000.2	0x22000006
…	…
0x20000000.31	0x2200007C
0x20000004.0	0x22000080
0x20000004.1	0x22000084
0x20000004.2	0x22000088
…	…
0x200FFFC.31	0x23FFFFFC

同理，如图 2.13(b)所示片内外设位带区的某个 bit 位，若它所在字节单元的地址为 A，位序号为 n $(0{\leq}n{\leq}7)$，则该位在别名区对应的 4 个单元的首地址为：

$$AliasAddr = 0x42000000 + ((A - 0x40000000) \times 8 + n) \times 4$$

对于片上外设，位带区各 bit 位与位带别名区之间的地址映射如表 2.5 所示。

表 2.5　片上外设区位带区各 bit 位与位带别名区之间的地址映射

位带区 (按位访问)	对应的位带别名区地址 (按字访问，送 1 或 0 即可使位带区对应位置 1 或清 0)
0x40000000.0	0x42000000
0x40000000.1	0x42000004
0x40000000.2	0x42000006
…	…
0x40000000.31	0x4200007C
0x40000004.0	0x42000080
0x40000004.1	0x42000084
0x40000004.2	0x42000088
…	…
0x400FFFC.31	0x43FFFFFC

2. 位带区的操作

使用汇编语言对位带区中的某一位进行置 1 或清 0 操作，只需要知道该位在位带别名区对应字的首地址，然后给该字送 1 或 0 即可。例如，将片内 SRAM 区 0x20000000 单元中的最高位(bit7)置 1，计算得到该位在位带别名区的地址为：

$$0x22000000 + ((0x20000000 - 0x20000000) \times 8 + 7) \times 4 = 0x2200001C$$

然后使用 STR 指令将 1 送给 0x2200001C 单元，即可实现将位带区 0x20000000 单元中的最高位(bit7)置 1 的操作。

使用 C 语言对位带区进行操作时，其实质就是通过地址指针对对应字存储单元进行操作。但由于 C 编译器不直接支持位带操作，因此在 C 语言中进行位带操作最简单的做法就是 #define 一个位带别名区的地址。例如：

```
#defineDEVICE_REG0            ((volatile unsigned long *) (0x20000000))
#defineDEVICE_REG0_bit0       ((volatile unsigned long *) (0x22000000))
#defineDEVICE_REG0_bit1       ((volatile unsigned long *) (0x22000004))
...
#defineDEVICE_REG0_bit7       ((volatile unsigned long *) (0x2200001C))
```

使用与上边汇编语言实现的相同例子：将片内 SRAM 区 0x20000000 单元中的最高位(bit7)置 1。使用#define 定义了 0x20000000 单元中的最高位(bit7)在位带别名区的地址后，只需要下面一条语句就很容易地实现置 1 操作：

```
*DEVICE_REG0_bit7 = 0x1            // 通过位带别名地址设置 bit7
```

当然，我们也可以用传统的方法而不使用位带别名区来实现对寄存器相关位的修改。

首先读出寄存器 REG0 对应地址单元 0x20000000 中的内容，修改对应位 bit7 的值，再送回寄存器对应的地址单元。具体代码如下：

volatile unsigned int reg0 =* DEVICE_REG0	//读取片上外设寄存器 DEVICE_REG0 的值到变量 reg0
reg0 = reg0 |0x00000080	//将变量的 bit7 置 1，其他位保持不变
* DEVICE_REG0= reg0	//将改后的值写回片上外设寄存器 DEVICE_REG0

需要说明的是，在使用 C 语言实现位带操作时，访问的变量必须用 volatile 来定义，因为 C 编译器并不知道同一位可以有两个地址，所以就要通过 volatile 限定，使得编译器每次都如实地把新的数值写入指定存储区，而不再会出于优化的考虑，在中途使用寄存器来操作数据的副本，直到最后才把副本写回。

3. 位带操作的优点

相比传统的通过"读取—修改—写回"三步实现修改存储单元中某位的方法，位带操作具有以下优点：

(1) 原子性操作：位带操作是原子的，即在一个时钟周期内完成对单个位的读取或写入操作。这种原子性能够保证实现共享资源在多任务中任务间的"互锁"访问。多任务的共享资源必须满足一次只有一个任务访问它，亦即所谓的"原子操作"。以前的"读取—修改—写回"需要 3 条指令，导致中间留有两个能被中断的空当，从而造成任务间的竞争或数据不一致等问题。

(2) 简化代码：位带操作能够直接对单个位进行读写，无需使用掩码、移位等传统的位操作方法，这样可以大大简化代码，提高代码的可读性和可维护性。当程序的跳转依据是某个位时，就可以直接从位带别名区读取位的状态。

(3) 提高性能：位带操作在硬件层面实现，可以节省 CPU 指令周期和处理器资源，从而提高系统的性能。

(4) 减少错误：位带操作可以有效减少由于编写位操作代码时引入的错误，例如位移计算错误、掩码错误等。因为位带操作是直接对单个位进行操作，避免了复杂的位操作逻辑。

尽管位带操作带来了很多优点，但还是需要根据具体的处理器架构和编程需求来决定是否使用。在一些特殊情况下，仍然可能需要使用传统的"读取—修改—写回"方法，比如需要同时修改多个位或进行复杂的位操作。

2.4.3 存储格式

Cortex-M3 支持小端格式(Little Endian)和大端格式(Big Endian)两种存储器格式。这两种格式决定了数据在内存中的存储方式。

1. 小端格式

在小端格式下，低字节存储在低地址单元，而高字节存储在高地址单元。也就是说，一个多字节数据的最低有效字节(Least Significant Byte，LSB)存储在起始地址，而最高有效字节(Most Significant Byte，MSB)存储在最高地址。这种格式在现代计算机系统中被广泛采用，包括大多数个人计算机和移动设备。例如，假设一个 32 位的整数 0x12345678 存储在内存中。在小端格式下，它将被存储为以下字节序列(参见图 2.15(a))：

地址：0x1000   0x1001   0x1002   0x1003

数据：0x78   0x56   0x34   0x12

2. 大端格式

在大端格式下，高字节存储在低地址单元，而低字节存储在高地址单元。也就是说，一个多字节数据的最高有效字节 MSB 存储在起始地址，而最低有效字节 LSB 存储在最高地址。这种格式在一些早期的计算机系统中使用，包括在一些网络协议中。

例如，同样假设一个 32 位的整数 0x12345678 存储在内存中。在大端格式下，它将被存储为以下字节序列(参见图 2.15(b))：

地址：0x1000   0x1001   0x1002   0x1003

数据：0x12   0x34   0x56   0x78

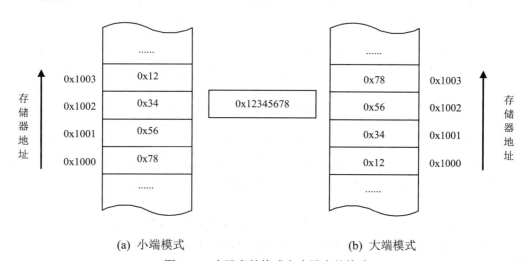

(a) 小端模式   (b) 大端模式

图 2.15   小端存储格式和大端存储格式

需要注意的是，Cortex-M3 处理器本身并不决定存储器格式，而是由系统设计者根据具体应用需求来选择合适的格式。此外，存储器格式对于程序员而言通常是透明的，因为处理器会自动进行字节序的转换，以确保数据的正确解释和处理。尽管 Cortex-M3 既支持小端格式又支持大端格式，在绝大多数情况下基于 Cortex-M3 的微控制器使用小端格式。为了避免麻烦，推荐读者也尽量使用小端格式。

2.5   中 断 与 异 常

处理器中断系统

2.5.1   嵌套向量中断控制器 NVIC

Cortex-M3 的中断机制主要由嵌套向量中断控制器 NVIC 实现。NVIC 集成在 Cortex-M3 的内部，与 Cortex-M3 处理器核紧密耦合。从图 2.16 可以看出，NVIC 管理的中断可以分为内部中断(也称为系统异常)和外部中断两大类，外部中断又包括片上外设中断和外部设备中断两类。

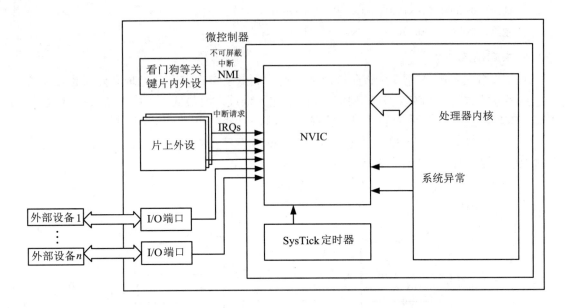

图 2.16　Cortex-M 处理器的嵌套向量中断控制器

(1) 内部中断(系统异常)：内部中断通常是由处理器在运行过程中遇到的特殊情况引起的。例如，复位、NMI、尝试执行非法指令、访问不允许的内存区域、硬件错误(如时钟故障)等。系统异常在优先级上通常高于其他类型的中断，以确保处理器能够及时处理这些关键事件。

(2) 外部中断(片上外设中断)：片上外设中断是由微控制器芯片内部的硬件外设产生的。这些外设可能是定时器、串行通信接口(如 UART、SPI、I²C)、ADC(模数转换器)、DAC(数模转换器)等。当这些外设需要处理器的注意时，例如，定时器溢出、数据接收完成等，它们会产生中断信号，通过 NVIC 通知处理器。

(3) 外部中断(外部设备中断)：外部设备中断是由微控制器外部的硬件产生的。这些外部设备可能是键盘、传感器、外部存储器等。当这些设备需要与处理器通信时，它们会通过专门的引脚发送中断信号到微控制器。这些信号首先会被芯片内部的引脚控制器捕获，然后转发给 NVIC 进行处理。

Cortex-M3 为了实现对中断的管理，给每个中断都给出了编号，理论上可以实现对 256 个中断源的管理。如表 2.6 所示，内部中断源有 16 个，外部中断源最多可以有 240 个，但使用了这 240 个外部中断源中的多少个，则由各 Cortex-M3 芯片制造商决定。

在 Cortex-M3 架构中，NVIC 负责管理和优先级排序这些中断和异常。当多个中断同时发生时，NVIC 会根据它们的优先级来决定哪个中断应该首先得到处理。这种机制确保了处理器能够高效、有序地响应各种事件，从而保证了系统的实时性和稳定性。优先级的数值越小，则优先级越高。Cortex-M3 支持中断嵌套，使得高优先级异常会抢占低优先级中断和异常。有 3 个系统异常：复位(Reset)、NMI(Non-Maskable Interrupt，不可屏蔽中断)以及 Hard Fault，它们有固定的优先级，并且它们的优先级号是负数，从而高于所有其他异常。所有其他中断和异常的优先级则都是可编程的，但不能编程为负数。

表 2.6　Cortex-M3 中断类型号及优先级设置

类型	编号	中断名称	优先级	简　　介
内部中断 (系统异常)	0	N/A	N/A	系统堆栈指针
	1	Reset	−3 (最高)	复位
	2	NMI	−2	不可屏蔽中断, 来自外部 NMI 输入引脚
	3	Hard Fault	−1	硬件故障:总线故障、存储器管理故障以及应用故障的服务例程无法执行,就会触发硬件故障;另外,在读取中断向量时产生的总线 Fault 也按硬 Fault 处理
	4	Memory Management Fault	可编程设置	存储器管理故障:访问存储保护单元 MPU 定义的不合法的内存区域,例如向只读区域写入数据
	5	Bus Fault	可编程设置	总线故障:在读取指令、读写数据、读取中断向量、中断响应保存寄存器和中断返回恢复寄存器等情况下,检测到存储器访问错误和使用错误
	6	Usage Fault	可编程设置	应用故障:使用未定义的指令或进行非法的状态转换;检测到除 0 操作或未对齐的内存访问
	7～10	Reserved	N/A	保留
	11	SVCall	可编程设置	使用 SVC 指令调用系统服务
	12	Debug Monitor	可编程设置	可编程调试监控器, 断点、数据观察点或是外部调试请求
	13	Reserved	N/A	保留
	14	PendSV	可编程设置	可挂起的系统服务请求, 通常为系统设备而设,只能由软件来实现
	15	SysTick	可编程设置	系统定时器
外部中断 (片上外设中断和外部设备中断)	16	IRQ#0	可编程设置	外部中断 0, 内核外部产生,通过 NVIC 输入
	17	IRQ#1	可编程设置	外部中断 1, 内核外部产生,通过 NVIC 输入
	18	IRQ#2	可编程设置	外部中断 2, 内核外部产生,通过 NVIC 输入
	⋮	⋮	⋮	⋮
	255	IRQ#239	可编程设置	外部中断 239, 内核外部产生,通过 NVIC 输入

2.5.2 中断向量表

Cortex-M3 中断系统理论上最多可以对 256 个中断源进行管理,其中 16 个内部中断源,240 个外部中断源。当每个中断源产生中断时,都需要执行一个对应的中断服务程序来实现对中断的响应。Cortex-M3 把这 256 个中断源的中断服务程序入口地址放到一个被称为中断向量表的存储区域,如表 2.7 所示。由于每个服务程序的入口地址为 32 位,在向量表中占用 4 个单元,Cortex-M3 中断向量表占用了地址底端 0x00000000~0x000003FF 共 1024 个单元。

表 2.7　Cortex-M3 中断向量表

中断编号	中 断 名 称	表项地址偏移量	复位时的表项地址
0	MSP 的初始值,复位时 MSP 从向量表的第一个入口加载	0x00	0x00000000
1	Reset	0x04	0x00000004
2	NMI	0x08	0x00000008
3	Hard Fault	0x0C	0x0000000C
4	Memory Management Fault	0x10	0x00000010
5	Bus Fault	0x14	0x00000014
6	Usage Fault	0x18	0x00000018
7~10	Reserved	0x1C~0x28	0x0000001C~0x00000028
11	SVCall	0x2C	0x0000002C
12	Debug Monitor	0x30	0x00000030
13	Reserved	0x34	0x00000034
14	PendSV	0x38	0x00000038
15	SYSTICK	0x3C	0x0000003C
16	IRQ#0	0x40	0x00000040
17	IRQ#1	0x44	0x00000044
⋮	⋮	⋮	⋮
255	IRQ#239	0x3FC	0x000003FC

需要注意,复位时中断向量表被默认地放在地址空间最低端 0x00000000~0x000003FF 的 1024 个单元。为了支持动态重新分配中断,Cortex-M3 允许中断向量表重定位,即从其他地址处开始定位异常向量表。为了实现该功能,NVIC 中有一个寄存器 VTOR(Vector Table Offset Register,向量表偏移量寄存器,地址为 0xE000ED08),通过修改它的值就能重定位向量表。复位时,该寄存器的值为 0。

2.5.3　系统复位过程

图 2.17 为一个 Cortex-M3 纯汇编工程调试的启动界面。可以看出，系统启动时，已经在地址 0x00000000～0x00000003 单元中存放了工程定义的堆栈指针 STACK_TOP，其值被初始化为 0x20005000(程序中通过 DCD STACK_TOP 初始化其值)，此时堆栈指针寄存器 SP 的值为 0x20005000，使其指向了堆栈的栈底；地址 0x00000004～0x00000007 单元中存放的是程序入口处 start 的地址(程序中通过 DCD start 初始化其值)，其值为 0x00000009。

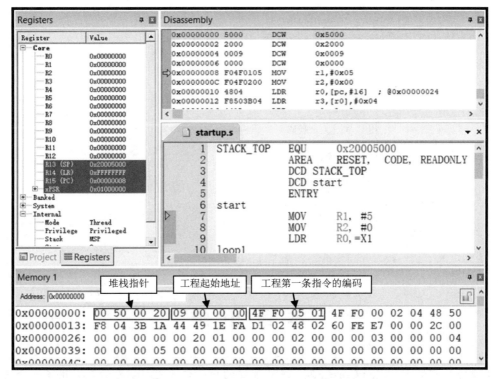

图 2.17　Cortex-M3 纯汇编工程调试启动界面

需要说明的是，位于 start 处的程序的第一条可执行指令"MOV R1,#5"位于地址 0x00000008 处，此时的 PC(R15)也为 0x00000008。但地址 0x00000000～0x00000003 地址单元中初始化的值不是 0x00000008，而是 0x00000009，这是因为早期 ARM 架构要求当从 ARM 状态变为 Thumb 状态时，转移地址的 A0 位必须为 1，这里也就沿用这一惯例。图 2.17 所示工程的启动过程示意图如图 2.18 所示。

如表 2.7 所示，通常情况下，地址 0x00000000～0x000003FF 这 1024 个单元存放中断向量表，但并不是所有的工程中都会涉及所有的中断，例如，本例中只初始化了中断向量表中的前两项，第一项初始化了堆栈指针，第二项初始化了程序的入口地址。从地址 0x00000008 开始就存放的是程序的代码了。

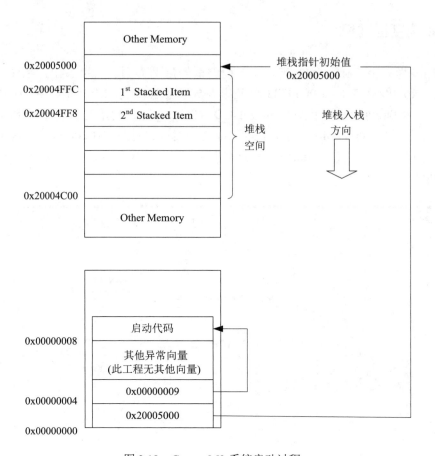

图 2.18　Cortex-M3 系统启动过程

本 章 小 结

本章深入探讨了 ARM Cortex-M3 微处理器的核心体系结构，为读者提供了一个全面而细致的框架。准确理解和掌握 Cortex-M3 微处理器的基本组成和工作原理，熟悉嵌入式开发人员可以访问的处理器内部资源，是后续学习 Cortex-M3 指令与程序设计，学习意法半导体公司基于 Cortex-M3 推出的 STM32F10x 微控制器的工作原理与片上资源的基础，本章内容需要读者能够熟练掌握。

Cortex-M3 由处理器核(由 CPU、NVIC、SysTick 等组成)、内存保护单元(MPU)、总线接口、跟踪系统和调试接口等组成。

在 Cortex-M3 架构中，寄存器可以分为通用寄存器和特殊功能寄存器两大类。了解和掌握这些寄存器对于开发者来说非常重要，因为它们是进行有效编程和系统控制的基础。Cortex-M3 通用寄存器包括 R0～R15 共 16 个 32 位寄存器。其中 R0～R12 寄存器主要用于在指令执行时临时存放操作数、计算结果以及函数参数的传递等，R13～R15 是 3 个具有特定功能的通用寄存器。ARM Cortex-M3 中的特殊功能寄存器主要有程序状态寄存器组、中断屏蔽寄存器组和控制寄存器三类。

Cortex-M3 采用了存储器与 I/O 端口(Cortex-M3 中称其为寄存器)统一编址的方式。Cortex-M3 存储单元(片内与片外)和外设端口(片内与片外)统一编址的 4 GB 地址空间(0x00000000～0xFFFFFFFF)从低地址到高地址依次划分为 6 个区域，分别是地址从 0x00000000～0x1FFFFFF(512 MB)的代码区，地址从 0x20000000～0x3FFFFFF(512 MB)的片内 SRAM 区，地址从 0x40000000～0x5FFFFFF(512 MB)的片内外设区，地址从 0x60000000～0x9FFFFFF(1 GB)的片外 RAM 区，地址从 0xA0000000～0xDFFFFFF(1 GB)的片外外设区，以及地址从 0xE0000000～0xFFFFFFFF(512 MB)的系统私有外设区。这一事先预定义的单一固定的存储器映射极大地方便了软件在不同半导体厂商的各种 Cortex-M3 微控制器芯片间的移植。

中断和异常处理机制使得处理器能够在特定事件发生时迅速响应，并执行相应的处理程序。Cortex-M3 通过嵌套向量中断控制器(NVIC)实现了对中断和异常的精确控制和管理，包括中断优先级分配、中断嵌套处理以及异常向量表等。这些机制确保了处理器在复杂环境中的稳定运行和高效响应。

本章通过对 Cortex-M3 微处理器体系结构的全面介绍，使读者对其有了深刻的理解和认识。这为读者后续深入学习和应用 Cortex-M3 微处理器奠定了坚实的基础。无论是从组成结构、寄存器阵列、存储器系统还是中断与异常处理机制等方面来看，Cortex-M3 都展现了其作为嵌入式系统核心处理器的卓越性能和灵活性。

习　　题

1. 冯·诺依曼结构和哈佛结构各有什么特点？ARM 公司的 Cortex-M3 微处理器使用的是哪种结构？

2. 复杂指令集 CISC 和精简指令集 RISC 各有什么特点？ARM 公司的 Cortex-M3 微处理器使用的是哪种指令系统？

3. Cortex-M3 处理器有哪两种操作模式？有哪两种特权级别？这两种操作模式分别可以运行在哪种特权级别？Cortex-M3 处理器设置不同的操作模式和特权级别的目的是什么？

4. Cortex-M3 处理器由哪几部分组成？简要说明各部分的主要功能。

5. Cortex-M3 总线接口为芯片厂商设计自己的微控制芯片提供了哪些总线？说明这些总线的特点，每种总线主要实现哪些资源与微处理器核的信息交换？

6. R0～R7 被称为低组寄存器，所有指令都能访问它们；R8～R12 被称为高组寄存器，只有很少的 16 位 Thumb 指令能访问它们，32 位的指令则不受限制。为什么？试举 1、2 例说明高组寄存器不能在 16 位 Thumb 指令中使用的例子。

7. 执行以下两条指令"LDR R0,=0xFFFFFFFF"和"ADD R0,#0x1"后，状态位 N、Z、C、V 有无变化，如有变化，分别应该是多少？

8. 执行以下两条指令"LDR R0,=0xFFFFFFFF"和"ADDS R0,#0x1"后，状态位 N、

Z、C、V 有无变化，如有变化，分别应该是多少？

9. 图 2.19 是某工程装入调试系统后的初始界面，当前指向第一条要执行的指令，试根据该图回答以下问题。

(1) 当前的 SP 值是多少？如何赋的初值？

(2) 地址 0x00000000～0x00000003 四个单元放的内容是什么？

(3) 地址 0x00000004～0x00000007 四个单元放的内容是什么？

(4) 若地址 0x00000004～0x00000007 四个单元放的是标号"start"所在的地址，但 start 所在位置的地址为 0x00000008，那为什么 0x00000004～0x00000007 四个单元放的值是 0x00000009？

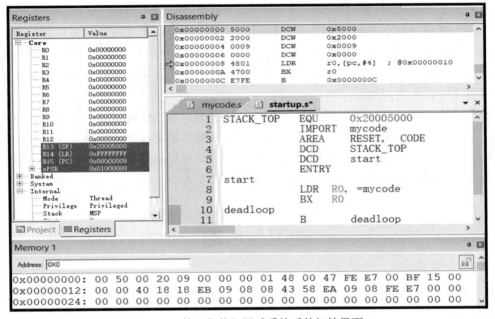

图 2.19　某工程装入调试系统后的初始界面

10. 图 2.20 为执行"PUSH　{r0,r2,r1,r8,r7}"指令后的调试界面，试根据图示信息回答下列问题：

(1) 该工程设置的主堆栈的堆栈栈底地址是多少？

(2) 执行指令"PUSH　{r0,r2,r1,r8,r7}"后，SP 的值是多少(Registers 区已经有显示)？请给出该值的计算依据。

(3) Memory1 区给出了 0x20004FEC 地址开始的单元内容，试说明执行指令"PUSH {r0,r2,r1,r8,r7}"后，指令中的 r0,r2,r1,r8,r7 寄存器的值分别被压入到对应的哪些单元？指令中大括号内寄存器的顺序与压入堆栈的顺序有什么关系？

(4) 若此时(执行"PUSH　{r0,r2,r1,r8,r7}"后)再执行"POP　{r7}"指令，则 SP 的值将变为多少？r7 的值是多少？

11. 什么叫原子操作？Cortex-M3 在片内 SRAM 区和片内外设区设置了 1 MB 的位带区和 32 MB 的位带别名区，通过硬件实现了原子操作。试说明其实现的原理。

12. Cortex-M3 在片内 SRAM 区地址为 0x20000000 开始设置了 1 MB 的位带区，从地址为 0x22000000 开始设置了 32 MB 的位带别名区。试编写程序将位带区 0x20000000～0x20000003

单元中存放的 32 位二进制数的最高位置 1。

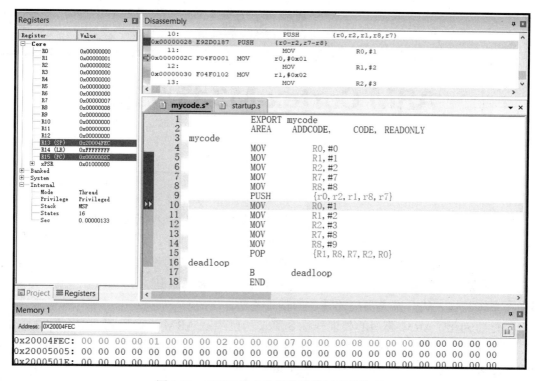

图 2.20　PUSH 指令执行的堆栈区变化情况

13. Cortex-M3 的中断机制主要由嵌套向量中断控制器 NVIC 实现，它管理的中断类型有哪几种？各有何特点？

14. Cortex-M3 中断系统理论上最多可以对 256 个中断源进行管理，对应的中断类型号从 0 到 255，每个中断源的入口地址被放到默认地址为 0x00000000～0x000003FF 的这 1024 个存储单元中。若发生了中断类型号为 21 的中断，那么 NVIC 会从中断向量表的哪四个单元去读中断服务程序的入口地址？

15. 系统启动后，中断向量表 0x00000000～0x00000003 四个单元中放的内容是什么？有什么作用？

16. 系统启动后，中断向量表 0x00000004～0x00000007 四个单元中放的内容是什么？有什么作用？

第 3 章

ARM Cortex-M3 指令系统

指令系统的学习是理解 ARM 微处理器(IP 核)工作原理、进行微控制器底层应用开发的基础。虽然目前半导体厂家在推出微控制器时都提供了固件库，以方便开发人员使用片内资源，但很多底层工作如启动代码的编写或修改、操作系统的移植、微控制器底层资源的访问以及程序调试等都需要用汇编语言指令编写程序来实现。因此，学习并掌握 ARM 汇编指令系统是嵌入式开发人员应该具备的基本素质。

到目前为止，ARM 公司的处理器指令集架构已经从 ARMv1 发展到 ARMv9(2021 年 3 月)。为了提高代码密度和执行效率，ARM 公司在 ARMv6 架构中首次引入了 Thumb-2 指令集，结束了之前需要在 ARM(32 位)与 Thumb(16 位)两种状态之间来回切换的工作模式，从而减少了状态切换的开销并提高了执行效率。在 Cortex-M 系列处理器中，Cortex-M3 是第一个使用 Thumb-2 指令集的处理器。本章重点介绍对处理器底层访问常用的一些基本指令，如算术运算指令、逻辑与位操作指令、内部数据传送指令、装入与存储指令、比较测试指令以及控制转移指令等，而协处理器指令、饱和运算指令、IF-THEN 指令等使用频率不高，且主要为满足 C 语言一些特定处理功能而设立的汇编指令，不做过多介绍，需要时可以查阅相关官方文档。为了方便读者对汇编指令的学习，本章 3.1 节介绍了汇编语言源程序相关的基础知识后，给出了一个基于 Cortex-M3 内核而不依赖任何微控制芯片的纯汇编工程构建的例子。读者在学习本章后续指令时，可以将相关指令放到工程中进行调试运行，以便更好地理解指令操作数的寻址方式与指令的功能等。

本章知识点与能力要求

◆ 了解 ARM 架构新引入的 Thumb-2 指令系统的特点，掌握 Thumb-2 指令集的编码格式以及 ARM 汇编语言源程序的组成以及编写规则。

◆ 掌握基于纯汇编工程的构建方法，掌握启动文件的编写与基本构成，理解中断(异常)向量表的作用。

◆ 掌握基本的数据型操作数的寻址方式，理解常用的地址型操作数的寻址方式。

◆ 熟悉算术运算指令、逻辑运算与位操作指令、内部数据传输指令、存储器数据传送指令、比较与测试指令、控制转移指令等常用指令的功能，掌握对处理器底层访问、数据处理与控制转移等一些基本指令的使用。

3.1　汇编语言基础

3.1.1　ARM 汇编语言指令集简介

ARM 公司推出的微处理器 IP 核架构已经从 ARMv1(1985 年)发展到 ARMv9(2021 年)，对应的指令集也经历了初期的 32 位 ARM 指令集、32 位的 ARM 指令集和 16 位的 Thumb 指令集在 ARM 和 Thumb 两种状态下切换使用、16 位和 32 位并存的 Thumb-2 指令集等几个阶段。处理器已从早期的 32 位字长发展到 ARMv8 之后的 64 位字长。处理器的性能得到了很大提高，为各种领域的应用带来了更加强大和安全的处理能力，并推动了移动计算、物联网、边缘计算、云计算等领域的发展。

1. ARM 指令集

ARM 指令集是一种由 ARM 公司开发的精简指令集 RISC，它以低功耗、高性能和简洁的设计而闻名。ARM 指令集最初推出于 20 世纪 80 年代，面向嵌入式系统和移动设备等领域，逐渐成为全球最常用的指令集架构之一。

2. Thumb 指令集

Thumb 指令集是 1994 年首次在 ARMv4T 架构中引入的。Thumb 指令集采用 16 位的压缩指令格式，相比于 32 位的 ARM 指令集，在相同存储空间下可以存储更多的指令，从而提高了代码密度。这时用户应用程序既可以用 32 位的 ARM 指令，也可用 16 位的 Thumb 指令，用户程序需要根据具体情况在两种模式之间切换，会消耗系统资源。

3. Thumb-2 指令集

Thumb-2 指令集是 2003 年在 ARMv6T2 架构中引入的。在 Cortex-M 系列处理器中，Cortex-M3 是第一个集成了 Thumb-2 技术的处理器。Thumb-2 指令集使得开发者可以同时使用 16 位和 32 位指令，汇编程序会根据具体情况尽量把用户的汇编指令翻译成 16 位的机器指令，若 16 位不能表示，则会翻译成 32 位的机器指令，并灵活地根据需求进行代码优化，而不需要像早期那样开发者需要在 ARM 指令集和 Thumb 指令集之间来回切换。由于 Cortex-M3 使用了 Thumb-2 指令集，因此，Cortex-M3 核中程序状态寄存器 xPSR 中的 T 状态位始终为 1。

3.1.2　ARM 汇编语言源程序的组成

图 3.1 为在 Keil MDK5 中调试通过的汇编语言源程序 mycode.s。其功能是把双字型变量 X1 中的 5 个元素相加，结果存放在双字型变量 X2 中。

可以看出，图 3.1 所示的汇编语言源程序 mycode.s 由 21 行语句组成，而语句又分为指令性语句(本章介绍)和伪指令性语句(将在第 4 章介绍)。

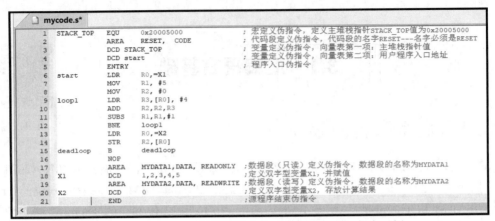

图 3.1　Keil MDK5 开发环境中的一个汇编语言源程序示例

注意：源程序 mycode.s 中，伪指令语句后用"；"引出注释，说明这条伪指令语句的作用；指令语句没有给出注释。

(1) 指令性语句(简称指令)：在汇编后能产生目标代码的语句，CPU 可以执行并能完成一定的功能，如 MOV、ADD 等，这里使用的指令均为 Thumb-2 指令集中的指令。

(2) 伪指令性语句(简称伪指令)：在汇编后不产生目标代码的语句，仅在汇编过程中告诉汇编器如何汇编。汇编器伪指令的作用包括定义段、定义宏、定义变量、分配存储区等。一旦汇编结束，它们的使命就完成了。

汇编语言指令性语句的一般语法格式如下：

{标号} 操作码{Cond}{S}{.W/.N} 目的操作数(Rd), 第 1 操作数(Rn), 第 2 操作数(Rm) {;注释}

其中，{}内的内容是可选的。

注意：此处给出的是运算类指令中操作数的语法规范，其他类型如寄存器赋值和存储器读写等指令的操作数书写规范会有所不同。

语法格式中各项说明如下：

· **标号：**标号是可选的，如果有，它必须顶格写。标号的作用是让汇编器来计算程序转移的地址。标号通常为变量名(如 X1 和 X2)、指令转移的目标地址(如 start、loop1 和 deadloop)、宏名(如 STACK_TOP)等。

· **操作码：**操作码说明指令的功能，必须有。它的前面必须有至少一个空白符，通常使用一个"Tab"键来产生。

· **Cond：**条件码指令后缀，是可选项。当前条件满足时才会执行该指令。Cortex-M3 指令系统使用 4 位来进行条件的编码，一共提供了 16 个条件助记符，具体内容见表 3.1。如图 3.1 中 12 行指令"BNE loop1"，当前条件"NE"满足，也就是 Z 标志位不为 1 时，执行跳转指令到标号 loop1 处，否则往下执行第 13 行的指令。

· **S：**标志位设置指令后缀，是可选项，用于指明本条指令执行后是否设置程序状态寄存器 CPSR 的相关位。除了 CMP 等少数指令外，大部分指令必须加上该标志，指令执行后才会改变 CPSR 中相应位的值。设置该指令后缀是为了降低功耗。只有当后续指令需要根据该指令的执行结果来决定程序的执行顺序时，才需要加上指令后缀"S"，其他情况下就没有必要设置标志位了。如图 3.1 中 11 行指令"SUBS R1,R1,#1"，实现将 R1 寄存器内容减 1 送 R1，并影响标志位。

- **.W/.N**：在 Thumb-2 指令集中，有些操作既可以由 16 位指令完成，也可以由 32 位指令完成。通常汇编程序会自动汇编为 16 位指令，也可以手工指定是用 16(.N)位还是 32(.W)位的指令。通常情况下程序员不需要用.W 或.N 人为指定指令的编码长度，由汇编程序自动确定就可以了。

- **操作数**：指令处理的对象。对于不同的指令，由于处理对象的差异，操作数的来源、个数等都有所不同。对于运算类指令来说，有目的操作数 Rd 和两个源操作数：第 1 操作数(Rn)和第 2 操作数(Rm)。目的操作数 Rd 和第 1 个源操作数 Rn 为寄存器，第 2 个源操作数 Rm 可以是立即数、寄存器或寄存器移位。例如：

```
ADD  R0，R1，#10      ;第 2 源操作数为立即数。将两个源操作数相加结果放目的操作数 R0
ADD  R0，R1，R2       ;第 2 源操作数为寄存器。将两个源操作数相加结果放目的操作数 R0
ADD  R0，R1，R2 LSR #1 ;第 2 源操作数为寄存器移位。将移位后的值与 R1 相加送 R0
```

注意：若目的操作数(Rd)和第 1 操作数(Rn)使用的是同一个寄存器，则程序员可以在语句中把相同的寄存器名写两次，也可以只写一次。如图 3.1 的源程序 mycode.s 中第 10 行指令"ADD R2, R2, R3"也可以简写为"ADD　R2, R3"，汇编程序会把它翻译成与"ADD R2, R2, R3"相同的机器指令。

- **注释**：注释以";"开头，它的有无不影响汇编操作，只是给程序员看的，能让程序更易理解。

表 3.1　指令的条件码

判断依据	助记符	英文含义	标志位	作　用
根据 4 个状态标志位(Z、C、N、V)的状态来判断	EQ	EQual	Z = 1	判断两个数相等(不区分有无符号数)
	NE	Not Equal	Z = 0	判断两个数不相等(不区分有无符号数)
	CS/HS	Carry Set/Higher & Same	C = 1	判断无符号数大于或等于
	CC/LO	Carry Clear/LOwer	C = 0	判断无符号数小于
	MI	MInus	N = 1	判断结果是否为负数
	PL	PLus	N = 0	判断结果是否为正数或零
	VS	oVerflow Set	V = 1	判断有符号数溢出
	VC	oVerflow Clear	V = 0	判断有符号数没有溢出
根据有符号数或无符号数来判断(Higher, Lower)(Greater, Less)	HI	unsigned HIgher	C=1 AND Z = 0	判断无符号数大于
	LS	unsigned Lower or Same	C = 0 OR Z = 1	判断无符号数小于或等于
	GE	signed Greater than or Equal	N = V	判断有符号数大于或等于
	LT	signed Less Than	N! = V	判断有符号数小于
	GT	signed Greater Than	Z = 0 AND N = V	判断有符号数大于
	LE	signed Less than or Equal	Z = 1 OR N! = V	判断有符号数小于或等于

图 3.1 所示的汇编语言源程序 mycode.s 中，除了指令语句外，还有一些定义变量、定义段的伪指令。例如，使用 AREA 伪指令定义了 3 个段：名字为 RESET 的代码段；名字为 MYDATA1 的数据段，只读属性(READONLY)；名字为 MYDATA2 的数据段，可读可写属性(READWRITE)。使用"DCD"伪指令在 MYDATA1 数据段中定义了变量 X1，并赋予 5 个初值；在 MYDATA2 数据段中定义了变量 X2，其初值为 0。伪指令相关内容将在第 4 章介绍。

3.1.3   Thumb-2 指令集的编码格式

为了使读者更好地理解 Thumb-2 指令集，以便后续更容易理解指令的寻址方式、汇编指令以及汇编语言程序设计的相关内容，在程序设计过程中遇到汇编错误时能够更深入理解产生错误的原因，本节简要介绍 Thumb-2 指令集的相关概念以及常见的指令编码方式。

1. 统一汇编语言(Unified Assembly Language，UAL)编程模型

统一汇编语言 UAL 是 ARM 公司为了支持 Thumb-2 而推出的。在提出 UAL 之前，ARM 的汇编语言使用了不同的语法和约定(32 位的 ARM 语法和 16 位的 Thumb 语法)，这对于开发者来说可能会导致一些困惑和不便。有了 UAL 之后，两者的书写格式就统一了。例如，要实现寄存器 R0 与寄存器 R1 内容相加，结果放到 R0 寄存器中，用户既可以用传统的 Thumb 语法写为"ADD R0, R1"，也可以按 UAL 语法写为"ADD R0, R0, R1"，这两种写法都是允许的。

UAL 的引入是为了提供一种更加统一和灵活的汇编语法机制，使得开发者可以以相同的语法格式编写 16 位和 32 位指令，并且由汇编器来决定使用哪种指令。这种机制有助于提高代码的可读性和可维护性，同时也为编译器提供了更多的优化空间。引入 UAL 的主要目的有以下几点：

(1) **提高可移植性**：ARM 处理器存在多个不同的架构和指令集，通过引入 UAL，程序员可以使用统一的汇编语言编程模型，使得汇编代码能够更容易地在不同的 ARM 处理器架构上进行移植。

(2) **简化开发过程**：通过统一的汇编语言语法和规则，程序员可以更轻松地编写和阅读汇编代码，这样可以提高开发效率，减少错误，并且方便团队合作。

(3) **支持多种指令集**：不同的 ARM 处理器架构支持不同的指令集，包括 ARM 指令集和 Thumb 指令集等。UAL 允许程序员在同一个源代码中使用不同的指令集，根据需要选择最佳的指令集来优化代码的大小和性能。

(4) **提供向后兼容性**：引入 UAL 的同时，ARM 保持了对之前的汇编语言语法的向后兼容性。这意味着原有的汇编代码可以继续使用，同时可以逐步过渡到新的统一汇编语言模型。

综上所述，ARM 引入统一汇编语言的目的是提供一个统一的、可移植的汇编语言编程模型，以促进 ARM 处理器上的开发和移植工作，并提高开发效率和代码质量。

2. 指令编码

Thumb-2 指令集包含算术运算类指令、逻辑运算类指令、数据传送类指令(包括存储 STR 与装载 LDR 等)，每条指令的编码一般包括操作码字段(代表该指令的功能)、操作数字段(包

含目的操作数 Rd、第 1 操作数 Rn 和第 2 操作数 Rm)、条件码(代表该指令的执行条件)字段等。如何用 16 位或 32 位来实现对指令的编码是设计 Cortex-M3 核时研发人员考虑的问题，作为嵌入式系统的程序开发人员没有必要过多地深究其细节。这里仅给出两个寄存器内容相加指令被编码为 16 位和 32 位指令的例子，使读者对 Thumb-2 指令编码有个基本的认识。

图 3.2 为两个操作数都为寄存器的 16 位编码的 ADD 指令，其中 8～15 位对指令的操作码进行编码，3～6 位对第 2 操作数 Rm 进行编码，DN 和 0～2 位一起对第 1 操作数(目的操作数)Rd 进行编码。这里以将 R0 与 R1 两个寄存器内容相加，结果放到 R0 寄存器为例，按照 UAL 汇编语言编程规范，通过以下两种形式的指令都可以实现：

ADD　R0, R1

ADD　R0, R0, R1

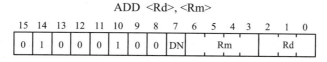

图 3.2　ADD 指令的 16 位编码格式

如图 3.3 所示，"ADD R0, R1"和"ADD R0, R0, R1"两条指令组成的源程序汇编后进入 Debug 调试环境。可以看出，即使源程序中指令写为"ADD R0, R1"，汇编程序在汇编时也是把它按"ADD R0, R0, R1"来汇编的，对应的机器指令编码都为 0x4408。

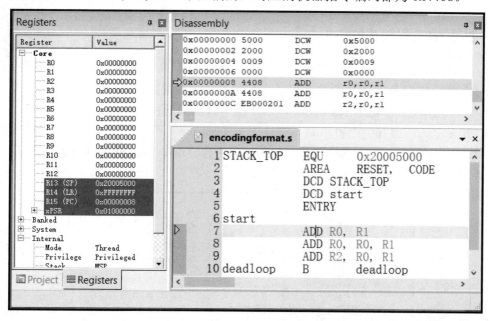

图 3.3　指令编码 Debug 调试环境

若还是完成相同的操作，将 R0 与 R1 两个寄存器内容相加，但结果不再放到 R0 寄存器，而是放到另外一个不同的寄存器如 R2 中，指令写为"ADD R2, R0, R1"，则这时 16 位的编码就无法表示该指令了，汇编程序就会自动把它编码为 32 位，如图 3.3 所示。"ADD R2, R0, R1"指令的 32 位编码为 0xEB000201。

3. 后缀指定指令长度

在 Thumb-2 指令集中，有些操作既可以由 16 位指令完成，也可以由 32 位指令完成。例如，对于 R0 = R0 + 1 这样的操作，16 位指令与 32 位指令都提供了助记符为"ADD"的指令。在 UAL 下，可以让汇编器自动决定用哪个指令编码，也可以手工指定是用 16 位的还是 32 位的，如下所示：

ADD　　　　R0, #1　　;汇编器将为了节省空间而使用 16 位指令

ADD.N　　　R0, #1　　;指定使用 16 位指令(N = Narrow)

ADD.W　　　R0, #1　　;指定使用 32 位指令(W = Wide)

".W"(Wide)后缀指定 32 位指令。如果没有给出后缀，则汇编器会先试着用 16 位进行编码，如果不行再使用 32 位指令。因此，使用".N"其实是多此一举，不过汇编器仍然允许这样的语法。

综上可以看出，汇编器在进行汇编指令汇编时，尽可能将其用 16 位的编码来表示，然而，当立即数超出一定范围，或 32 位指令能更好地适合某个操作时，汇编器将使用 32 位来进行指令的编码。在实际的编程过程中，程序员不需要考虑使用".W"和".N"，让汇编器自动选择最优的编码方式就可以了。其实在绝大多数情况下，程序是用 C 语言编写的，C 编译器也会尽可能地使用短指令。

本节简要介绍了加法指令的编码方式，以便读者对 Thumb-2 指令的编码方式有个简单了解，从而能更好地理解汇编语言程序设计过程中遇到的问题。其他类型指令的编码方式就不做介绍了。

3.1.4　纯汇编工程的构建

为了方便读者通过具体的实践操作了解和掌握本章介绍的 ARM Cortex-M3 指令以及第 4 章介绍的汇编语言程序设计的相关内容(与具体芯片无关)，这里给出一个基于 ARM Cortex-M3 核的纯汇编工程构建的例子，

纯汇编工程构建过程演示

如图 3.4 所示。该工程(Test)由用户编写的启动文件 startup.s 和用户程序文件 mycode.s 组成。其中启动文件 startup.s 完成系统启动时的初始化工作，mycode.s 是用户为了完成某一特定任务而编写的程序代码。

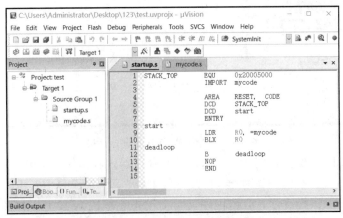

图 3.4　基于 ARM Cortex-M3 核的纯汇编工程示例

到目前为止，计算机一直遵循冯·诺依曼体系结构，其核心就是存储程序，也就是说，计算机在加电复位后到事先约定好的存储单元开始读指令并执行指令，从而实现系统的初始化以及任务的执行等操作。那么 ARM Cortex-M3 启动时是根据什么约定，到存储器的什么地方去读取指令并执行的呢？

　　ARM Cortex-M3 核为了实现对核内异常和核外中断的管理，从而实现当异常或中断发生时能去执行相应的服务程序，ARM Cortex-M3 设置了如表 3.2 所示的 ARM Cortex-M3 异常中断向量表，实现对 256 个异常(中断)的管理，其中类型号 0～15 用于对核内异常编号，类型号 16～255 可由半导体厂商对基于 ARM Cortex-M3 核设计的微控制器的中断源进行管理，不同厂家的微控制器对应的中断类型号的分配会有所不同。每个异常(中断)的服务程序的入口地址为 32 位，占用中断向量表的 4 个单元，因此，异常(中断)向量表被安排在地址 0x00000000～0x000003FF 的 1024 个单元。由表 3.2 可以看出，复位(启动)被看作 ARM Cortex-M3 核内部发生的异常之一，因此启动程序的入口地址应该放到向量表的 0x00000004～0x00000007 这 4 个单元中。

表 3.2　ARM Cortex-M3 异常中断向量表

类型号	地址	名　称	优先级	说　明
0	0x00000000	N/A	N/A	存放系统设置的堆栈指针
1	0x00000004	复位(启动)	−3 (最高)	复位(启动)
2	0x00000008	NMI	−2	来自外部 NMI 引脚的硬件非屏蔽中断
3	0x0000000C	硬件异常(Hard Fault)	−1	所有类型的硬件失效
4	0x0000010	存储器管理异常(Mem Manage Fault)	可通过指令设置	存储器管理异常
5	0x00000014	总线异常(Bus Fault)	可通过指令设置	从总线接收到的错误响应
6	0x00000018	应用异常(Usage Fault)	可通过指令设置	程序错误导致的异常
7～10	0x0000001C～0x00000028	保留	N/A	N/A
11	0x0000002C	Svcall	可通过指令设置	执行系统服务调用指令(SVC)引起的异常
12	0x00000030	调试监视器	可通过指令设置	调试监视器异常
13	0x00000034	保留	N/A	N/A
14	0x00000038	PendSV	可通过指令设置	为系统设备而设置的"可悬挂请求"异常
15	0x0000003C	SysTick	可通过指令设置	系统滴答定时器异常
16	0x00000040	IRQ #0	可通过指令设置	外中断#0
17	0x00000044	IRQ #1	可通过指令设置	外中断#1
…	…	…	…	…
255	0x000003FC	IRQ #239	可通过指令设置	外中断#239

本工程的启动文件 startup.s 代码如下：

```
STACK_TOP      EQU      0x20005000
               IMPORT   mycode
               AREA     RESET,CODE    ; 段名称约定必须为 RESET
               DCD      STACK_TOP     ; 设置堆栈的地址,作为向量表的第 1 个元素放在
                                      ; 0x00000000~0x00000003 这 4 个单元中
               DCD      start         ; 设置工程的启动地址，放在 0x00000004~0x00000007
                                      ; 这 4 个单元中，系统启动后将根据这 4 个单元给出的
                                      ; 地址，到对应的内存单元读指令并开始工程的运行
       ENTRY
start          LDR      R0, =mycode
               BLX      R0
deadloop       B        deadloop
               NOP
               END
```

可以看出，ENTRY 伪指令之后的指令为本工程开始的第一条可执行指令，因此该指令前的标号 start 所代表的地址就是本工程的启动地址。程序中使用了两个 DCD 伪指令，第 1 条伪指令"DCD STACK_TOP"在向量表的 0x00000000~0x00000003 的 4 个单元中存放了堆栈指针 0x20005000，从而把本工程的系统堆栈栈底设置为 0x20005000；第 2 条伪指令"DCD start"把工程的入口地址写入向量表的 0x00000004~0x00000007 这 4 个单元中，系统启动时，会自动将这 4 个单元中存放的启动地址送 PC(R15)，从而实现系统的启动。需要说明的是，由于本工程没有涉及表 3.1 中其他的异常(中断)，就不需要在启动程序 startup.s 中把相应的服务程序的入口地址写入向量表了。后续学习过程中，如果用到了相应的异常(中断)服务，就需要在启动程序中进行相应的异常(中断)向量表的初始化工作。

注意：嵌入式系统的工程文件可以用 C 语言开发，也可以用汇编语言开发，比较常见的是用 C 语言与汇编语言混合开发。不论使用哪种开发工具，每个工程都有一个启动文件，如果启动文件是用 C 语言编写的，工程的入口函数为 main()；若启动文件是用汇编语言编写的，那么伪指令 ENTRY 为工程指定入口地址(如本工程的 startup.s 文件所示)。无论是使用 main( )函数还是 ENTRY 伪指令，最终都需要通过链接脚本来告知编译器和链接器工程的入口地址，使得工程能够正确启动并执行。

用户程序文件 mycode.s 的代码如下：

```
               EXPORT   mycode
               AREA     ADDCODE,    CODE
       mycode
               MOV      R1, #1
               MOV      R2, #2
               ADD      R3, R1, R2
               BX       R14
               END
```

用户程序 mycode.s 程序实现将寄存器 R1 和 R2 的值相加，结果送 R3 寄存器，最后通过"BX R14"指令返回到调用处(startup.s 的 deadloop 处)。

在 Keil MDK5 集成开发环境中，上述工程的构建步骤如下：

(1) 新建工程。

首先创建一个目录用来存放新建的工程，如在桌面上创建目录 123，然后启动 Keil5，选择"Project"→"New μVision Project…"，在弹出的对话框中选择要存放工程的目录(桌面上新建的目录 123)，输入工程名"test"，单击"保存"(如图 3.5 所示)，在弹出的如图 3.6 所示的对话框中依次单击"ARM"→"ARM Cortex-M3"→"ARMCM3"，再单击"OK"即创建了一个基于 ARM Cortex-M3 核的工程 test。

图 3.5　选择工程存放目录并输入工程名称

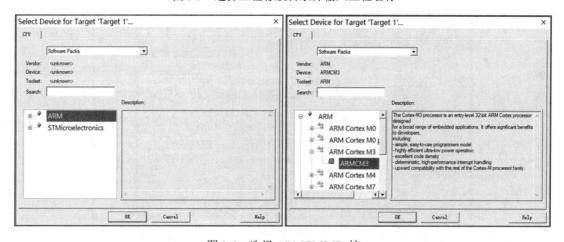

图 3.6　选择 ARMCM3 IP 核

后续学习微控制器时，若要构建基于意法半导体公司的某款微控制器的工程，可单击图 3.6 中的 STMicroelectronics，并选择工程所使用的对应型号的微控制器，从而建立基于该微控制器的工程。

(2) 新建两个汇编源文件，并关联到工程。

如上所述，本工程由启动文件 startup.s 和用户代码 mycode.s 两个汇编语言程序组成。首先要生成汇编语言源程序。选择"File"→"New …"，在弹出的文本编辑器中输入源文件，再选择"File"→"Save As…"，输入文件名，完成汇编语言源文件的生成，如图 3.7 所示。按上述步骤生成两个源文件后，还需要将这 2 个源文件与工程关联。

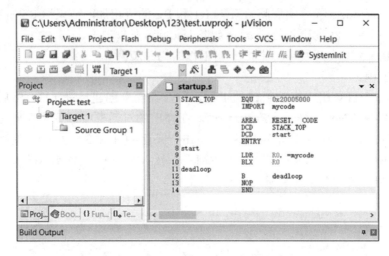

图 3.7　生成 startup.s 文件

　　如图 3.8 所示，在文件夹上单击鼠标右键，单击"Add Existing Files to…"，在弹出的对话框中选中已生成的汇编语言源文件，单击"Add"按钮即可将文件关联到工程。按此操作将 startup.s 和 mycode.s 这 2 个源文件关联到工程 test 中。这 2 个源文件被关联到工程后，会得到图 3.4 所示的工程界面。

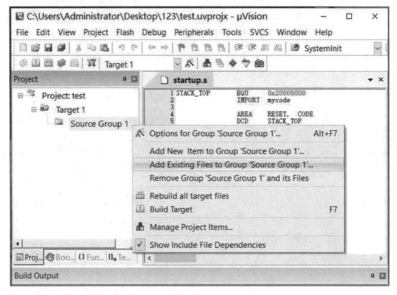

图 3.8　将已存在的文件关联到工程中

(3) Debug 设置。

　　新建工程后，为了对工程进行调试与运行，还需要对运行环境进行相关设置。

　　如图 3.9(a)所示，单击魔术棒"Options for Target..."(或单击菜单栏中的"Project"→"Options for Target")，在弹出的对话框(如图 3.9(b)所示)中进行选项的设置。首先单击"Debug"对调试参数进行设置，由于我们所构建的是基于 ARM Cortex-M3 核的纯汇编工程，不涉及具体半导体厂家的微控制器芯片，因此点选图 3.9(b)左侧的"Use Simulator"选项，而不选右侧的使用某种仿真器对具体的目标板进行仿真调试。

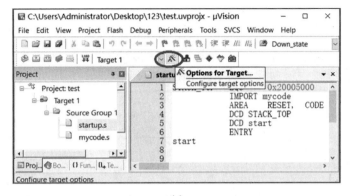

(a)

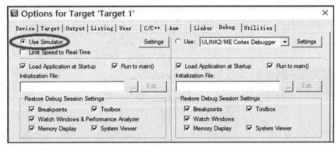

(b)

图 3.9　调试目标的 Options 设置(Debug)

(4) Linker 设置。

单击"Linker"，连接选用如图 3.10 所示的默认设置。为了避免连接过程中出现与我们自建工程无关的警告性错误，可在 Misc controls 框中输入"--diag_suppress=L6314"。其他选项使用默认设置。

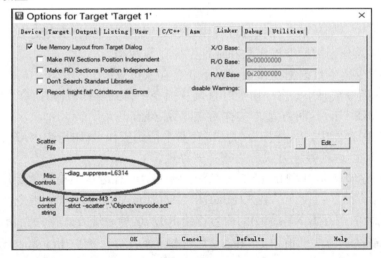

图 3.10　调试目标的 Options 设置(Linker)

(5) 工程的运行与调试。

至此已完成了工程的构建和运行环境的设置。编译连接通过后，就可在开发工具提供的模拟器环境中对工程进行调试了。

选择"Debug"→"Start/Stop Debug Session"，进入如图 3.11 所示的工程调试界面。可以看出，工程启动后进入启动文件 startup.s，并从 start 标号处开始运行，而该位置的地址(工程的入口地址)事先已经写入异常中断向量表的 0x00000004～0x0000007 这 4 个单元。

具体代码调试等操作可参阅有关 Keil MDK 5 使用手册。

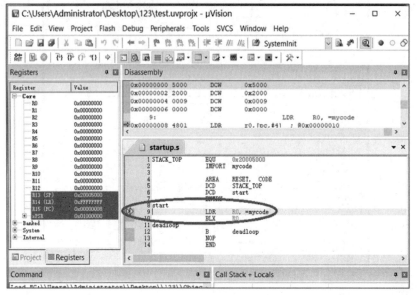

图 3.11　进入工程的调试界面

3.2　寻 址 方 式

Thumb-2 指令集中
操作数的寻址方式

所谓寻址方式，就是指令在执行过程中以什么样的方式到什么地方找到要处理的操作数。指令的操作数分为数据型操作数和地址型操作数两类。

Thumb-2 指令集中数据型操作数有以下 3 个存放位置：

(1) 存放在指令编码中。执行指令时直接从指令中得到操作数(如指令"ADD R0, #0x8"中的操作数"#0x8")，这种寻址方式称为立即数寻址。

(2) 存放在寄存器中。执行指令时从寄存器中得到操作数(如指令"ADD R0, #0x8"中的操作数"R0")，这种寻址方式称为寄存器寻址。

(3) 存放在存储单元中。Thumb-2 为精简指令集，所有运算类指令的操作数都不允许存放在存储单元中，而专门设计了装入(Load)和存储(Store)指令。例如，指令"LDR R0, [R1]"把存储单元(地址由寄存器 R1 提供)的内容送给 R0，这种寻址方式称为存储器寻址。

注意：需要说明的是，由于 Cortex-M3 采用的是存储单元和 I/O 端口统一编址方式，共用一个由 32 位地址编码形成的 4 GB 地址空间，因此，对片内 I/O 端口访问时使用与存储单元访问相同的指令，而不再像早期 I/O 单独编址时需要用专门的 I/O 指令对端口进行访问了。这一点对读者理解后续介绍的基于片内 I/O 的寄存器(实际对应的就是一个存储单元)或库函数对片内 I/O 进行编程非常重要。

转移类指令的操作数一般都为地址型操作数。例如，指令"BL　Lable"实现程序跳转到标号 Lable 处，该指令中的操作数 Lable 就是地址型操作数。

3.2.1　立即数寻址方式

Thumb-2 指令集中运算类指令的一般格式为：

立即数寻址方式

操作码{Cond}{S}{.W/N}　目的操作数(Rd)，第 1 操作数(Rn)，第 2 操作数(Rm)

其中，目的操作数和第 1 操作数必须为寄存器寻址方式，第 2 操作数可以采用立即数寻址、寄存器寻址和寄存器移位这 3 种方式。花括号{}是可选项。

Thumb-2 指令集为精简指令集，而精简指令集最大的特点就是指令为定字长的。对 Thumb-2 指令集而言，汇编器会自动把指令翻译成 16 位或 32 位的定字长指令。虽然立即数寻址方式的操作数会作为指令的一部分直接编码到指令中，但是在固定字长的 Thumb-2 指令集中，并不是任意一个立即数都能编码到固定字长的指令中。下面就几种常见情况进行讨论。

1. 使用 MOV 指令传送立即数到寄存器

当使用 MOV 指令传送立即数到寄存器时，立即数为以下 3 种情况时，可以汇编得到正确的指令代码，如图 3.12 所示。

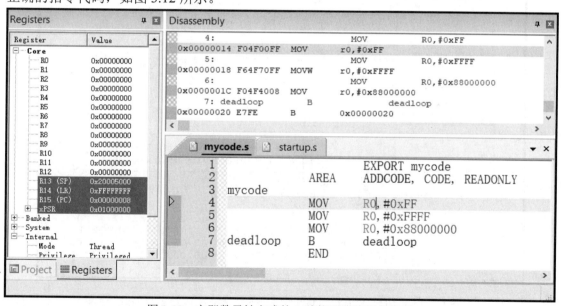

图 3.12　立即数寻址方式的 3 种能正确编码的情形

(1) 立即数能表示成 8 位(小于 0xFF)，如图 3.12 第 4 行指令"MOV　R0，#0xFF"，指令代码为 F04F00FF。

(2) 立即数能表示成 16 位(小于 0xFFFF)，如图 3.12 第 5 行指令"MOV　R0,#0xFFFF"，指令代码为 F64F4008。

(3) 立即数能通过将 8 位二进制数逻辑左移 0～24 位得到，如图 3.12 第 6 行指令"MOV R0，#0x88000000"。立即数#0x88000000 可以通过将 8 位二进制数 0x88 逻辑左移 24 位得到，指令代码为 F04F4008。

若立即数不能表示成以上 3 种情况，那么就无法将它们在 MOV 指令中通过有限位来编码，这时就需要通过 LDR 指令借助文字池来把立即数送给寄存器。

2. 使用 LDR 指令传送立即数到寄存器

指令"MOV　R0, #0x88000001"中的立即数#0x88000001 就不属于上面所说的 3 种情况，进行汇编时会得到错误信息 "error: A1871E: Immediate 0x88000001 cannot be represented by 0-255 shifted left by 0-23 or duplicated in all, odd or even bytes"。解决的办法是通过 LDR 指令借助文字池把立即数送寄存器，如图 3.13 所示。可以看出，汇编程序将"LDR　R0, =0x88000001"处理为寄存器装入指令"LDR　r0,[pc,#0]"(见图中反汇编 Disassembly 区第 2 行)，立即数 0x88000001 已经放到了位于代码段之后的文字池中(图中椭圆圈出)。该指令在存储单元的地址为 0x00000014，由于 3 级流水(执行、译码与取指)的因素，执行该指令时，PC 的当前值已经修改为 0x00000018，因此指令中操作数[pc,#0] 对应的地址为 0x00000018，从而指向文字池，将已放在文字池中的操作数 0x88000001 送给 R0 寄存器。

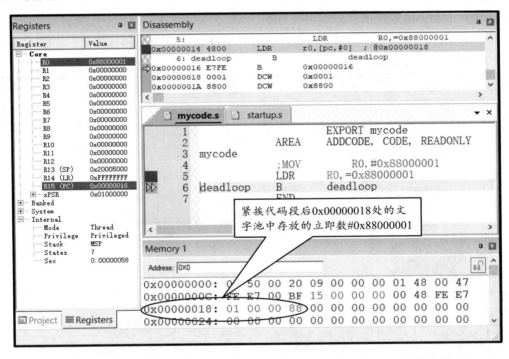

图 3.13　LDR 伪指令通过 0x00000018 处的默认文字池实现立即数的传送

默认情况下，系统会自动将文字池放在当前代码段之后，但要注意，由于 LDR 指令的寻址范围是前后 4 KB，如果用户程序比较大，则可能使整个程序段超过 4 KB 的范围，这样汇编器在程序段的末尾开辟的缺省文字池与访问它的 LDR 指令之间的距离就有可能超出范围，LDR 指令就不能正确加载数据了，汇编程序会给出"error: A1284E: Literal pool too distant, use LTORG to assemble it within 4 KB"的错误信息。为了解决这一问题，就需要使用 LTORG 伪指令在代码段内部自定义文字池，如图 3.14 所示。为了说明问题方便，程序中使用了 SPACE 伪指令开辟了 4096 个单元的存储空间，这样就不能使用默认的位于代码段后的文字池了。将 LTORG 伪指令放在代码段中间，汇编时会出现"warning: A1471W: Directive LTORG may be in an executable position"的警告信息，通常应该将 LTORG 伪指令放在无条件分支指令之后或者子例程末尾的返回指令之后，一般情况是不会影响程序正常运行的。

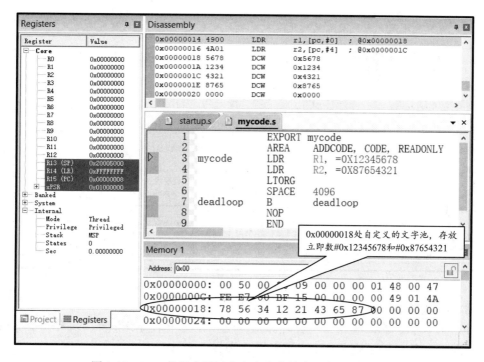

图 3.14 LDR 伪指令通过自定义文字池实现立即数的传送

注意：需要说明的是，通过指令"LDR Ri, =Constant"把立即数送寄存器 Ri，汇编器会先把该立即数放到当前代码段后面默认的文字池中的 4 个单元中，通过[pc + offset]计算出立即数在文字池中的位置，然后读取文字池对应单元的内容送寄存器。这时立即数型操作数已经不是直接从指令中得到了，操作数"=Constant"严格来讲也就不是立即数寻址方式了。这里为了便于理解和学习，把通过 LDR 指令借助文字池把立即数、变量(或标号)地址送寄存器，以及运算指令中立即数形式的操作数不能进行正常编码时的处理方法一起放到"立即数寻址方式"这一部分介绍了。

3. 使用指令 LDR 把变量地址送寄存器

在程序设计过程中，经常需要读取变量的地址并送寄存器作为地址指针，以方便对变量中元素的访问。与使用 LDR 指令把立即数送寄存器的操作过程相同，LDR 指令把变量地址送寄存器也是通过文字池实现的。

如图 3.15 所示的 mycode.s 源文件中，在 code 区定义了变量 X1(readonly 属性)，并给 X1 变量赋 5 个字型元素，在 SRAM 区定义了变量 X2(readwrite 属性)。该程序的功能是通过循环实现 X1 变量中的 5 个元素相加，并将结果存放在变量 X2 中。可以看出，"LDR R0, =X1"和"LDR R0, =X2"是通过位于 0x00000030 处的默认文字池，把文字池中变量 X1 的地址 0x00000038 和变量 X2 的地址 0x20000000 送寄存器的。

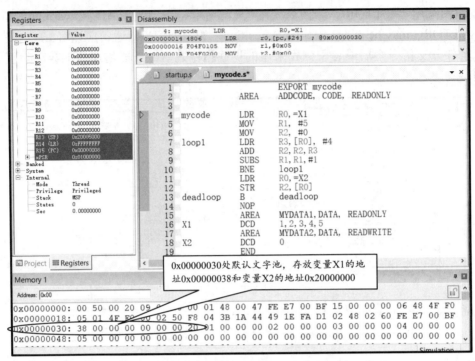

图 3.15　LDR 伪指令通过自定义文字池实现地址的传送

注意：汇编程序根据 Keil MDK5 开发环境中对代码区和 SRAM 区的位置设置以及变量在程序中的位置，在汇编过程中会计算出变量在系统中的存放位置，实际上变量的地址也是个立即数，所以对应的寻址方式也就是立即数寻址方式。

4. 运算指令中立即数寻址方式的实现

在运算类指令中，目的操作数和第 1 操作数只能是寄存器寻址方式，而第 2 操作数的寻址方式就比较灵活，其中立即数寻址方式也是其中之一。但同样受到指令中编码位数的限制，立即数寻址方式的使用也会受到一定的限制。例如，指令 "ADD　R0, #0xFF100" 在汇编时就无法通过，汇编器会给出操作数超范围的错误信息："error: A1492E: Immediate 0x000FF100 out of range for this operation"。若算术运算类指令中立即数寻址方式的操作数无法在指令规定的位数中正确编码，可以通过以下两种途径来解决。

(1) 把 #0xFF10 送 R1，然后左移 4 位后再与 R0 相加。

　　MOV　R1, #0xFF10

　　ADD　R0, R1,LSL 4

(2) 直接用 LDR 指令把 #0xFF100 送寄存器 R1，然后再与 R0 相加。

　　LDR　R1, #0xFF100

　　ADD　R0, R1

由此可见，字长固定的精简指令虽然在性能上带来了很多好处，但对于指令中立即数寻址方式的操作确实也带来了不少不便。读者了解当立即数型操作数在指令中无法编码时，Trumb-2 指令集是如何通过默认文字池或自定义文字池实现对立即数型操作数的处理是有必要的。

3.2.2　寄存器(寄存器移位)寻址方式

1. 寄存器寻址方式

操作数存放在寄存器中，指令中的地址码字段指的是寄存器编号，
指令执行时直接取出寄存器值来操作。在 Thumb-2 指令中，目的操作　　寄存器寻址方式
数和第 1 操作数必须为寄存器寻址方式，第 2 操作数的寻址方式通常比较灵活，可以是立
即数、寄存器或寄存器移位等寻址方式，例如：

```
ADD   R0, R1, R2      ;目的操作数和两个源操作数都为寄存器寻址方式
SUB   R0,R1           ;目的操作数和第 1 操作数相同，都为 R0，第 2 操作数为 R1，都为
                      ; 寄存器寻址方式
```

2. 寄存器移位寻址方式

操作数为寄存器的值经过相应的移位得到。在 ARM 指令中移位操作有 6 种，如图 3.16
所示。

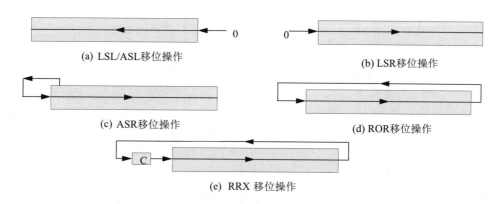

　　　(a) LSL/ASL移位操作　　　　　　　　　　(b) LSR移位操作

　　　(c) ASR移位操作　　　　　　　　　　(d) ROR移位操作

　　　(e) RRX 移位操作

图 3.16　寄存器的各种移位操作

(1) 逻辑左移(Logical Shift Left, LSL)：空出的最低位用 0 填充，最高位移出。

(2) 逻辑右移(Logical Shift Right, LSR)：空出的最高位用 0 填充，最低位移出。

(3) 算术左移(Arithmetic Shift Left，ASL)：同 LSL。

(4) 算术右移(Arithmetic Shift Right，ASR)：空出的最高位用"符号位"填充，最低位移出。

(5) 循环右移(ROtate Right，ROR)：移出的最低位依次填入空出的最高位。

(6) 带扩展的循环右移(Rotate Right with eXtend，RRX)：将寄存器内容循环右移，空出
的最高位用 C 标志位填充，移出的最低位填入 C 标志位。

例如：

```
MOV R0,R2,LSL #3      ;R2 的值逻辑左移 3 位，结果放入 R0，即 R0 = R2 × 8
AND R0,R1,R2,LSR #1   ;R2 的值逻辑右移 1 位，然后和 R1 相"与"，结果存 R0
```

3.2.3　存储器寻址方式

精简指令集计算机中所有运算类指令的操作数都是在处理器内部
存放的(立即数寻址或寄存器寻址)。安排了专门的 Load 和 Store 指令来　　存储器寻址方式

实现把存储单元内容装入寄存器或把寄存器内容送存储单元存储。这两类指令对存储单元的访问有以下 3 种寻址方式。

1. 直接地址寻址

直接寻址是装入/存储指令访问存储空间时，在指令中直接给出操作数有效地址的一种寻址方式，这个地址一般以变量名的形式出现，且必须在当前指令的 ±4 KB 范围内。如下面程序段在 SRAM 区(属性为 readwrite)定义了变量 myScore，并赋值 0x50，通过指令"LDR R0,myScore"将变量 myScore 的值 0x50 送 R0，操作数"myScore"的寻址方式就是直接地址方式。具体操作如图 3.17 所示。

```
        LDR       R0,  myScore            ;将变量 myScore 的值 0x50 送寄存器 R0
        …
        AREA      myData, DATA, READWRITE ;定义名为 myData 的数据段，可读可写
myScore DCD       0x50                    ;定义变量 myScore，并赋初值为 0x50
```

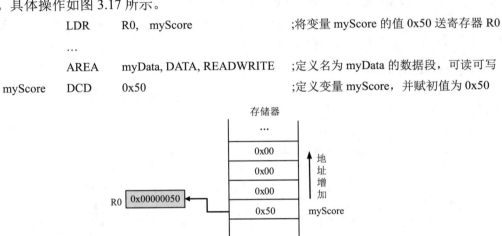

图 3.17   直接地址寻址操作数的寻址过程

2. 寄存器间接寻址

寄存器间接寻址是指操作数放在存储单元的地址是由寄存器间接提供的。这种寻址方式主要用于装入/存储单个存储器数据时。例如：

```
    LDR   R2, [R1] ;   R2←[R1]
```

假设当前 R1 寄存器的内容为 0x00008000，该指令将 R1 寄存器的内容 0x00008000 作为地址对存储单元进行访问，选中对应单元并将其中的内容 0x12345678 送寄存器 R2(数据为小端模式存放：高字节存放在高地址单元，低字节存放在低地址单元)。图 3.18 为该指令的执行过程。

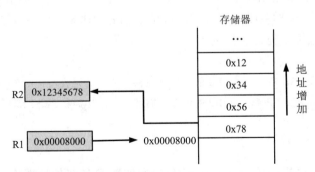

图 3.18   寄存器间接寻址操作数的寻址过程

3. 基址加变址寻址

基址加变址寻址是指操作数所在存储单元的地址是由寄存器的内容加上指令中给出的变址来确定的，操作数的基地址由寄存器给出，这个寄存器叫作基址寄存器，变址既可以以立即数形式给出，也可以由寄存器来提供。例如：

```
LDR    R3, [R4,#0x10]        ;基地址由寄存器 R4 提供，变址为立即数"#0x10"
LDR    R3, [R1,R5]           ;基地址由寄存器 R1 提供，变址由寄存器 R5 提供
```

图 3.19 为这两条指令的执行过程。指令"LDR　R3, [R4,#0x10]"把基址寄存器 R4 的内容 0x00008000 与指令中给出的偏移量#0x10 相加，得到操作数的地址 0x00008010，将该地址对应单元的内容 0x01020304 送寄存器 R3。指令"LDR　R3, [R1,R5]"把基址寄存器 R1 的内容 0x00008000 与寄存器 R5 提供的偏移量#0x20 相加，得到操作数的地址 0x00008020，将该地址对应单元的内容 0x10203040 送寄存器 R3。

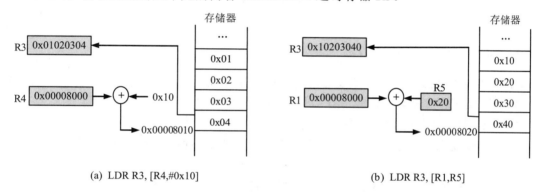

(a) LDR R3, [R4,#0x10]　　　　　　　　　　(b) LDR R3, [R1,R5]

图 3.19　基址加变址寻址操作数的寻址过程

在基址加变址寻址方式中，根据基址寄存器内容与变址相加进行寻址操作之后，基址寄存器的内容是否改变、什么时候改变，又可分为零偏移、前索引偏移、后索引偏移和自动索引 4 种情况。

例如：

(1) 零偏移。

```
LDR    R2, [R3]             ;实际上就是寄存器间接寻址
```

(2) 前索引偏移。

```
LDR    R2, [R3, #0X4]    ;[(R3)+ #0X4]装入 R2，R3 值不变
```

(3) 后索引偏移。

```
LDR    R2, [R3], #0X4       ;[R3]装入 R2，R3+0X4 送 R3
```

(4) 自动索引。

```
LDR    R2, [R3,#0X4]!  ;[(R3)+ #0X4]装入 R2，R3+0X4 送 R3
```

例 3.1　基址加变址寻址方式举例。

程序在代码区定义了变量 X1，并被赋初值 1～10，使用"LDR　R0, =X1"指令把变量 X1 的地址送寄存器 R0，这时，寄存器 R0 就是基址寄存器了，然后依次使用基址加变址寻址中的零偏移、前索引偏移、后索引偏移和自动索引等寻址方式把变量 X1 中的相应元素送 R1～R4。指令的具体功能见指令后的注释。

```
AREA        ADDCODE,    CODE, READONLY
        LDR     R0, =X1         ;把位于 CODE 区的变量 X1 的地址送 R0
        LDR     R1,[R0]         ;零偏移。读变量 X1 的第 1 个元素"1"到 R1
        LDR     R2,[R0,#4]      ;前索引偏移，R0 值不变。X1 的第 2 个元素"2"送 R2
        LDR     R3,[R0],#4      ;后索引偏移，先用 R0 为地址把第 1 个元素"1"送 R3，
                                ;R0 加 4 指向第 2 个元素
        LDR     R4,[R0,#4]!     ;自动索引，R0+4 找到第 3 个元素"3"送 R4，R0 自动修
                                ;改指向第 3 个元素
deadloop    B       deadloop        ;在此死循环，空等待
     AREA   MYDATA, DATA, READONLY    ;放在 ROM 域
X1      DCD             1,2,3,4,5,6,7,8,9,10
        END
```

3.2.4　地址型操作数寻址方式

在控制转移类指令中，操作数通常为转移的目标地址，即将转移的目标地址送给 PC 寄存器从而实现程序的转移，该操作数就是地址型操作数。

例 3.2　地址型操作数寻址方式举例。

下面程序段比较寄存器 R0 和 R1 值是否相等，如果不相等就跳转到标号 myADD 处。

```
    MOV     R0, #0x05       ; R0←#0x05
    MOV     R1, #0x06       ; R1←#0x06
    CMP     R0，R1          ; 比较 R0 与 R1 的值
    BNE     myADD           ; 如果不相等就跳转到标号 myADD 处
    …
myADD                       ; 标号
    ADD     R2, R0, R1      ; R2←R0+R1
```

在这个例子中，当执行到指令"BNE　myADD"时，由于 R0 和 R1 不相等，"CMP R0,R1"执行结果使 Z 标志位为 0，满足条件，这时标号地址被送到 PC，处理器将跳转到 myADD 处执行。

3.3　汇编语言指令系统

Thumb-2 指令集总体介绍

汇编语言指令是进行程序设计的基础，然而随着 ARM 架构版本的不断升级，指令系统变得越来越复杂，而且很多都是为了完成一些高级功能而专门设计的，对于一般嵌入式开发人员来说，只需要了解和掌握一些最基础的指令就可以满足工作的需要了，必要时可以查阅相关手册。

Thumb-2 指令集常用指令可分为六大类，分别为算术运算指令、逻辑运算与位操作指令、内部数据传送指令、存储器数据传输(Load/Store)指令、比较与测试指令以及控制转移

指令，如表 3.3～表 3.8 所示。

表 3.3　算术运算指令

指令格式	说　明	操　作
ADD　Rd, Rn, Rm	加法运算指令	Rd←Rn+Rm
ADC　Rd, Rn, Rm	带进位的加法指令	Rd←Rn+Rm+C
SUB　Rd, Rn, Rm	减法运算指令	Rd←Rn−Rm
SBC　Rd, Rn, Rm	带进位的减法指令	Rd←Rn−Rm−(1−C)
RSB　Rd, Rn, Rm	逆向减法指令	Rd←Rm−Rn
MUL　Rd, Rn, Rm	32 位乘法指令	Rd←Rn*Rm
MLA　Rd, Rn, Rm, Ra	32 位乘加指令	Rd←Rn*Rm + Ra
MLS　Rd, Rn, Rm, Ra	32 位乘减指令	Rd←Ra−Rn*Rm
UMULL　Rd_{lsb}, Rd_{msb}, Rn, Rm	64 位无符号乘法指令	$(Rd_{msb}:Rd_{lsb})$←Rn*Rm
UMLAL　Rd_{lsb}, Rd_{msb}, Rn, Rm	64 位无符号乘加指令	$(Rd_{msb}:Rd_{lsb})$←Rn*Rm+$(Rd_{msb}:Rd_{lsb})$
SMULL　Rd_{lsb}, Rd_{msb}, Rn, Rm	64 位有符号乘法指令	(Rd_{msb},Rd_{lsb})←Rn*Rm
SMLAL　Rd_{lsb}, Rd_{msb}, Rn, Rm	64 位有符号乘加指令	$(Rd_{msb}:Rd_{lsb})$←Rn*Rm+$(Rd_{msb}:Rd_{lsb})$
UDIV　Rd, Rn, Rm	32 位无符号除法指令	Rd ← Rn ÷ Rm
SDIV　Rd, Rn, Rm	32 位有符号除法指令	Rd ← Rn ÷ Rm

表 3.4　逻辑运算与位操作指令

指令类别	指令格式	说　明	操　作
逻辑运算指令	AND　Rd, Rn, Rm	逻辑与操作指令	Rd←Rn & Rm
	ORR　Rd, Rn, Rm	逻辑或操作指令	Rd←Rn | Rm
	EOR　Rd, Rn, Rm	逻辑异或操作指令	Rd←Rn ^ Rm
	NEG　Rd, Rm	求补指令	Rd←0−Rm
移位指令	LSL　Rd, Rn, Rm	逻辑左移指令	Rd ← Rn << Rm
	LSR　Rd, Rn, Rm	逻辑右移指令	Rd ← Rn >> Rm
	ASL　Rd, Rn, Rm	算术左移指令	Rd ← Rn << Rm
	ASR　Rd, Rn, Rm	算术右移指令	Rd ← Rn >> Rm
	ROR　Rd, Rn, Rm	循环右移指令	Rd ← rotation(Rn, Rm bits)
	RRX　Rd, Rn, Rm	带进位的循环右移	Rd ← rotation([Rn,C], Rm bits)

指令类别	指令格式	说　明	操　作
位段操作指令	BFC　Rd, #lsb, #Nb	位段清零指令	Rd[lsb+Nb-1 : lsb] ← 0
	BFI Rd, Rn, #lsb, #Nb	位段拷贝指令	Rd[lsb+Nb-1 : lsb] ← Rn[Nb : 0]
	BIC　Rd, Rn, ～Rm	取反与指令	Rd ← Rn AND NOT (Rm)
	ORN　Rd, Rn, ～Rm	取反或指令	Rd ← Rm OR NOT(Rm)
	RBIT　Rd, Rm	位置换指令	Rd[31-k]←Rm[k] with k = 0 ... 31
	REV　Rd>, Rm	字节交换指令	Rd[31:24]←Rm[7:0]; Rd[23 : 16] ← Rm[15 : 8] Rd[15:8]←Rm[23:16];Rd[7:0]←Rm[31:24]
	REV16　Rd, Rm	半字交换指令	Rd[31:24]←Rm[23:16]; Rd[23:16]←Rm[31:24] Rd[15:8]←Rm[7:0]; Rd[7:0]←Rm[15 : 8]
	REVSH　Rd, Rm	低半字字节交换指令	Rd[31:8] ← Signed promotion (Rm[7:0]) Rd[7 : 0] ← Rm[15 : 8]

表 3.5　内部数据传送指令

指令格式	说　明	操　作
MOV　Rd,　Rm	数据传送指令	Rd←Rm
MVN　Rd,　Rm	数据非传送指令	Rd←NOT(Rm)
ADR　Rd,　label	标号地址传送指令	Rd ← Label address
MRS　Rn,　spec_reg	读特殊功能寄存器指令(特权模式下)	Rn ← spec_reg
MSR　spec_reg, Rn	写特殊功能寄存器指令(特权模式下)	spec_reg ← Rn

表 3.6　存储器数据传输(Load/store)指令

指令类别	指令格式	说　明	操　作
无符号单操作数装入与存储指令	LDR　Rd, [Rn]	加载字数据	Rd←[Rn]
	LDRB　Rd, [Rn]	加载无符号字节数据	Rd←[Rn]
	LDRH　Rd, [Rn]	加载无符号半字数据	Rd←[Rn]
	LDRD　Rd1,Rd2, [Rn]	加载字数据	(Rd2:Rd1)←[Rn]
	STR　Rd, [Rn]	存储字数据	[Rn]←Rd
	STRB　Rd, [Rn]	存储字节数据	[Rn]←Rd
	STRH　Rd, [Rn]	存储半字数据	[Rn]←Rd
	STRD　Rd1,Rd2,[Rn]	存储双字数据	[Rn]←(Rd2:Rd1)
有符号字节和半字装入指令	LDRSB　Rd, [Rn]	有符号字节装入指令	Rd←[Rn], 符号位扩展到高 24 位
	LDRSH　Rd, [Rn]	有符号半字装入指令	Rd←[Rn], 符号位扩展到高 16 位
多操作数装入与存储指令	LDM　Rd, {寄存器列表}	多寄存器加载	寄存器列表←[Rd...]
	STM　Rd,{寄存器列表}	多寄存器存储	[Rd...]←寄存器列表

表 3.7　比较与测试指令

指令格式	说　明	操　作
CMP　Rn, Rm	通过做减法运算影响标志位	Flags ← test(Rn - Rm)
CMN　Rn, Rm	通过做加法运算影响标志位	Flags ← test(Rn + Rm)
TST　Rn, Rm	通过做"与"运算影响标志位	Flags ← test(Rn AND Rm)
TEQ　Rn, Rm	通过做"异或"运算影响标志位	Flags ← test(Rn XOR Rm)

表 3.8　控制转移指令

指令类别	指令格式	说　明	操　作
转移指令	B　label	分支指令实现程序转移到标号	PC←label
	BX　Rm	分支指令实现程序转移到 Rm 提供的地址处	PC←Rm
子程序调用指令	BL　label	带链接的子程序调用指令，转移到标号	LR←PC-4，PC←label
	BLX　Rm	带链接的子程序调用指令，转移到 Rm 提供的地址处	LR←PC-4，PC←Rm

注意：读者在学习这些指令遇到问题时，建议按 3.1.4 节介绍的内容构建一个纯汇编工程，把相关指令输入后汇编调试运行：在反汇编区可以看到指令对应的机器指令编码，在寄存器区可以看到相应寄存器值的变化以及状态位的变换，在存储区可以看到相关单元内容的变化。例如，读者需要进一步理解指令"ADD{S}<c>　{<Rd>,} <Rn>, <Rm> {,<shift>}"的功能，考虑指令格式中操作数的各种可能的寻址方式，如图 3.20 源程序区所示。本书也提供了一些重要指令相应的工程，读者可参考学习。

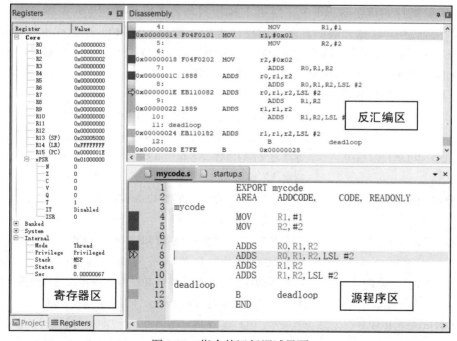

图 3.20　指令的运行调试界面

3.3.1　算术运算指令

1. 加法指令

加法指令包括 ADD(ADDition)加法指令和 ADC(ADdition with Carry)带进位加法指令两种。

(1) ADD 加法指令。指令格式如下：

ADD	16/32	Simple **ADD**ition
ADD{S}<c>	{<Rd>,} <Rn>,#<const>	Rd ← Rn + const
ADD{S}<c>	{<Rd>,} <Rn>, <Rm> {,<shift>}	Rd ← Rn + shift(Rm) 注意：第 2 操作数中的{,<shift>}是可选的，也就是说，第 2 操作数可以是寄存器，也可以是寄存器移位。下同
ADD{S}<c>	{<Rd>,} SP, #<const>	Rd ← SP + const
ADD{S}<c>	{<Rd>,} SP, <Rm>{,<shift>}	Rd ← SP + shift(Rm)

注意：本书对指令的功能介绍大部分将以上面这种表格的形式给出，对于使用频率较高的指令做一些必要的解释或举例，大部分使用频率不高或功能容易理解的指令不做过多的解释，需要进一步了解其细节的可以查阅官方相关文档，或直接上机调试。对表中一些共性的东西在这里一并说明：指令格式中{}中的内容为非必需项；第 1 行第 2 列的数字 32 或 16 说明表中指令有的可以编码为 32 位指令，有的可编码为 16 位指令；第 1 行第 3 列给出的是指令操作码的英文全称，其中画线部分组合成指令操作码的英文助记符。

ADD 加法指令完成第 1 操作数 Rn 与第 2 操作数(可以是立即数、寄存器或寄存器移位)相加，结果放到目的寄存器 Rd 中。当第 1 操作数与目的操作数相同时，第 1 操作数就作为目的操作数使用。注意一般情况下不通过运算指令修改 SP 的值，在执行堆栈操作指令时会自动修改 SP 的值以便使其始终指向栈顶。下面给出 ADD 指令各种可能的指令格式的例子，指令的功能在";"后的注释中给出。其他运算类指令的指令格式变化与 ADD 指令类似，后续不再一一举例说明。

```
ADD   R0, R1, #0x80        ;寄存器 R1 的内容与立即数 0x80 相加结果送 R0
                           ;被默认汇编为 32 位指令。指令中出现立即数，一定要用 32 位编码
ADD   R0, R1, R2           ;寄存器 R1 的内容与寄存器 R2 内容相加结果送 R0
                           ;被默认汇编为 32 位指令
ADD   R0, R1, R2,LSL #2    ;寄存器 R1 的内容与寄存器 R2 内容逻辑左移 2 位后相加结果送 R0
                           ;被默认汇编为 32 位指令
ADDS.n    R0,R1            ;寄存器 R0 与 R1 相加结果送 R0。第 1 操作数与目的操作数相同
                           ;被人为指定汇编 16 位指令，不指定默认也是 16 位
ADDS.w    R0,R1            ;寄存器 R0 与 R1 相加结果送 R0。第 1 操作数与目的操作数相同
                           ;被人为指定汇编 32 位指令，不指定默认是 16 位
ADDSEQ.w R0,R1            ;当条件"EQ"成立时，功能与上条相同
                           ;被人为指定汇编 32 位指令，不指定默认也是 32 位
```

注意：指令"ADDS.n R0,R1"后缀"S"使指令执行后影响标志位，".n"指定指令长度为 16 位；指令"ADDSEQ.w R0,R1"与"ADDS.n R0,R1"功能相同，但多了指令后缀"EQ"，这时若还想通过".n"人为设置指令长度为 16 位，汇编将无法通过，如果不写".w"后缀，汇编程序也会自动把它汇编为 32 位指令。显然，后缀".w/n"程序员不需过度关注，汇编程序会自动优先考虑汇编成 16 位指令，若 16 位无法编码，就会自动编码为 32 位指令。因此，后缀".w/n"本书后续将不再提起。

（2）ADC(ADdition with Carry)带进位加法指令。指令格式如下：

ADC	16/32	**ADdition with Carry**
ADD{S}<c>　　{<Rd>,} <Rn>,#<const>		Rd ← Rn + const + C
ADD{S}<c>　　{<Rd>,} <Rn>, <Rm> {,<shift>}		Rd ← Rn + shift(Rm) + C

2. 减法指令

减法指令包括 SUB 减法指令、SBC 带进位减法指令和 RSB 逆向减法指令 3 种。

（1）SUB 减法指令。指令格式如下：

SUB	16/32	**Simple SUBtraction**
SUB{S}<c>　　{<Rd>} ,<Rn>,#<const>		Rd ← Rn − const
SUB{S}<c>　　{<Rd>} ,<Rn>, <Rm> {,<shift>}		Rd ← Rn − shift(Rm)

（2）SBC 带进位减法指令。指令格式如下：

SBC	16/32	**SuBtraction with Carry**
SBC{S}<c>　　{<Rd>,} <Rn>,#<const>		Rd ← Rm − const+ flag C
SBC{S}<c>　　{<Rd>,} <Rn>, <Rm> {,<shift>}		Rd ← Rm − shift(Rm)+ flag C

（3）RSB 逆向减法指令。指令格式如下：

RSB	16/32	**Reverse SuBtraction**
RSB{S}<c>　　{<Rd>,} <Rn>, #<const>		Rd ← −Rn + const
RSB{S}<c>　　{<Rd>,} <Rn>, <Rm> {,<shift>}		Rd ← −Rn + shift(Rm)

3. 乘法指令

乘法指令包括 MUL 32 位乘法指令、MLA 32 位乘加指令、MLS 32 位乘减指令、UMULL 64 位无符号乘法指令、UMLAL 64 位无符号乘加指令、SMULL 64 位有符号乘法指令和 SMLAL 64 位有符号乘加指令 7 种。

（1）MUL 32 位乘法指令。指令格式如下：

MUL	16/32	**MULtiplication – 32-bit results**
MUL{S}<c>　　{<Rd>,} <Rn>, <Rm>		Rd ← Rn * Rm

（2）MLA 32 位乘加指令。指令格式如下：

MLA	32	**MultipLication and Addition**
MLA<c><Rd>, <Rn>, <Rm>, <Ra>		Rd ← (Rn * Rm) + Ra

(3) MLS 32 位乘减指令。指令格式如下：

MLS	32		MultipLication and Subtraction
MLS<c><Rd>, <Rn>, <Rm>, <Ra>			Rd ← Ra – (Rn * Rm)

(4) UMULL 64 位无符号乘法指令。指令格式如下：

UMULL	32		Unsigned MULtipLication – 64-bit results
UMULL<c><Rd$_{lsb}$>, <Rd$_{msb}$>, <Rn>, <Rm>			[Rd$_{msb}$: Rd$_{lsb}$]←Rn*Rm

(5) UMLAL 64 位无符号乘加指令。指令格式如下：

UMLAL	32		Unsigned MuLtipLication and 64-bit Addition
UMLAL<c><Rd$_{lsb}$>, <Rd$_{msb}$>, <Rn>, <Rm>			[Rd$_{msb}$: Rd$_{lsb}$]←Rn*Rm+ [Rd$_{msb}$: Rd$_{lsb}$]

(6) SMULL 64 位有符号乘法指令。指令格式如下：

SMULL	32		Signed MULtiplication – 64-bit results
SMULL<c><Rd$_{lsb}$>, <Rd$_{msb}$>, <Rn>, <Rm>			[Rd$_{msb}$: Rd$_{lsb}$] ← Rn * Rm

(7) SMLAL 64 位有符号乘加指令。指令格式如下：

SMLAL	32		Signed MuLtiplication and 64-bit Addition
SMLAL<c> <Rd$_{lsb}$>, <R$_{msb}$>, <Rn>, <Rm>			[Rd$_{msb}$: Rd$_{lsb}$] ← Rn * Rm+[Rd$_{msb}$: Rd$_{lsb}$]

4．除法指令

除法指令包括 UDIV 无符号数除法和 SDIV 有符号数除法两种。

(1) UDIV 无符号数除法。指令格式如下：

UDIV	32		Unsigned DIVision
UDIV<c>　　{<Rd>,} <Rn>, <Rm>			Rd ← Rn ÷ Rm

(2) SDIV 有符号数除法。指令格式如下：

SDIV	32		Signed DIVision
SDIV<c>　　{<Rd>,} <Rn>, <Rm>			Rd ← Rn ÷ Rm

3.3.2　逻辑运算与位操作指令

逻辑运算与位操作指令分为逻辑运算指令、移位指令和位段操作指令三类。在对微控制器片内 I/O 进行开发时，经常需要使用逻辑运算与移位指令对 I/O 寄存器的相关位进行操作，因此，掌握逻辑运算与位操作指令对于后续学习嵌入式系统的开发是很重要的。

1．逻辑运算指令

(1) AND 逻辑与指令。指令格式如下：

AND	16/32		Logical OR
AND{S}<c>　　{<Rd>,} <Rn>, #<const>			Rd ← Rn AND const
AND{S}<c>　　{<Rd>,} <Rn>, <Rm> {,<shift>}			Rd ← Rn AND shift(Rm)

逻辑"与"又被称为逻辑"乘",通常用于把某些位清零,其他位不变。将要清零的位与 0"与",不变的位与 1"与"即可。例如,若要将 R0 寄存器的次高位清零,其他位不变,就可通过以下指令来实现。

```
LDR    R0, =0xFFFFFFFF
LDR    R1, =0xBFFFFFFF
AND    R0, R1    ;R0 的值为 0xBFFFFFFF
```

(2) ORR 逻辑或指令。指令格式如下:

ORR	16/32		**Logical OR**
ORR{S}<c>　{<Rd>,} <Rn>, #<const>			Rd ← Rm OR const
ORR{S}<c>　{<Rd>,} <Rn>, <Rm> {,<shift>}			Rd ← Rm OR shift(Rm)

逻辑"或"又被称为逻辑"加",通常用于把某些位置 1,其他位不变。将要置 1 的位与 1"或",不变的位与 0"或"即可。例如,若要将 R0 寄存器的次高位置 1,其他位不变,就可通过以下指令来实现。

```
LDR    R0, =0x0
LDR    R1, =0x40000000
ORR    R0, R1        ;R0 的值为 0x40000000
```

(3) EOR 逻辑异或指令。指令格式如下:

EOR	16/32		**Exclusive OR**
EOR{S}<c>　{<Rd>,} <Rn>, #<const>			Rd ← Rn XOR const
EOR{S}<c>　{<Rd>,} <Rn>, <Rm> {,<shift>}			Rd ← Rn XOR shift(Rm)

逻辑"异或"通常用于把某些位取反,其他位不变。将要取反的位与 1"异或",不变的位与 0"异或"即可。例如,若要将 R0 寄存器的次高位清零,其他位不变,就可通过以下指令来实现。

```
LDR    R0, =0xFFFF0000
LDR    R1, =0x40000000
EOR    R0, R1        ; R0 的值为 0xBFFF0000
```

(4) NEG 求补指令。指令格式如下:

NEG	16/32		**NEGative**
NEG<c><Rd>,　<Rm>			Rd ← 0−Rm

NEG 指令用零减去第 2 操作数 Rm,可用于计算用补码表示的负数的绝对值。例如,下面两条指令计算−1 的绝对值。

```
LDR    R0, =0xFFFFFFFF        ; −1 的补码送 R0
NEG    R1, R0                 ; R1 的值为 0x00000001
```

2. 移位指令

寄存器移位操作的 6 种方式在 3.2.2 节介绍寄存器移位寻址方式时已经做了介绍,不再赘述。这里仅列出相关指令的格式及实现的功能。

(1) LSL 逻辑左移指令。指令格式如下:

LSL	16/32	Logical Shift Left
LSL{S}<c> <Rd>, <Rm>, #<imm5>		Rd ← Rm << imm5
LSL{S}<c> <Rd>, <Rn>, <Rm>		Rd ← Rn << Rm

指令中第 2 操作数"#<imm5>"的取值范围为 0～31，"Rm"没有取值范围限制，但大于 31 实际上就没有意义了。

(2) LSR 逻辑右移指令。指令格式如下：

LSR	16/32	Logical Shift Right
LSR{S}<c> <Rd>, <Rm>, #<imm5>		Rd ← Rm >> imm5
LSR{S}<c> <Rd>, <Rn>, <Rm>		Rd ← Rn >> Rm

(3) ASR 算数右移指令。指令格式如下：

ASR	16/32	Arithmetic Shift Right
ASR{S}<c> <Rd>, <Rm>, #<imm5>		Rd ← Rm >> imm5
ASR{S}<c> <Rd>, <Rn>, <Rm>		Rd ← Rn >> Rm

(4) ROR 循环右移指令。指令格式如下：

ROR	16/32	Right ROtation
ROR{S}<c> <Rd>, <Rm>, #<imm5>		Rd ← rotation(Rm, imm5 bits)
ROR{S}<c> <Rd>, <Rn>, <Rm>		Rd ← rotation(Rn, Rm bits)

(5) RRX 带进位的循环右移。指令格式如下：

RRX	16/32	EXtended Right Rotation
ROR{S}<c><Rd>, <Rn>, <Rm>		Rd ← rotation([Rn,C], Rm bits)

3. 位段操作指令

位段操作指令实现对多个位的清 0、置 1、传送等操作。

(1) BFC 位段清零指令。指令格式如下：

BFC	32	Bit Field Clearing
BFC<c> <Rd>, #<lsb>, #<Nb>		Rd[lsb+Nb−1 : lsb] ← 0
lsb = 0···31，Nb = 1···32，该指令不影响标志位		

BFC 位段清零指令实现位段的清零操作。例如，若要将 R0 寄存器的高 24 位清零，其他位不变，就可通过以下两条指令来实现。

```
LDR   R0, =0xFFFFFFFF        ;将立即数 0xFFFFFFFF 送寄存器 R0
BFC   R0, #8, #24            ;将 R0 寄存器的 b4～b7 清零，R0 值为 0xFFFFFF0F
```

(2) BFI 位段拷贝指令。指令格式如下：

BFI	32	Bit Field Copying
BFI<c><Rd>,<Rn>, #<lsb>, #<Nb>		Rd[lsb+Nb−1 : lsb] ← Rn[Nb : 0]
lsb = 0···31, Nb = 1···32		

BFI 位段拷贝指令实现 Rn 的 0 到 Nb 位拷贝到 Rd 的 lsb 位到 lsb+Nb 位。例如，若要将 R0 寄存器的低 8 位拷贝到 R1 寄存器的高 8 位，其他位不变，可通过以下指令来实现。

```
LDR   R0, =0xFFFFFFFF     ;将立即数 0xFFFFFFFF 送寄存器 R0
```

```
        LDR    R1, =0x00001111

        BFI    R1, R0, #24, #8        ;将 R0 的 b0～b7 位拷贝到 R1 的 b24～b31 位，R1 的值为 FF001111
```

(3) BIC 取反与指令。指令格式如下：

BIC	16/32	**Clearing BIts by AND mask**
BIC{S}<c> {<Rd>,} <Rn>,～ #<const>		Rd ← Rn AND NOT(const)
BIC{S}<c> {<Rd>,} <Rn>, ～<Rm> {,<shift>}		Rd ← Rn AND NOT (shift(Rm))

BIC 取反与指令实现第 2 操作数取反后与第 1 操作数相"与"，结果送目的操作数 Rd。例如，下面两条指令实现将 R0 低 8 位清零。

```
        LDR    R0,=0xFFFFFFFF        ;将立即数 0xFFFFFFFF 送寄存器 R0

        BIC    R0,#0XFF             ;R0 的值为 0xFFFFFF00
```

(4) ORN 取反或指令。指令格式如下：

ORN	16/32	**Complemented logical OR**
ORN{S}<c> {<Rd>,} <Rn>,～ #<const>		Rd ← Rm OR NOT(const)
ORN{S}<c> {<Rd>,} <Rn>, ～<Rm> {,<shift>}		Rd ← Rm OR NOT(shift(Rm))

ORN 取反或指令实现第 2 操作数取反后与第 1 操作数相"或"，结果送目的操作数 Rd。例如，下面两条指令实现将 R0 各位全部置 1。

```
        LDR    R0, =0x0             ;将立即数 0x0 送寄存器 R0

        ORN    R0, #0X00            ;R0 的值为 0xFFFFFFFF
```

(5) RBIT 位置换指令。指令格式如下：

RBIT	32	**BIT transposition**
RBIT<c> <Rd>, <Rm>		Rd[31−k] ← Rm[k] with k = 0…31

RBIT 位置换指令实现把 Rm 的 b0 位送 Rd 的 b31 位，Rm 的 b1 位送 Rd 的 b30 位，以此类推，直到把 Rm 的 b31 位送 Rd 的 b0 位。例如，下面两条指令将立即数 0x0000000D 的 32 位按位置换为 0xB0000000。

```
        LDR    R0, =0xD

        RBIT   R1, R0               ; R0 的低 4 位 1101 送到 R1 的高 4 位为 1011，R1 值为 0xB0000000
```

(6) REV 字节交换指令。指令格式如下：

REV	16/32	**REVersal of MSBs and LSBs**
REV<c> <Rd>, <Rm>		Rd[31 : 24] ← Rm[7 : 0];　　Rd[23 : 16] ← Rm[15 : 8] Rd[15 : 8] ← Rm[23 : 16];　　Rd[7 : 0] ← Rm[31 : 24]

REV 字节交换指令实现字中 4 个字节的交换，第 1 字节[7 : 0]与第 4 字节[31 : 24] 互换，第 2 字节[15 : 8]与第 3 字节[23 : 16]互换。例如，下面两条指令将立即数 0x44332211 的 4 个字节交换，得到 0x11223344。

```
        LDR    R0,=0x44332211

        REV    R1,R0                ; R1 的值为 0x11223344
```

(7) REV16 半字交换指令。指令格式如下：

REV16	16/32	REVersal of MSBs and LSBs by a half-word	
REV16<c> <Rd>, <Rm>		Rd[31 : 24] ← Rm[23 : 16]; Rd[23 : 16] ← Rm[31 : 24]	
		Rd[15 : 8] ← Rm[7 : 0]; Rd[7 : 0] ← Rm[15 : 8]	

REV16 半字交换指令可实现低半字[15:0]中两个字节的互换和高半字[31 :16]中两个字节的互换。例如，下面两条指令将立即数 0x44332211 高低半字互换，得到 0x33441122。

  LDR R0, =0x44332211

  REV16 R1, R0   ;R1 的值为 0x33441122

(8) REVSH 低半字字节交换指令。指令格式如下：

REVSH	16/32	Signed REVersal by Half-word
REVSH<c> <Rd>, <Rm>		Rd[31 : 8] ← Signed promotion (Rm[7 : 0]);Rd[7 : 0] ← Rm[15 : 8]

REVSH 指令将低半字的两个字节交换位置，并按交换后的最高位(d15)进行符号位的扩展。例如，下面两条指令执行后，由于交换后的 d15 位为 1，符号扩展后高 16 位全为 1，因此寄存器 R1 的值为 0xFFFF8105。

  MOV R0,#0x0581

  REVSH R1,R0 ;R1 的值为 FFFF8105

3.3.3　内部数据传送指令

数据传送是计算机系统实现运算操作的基础。计算机中的数据传送分为 CPU 内部的数据传送(如寄存器送寄存器或立即数送寄存器等)以及 CPU 内部寄存器与外部存储单元之间的数据传送。本节介绍内部数据传送指令。CPU 与外部进行数据交换的装入(LOAD)与存储(STORE)指令将在 3.3.4 节介绍。

1. MOV 指令

MOV 指令格式如下：

MOV	16/32	Internal register transfer	
MOV{S}<c> <Rd>, #<const>		Rd ← const	
MOV{S}<c> <Rd>, <Rm> {, <shift>}		Rd ←shift(Rm)	

MOV 指令是在 CPU 内部把一个寄存器的内容送另一个寄存器或把一个立即数送寄存器，是使用频率很高的一个数据传送指令。需要再次强调的是，由于指令编码固定字长的限制，并不是所有的立即数都能用 MOV 指令实现正确的编码，对于不能实现正确编码的情况，可以使用 LDR 指令通过文字池的途径来解决。有关细节详见"3.2.1 立即数寻址方式"一节。在此不再赘述。

2. MVN 数据非传送指令

MVN 数据非传送指令格式如下：

MVN	16/32	Logical complement to 1	
MVN{S}<c> <Rd>, #<const>		Rd ← NOT(const)	
MVN{S}<c> <Rd>, <Rm> {, <shift>}		Rd ← NOT(shift(Rm))	

MVN 指令将操作数 " #<const>"或"<Rm>"" <Rm>,<shift>"按位取反后送目的寄存器 Rd。

3. MOVT 指令

MOVT 指令格式如下：

MOVT	16/32		**Allocation of the 16 MSB bits of a register**
MOVT<c> <Rd>, #<imm16>			Rd[16 : 31] ← imm16

MOVT 指令将一个 16 位的立即数送目的寄存器 Rd 的高 16 位。

4. ADR 指令

ADR 指令格式如下：

ADR	16/32		**Loading of CODE ADdRess**
ADR<c> <Rd>,<label>			Rd ← Label address

ADR 指令将标号的地址送目的寄存器 Rd。需要说明的是，操作数"<label>"为立即数寻址方式，标号距离当前指令不能超过 1024B，大于 1024B 在指令中将无法编码。所以，与通过文字池实现指令标号传送的 LDR 指令不同(详见 3.2.1 节)，ADR 指令不需要像 LDR 那样访问位于存储单元的文字池，操作数直接在指令中获取，因此属于内部数据传送指令。例如：

```
EXPORT mycode
        AREA    ADDCODE, CODE, READONLY
mycode
        LDR    R0,=X1
        LDR    R0,=deadloop
        ADR    R0,deadloop
loop1

        LDR    R3,[R0], #4
        ADD    R2,R2,R3
        SUBS   R1,R1,#1
        BNE    loop1
        LDR    R0,=X2
        STR    R2,[R0]
deadloop
        B      deadloop
        AREA   MYDATA1,DATA, READONLY
X1      DCD    1,2,3,4,5

        AREA   MYDATA2,DATA, READWRITE
X2      DCD    0
        END
```

上面代码实现将变量 X1 中的 5 个元素值相加，结果存放在变量 X2 中。指令"LDR R0,=X1"和"LDR R0,=deadloop"都需要访问文字池，得到变量 X1 的地址和标号 deadloop 所在的地址送寄存器 R0；指令"ADR R1,deadloop"与"LDR R0,=deadloop"的功能都是把标号 deadloop 的地址送 R0，但它们实现的途径是不同的。需要说明的是，获取标号 deadloop 的两条指令"LDR R0,= deadloop"和"ADR R0,deadloop"在程序中没有起到任何作用，只是为了举例说明问题。

5. MRS 指令

MRS 指令格式如下：

MRS	32	Reading of a special register(Move Special to Register)
MRS<c> <Rn>,<spec_reg>		Rn ← spec_reg

当 Cortex-M3 运行在特权模式下时，MRS 指令实现将特殊功能寄存器(APSR，XPSR，IPSR，EPSR，PSP，MSP，PRIMASK，BASEPRI，FAULTMASK，CONTROL，BASEPRI_MAX，CONTROL)内容送目标寄存器 Rn，在用户级模式下该指令无法使用。

6. MSR 指令

MSR 指令格式如下：

MSR	32	Writing to a special register(Move to Register from Special)
MSR<c> <spec_reg>,<Rn>		spec_reg ← Rn

当 Cortex-M3 运行在特权模式下时，MSR 指令实现将寄存器 Rn 的内容送特殊功能寄存器(APSR，XPSR，IPSR，EPSR，PSP，MSP，PRIMASK，BASEPRI，FAULTMASK，CONTROL，BASEPRI_MAX，CONTROL)，在用户级模式下该指令无法使用。

3.3.4　存储器数据传输(Load/Store)指令

装入 Load 与存储 Store 指令包括单操作数的装入/存储、多操作数的装入/存储以及堆栈操作三大类指令。

1. LDR/STR 单操作数装入/存储指令

单个操作数的装入(Load)和存储(Store)是访问存储器的基础指令。装入指令 LDR 把存储器中的内容装入寄存器，存储指令 STR 则把寄存器的内容存储至存储器，传送过程中数据类型可以是 32 位的字、16 位的半字或 8 位的字节。在进行存储时，可以按照字节、半字、字和双字分别存储到对应地址的 1 个、2 个、4 个、8 个存储单元中，不用考虑符号位的扩展问题。而将存储单元的内容装入寄存器时，字节装入和半字装入就需要考虑符号位的扩展问题。所以，在装入时需要考虑无符号数(见表 3.9)和有符号数(见表 3.10)两种情况，存储时则不需要考虑(见表 3.11)。

表 3.9　无符号数单操作数装入指令

指 令 格 式	功 能 描 述
LDRB　Rd, [Rn,#offset]	字节装入指令：从地址 Rn+offset 处读取一个字节(8 位)到 Rd，高 24 位补零
LDRH　Rd, [Rn,#offset]	半字装入指令：从地址 Rn+offset 处读取一个半字(16 位)到 Rd，高 16 位补零
LDR　　Rd, [Rn,#offset]	字装入指令：从地址 Rn+offset 处读取一个字(32 位)到 Rd
LDRD　Rd1,Rd2, [Rn,#offset]	双字装入指令：从地址 Rn+offset 处读取一个双字(64 位)到 Rd1(低 32 位)和 Rd2(高 32 位)中

表 3.10　有符号数单操作数装入指令

指 令 格 式	功 能 描 述
LDRSB　Rd, [Rn,#offset]	字节装入指令：从地址 Rn+offset 处读取一个字节型有符号数到 Rd，并把符号位扩展到高 24 位
LDRSH　Rd, [Rn,#offset]	半字装入指令：从地址 Rn+offset 处读取一个半字型有符号数到 Rd，并把符号位扩展到高 16 位

注：有符号数的字装入指令和双字装入指令与无符号数相同。

表 3.11　单操作数存储指令

指 令 格 式	功 能 描 述
STRB　Rd, [Rn,#offset]	字节存储指令：把 Rd 中的低字节(8 位)存储到地址 Rn+offset 处
STRH　Rd, [Rn,#offset]	半字存储指令：把 Rd 中的低半字(16 位)存储到地址 Rn+offset 处
STR　　Rd, [Rn,#offset]	字存储指令：把 Rd 中的字(32 位)存储到地址 Rn+offset 处
STRD Rd1,Rd2,[Rn,#offset]	双字存储指令：把 Rd1 和 Rd2 表达的双字(64 位)存储到地址 Rn+offset 处

对于有符号字节或半字装入 32 位的寄存器时，由于需要考虑到符号位的扩展，专门设置了表 3.10 所示的装入指令。若为正数，则符号位为 0，高位扩展为符号位 0；若为负数，则符号位为 1，高位扩展为符号位 1。有符号数的其他装入/存储指令与无符号数相同。

表 3.9～表 3.11 中给出的存储器地址仅为一种形式，即"[Rn,#offset]"。实际上，其地址的获取方式有以下几种情况：

(1) 零偏移：偏移地址为零，如指令"LDR　Rd,[Rn]"，从地址 Rn 处读取一个字(32 位)到 Rd。这可以认为是 offset 为 0 的一种特例。

(2) 前索引偏移：所谓前索引偏移，就是索引前加偏移量。根据加上偏移量后寄存器内容是否变化，有以下两种情况：

```
LDR    Rd,[Rn,#offset]      ;从地址 Rn+offset 处读取一个字(32 位)到 Rd，Rn 的值不变
LDR    Rd,[Rn,#offset]!     ;加上"!"后，Rn 的值要修改为 Rn + offset
```

(3) 后索引偏移：所谓后索引偏移，就是索引后加偏移量。如指令"LDR　Rd, [Rn], #offset"，先以 Rn 为地址进行索引，索引后再在 Rn 上加上偏移量。

可以看出，基于以上偏移地址的变化规则，表 3.9～表 3.11 中的每条指令都可以衍生出不同的指令形式。以 LDR 指令为例，有如下一些变化形式。其他指令的格式与 LDR 指令类似，不再一一列举。

```
LDR    R0, =X1        ;变量 X1 的地址送 R0，X1 为字型变量
LDR    R1,[R0]        ;X1 变量第 1 个元素送 R1，R0 值不变
LDR    R2,[R0,#4]     ;X1 变量第 2 个元素送 R2，R0 值不变
LDR    R2,[R0,#4]!    ;X1 变量第 2 个元素送 R2，R0 值加 4，指向第 2 个元素
LDR    R2,[R0],#4     ;X1 变量第 2 个元素送 R2，R0 值加 4，指向第 3 个元素
LDR    R3,[R0]        ;X1 变量第 3 个元素送 R3，R0 值不变
```

2. LDM/STM 多操作数装入/存储指令

精简指令系统的最大特点之一就是引入了多操作数装入/存储指令，从而实现通过一条

指令实现将多个操作数装入寄存器组，或将多个寄存器的内容一次送到存储单元保存，避免了运算指令对存储单元的访问，大大提高了系统的执行速度。表 3.12 给出了常见的多操作数装入/存储指令。

表 3.12　多操作数装入/存储指令

指　令　格　式	功　能　描　述
LDMIA　　Rd!, {寄存器列表}	从地址 Rd 处读取多个字送寄存器，有"！"Rd 值被修改；IA 决定 Rd 的修改规则
LDMIA　　Rd, {寄存器列表}	从地址 Rd 处读取多个字送寄存器，无"！"Rd 值不被修改；IA 决定 Rd 的修改规则
LDMDB　　Rd!, {寄存器列表}	从地址 Rd 处读取多个字送寄存器，有"！"Rd 值被修改；DB 决定 Rd 的修改规则
LDMDB　　Rd, {寄存器列表}	从地址 Rd 处读取多个字送寄存器，无"！"Rd 值不被修改；DB 决定 Rd 的修改规则
STMIA　　Rd!, {寄存器列表}	存储多个字到 Rd 处，有"！"Rd 值被修改；IA 决定 Rd 的修改规则
STMIA　　Rd, {寄存器列表}	存储多个字到 Rd 处，无"！"Rd 值不被修改；IA 决定 Rd 的修改规则
STMDB　　Rd!, {寄存器列表}	存储多个字到 Rd 处，有"！"Rd 值被修改；DB 决定 Rd 的修改规则
STMDB　　Rd, {寄存器列表}	存储多个字到 Rd 处，无"！"Rd 值不被修改；DB 决定 Rd 的修改规则

下面结合图 3.21 来说明 LDM/STM 多操作数指令。

```
mycode.s
 1              EXPORT mycode
 2      AREA    ADDCODE,      CODE, READONLY
 3
 4  mycode
 5      MOV     R1,#1
 6      MOV     R2,#2
 7      MOV     R3,#3
 8      MOV     R4,#4
 9      LDR     R0,=X1              ;变量X1的地址送基址寄存器R0
10      STMIA   R0, {R1, R2, R3, R4}
11      STMIA   R0, {R1-R4}
12      STMIA   R0, {R4, R2, R1, R3} ;不论花括号中寄存器的顺序如何，
13                                   ;指令执行时始终遵循把编号小的寄存器内容送地址小的单元存储
14      STMIA   R0!, {R1-R4}         ;将变量X1的元素送R1, R2, R3, R4寄存器, R0值被修改
15      LDMDB   R0!, {R1-R4}         ;不论花括号中寄存器的顺序如何，
16                                   ;指令执行时始终遵循把高地址单元内容送编号大的寄存器
17  deadloop
18      B       deadloop
19      AREA    MYDATA2,    DATA, READWRITE  ;存储器位于片内RAM区，默认地址从0x20000000开始，
20                                           ;数据区不可以初始化，但可以进行读写操作
21  X1  space   100
22      END
```

图 3.21　LDM/STM 指令举例

1) 指令后缀 ID 和 DB

(1) 指令后缀 IA(Increment After)：表示按存放地址的基址寄存器 Rd 的值去操作存储

单元中的操作数，然后再将 Rd 寄存器的内容加上一个操作数所占的字节数。

　　(2) 指令后缀 DB(Decrement Before)：表示在进行数据的操作之前先将存放地址的基址寄存器 Rd 的内容减去一个操作数所占的字节数。

　　2) 基址寄存器内容修改符 "!"

　　若基址寄存器 Rd 后边有 "!"，则 LDM/STM 指令按照指令后缀 IA 和 DB 修改基址寄存器的值；若没有 "!"，则执行完 LDM/STM 指令基址寄存器 Rd 不修改，仍然为最初的值。

　　3) {}花括号内寄存器列表的有关约定

　　花括号内的寄存器编号通常按由小到大顺序排列，中间用逗号分开，如图 3.21 中的第 10 行；若花括号内寄存器编号是连续的，则可以写成第 11 行所示那样，即{R1-R4}。

　　另外，还需要说明一点，如果花括号中寄存器不是按照编号从小到大的顺序排列的，则指令执行时会自动把编号小的寄存器内容送地址小的单元存储。如图 3.21 所示的第 12 行指令，其完成的操作与第 10 行、第 11 行是相同的。同样地，装入指令也是把地址小的单元内容装入编号小的寄存器，地址大的单元内容装入编号大的寄存器，如第 15 行，指令 "LDMDB　R0!, {R1-R4}" 执行后，R1、R2、R3、R4 寄存器的内容分别为 1、2、3、4，而不会把当前 R0 值减 4 指向 X1 变量的第 4 个元素 "4" 送给 R1 寄存器。

3. PUSH/POP 堆栈操作指令

　　PUSH/POP 指令的格式如表 3.13 所示。PUSH 指令的功能是把花括号中寄存器的内容压入系统堆栈，POP 指令的功能是将堆栈内容弹出到花括号中的寄存器中。PUSH 和 POP 指令分别与基址寄存器为 SP 时的 STMDB 和 LDMIA 等效，如表 3.13 所示，对应的机器指令也是相同的。

表 3.13　PUSH/POP 指令

指　令　格　式	功　能　描　述
PUSH<c>　　{Ri -Rj }	等效于 "STMDB　SP!, {Ri-Rj}"
POP<c>　　{Ri -Rj }	等效于 "LDMIA SP!,{Ri –Rj}"

3.3.5　比较与测试指令

　　程序在运行过程中，经常需要根据当前指令执行结果的状态来决定程序的下一步操作。有指令后缀 "S" 的运算类指令执行后，系统会根据指令运行结果的状态设置程序状态寄存器的相关标志位。此外，系统还专门设置了比较与测试指令，这类指令的运行只影响标志位，结果不送目的操作数。这类指令不需要人为添加指令后缀 "S"，当然加上 "S" 汇编时也不会报错，得到的机器指令代码是相同的。

1. CMP 指令

CMP 指令格式如下：

CMP	16/32	**Subtraction without allocation – Flag modification(CoMpare)**
CMP<c> <Rn>, #<const>		Flags ← test(Rn − const)
CMP<c> <Rn>, <Rm>{,<shift>}		Flags ← test(Rn − shift(Rm))

CMP 比较指令通过做减法运算影响标志位，但相减的结果不送 Rn。

2. CMN 指令

CMN 指令格式如下：

CMN	16/32	Addition without allocation – Flag modification(CoMpare Negative)	
CMN\<c> \<Rn>, #\<const>		Flags ← test(Rn + const)	
CMN\<c> \<Rn>, \<Rm>{,\<shift>}		Flags ← test(Rn + shift(Rm))	

CMN 指令通过做加法运算影响标志位，但相加的结果不送 Rn。

3. TST 指令

TST 指令格式如下：

TST	16/32	Logical AND without allocation – Flag modification(TeST)	
TST\<c> \<Rn>, #\<const>		Flags ← test(Rn AND const)	
TST\<c> \<Rn>, \<Rm>{,\<shift>}		Flags ← test(Rn AND shift(Rm))	

TST 测试指令通过做"与"运算影响标志位，但"与"的结果不送 Rn。

4. TEQ 指令

TEQ 指令格式如下：

TEQ	32	Exclusive OR without allocation – Flag modification(Test EQuivalence)	
TEQ\<c> \<Rn>, #\<const>		Flags ← test(Rn XOR const)	
TEQ\<c> \<Rn>, \<Rm>{,\<shift>}		Flags ← test(Rn XOR shift(Rm))	

TEQ 指令通过做"异或"运算影响标志位，但"异或"的结果不送 Rn。

3.3.6 控制转移指令

控制转移指令又称为分支指令(Branch instructions)，可分为两类：一类是转移指令，程序转移到目标处继续执行；另一类是子程序(或过程，即 procedures)调用，执行完子程序后需要返回到调用处。

1. 转移指令

(1) B 指令。指令格式如下：

B	16/32		Simple Branch
B\<c> \<label>		PC ← label	

B 分支指令实现程序转移到标号处。若有条件码指令后缀\<c>，则该指令为条件转移指令，否则为无条件转移指令。

(2) BX 指令。指令格式如下：

BX	16	Branch and eXchange by register
BX\<c> \<Rm>		PC ← Rm

BX 分支指令实现程序转移到寄存器 Rm 内容提供的地址处。若有条件码指令后缀\<c>，则该指令为条件转移指令，否则为无条件转移指令。

注意：需要强调的是，若\<Rm>为链接寄存器 LR(R14)时，BX\<c> \<Rm>指令就实现了子程序(过程)调用的返回。子程序调用指令在执行时，会自动将要返回的地址装入 LR，以便子程序运行结束时返回。

2. 子程序调用指令

(1) BL 指令。指令格式如下：

BL	32	Branch with Link
BL\<c> \<label>		LR ← return @ PC ← label

BL 子程序调用指令首先把要返回地址送地址锁存寄存器 LR，然后将子程序所在位置(标号处地址)送 PC(R15)，从而实现将程序转移到标号处(此时标号为子程序名，是子程序的起始地址)。

(2) BLX 指令。指令格式如下：

BLX	16	Branch and eXchange with register link
BLX\<c> \<Rm>		LR ← return @ PC ← Rm

BLX 子程序调用指令首先把要返回地址送地址锁存寄存器 LR，然后将子程序所在位置(存放在寄存器 Rm 中)送 PC(R15)，从而实现将程序转移到 Rm 寄存器内容指向的地址处(此时 Rm 的值是子程序所在位置的地址)。

本 章 小 结

本章全面介绍了 ARM Cortex-M3 的指令系统，从汇编语言的基础知识出发，逐步深入到寻址方式和具体指令的介绍。通过学习本章内容，读者应能够掌握 ARM 汇编语言的基本语法和编程技巧，理解各种寻址方式的工作原理和应用场景，并熟练掌握各类指令的使用方法和技巧。这为读者在嵌入式系统领域的进一步学习和实践打下坚实的基础。

在 Cortex-M 系列处理器中，Cortex-M3 是第一个使用 Thumb-2 指令集的处理器，它是对之前 Thumb 指令集的扩展和增强，提供了一种混合编码方式，即同时支持 16 位和 32 位指令，提高代码密度和执行效率。为了方便读者通过具体的实践操作了解和掌握本章介绍的 ARM Cortex-M3 指令以及汇编语言程序设计相关内容(与具体芯片无关)，在介绍了汇编语言源程序的基本组成后，详细介绍了如何在 Keil MDK5 集成开发环境中构建基于 ARM Cortex-M3 核的纯汇编工程，以方便读者在后续的学习过程中通过具体的上机实践解决学习过程中遇到的疑惑或问题。

寻址方式是指指令执行时寻找操作数的方法。指令中的操作数有数据型操作数和地址型操作数两类。Thumb-2 指令集中数据型操作数的存放位置有 3 个地方：① 放在指令编码中，执行指令时直接从指令中得到操作数，这种寻址方式称为立即数寻址；② 放在寄存器中，执行指令时从寄存器中得到操作数，这种寻址方式称为寄存器寻址；③ 放在存储单元中，由于 Thumb-2 为 RISC 精简指令集，所有运算类指令的操作数都不允许存放在存储单元中，而专门设计了装入和存储指令，这两类指令需要用到存储器寻址方式。需要说明两点：① 由于 Thumb-2 指令集中的指令是定字长的，所以并不是所有的数据型操作数都能以立即数形式直接在指令中编码，如无法编码，只有通过文字池的方式解决；② 由于 Cortex-M3 使用了存储单元与 I/O 端口(片上外设的寄存器)统一变址方式，因此就不再需要像采用独立变址方式的计算机那样专门设立 I/O 端口寻址方式，而是直接通过存储器寻址方式实现对 I/O 端口的访问。地址型操作数通常为转移指令中的操作数，用于指出指令的转移目标，Thumb-2 指令集中地址型操作数的寻址方式比较简单。

Thumb-2 指令集常用指令可分为六大类(分类方法没有统一标准)，分别为算术运算指令、逻辑运算与位操作指令、内部数据传送指令、存储器数据传输(Load/Store)指令、比较与测试指令以及控制转移指令等。汇编语言指令是进行程序设计的基础，然而随着 ARM 架构版本的不断升级，指令系统变得越来越复杂，而且很多都是为了完成一些高级功能而专门设计的，对于一般嵌入式开发人员来说，只需要了解和掌握一些最基础的指令就可以满足工作需要了，没有必要也不可能记住所有的具体指令，必要时查阅相关手册即可。

在学习具体指令的过程中，建议读者参照 3.1.4 节的步骤构建自己的纯汇编工程，对于有些难以理解或需要探究其具体细节的指令，直接将指令输入工程中进行调试运行。读者通过在纯汇编工程中的实践，可进一步加深对 ARM Cortex-M3 处理器工作原理的理解，为后续开发高性能、低功耗的嵌入式系统打下坚实的基础。

习　题

1. ARM 公司推出的微处理器 IP 核架构已经从 ARMv1(1985 年)发展到 ARMv9(2021 年)，对应的指令集也经历初期的 32 位 ARM 指令集、32 位 ARM 指令集和 16 位 Thumb 指令集在 ARM 和 Thumb 两种状态下切换使用、16 位和 32 位并存的 Thumb-2 指令集等几个阶段。试说明在 Cortex-M3 处理器中首次使用的 Thumb-2 指令集与之前的指令集相比，有什么特点。

2. 运算类汇编指令的编码格式如下：

操作码{Cond}{S}　目的操作数(Rd)，第 1 操作数(Rn)，　　第 2 操作数(Rm)　　{;注释}

试说明指令后缀 "Cond" 和 "S" 的作用。

3. 试说明第 2 题所示的运算类汇编指令的编码格式中，目的操作数、第 1 操作数和第 2 操作数分别可以使用的寻址方式。

4. 指令中的操作数有哪两种类型？

5. 什么叫寻址方式？指令中数据型操作数有哪几种寻址方式？

6. 与传统的复杂指令集相比，精简指令集有哪些特点？

7. 在精简指令集中，立即数寻址方式对操作数有哪些限制？为什么会出现这种情况？

8. 精简指令系统中，由于指令字长固定的限制，立即数寻址方式的操作数有时无法直接在机器指令中进行编码。Cortex-M3 的 Thumb-2 指令集使用默认文字池的方式来解决这一问题。所谓默认文字池，就是在当前代码段结束后开辟的用来存放无法在指令中直接编码的立即数的存储区域。如图 3.22 所示，mycode.s 文件中的第 4 行"LDR　R0,=0x12345678"指令就是通过文字池把立即数 0x12345678 送给寄存器 R0 的。试结合图说明是如何通过文字池将 0x12345678 送给寄存器 R0 的。

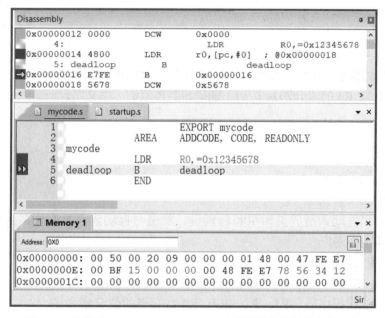

图 3.22　指令"LDR R0,=0x12345678"中源操作数的文字池寻址

9. 假设在数据段定义了变量"X　DCD 10，20"，执行"LDR　　R0,X"后，R0 寄存器的值为多少？

10. 执行以下 3 条指令后，R0 寄存器的值是多少？状态位 Z、N、C、V 分别为多少？

　　LDR　　　R0, =0xFFFFFFFF

　　MOV　　　R1, #0x1

　　ADDS　　R0, R1

11. 执行以下 3 条指令后，R0 寄存器的值是多少？状态位 Z、N 分别为多少？

　　LDR　　　R0, =0xFFFFFFFF

　　LDR　　　R1, =0x0FFFFFF0

　　ANDS　　R0, R1

12. 执行以下 3 条指令后，R0 寄存器的值是多少？

LDR   R0, =0x0FFF0000

LDR   R1, =0x40000000

ORR   R0, R1

13. 执行以下 3 条指令后，R0 寄存器的值是多少？

LDR   R0, =0xFFFF0000

LDR   R1, =0xFF0000FF

EOR   R0, R1

14. 假设在数据段定义了变量"X1   DCD 1,2,3,4,5,6,7,8,9,10"，执行下列指令后，寄存器 R1、R2、R3、R4 的值分别是多少？

LDR   R0, =X1

LDR   R1,[R0]

LDR   R2,[R0,#4]

LDR   R3,[R0],#4

LDR   R4,[R0,#4]!

15. 假设在数据段定义了变量"X1   DCD 0x8090, 0x90C0"，执行完下列指令后，寄存器 R0、R1、R2、R3、R4 的值分别为多少(不能确定具体值的，用文字说明装入什么内容即可)？

LDR   R0, =0x1234

LDR   R1, X1

LDR   R2, =X1

LDRSB   R3, [R2],#4

LDRSH   R4, [R2],#4

16. 前索引和自动索引、前索引和后索引、索引与自动索引各有什么区别？分别执行下面两条指令有何区别？

(1) LDR   R3, [R0, #4]   (2) LDR   R3, [R0, #4]！

17. CMP 与 SUBS、CMN 与 ADDS、TST 与 ANDS、TEQ 与 EORS 各有何区别？

18. 执行完下列程序后，R1、R2、R3、R4 寄存器的值分别为多少？

LDR   R0, =X1

MOV   R1, #01

MOV   R2, #02

MOV   R3, #03

MOV   R4, #04

STM   R0,{R1,R2,R3,R4}

STM   R0!,{R2,R3,R4,R1}

LDR   R0,=X1

LDM   R0,{R4,R3,R2,R1}

19. 设执行前 R6 = R7 = R8 = 0x00000000，R0 = 0x00080014，存储器存储的内容如图 3.23 所示，分别执行下列指令，各相关寄存器的值如何变化？

(1) LDMIA   R0!, {R6-R8}   (2) LDMIB   R0!, {R6-R8}

存储单元地址　存储单元内容

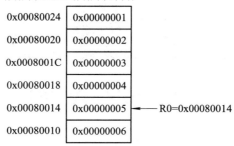

0x00080024	0x00000001
0x00080020	0x00000002
0x0008001C	0x00000003
0x00080018	0x00000004
0x00080014	0x00000005	←—— R0=0x00080014
0x00080010	0x00000006

图 3.23　存储单元的内容

20. 将下列 C 语句翻译为 ARM 汇编指令，试分别用几种不同的汇编指令序列来实现。

if (x= =y)　a=b+c；　else a=b-c；

if (x= =y) && (a= =b) c=c*2

21. 有如下汇编语言源程序 123.s，上机调试后回答下列问题：

(1) 变量 X1 和 X2 分别被存放在什么地方？

(2) 执行前两条指令"LDR　R0, =X1"和"LDM　R0, {R2, R1}"后，R1 和 R2 寄存器的值是多少？

(3) 程序执行结束后，X2 变量存放在哪 4 个存储单元？这 4 个单元存放的值为多少？

```
            AREA       ADDCODE, CODE, READONLY
mycode      LDR        R0, =X1
            LDM        R0, {R2, R1}
            ADD        R0, R1, R2
            LDR        R3, =X2
            STR        R0, [R3]
deadloop    B          deadloop
            AREA       MYDATA1, DATA, READONLY
X1          DCD        1, 2
            AREA       MYDATA2, DATA, READWRITE
X2          DCD        0
            END
```

第 4 章

基于 ARM Cortex-M3 微处理器的程序设计

在掌握了 ARM Cortex-M3 微处理器原理，学习了 Cortex-M3 常用汇编指令后，就可以编写脱离具体微控制器芯片的 Cortex-M3 汇编程序了(基于微控制器的嵌入式系统开发将在第 6 章介绍)。虽然目前还有人在争论作为嵌入式系统开发人员要不要掌握汇编语言程序设计，其实答案是非常肯定的。要想成为高水平的嵌入式系统开发工程师，就必须熟悉硬件资源，能够通过汇编指令对底层的硬件资源进行访问，从而实现 C 语言很难或无法实现的功能。

本章在 Keil MDK5 开发环境中构建纯汇编工程，在宿主机(PC)MDK5 环境下通过仿真实现基于 Cortex-M3 微处理器程序的调试与运行，主要内容包括 ARM 汇编程序设计的基本知识、汇编程序的格式、ARM 汇编器伪指令，以及顺序结构、分支结构、循环结构、过程调用等。同时对 C 语言中嵌套汇编、汇编和 C 相互调用等进行了较详细的介绍。本章是全书的重点之一，无论是从事底层系统开发还是从事上层应用开发的读者，都需要掌握基于 Cortex-M3 微处理器的程序设计。本章提供的源程序代码均在 Keil MDK5 开发环境下调试通过，读者可以结合代码一起学习。

本章知识点与能力要求

◆ 熟悉常用的一些 ARM 汇编器伪指令的使用方法。

◆ 熟悉汇编语言规范，掌握纯汇编工程的构建方法，尤其要结合 startup 文件中对中断向量表的初始化，进一步理解复位(加电)后系统是如何实现启动的。

◆ 掌握顺序结构、分支结构、循环结构以及过程调用等汇编程序的设计方法。

◆ 掌握汇编与 C 语言混合编程的基本技能。

4.1 ARM 汇编语言的程序结构

在第 3 章"3.1 汇编语言基础"一节已经对汇编语言指令系统、源程序的组成、指令编码以及 Keil MDK5 开发环境中纯汇编工程的构建等进行了介绍。为了进一步学习汇编语言程序设计以及汇编与 C 语言混合编程技术,本章首先从一个完整的汇编语言源程序出发,详细介绍汇编语言源程序的组成, 包括指令语句(已经在第 3 章进行了介绍)和伪指令语句(本节介绍)。

例 4.1　X1 为无符号字型变量,位于 ROM 区(属性为 readonly),初始化赋值 5 个元素,编写程序计算这 5 个无符号数的累加和,并将结果存放到变量 X2 中,变量 X2 位于 RAM 区(属性为 readwrite)。程序代码如下(为了说明方便,每行前面加了行号):

1		STACK_TOP　　EQU 0x20005000	;宏定义主堆栈指针 STACK_TOP,要顶格写
2		AREA　RESET, CODE, READONLY	;在 ROM 区定义名为 RESET 的代码段
3		DCD　　STACK_TOP	;向量表第 1 项: 堆栈指针值
4		DCD　　start	;向量表第 2 项: 主程序入口地址
5		ENTRY	;程序的入口
6	start		;标号要顶格写
7		**LDR　　R0,=X1**	;变量 X1 的地址送 R0
8		**MOV　　R1, #5**	;循环次数送 R1
10		**MOV　　R2, #0**	;累加和放 R2 寄存器,初值送 0
11	**loop1**		;标号要顶格写
12		**LDRR3, [R0], #4**	;X1 变量的元素送 R3,地址指针 R0 加 4
13		**ADD　　R2,　　R2,R3**	;累加结果送 R2
14		**SUBS　　R1,R1,#1**	;循环次数减 1
15		**BNE　　loop1**	;循环次数不到转 loop1 继续循环
16		**LDR　　R0,=X2**	;变量 X2 的地址送 R0
17		**STR　　R2,[R0]**	;累加和存变量 X2 中
18	**deadloop**		;标号要顶格写
19		**B　　deadloop**	
20			
21		AREA　　MYDATA1,DATA, READONLY	;在 ROM 区定义名为 MYDATA1 数据段
22	X1	DCD　　1,2,3,4,5	;定义只读属性的变量 X1,并赋初值
23			
24		AREA　　MYDATA2,DATA, READWRITE	;在 RAM 区定义名为 MYDATA2 数据段
25	X2	DCD　0	;定义可读可写属性的变量 X2,并赋初值 0
26		END	;源程序结束标志

注意: 与 3.1.4 节给出的纯汇编工程不同,为了源程序的完整和说明方便,把 3.1.4 节工程中的 startup.s 和 mycode.s 两个汇编文件合成一个文件,即把 mycode.s 中的用户代码合成到启动文件 startup.s 中。

ARM 汇编语言源程序中每一行为一条语句,语句又分为指令语句和伪指令语句。在例 4.1 中粗体语句为指令语句,其他为伪指令语句。

(1) 指令语句: 在汇编后能产生目标代码的语句,CPU 可以执行并能完成一定的功能,例如 MOV、ADD 等。

(2) 伪指令语句: 在汇编后不产生目标代码的语句,仅在汇编过程中告诉汇编器如何汇编。汇编器伪指令的作用包括定义变量、分配存储区、定义段、定义宏、定义过程等。一旦汇编结束，它们的使命就完成了。

伪指令语句是由汇编器规定的，目前能够将 ARM 公司微处理器的汇编指令汇编成机器指令的汇编器主要有以下两种：

(1) **GNU Assembler (GAS)**：GNU 工具链中的一部分，也被称为 as，是一款开源的汇编器，支持多种体系结构，包括 ARM。通过 GNU Assembler，可以将 ARM 汇编指令转换为机器指令。

(2) **Arm Compiler**：由 ARM 公司开发的专有编译器套件，其中包含了 ARM 汇编器，能够将 ARM 架构的汇编指令翻译成对应的机器指令。Keil MDK5 开发工具使用的汇编器就是 ARM 自己的汇编器，即 ARM Keil 汇编器。当在 Keil MDK5 中编写汇编代码时，这个汇编器会将汇编代码翻译成对应的机器代码，以便在 ARM Cortex-M3 核上运行，因此，编写在 Keil MDK5 中运行的汇编语言源程序时，就需要遵循 ARM 汇编器对伪指令语句的相关规范。本节将对一些常用的 ARM 伪指令进行介绍，更详细的内容可参考官网上的相关资料。

例 4.1 共有 26 行语句，第 1 行通过 EQU 伪指令定义了一个宏；第 2 行到第 19 行定义了一个名为 RESET 的代码段，位于 ROM 区；21 和 22 两行定义了一个位于 ROM 区的名为 MYDATA1 的数据段；24 和 25 两行定义了一个位于 RAM 区的名为 MYDATA2 的数据段；26 行的 END 伪指令告诉汇编程序源程序到此结束。

4.2 ARM 汇编器伪指令

4.2.1 段定义伪指令

一个汇编程序至少要包含一个段，当程序太长时，也可以将程序分为多个代码段和数据段。在汇编程序中需要使用伪指令 AREA 进行段的定义，AREA 的语法格式如下：

　　AREA 段名, 属性 1, 属性 2, …

AREA 伪指令用于定义一个代码段或数据段。其中，段名若以数字开头，则该段名需用"|"括起来，如|1_test|；属性字段表示该代码段(或数据段)的相关属性，多个属性用逗号分隔，属性的顺序没有严格要求。常用的属性如表 4.1 所示。

表 4.1　常用的段定义属性

属性名	作　　用
CODE	定义代码段，默认为 readonly
DATA	定义数据段，默认为 readwrite
READONLY	指定本段为只读
READWRITE	指定本段为可读可写
ALIGN = n	n 的取值范围为 0～31，本段装入时首地址的对齐方式为 2^n，默认为字对齐，即 $n = 2$
COMMON	定义一个通用数据段，各个源文件中同名的 COMMON 段共享一段存储单元

使用示例：

    AREA test, CODE, READONLY, ALIGN= 4

该伪指令定义了一个代码段，段名为 test，属性为只读，装入内存时，要求从 $A_3A_2A_1A_0$ 为 0000 单元开始装入该段。

一个汇编程序至少应该有一个代码段，也可由多个代码段和数据段组成，多个段在程序汇编链接后最终形成一个可执行的映像文件。可执行映像文件通常由以下几部分构成：

(1) 一个或多个代码段，代码段的属性为只读。

(2) 零个或多个包含初始化数据的数据段，数据段的属性为只读。

(3) 零个或多个不包含初始化数据的数据段，数据段的属性为可读写。

4.2.2 数据定义伪指令

在 ARM 汇编器中，数据定义伪指令用于在汇编代码中定义和初始化数据。这些指令可以帮助程序员在代码中定义常量、数组、字符串、文字池等，以便在程序执行过程中使用。一些常用的 ARM 汇编器数据定义伪指令如表 4.2 所示。

表 4.2　常用的 ARM 汇编器数据定义伪指令

序号	伪 指 令 名	作　用	应 用 示 例
1	字节定义伪指令 DCB (Define Constant Byte)	定义字节常数	my_byte DCB 0x12, 0x88
2	字定义伪指令 DCW (Define Constant Word)	定义半字(2B)常数	my_halfword DCW 0x1234
3	双字定义伪指令 DCD (Define Constant Doubleword)	定义字(4B)常量	my_word DCD 0x12345678
4	八字节定义伪指令 DCQ (Define Constant Quadword)	定义双字(8B)常量	my_doubleword DCQ 0x123456789 ABCDEF0
6	SPACE 伪指令	在数据区域分配指定数量的、未初始化的连续内存空间	SPACE 1024*5，即分配 1024*5 字节的连续内存空间
7	LTORG	在当前位置自定义文字池	见例 4.3

例 4.2 定义不同类型数据的伪指令举例。

下面代码定义了一个名为 MYDATA 的数据段，数据段 MYDATA 的属性为 readonly，因此，该数据段被放到与代码段相同的片内 ROM 区。在该数据段中定义了字节型变量my_byte、半字型变量my_halfword、

数据定义伪指令举例

字型变量 my_word 和双字型变量 my_doubleword，并赋予初值。定义的这些数据在内存中的存放情况如图 4.1 所示。

```
AREA    MYDATA1,DATA, READONLY
my_byte              DCB    0x12,0x88
my_halfword          DCW    0x1234
my_word              DCD    0x12345678
my_doubleword        DCQ    0x123456789ABCDEF0
```

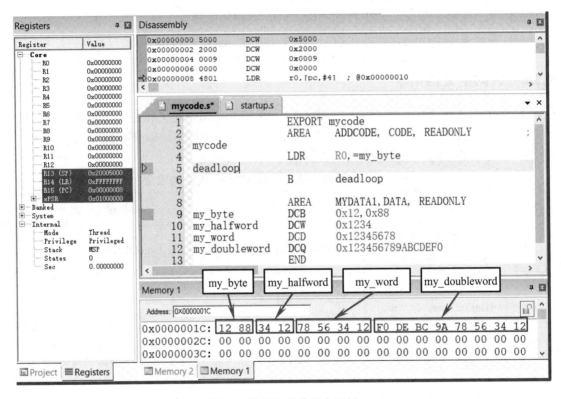

图 4.1　数据定义伪指令示例

例 4.3　自定义文字池伪指令 LTORG 举例。

Thumb-2 指令集是精简指令集，其指令的字长为 32 位或 16 位固定字长，因此，无法满足所有的立即数都能在指令中进行正确编码，因此，采用了文字池来存放这些立即数，然后通过对文字池的访问来解决这一问题。

文字池的使用

通常情况下，汇编器会把文字池安排在当前代码段之后，但不能超过 4 KB 的范围。如图 4.2 所示，"LDR R1, =0X11223344" 和 "LDR R2, =0XFFEEDDCC" 都需要通过文字池的方式对立即数进行访问，但由于指令 "LDRR1,=0X11223344" 所在位置距离当前代码段结束位置超过 4 KB，默认的文字池没法使用，因此就在这两条指令后，使用 LTORG 自定义了一个文字池。如图 4.2 所示，自定义文字池紧跟在指令 "LDR R2, =0XFFEEDDCC"（其机器指令为 0x4A01）之后，图中内存区第 2 行左边用两个矩形框框出位置。

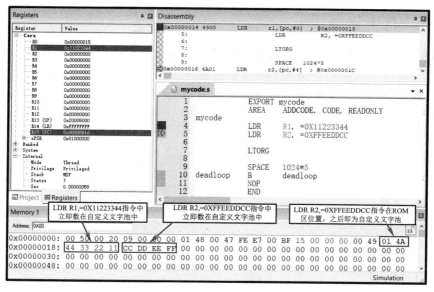

图 4.2　文字池定义伪指令示例

4.2.3　过程定义伪指令

过程(或称为子程序、函数)在程序设计中扮演着重要的角色。它们允许将代码划分为逻辑上独立的块，每个块执行特定的任务。这样做可提高代码的可读性、可维护性和可重用性。

语法格式如下：

　　　　过程名　PROC

　　　　　　过程体

　　　　　　BX　　LR

　　　　　　ENDP

PROC 伪指令开始定义一个过程，ENDP 用于结束过程定义。

例 4.4　过程定义伪指令举例。

如图 4.3 所示，在汇编源程序中定义了一个名为 ADDR0R1 的过程，通过指令"BL ADDR0R1"进行调用，实现将寄存器 R0 和 R1 的内容相加，结果返回寄存器 R0。

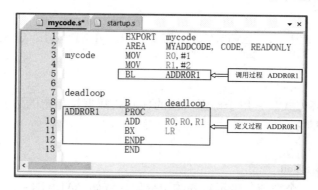

图 4.3　过程定义伪指令举例

4.2.4 宏定义伪指令

在 ARM 汇编中，宏定义允许开发者定义一个可重用的代码片段，并在需要的地方通过调用这个宏来插入该代码片段。宏定义可以简化代码的编写，提高代码的可读性和可维护性。通过使用宏定义，开发者可以更容易地组织和管理汇编代码，特别是在处理复杂的算法或重复的任务时。

语法格式如下：

```
MACRO
宏名    [$参数 1][, $参数 2]…
        宏体
MEND
```

MACRO 伪指令开始定义一个宏，引用宏时需使用宏名，并传递实参。MEND 用于结束宏定义。例如，以下定义一个宏，实现参数 x 与参数 y 相加，参数均为寄存器操作数。

宏定义如下：

```
MACRO
ADDXY    $X, $Y
EOR      R0, R0
ADD      R0, R0, $X
ADD      R0, R0, $Y
MEND
```

宏调用如下：

```
MOV      R1, #1
MOV      R2, #2
MOV      R3, #3
ADDXY    R1, R2      ;R0 寄存器的值为 3
ADDXY    R1, R3      ;R0 寄存器的值为 4
ADDXY    R2, R3      ;R0 寄存器的值为 5
```

4.2.5 其他伪指令

其他伪指令有 ALIGN、ENTRY、END、EQU、EXPORT、GLOBAL、IMPORT、EXTERN 等。

1) ALIGN

作用：设置对齐方式。它用于确保后续的代码或数据按指定的边界对齐，以提高性能或满足特定的硬件要求。

语法格式如下：

ALIGN = expression

其中，expression 是一个数值，表示对齐的边界值，例如"ALIGN = 4"设置对齐地址的低 4 位为 0。

2) ENTRY

作用：指定程序的入口点。它告诉链接器程序的执行应该从哪里开始。每个工程都要有一个入口，在汇编语言源程序中使用 ENTRY 伪指令指定程序入口；在 C 或 C++程序中则用 main( )函数来指定程序入口。

语法格式如下：

ENTRY

3) END

作用：标记汇编程序的结束。它告诉汇编器汇编语言源程序的结束位置。

语法格式如下：

END

4) EQU

作用：用于定义符号常量，为一个符号赋一个地址、常数或者表达式。类似于在 C 中使用#define 来定义常量。

语法格式如下：

symbol　EQU　expression

其中，symbol 是要定义的符号名称，expression 是一个常数、地址或者表达式，用来给符号赋值。

例如，下面两条语句实现把常量 2 赋给符号 abc，把地址 label+8 赋给符号 xyz。

```
abc    EQU   2
xyz    EQU   label+8
```

5) EXPORT 与 GLOBAL

作用：EXPORT 和 GLOBAL 伪指令都用来声明当前程序中的符号(标号名、变量名、过程名等)为全局符号，使得这些符号可以在其他编译单元中被引用。这两个伪指令的作用是等价的。

语法格式如下：

EXPORT/GLOBAL　symbol_name

其中，symbol_name 是要导出的符号的名称。

例如，下面程序在名为 Example 的代码段中定义了一个过程 Doadd，为了使该过程能够被外部别的模块调用，使用"EXPORT　　DoAdd"进行了允许导出的声明。

```
AREA     Example, CODE, READONLY
EXPORT   DoAdd              ; Export the function name to be used by external modules.
        DoAdd    ADD r0,   r0,   r1
```

6) IMPORT 与 EXTERN

作用：IMPORT 和 EXTERN 伪指令用来导入在别的模块中定义的符号(标号名、变量名、过程名等)，从而使得在当前文件中可以引用这些在其他文件中定义的符号。

这两个伪指令的区别在于，IMPORT 无条件导入符号，不论该符号是否在当前程序中引用；而只有在当前程序中引用该符号时，才使用 EXTERN 导入符号。

语法格式如下：

```
        IMPORT/EXTERN    symbol_name
```

其中，symbol_name 是要导入的符号的名称。

例如，下面程序在名为 MYCODE 的代码段中调用位于其他模块中名为 fun1 的过程，使用"IMPORT fun1"进行了允许导入的声明。

```
                IMPORT    fun1
                AREA      MYTEST, CODE, READONLY
                ENTRY
start           MOV       R0,       #5
                LDR       R10,      = fun1
                BLX       R10
deadloop        B         deadloop
```

4.3 ARM 汇编语言程序设计

面向过程的程序设计的基本结构有顺序结构、分支结构、循环结构以及过程(子程序或函数)调用四种。在 C 语言中，可以采用 if-else、switch-case 等来实现分支结构，可以采用 for、do-while 等来实现循环结构。在 ARM 汇编语言中，因为面向的层次更低，逻辑上更趋近于底层，所以均采用跳转语句来实现分支与循环结构。

在进行程序设计时，首先分析该程序的流程，绘制流程图，再根据流程图编写代码。

4.3.1 顺序程序

顺序程序是一种最简单的程序结构，它按照语句编写的顺序从上往下执行，直到最后退出程序。

例 4.5 在数据段中定义变量 X1，并初始化赋值 2 个元素，计算这 2 个数的和，并把结果存放到变量 X2 中。流程图如图 4.4 所示。

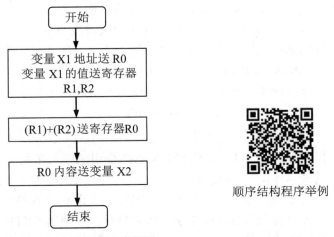

顺序结构程序举例

图 4.4 顺序结构程序流程图

根据题意，变量 X1 的地址送 R0 寄存器，然后通过多操作数装入指令 LDM 一次性将 X1 的两个元素值分别送 R1 和 R2 两个寄存器，R1 与 R2 相加后再将结果送 X2 变量。具体程序代码如下：

```
        AREA    ADDCODE, CODE, READONLY
mycode
        LDR     R0,=X1              ;变量 X1 的地址送 R0
        LDM     R0,{R1,R2}          ;将 X1 的变量的值 1、2 分别送 R1,R2
        ADD     R0,R1,R2            ;R1+R2 送 R0
        LDR     R3,=X2              ;变量 X2 的地址送 R3
        STR     R0,[R3]             ;计算结果送 X2
deadloop
        B       deadloop
        AREA    MYDATA1,DATA, READONLY     ;READONLY 属性使段位于片内代码区
X1      DCD     1,2                ;变量 X1 初始化
        AREA    MYDATA2,DATA, READWRITE;READWRITE 属性使段位于片内 SRAM 区
X2      DCD     0
        END
```

　　从图 4.5 可以看出，变量 X1 被定义在属性为 readonly 的数据段 MYDATA1 中，因此汇编器就会把该段放到片内代码区，该变量的 2 个元素"1"和"2"被存放在 0x00000028～0x0000002F 这 8 个单元。存放计算结果的变量 X2 被定义在属性为 READWRITE 的数据段 MYDATA2 中，因此汇编器就会把该段放到片内 SRAM 区，占用 0x20000000～0x20000003 这 4 个单元。

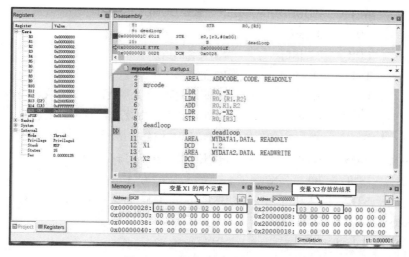

图 4.5　顺序结构程序运行结果

4.3.2　分支程序

　　分支程序用于在不同情况下执行不同的动作，在解决实际问题时是必不可少的。ARM

汇编分支程序采用转移指令 B 或 BX 来实现。

　　例 4.6　在数据段中定义变量 X1 并赋初值(本例赋值为 5),判断 X1 的值是偶数还是奇数,若为偶数,给变量 X2 送 0,若为奇数,给变量 X2 送 1。流程图如图 4.6 所示。

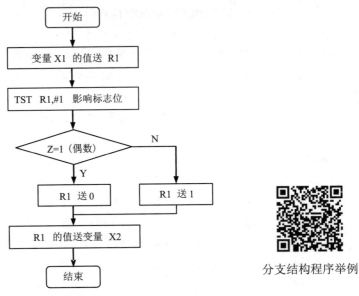

分支结构程序举例

图 4.6　分支结构程序流程图

　　根据题意,把变量 X1 的值装入寄存器 R1,然后与 0x00000001 做 TST 运算(实际就是做逻辑"与"运算,影响标志位,结果不送目的操作数),若 R1 的最低位为 0(R1 为偶数),"与"的结果就为 0,则 Z 标志位为 1,将 0 送寄存器 R2;否则,R1 为奇数,将 1 送寄存器 R2。最后将存放代表奇偶的 R2 内容送变量 X2。具体程序代码如下:

```
          AREA    ADDCODE,CODE,    READONLY
mycode    LDR     R0, =X1
          LDR     R1, [R0]         ;X1 变量的值读入 R1
          TST     R1, #1           ;R1 的值与 1 按位与,影响标志位
          BEQ     _even            ;如果 Z=1(即 R1 是偶数),跳转到_even 标签
          MOV     R2, #1           ;否则,R1 就是奇数,给 R2 寄存器送 1
          B       _end             ;跳转到程序结束标签
_even     MOV     R2, #0           ;R1 是偶数,给 R2 寄存器送 0
_end      LDR     R0,   =X2
          STR     R2, [R0]         ;将判断结果 0(偶数)或 1(奇数)送变量 X1
deadloop
          B deadloop               ; 无限循环
          AREA    MYDATA1, DATA, READONLY
X1        DCD     5
          AREA    MYDATA2, DATA, READWRITE
X2        DCD     0
          END
```

4.3.3　循环程序

顺序程序和分支程序中的指令最多只执行一次。在实际问题中重复地做某些事的情况是很多的，用计算机来做这些事就要重复地执行某些指令。重复地执行某些指令，最好用循环程序实现。

1. 循环程序的结构

一个循环程序通常由以下 5 个部分组成，其基本结构如图 4.7(a)所示。

(1) 初始化部分：在进入循环体之前，建立循环初始值，如设置地址指针、计数器、其他循环参数的起始值等。

(2) 循环体部分：在循环过程中所要完成的具体操作，是循环程序的主要部分。这部分视具体情况而定。它可以是一个顺序程序、一个分支程序或另一个循环程序。

(3) 修改部分：为执行下一个循环而修改某些参数，如修改地址指针、其他循环参数等。

(4) 控制部分：判断循环结束条件是否成立。通常判断循环是否结束的办法有以下两种：

① 用计数控制循环：循环是否已达到预定次数(适合已知循环次数的循环)；

② 用条件控制循环：循环终止条件是否已成立(适合已知循环结束条件的循环)。

(5) 结束处理部分：对循环结束进行适当处理，如存储结果等。有的循环程序可以没有这部分。

上面是按照图 4.7(a)介绍的"先执行后判断"循环程序的执行顺序，另外还有一种结构形式是"先判断后执行"的形式，如图 4.7(b)所示。这种结构仍由 5 个部分组成，但是重新安排了中间三部分的顺序。从框图可以看出它的最大优点是可以一次也不执行循环，也就是说可以设计为零次循环的程序。

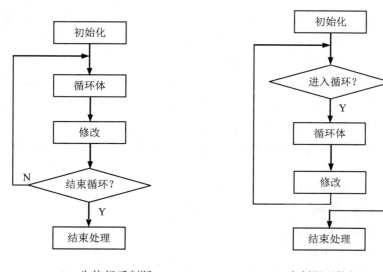

(a) 先执行后判断　　　　(b) 先判断后执行

图 4.7　循环程序的基本结构

2. 循环控制方法

1) 用循环次数控制循环

当循环次数已知时，就可以使用这种方法设计循环程序。这种方法直观、方便，易于程序设计。

例 4.7　字节型变量 xx 中存放了 10 个无符号数，从中找出最大者送入 yy 单元中。流程图如图 4.8 所示。

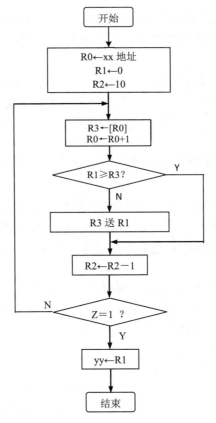

循环结构程序举例

图 4.8　循环次数已知的循环程序流程

根据题意，将变量 xx 的地址送寄存器 R0，当前找到的最大数放寄存器 R1，将其值初始化为 0，循环次数 10 送 R2，然后就可以进入循环体了。在循环体内部，将 xx 变量中的元素依次与 R1 比较，若大于 R1，则送 R1，否则继续读下一个元素与 R1 比较，直到循环 10 次，R1 中放的就是最后找到的最大数。使用存储指令将找到的最大数送变量 yy。具体程序代码如下：

```
        AREA    MYADD, CODE, READONLY
mycode  LDR     R0, =xx
        MOV     R1, #0
        MOV     R2, #10
loop1   LDRB    R3, [R0], #1
        CMP     R1, R3
        BHS     LOOP2
```

```
             MOV     R1, R3
LOOP2        SUBS    R2, R2, #1
             BNE     loop1
             LDR     R0, =yy
             STRB    R1, [R0]
deadloop
             B       deadloop
             AREA    MYDATA1, DATA, READONLY
xx           DCB     1, 2, 3, 4, 5, 10, 6, 7, 8, 9
             AREA    MYDATA2, DATA, READWRITE
yy           DCB     0
             END
```

2) 用循环结束条件控制循环

有些情况下循环次数是未知的，但循环结束的条件是已知的，这时就可以通过循环结束条件来控制循环。

例 4.8 计算 $1 + 2 + 3 + \cdots + n$，当计算结果大于等于 10 000 时停止循环，在数据段中定义 sum 和 n 两个变量，并将加法和存放到 sum 单元，将最后一个加数存放到 n 单元。流程图如图 4.9 所示。

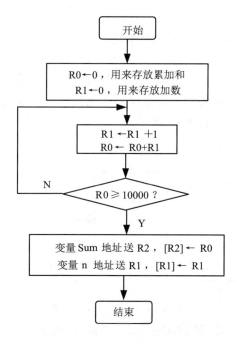

图 4.9 循环结束条件已知的循环程序流程

根据题意，采用两个变量：R0 存放加法和，R1 存放每次的加数，其取值分别为 1、2、3、……、n。程序运行的结束条件是：R0 中的累加和大于 10000，因此在每次循环体执行完毕都进行比较，以判断循环是否结束。具体程序代码如下：

```
        AREA    MYADD, CODE, READONLY
mycode  MOV     R0, #0              ;R0 初始化为 0，用于存放累加和
        MOV     R1, #0              ;R1 初始化为 1，用于存放加数
addnum  ADD     R1, R1, #1          ;R1 自加 1
        ADD     R0, R0, R1          ;计算 1 + 2 + … + n
        LDR     R2, =10000         ;10000 不是 8 位位图数，使用缺省文字池
        CMP     R0, R2             ;比较 R1 与 10000
        BLO     addnum             ;LO(LOwer)为指令条件码，无符号数小于
stop    LDR     R2, =sum           ;将累加和保存到 sum 单元
        STR     R0, [R2]
        LDR     R2, =n             ;将累加次数保存到 n 单元
        STR     R1, [R2]
deadloop B      deadloop
        AREA    NUM, DATA, READWRITE
sum     DCD     0
n       DCD     0
        END
```

4.3.4　过程调用

如果在一个程序中有多处需要用到同一段程序，则可以将这段程序写成过程(也称为子程序)，然后多次调用它。这种程序设计方法能使得代码看起来更简洁，逻辑更清晰。

在 ARM 汇编中，通过 BL 指令可以实现过程的调用，在跳转时 LR 寄存器自动保存紧跟着 BL 指令的下一条指令的地址。在过程的结束处，可以通过"MOV PC，LR"返回主程序中。过程的调用示意图如图 4.10 所示。

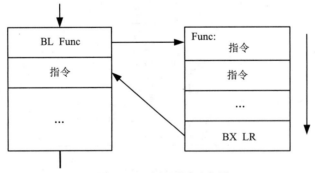

图 4.10　过程调用示意图

过程是通过伪指令 PROC 和 ENDP 来定义的，其语法格式如下：

```
过程名    PROC
        过程体
        BX    LR
        ENDP
```

过程的定义一般放在代码段最后，END 伪指令之前。主程序在调用过程时，往往需要向过程传递一些参数，同样，过程在运行完毕后也可能要把结果传回给调用程序。主程序与过程之间的这种信息传递被称为参数传递。

为了确保使用 ARM 架构的不同编译器和链接器能够以兼容和一致的方式生成链接代码，ARM 公司制定了 ARM 架构过程调用标准(ARM Architecture Procedure Call Standard, AAPCS)。遵循 AAPCS 的参数传递规定，可以确保 Thumb-2 汇编代码与其他遵循相同标准的代码(无论是高级语言编译生成的代码还是其他汇编代码)能够正确地进行交互和调用，从而提高代码的可移植性和兼容性。因此，在编写汇编语言过程中，参数的传递也必须遵循 AAPCS 的这些规定。

在汇编过程调用中，当参数不超过 4 个时，使用寄存器 R0～R3 来传递；当参数超过 4 个时，将剩余的参数用堆栈来传递。当结果为一个 32 位整数时，通过 R0 返回；当结果为一个 64 位整数时，通过 R0、R1 返回。有关 AAPCS 标准的详细内容将在 4.4.1 节介绍。

例 4.9　用过程实现内存块拷贝，将字符串从源位置拷贝到目的位置。流程图如图 4.11 所示。

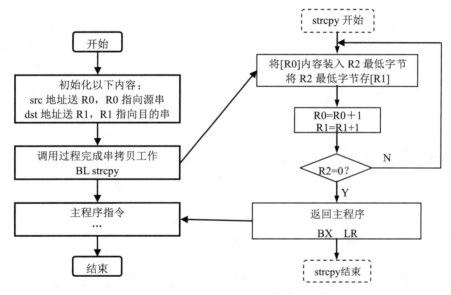

图 4.11　过程调用程序流程

根据题意，将源串"I am an ARM program!"放变量 src 中，目的串放变量 dst 区域，初始化为"0"，将源串内容依次取出，放入相应的寄存器，再写入目的串的对应位置。要判断串的结束点，在 C 语言中自动在串尾位置添加一个"\0"，其 ASCII 码为 00H，但汇编语言不能默认添加一个结束字符，这里仿照 C 语言，在串结束位置添加 00H。具体代码如下：

过程调用程序举例

```
        AREA    MYADD, CODE, READONLY
mycode  LDR     R0, =src        ;R0 指向 src 的起始地址
        LDR     R1, =dst        ;R1 指向 dst 的起始地址
        BL      strcpy          ;调用过程 strcpy
deadloop B      deadloop
```

```
        AREA    MYPROCED, CODE, READONLY
strcpy  PROC
        LDRB    R2,     [R0], #1        ;将 R0 指向的字节存入 R2 中
        STRB    R2,     [R1], #1        ;将 R2 内容存入 R1 指向的字节单元中
        CMP     R2,     #0              ;检查 R2 是否为 0
        BNE     strcpy                  ;没遇到结束符则继续拷贝下一个字节
        BX      LR                      ;过程返回
        ENDP
        AREA    SRCDATA,  DATA, READONLY
src     DCB     "I am an ARM program!", 0   ;定义源串，以 0 结束
        AREA    DSTDATA,  DATA,     READWRITE
dst     SPACE   100                     ;定义 100 个字节的区域，初始化为 0
        END
```

如图 4.12 所示，源串被放在片内代码区 0x00000038 单元开始的区域，通过调用过程 strcpy，将源串拷贝到片内 SRAM 区从 0x20000000 单元开始的区域。

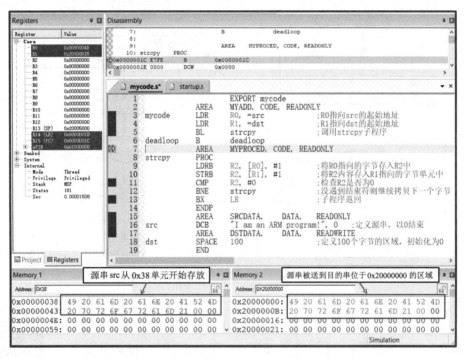

图 4.12　过程调用程序运行结果

4.4　C 与汇编语言混合编程

在进行 ARM 嵌入式系统开发中，混合使用 C 和汇编语言进行软件设计的原因主要有

以下几点：

(1) 性能优化：汇编语言是直接与机器硬件进行交互的编程语言，它能够精确控制 CPU 的每一个操作。在某些需要高性能的场景下，如中断处理、实时控制等，使用汇编语言可以编写出更高效的代码。而 C 语言虽然抽象层次较高，易于编写和理解，但在某些情况下无法达到汇编语言所能提供的性能。因此，在关键部分使用汇编语言，而在非关键部分使用 C 语言，可以在保证代码可读性和可维护性的同时，实现性能的优化。

(2) 硬件操作：对于某些硬件操作，特别是与底层硬件紧密相关的操作，如直接访问内存地址、设置寄存器值等，使用汇编语言会更加方便和高效。这些操作在 C 语言中难以直接实现，或者实现起来较为复杂，而通过使用汇编语言，可以直接编写与硬件相关的代码，实现对硬件的精确控制。

(3) 系统启动：在嵌入式系统的启动过程中，往往涉及对硬件的初始化、操作系统的加载等复杂操作。这些操作通常需要使用汇编语言来完成，因为汇编语言能够直接操作硬件，并且在系统启动的早期阶段，C 语言运行环境可能还没有完全建立。

(4) 代码移植性：虽然汇编语言与特定的硬件平台紧密相关，但在某些情况下，使用汇编语言编写的代码更容易在不同的硬件平台之间进行移植。这是因为汇编语言直接反映了硬件的特性和指令集，只要目标平台支持相同的指令集，汇编代码通常只需要进行少量的修改就可以在新的平台上运行。

C 语言与汇编语言均有各自的优缺点。采用 C 语言进行算法设计和程序编写时，是面向过程的，整个流程清晰，实现起来较容易，且提供很多接口函数，但编译生成的可执行文件大，因此实时性难以控制，也不能对硬件进行直接的操作。采用汇编语言进行程序设计时，比 C 语言的流程更不容易理解和设计，但汇编语言汇编生成的可执行文件小，执行速度快，实时性高，且能对内存、外设端口进行直接的读写操作。如果将二者结合起来进行开发，能简化编程难度，保证实时性，并能对硬件进行访问。

本节首先介绍 ARM 架构过程调用标准 AAPCS，然后基于该调用标准介绍 C 程序内嵌汇编代码、C 程序调用汇编过程、汇编程序调用 C 函数、C 与汇编程序变量互访等 C 语言与汇编语言混合常遇到的几种编程问题。

4.4.1　ARM 架构过程调用标准 AAPCS

ARM 架构过程调用标准 AAPCS 是 ARM 公司制定的一套用于 ARM 处理器体系结构的函数调用和返回机制的标准。它旨在确保编译器生成的代码在 ARM 架构上的不同模块之间具有良好的互操作性和兼容性。通过遵循 AAPCS，开发者可以更加高效地使用 ARM 架构的寄存器和堆栈资源，减少潜在的兼容性问题，提高代码的可移植性和可维护性。

Thumb-2 指令集在过程调用时，参数的传递遵循 AAPCS 过程调用标准。更早期的程序调用标准 ATPCS(ARM Thumb Procedure Call Standard)是为 Thumb 指令集定义的一种过程调用标准，随着 ARM 架构的发展和 Thumb-2 指令集的引入，AAPCS 逐渐取代了 ATPCS，成为被更广泛接受的程序调用标准。

推出 AAPCS 主要是为了定义 ARM 架构中过程调用和返回的约定，确保不同编译器生成的代码之间的兼容性，以及不同模块之间的互操作性。它规定了一些过程间调用的基本规则，包括过程调用中寄存器的使用规则、数据栈的使用规则、参数的传递规则等。这些规则有助于确保单独编译的 C 语言程序能够和汇编程序相互调用，提高了代码的兼容性和互操作性。根据 AAPCS 规定，在参数传递过程中，主要考虑以下几种情况：

1. 参数传递

参数传递分为通过寄存器传递和通过堆栈传递两种。

1) 通过寄存器传递

AAPCS 规定，前 4 个整数或指针类型的参数通常通过寄存器 R0～R3 进行传递。这种机制有效地提高了函数调用的效率，因为寄存器访问通常比堆栈访问更快。对于 64 位的数据类型(如 long long)，低 32 位放在 R0 或 R2 中，高 32 位放在 R1 或 R3 中。如果参数是结构体或复合类型，并且大小超过寄存器能够容纳的，那么会按照其成员或组成部分拆分并通过多个寄存器或堆栈传递。

例如，假设有一个函数 int multiply(int a, int b)，它接受两个整数参数并返回它们的乘积。在调用 multiply 函数时，参数 a 和 b 会分别被放置在 R0 和 R1 寄存器中。

2) 通过堆栈传递

当参数数量超过 4 个时，额外的参数将通过堆栈进行传递。调用者负责将这些参数推送到堆栈上，并确保它们按照正确的顺序排列。堆栈的增长方向通常是指向低地址方向，这意味着新的参数会被推送到当前堆栈指针以下的地址。

2. 返回值传递

返回值传递分为通过寄存器返回和通过内存返回两种。

1) 通过寄存器返回

函数的返回值通常保存在 R0 寄存器中。如果返回值是 32 位或以下的整型、指针或单精度浮点数，那么它就直接放在 R0 中；对于 64 位的返回值(如 long long 或双精度浮点数)，R0 保存低 32 位，R1 保存高 32 位；对于更大的数据结构(如结构体)，返回值通常是通过指针传递的，该指针指向由调用者分配的内存空间，函数将结果写入这块内存。

例如，假设一个函数 long long multiply64(long long a, long long b)，它接受两个 64 位整数并返回它们的乘积。在调用 multiply64 函数后，其 64 位返回值会被保存在 R0 和 R1 寄存器中，其中 R0 保存低 32 位，R1 保存高 32 位。

2) 通过内存返回

对于非常大的返回值或不适合通过寄存器传递的数据结构，通常的做法是通过指针返回。函数接收一个指向预先分配好的内存的指针作为参数，然后将结果写入该内存区域。

3. 堆栈使用

在 ARM 架构中，堆栈是一种重要的数据结构。AAPCS 定义了函数调用时堆栈的使用规则，包括如何在参数过多时利用堆栈来传递参数，以及如何在函数调用期间管理堆栈。这些规则旨在确保在 ARM 架构上进行函数调用时，不同的函数和过程(子程序)能够按照统一的规则进行参数的传递、寄存器的使用以及堆栈的管理，从而确保程序的正确执行和性能优化。

1) 堆栈增长方向

AAPCS 规定了堆栈的增长方向，通常是向低地址方向增长。这意味着新的堆栈帧会被推送到当前堆栈指针以下的地址空间。这种规则确保了堆栈的连续性和一致性，避免了堆栈溢出等问题。

例如，在函数调用过程中，每个函数都会在其自己的堆栈帧中保存其局部变量、参数和返回地址。当函数被调用时，其堆栈帧会被推送到堆栈上，并且堆栈指针会相应地更新。当函数返回时，其堆栈帧会从堆栈中弹出，堆栈指针恢复到调用前的状态。这种机制确保了每个函数都有其独立的执行环境，并且不会相互干扰。

2) 执行上下文保存与恢复

当函数被调用时，其执行上下文(包括返回地址、寄存器状态等)需要被保存起来，以便在函数返回时能够恢复。AAPCS 定义了如何将执行上下文推送到堆栈上，并在函数返回时如何从堆栈中弹出执行上下文。

4. 函数调用中的寄存器使用

函数调用中的寄存器使用有 2 点需要注意：

1) 调用者保存的寄存器

R0～R3、R12 属于调用者保存的寄存器，即调用者需要确保这些寄存器在调用函数前后的值保持不变。

2) 被调用者保存的寄存器

函数或子程序应该保持 R4～R11、R13 和 R14 的数值不变。若这些寄存器在函数或子程序执行期间被修改，则其应该保持在栈中并在返回调用代码前恢复。这些寄存器被称为"被调用者保存的寄存器"。

4.4.2　C 程序内嵌汇编代码

当 C 语言无法实现某些底层硬件操作或需要优化某些关键代码段以提高性能时，可以使用 C 程序内嵌汇编代码。例如，在直接操作寄存器或执行某些特定的硬件指令时，C 程序内嵌汇编代码非常有用，既可以保持 C 语言的高级抽象和可移植性，又可以利用汇编语言的底层控制和优化能力。

在 Keil MDK5 开发环境中，使用 Thumb-2 指令系统时，可以使用内嵌汇编(Inline Assembly)来直接在 C 语言程序中插入汇编指令，允许执行一些低级的、C 语言无法直接处理的操作，或者优化某些关键代码段。

在 Keil MDK5 中，C 语言程序中内嵌汇编语句格式如下：

```
__asm                        //asm 前面使用的是双下画线
{
    汇编语句 1
    汇编语句 2
    汇编语句 3
    ...
}
```

　　需要说明的是，在内嵌汇编代码中，一般不要直接指定物理寄存器，而要让编译器自动分配；如果一定要使用物理寄存器，要注意以下原则：R12 与 R13 常用于存放中间编译结果，不能使用；R0～R3 在过程调用中用于传递参数，不能使用；R14 用于过程调用的返回，也不能使用。下面举例说明在 C 函数中如何进行汇编语句的嵌套。

　　例 4.10　编写一个由 startup.s 和 My_C_Functions.c 两个文件组成的工程，通过在 C 函数中嵌套汇编语句实现 3 个变量相加。

　　如图 4.13 所示，该工程由用汇编语言写的启动文件 startup.s 和用 C 语言写的 My_C_Functions.c 文件组成。如图中右侧所示，startup.s 文件与第 3 章所给出的纯汇编工程一样，首先完成工程的初始化工作，然后转到其他地方去执行。这里转去执行的不再是之前用汇编语言写的一个过程(子程序)，而是一个用 C 语言写的 My_C_Functions 函数。

C 程序内嵌汇编举例

在 startup.s 中使用"IMPORT　My_C_Functions"(第 3 行)声明了 My_C_Functions 是一个外部定义的函数，通过第 10 行和第 11 行两条指令，转去执行 My_C_Functions 函数。

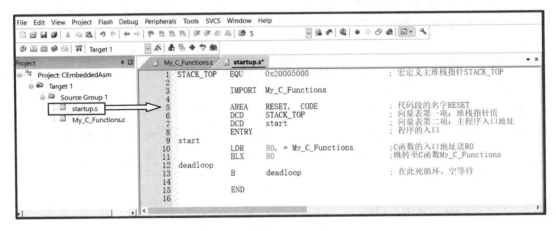

图 4.13　一个由汇编启动文件和 C 用户程序构成的工程

工程中的 C 文件 **My_C_Functions.c** 代码如下：

```
int   addxyz(int x,int y,int z);  //声明函数addxyz()
int   My_C_Functions(void)
{
    int   sum;
    sum=addxyz(1,2,3);            //调用 addxyz()函数
    return 0;
}
int addxyz(int x,int y, int z)    //函数 addxyz()的 3 个实参 1、2、3 分别传递给 x、y、z
{
    __asm
    {
        add   x,x,y                //根据 AAPCS 参数传递规则，x,y,z 分别对应寄存器 R0，R1，R2
        add   x,x,z
```

```
            }
        return(x);
        }
```

My_C_Functions.c 文件中有两个函数 My_C_Functions(void)和 addxyz(int x,int y, int z)，在 My_C_Functions(void)中执行函数调用 sum=addxyz(1,2,3)，在 addxyz(int x,int y, int z)中嵌套了汇编语言指令，实现 x+y+z，并将结果返回给 My_C_Functions(void)中的 sum 变量。根据 AAPCS 参数传递规则，x、y、z 分别对应寄存器 R0、R1、R2，如图 4.14 所示，实参 1、2、3 被分别传递给了 x、y、z，而 x、y、z 分别对应 R0、R1、R2 三个寄存器，嵌套的汇编语句"add x,x,y"汇编器将其对应为汇编指令"add R0,R0,R1"，"add x,x,z"对应为汇编指令"add R0,R0,R2"，最后通过 x(R0)把计算结果传给了变量 sum。

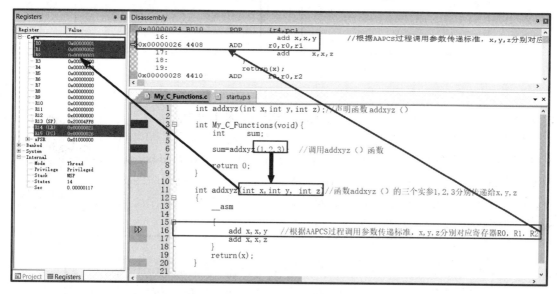

图 4.14　C 函数参数传递给相关寄存器示例

注意：根据 AAPCS 参数传递规则，C 函数的前 4 个参数依次传递给 R0、R1、R2 和 R3 四个寄存器，如果函数的参数多于 4 个，则编译器会自动使用堆栈进行参数的传递，程序设计人员不需要人为去处理。例如，函数 addxyz(int x,int y, int z)修改为 addxyz(int x,int y, int z,int v,int s)，参数 x、y、z、v 会依次传递给寄存器 R0、R1、R2、R3，而 s 则会通过堆栈传递给函数，程序员不需要人为处理。

4.4.3　C 程序调用汇编过程

C 程序调用汇编过程即允许开发者在 C 程序中调用汇编代码，从而实现更高效和灵活的程序设计，在需要处理复杂的硬件操作或优化特定的算法时非常有用。C 程序中调用汇编过程示意如图 4.15 所示，具体步骤如下：

(1) 在 C 文件中用关键字 extern 声明要调用的汇编过程的原型，并定义好形参，然后就可以在 C 程序中调用该过程了。如图中用"extern　int　addxy(int x, int y)"声明过程 addxy 原型，使用 "a=addxy(a,b)" 调用在汇编程序中定义的过程 addxy。

(2) 在汇编程序中用伪指令 EXPORT 导出要调用的过程名,并定义该过程,使用 BX LR 返回。

(3) 如果在调用时需传递参数,参数 1、2、3、4 默认使用寄存器 R0~R3 传递,如果参数个数多于 4 个,则使用堆栈传递。

(4) 如果有返回值,则默认用 R0 返回。

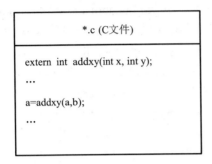
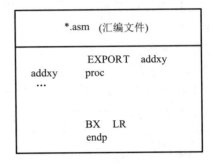

图 4.15　C 程序中调用汇编过程示意

例 4.11　在 C 文件 My_C_Functions.c 中调用在汇编程序 addxy.s 中定义的过程 addxy,实现将在 C 中定义的两个变量 a 和 b 相加。

构建如图 4.16 所示的工程,该工程包括 3 个文件,一个是工程启动文件 startup.s,一个 C 文件 My_C_Functions.c 和一个汇编文件 addxy.s。需要特别说明的是,以前的工程初始化完成后转去另一个汇编程序区执行,本例转去执行用 C 程序 My_C_Functions.c,在该 C 程序中调用在汇编程序 addxy.s 中定义的过程 addxy。

C 程序调用汇编
过程举例

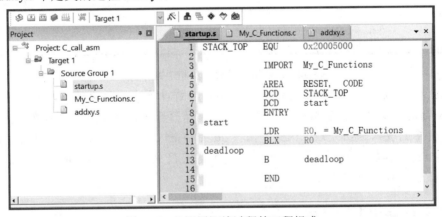

图 4.16　C 调用汇编过程的工程组成

工程启动 startup.s 的代码如图 4.16 右侧代码编辑框所示。使用"IMPORT My_C_Functions"伪指令声明 My_C_Functions()是一个外部定义的函数,通过"LDR R0, = My_C_Functions"和"BLX R0"两条指令转去执行 My_C_Functions.c 中的 int My_C_Functions() 函数。

C 文件 My_C_Functions.c 代码如下:

```
extern int addxy (int x,int y);
int My_C_Functions(void){
```

```
        int a=1,b=2;
        a=addxy(a,b);
        return 0;
    }
```

在 C 程序中首先使用 "extern int addxy (int x,int y)" 声明 addxy 是一个外部过程，C 函数 My_C_Functions 中定义两个变量 a 和 b，通过语句 "a=addxy(a,b)" 调用定义在汇编文件 addxy.s 的过程，实参 a 和 b 的值通过寄存器 R0 和 R1 传递给过程 addxy。

汇编程序 addxy.s 的代码如下：

```
        AREA      armxy, CODE, READONLY
        EXPORT    addxy
addxy   proc
        ADD       R0, R0, R1
        BX        LR
        endp
        end
```

在汇编程序 addxy.s 中定义了一个名为 armxy 的段，在该段中首先通过 "EXPORT addxy" 伪指令声明 addxy 为一个外部可使用的过程，然后定义过程实现将传递到寄存器 R0 和 R1 中的值相加，并通过 R0 返回给调用函数。

由于汇编程序执行效率高、硬件底层访问能力强，在嵌入式系统开发中常常将其与 C 程序一起来混合编程。上例中为了比较容易地讲清楚 C 程序调用汇编过程的具体步骤，选用的汇编过程完成的工作比较简单。为了进一步说明使用汇编程序混合编程的好处，再举一个汇编过程完成稍复杂工作的例子。

例 4.12　在 C 文件 My_C_Functions.c 中定义了一个有 10 个元素的整型数组变量 int n[]，调用在汇编程序 max_v.s 中定义的过程 N_Paixu，实现将在 C 程序中定义的数组 n 的元素用冒泡法实现从小到大排序。

构建与图 4.16 所示结构类似的工程，包括 3 个文件，一个是工程启动文件 startup.s，一个 C 文件 My_C_Functions.c 和一个汇编文件 max_v.s。其中启动文件 startup.s 与例 4.11 相同。

C 文件 My_C_Functions.c 代码如下：

```
    extern int N_Paixu(int *num);
    int My_C_Functions(void){
        int n[]={10,9,8,7,6,5,4,3,2,1};
        N_Paixu(n);
        return(0);
    }
```

在 C 程序中首先使用 "extern int N_Paixu(int *num)" 声明 N_Paixu 是一个外部过程，在 C 函数 My_C_Functions 中定义整型数组 n，并初始化，通过语句 "N_Paixu(n)" 调用定义在汇编文件 max_v.s 中的过程 N_Paixu，实现数组 n 中元素从小到大排序。

汇编程序 max_v.s 的代码如下：

```
          AREA      MAX, CODE, READONLY
          EXPORT    N_Paixu
N         EQU       10
N_Paixu   PROC
          MOV       R1, #0
          MOV       R2, #0
LOOPI     ADD       R3, R0, R1, LSL #2
          MOV       R4, R3
          ADD       R2, R1, #1
          MOV       R5, R4
          LDR       R6, [R4]
LOOPJ     ADD       R5, R5,#4
          LDR       R7, [R5]
          CMP       R6, R7
          BLT       NEXT
          LDR       R7, [R5]
          STR       R6, [R5]
          MOV       R6,R7
NEXT      ADD       R2,R2,#1
          CMP       R2, #N
          BLT       LOOPJ
          LDR       R7,[R3]
          STR       R6,[R3]
          ADD       R1, R1, #1
          CMP       R1, #N-1
          BLT       LOOPI
          BX        LR
          ENDP
          END
```

在汇编程序 max_v.s 中定义了一个名为 MAX 的段，在该段中首先通过"EXPORT N_Paixu"伪指令声明 N_Paixu 为一个外部可使用的过程，然后定义过程实现数组元素从小到大的排序。过程调用时把整型指针 n 的地址通过 R0 传递给过程。冒泡法排序算法这里不做介绍，读者可参阅相关教材。

4.4.4　汇编程序调用 C 函数

汇编程序调 C 这种情况在嵌入式系统开发中相对少见，但在某些特殊情况下，汇编代码可能需要调用 C 函数。例如，在启动代码或底层初始化代码中，可能需要调用一些用 C 语言编写的库函数。

汇编程序调用 C 函数的方法如图 4.17 所示，具体步骤如下：

(1) 在汇编文件中，用伪指令 IMPORT 引用将要调用的 C 函数。

(2) 在 C 文件中不需要做任何声明。

(3) 如果在函数调用时需传递参数，参数 1、2、3、4 默认使用寄存器 R0～R3 传递，如果参数个数多于 4，则使用堆栈传递。

(4) 如果函数有返回值，则默认用 R0 返回。

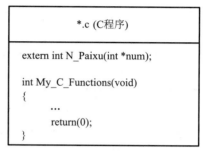

图 4.17　汇编程序中调用 C 函数示意

例 4.13　在汇编语言编写的启动文件 startup.s 文件中，通过 R0、R1、R2 传递参数，调用在 C 程序中定义的求和函数，实现将 3 个变量的值相加。

如图 4.18 所示，该工程由汇编启动文件 startup.s 文件和 C 文件 addxyz.c 组成。在 startup.s 文件中，首先用 IMPORT 伪指令声明一个外部定义的函数 addxyz，通过 R0、R1、R2 传递实参 1、2、3 给函数 addxyz()，该函数在 addxyz.c 文件中定义。

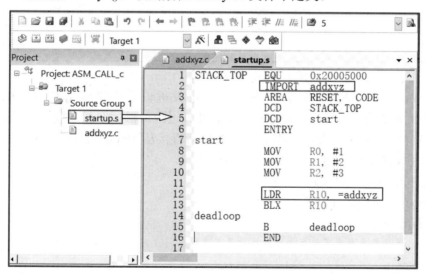

图 4.18　一个由汇编启动文件调用用户 C 程序的工程

具体代码如下：

```
int addxyz(int a,int b,int c)
{   int sum=0;
    sum = a+b+c;
    return sum;
}
```

汇编调用
C 函数举例

该函数实现将寄存器 R0、R1、R2 传递给 a、b、c 的值相加，并将相加的和返回给 R0。

例 4.14   C 工程构建举例。在汇编启动文件 startup.s 中编写系统复位过程 Reset_Handler，调用 C 语言编写的 main( )函数，以 main( )函数作为工程的入口。

到目前为止，所构建的工程均是从 startup.s 文件中的伪指令"ENTRY"处进入工程，如图 4.18 所示。然而，在嵌入式系统开发中，大部分工作是用 C 语言来编写的，必要时使用汇编语言来编写诸如操作系统移植、底层硬件资源访问以及实时性要求较高的任务等。为了方便后续学习嵌入式系统的开发，这里举例说明如何构建一个通过 main( )函数作为入口的工程。

如图 4.19 所示，工程由启动文件 startup.s、定义了 main()函数的 C 文件 mymainfunction.c 和被 main( )函数调用的汇编过程 addxy.s 3 个文件组成。

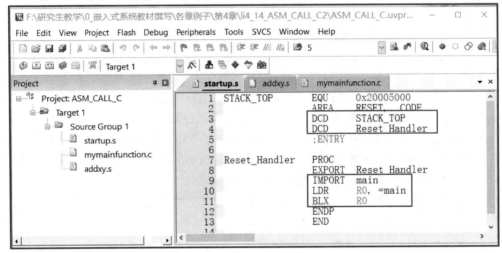

图 4.19   main 函数入口的工程构建

在 startup.s 启动文件中，首先在中断向量表里设置主堆栈指针 STACK_TOP 为 0x20005000，系统的入口地址指向 Reset_Handler 过程。然后在该过程中声明外部定义的 main 函数，并转去执行 main( )函数，工程复位后直接从 main()函数开始执行，在 main( ) 中就可以调用实现工程各类任务的函数或过程了。

该工程中 main( )函数代码如下：

```
extern int addxy(int a,int b);

int main(void)
{
    int a=1;
    int b=2;
    int c;
    c=addxy(a,b);
    return 0;
}
```

main( )函数声明了一个完成两个变量相加的汇编过程 addxy(int a,int b)，并通过调用该过程实现了简单的两个变量值相加的任务。addxy.s 文件代码如下：

```
        AREA        armxy, CODE, READONLY
        EXPORT    addxy
addxy   proc
        ADD      R0, R0, R1
        BX        LR
        ENDP
        END
```

4.4.5　C 与汇编程序变量互访

在 C 和汇编语言混合编程的工程中，经常需要在两种语言之间共享数据。这通常涉及在 C 和汇编程序之间传递变量或访问共享的内存区域。C 与汇编程序之间的变量互访使得两种语言能够无缝地协同工作。它允许开发者在 C 代码中定义变量，并在汇编代码中直接访问这些变量；或者在汇编代码中定义变量，并在 C 代码中读取或修改这些变量的值。这种互访能力极大地提高了混合编程的灵活性和效率。下面分两种情况进行介绍：汇编程序调 C 文件中的变量、C 调用汇编文件中的变量。

1. 汇编程序调 C 文件中的变量

在汇编文件中访问 C 文件中的变量，可以通过 LDR 伪指令读取该变量的地址，并通过地址来访问该变量。当然，要访问的这个变量在 C 文件中必须被声明为全局变量，否则是无法访问的。

汇编文件访问 C 文件中的变量如图 4.20 所示，其具体方法如下：

(1) 在 C 文件中定义全局变量 c_var。

(2) 在汇编程序中用 IMPORT 引入变量 c_var。

(3) 使用伪指令 LDR 获取变量 c_var 变量的地址。

(4) 使用指令 LDR 获取 c_var 的值。

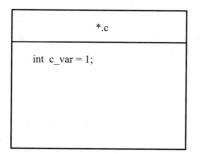
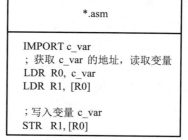

图 4.20　汇编文件访问 C 文件中的变量

例 4.15　汇编文件访问 C 文件中变量举例。在 C 文件中定义一个全局变量 globvar 并赋初值，定义一个外部汇编过程 int addxy(int a, int b)，实现 a + b + globvar。

工程文件的组成与例 4.14 相同(如图 4.19 所示)，包括工程启动文件 startup.s、C 文件 mymainfunction.c 以及汇编文件 addxy.s，其中 startup.s 文件与例 4.14 完全相同。mymainfunction.c 文件代码如下：

```
extern int addxy(int a,int b);
const int globvar = 10;
int main(void){
    int    a=1;
    int    b=2;
    int    c;
    c=addxy(a, b);
    return 0;
}
```

C 与汇编程序变量
互访举例

　　C 文件中定义了一个全局变量 globvar，并赋初值为 10；声明了一个外部汇编过程 addxy，在该过程中调用 C 中定义的全局变量 globvar。

　　addxy.s 文件代码如下：

```
              AREA    armxy, CODE, READONLY
              EXPORT    addxy
              IMPORT    globvar
addxy         proc
              ADD     R0, R0, R1
              LDR     R2, =globvar
              LDR     R1, [R2]
              ADD     R0 ,R1
              BX      LR
              ENDP
              END
```

　　该过程实现把由 R0 和 R1 两个寄存器传递过来的参数值相加，读取在 mymainfunction.c 定义的全局变量 globvar 值并相加，结果通过 R0 寄存器返回。

　　2．C 调用汇编文件中的变量

　　在 C 文件中也通常需要访问汇编文件中的变量，如图 4.21 所示，其具体方法如下：

　　(1) 在汇编文件中，用伪指令"EXPORT"定义变量 x1。

　　(2) 在 C 文件中用 extern 引入该变量。

　　(3) 在 C 文件中用变量名访问该变量。

*.c

extern int x1;
int main(void)
{   int a=1;
    a=a+x1;
    return 0;}

EXPORT x1
 	
      AREA MYDATA, DATA, READONLY
x1   dcd 0xFF
      end

图 4.21　C 调用汇编文件中的变量

本 章 小 结

本章深入探讨了基于 ARM Cortex-M3 微处理器的程序设计，从基础的 ARM 汇编语言程序结构到复杂的 C 与汇编语言混合编程，为读者构建了一个全面且实用的汇编语言程序设计的知识体系。本章介绍了 ARM 汇编程序的基本框架，包括指令、伪指令、标签和注释等元素的作用与编写规范，详细讲解了汇编程序的入口点、段(如代码段、数据段)的组织方式，以及程序如何通过这些结构实现功能。

在 ARM 汇编语言程序设计中，伪指令扮演着至关重要的角色。它们不是真正的机器指令，不会被 CPU 直接执行，而是用于指导汇编器的操作，为汇编过程提供必要的控制信息和辅助信息。伪指令主要有段定义伪指令、数据定义伪指令、过程定义伪指令以及宏定义伪指令等。ARM 汇编语言程序设计常见的程序结构主要包括顺序结构、分支结构、循环结构和过程调用 4 种。顺序程序是一种最简单的程序结构，它按照语句编写的顺序从上往下执行，直到最后退出程序。分支程序用于在不同情况下执行不同的动作，在解决实际问题时是必不可少的。ARM 汇编分支程序采用转移指令 B 或 BX 来实现。顺序程序和分支程序中的指令最多只执行一次。在实际问题中重复地做某些事的情况是很多的，重复地执行某些指令就需要用循环程序来实现。如果一个程序中有多处需要用到同一段程序，则可以将这段程序写成过程(也称为子程序)，然后多次调用它，这种程序设计方法使得代码看起来更简洁，逻辑更清晰。

ARM 架构过程调用标准 AAPCS 是进行 C 与汇编语言混合编程必须遵循的标准，它规定了 C 与汇编语言间调用时参数传递、寄存器使用等规范。本章介绍的混合编程方法主要有 C 程序内嵌汇编代码、C 程序调用汇编过程、汇编程序调用 C 函数以及 C 与汇编程序变量互访等。

本章通过理论与实践相结合的方式，系统地介绍了基于 ARM Cortex-M3 微处理器的程序设计方法，从基础的 ARM 汇编语言到高级的 C 与汇编语言混合编程，不仅加深了读者对 ARM 架构及其编程特性的理解，还提供了丰富的实例和技巧，帮助读者掌握高效、灵活的嵌入式系统开发技能。通过本章的学习，读者应能够独立设计并实现基于 ARM Cortex-M3 的嵌入式系统程序，同时理解并应用 C 与汇编语言混合编程的优势，以满足复杂项目的需求。

习　　题

1. 在 ROM 区定义如下 3 个变量，上机调试观察变量在存储器的存放情况，并参考图 4.1 画图说明这 3 个变量在内存中的存放情况。汇编时给出的类似"warning: A1581W: Added 2 bytes of padding at address 0x*"这样的警告信息是在什么情况下出现的，不同类型变量的起始地址有什么要求？

    (1) BYTE_VAR   DCB   " ABCD " , -5, 0x78, 9*10

    (2) WORD_VAR   DCW   -5, 0x12, 0x5678

    (3) DWORD_VAR DCD   -5, 0x12, 0x567890ab

2. 数据传送指令"MOV R1，#0x123456"能通过汇编吗？如果不行，试说明为什么，并说明如何通过文字池实现将立即数#0x123456 送寄存器 R1。

3. 使用 MOV 指令把立即数送寄存器时，当不能直接将该立即数在指令中进行编码时，就需要通过文字池来实现把该立即数送寄存器。试问：什么情况下可以使用缺省文字池？什么情况下需要自定义文字池？

4. 编写纯汇编工程，工程名为 EX4，编写启动文件 startup.s 和用户文件 mycode.s，实现以下要求：定义字型(32 位)有符号变量 X1，赋值初始化 20 个元素，找出其中的最大数，送给变量 X2。

5. 编写纯汇编工程，要求定义字节型无符号变量 Y1，赋值初始化 10 个元素，将这 10 个元素按从小到大顺序排序，并写入变量 Y2 中。

6. 编写纯汇编工程，定义字变量 buf，存放 10 个带符号数，比较 10 个数的大小，将最小数存放到最小单元，最大数存放到最大单元。

7. 编写纯汇编工程，定义立方表 tab，存放 0～10 的立方值，定义变量 x、y，假定 x = 6，查 tab 表得出 x^3，结果送给变量 y。

8. C 与汇编语言混合编程，在 C 程序中内嵌 ARM 汇编代码，实现 $1 + 2 + \cdots + 100$。

9. C 与汇编语言混合编程，在汇编程序中实现子程序 max：两个数比较大小，返回大数，并在 C 程序中调用。

10. C 与汇编语言混合编程，在 C 程序中实现函数 max，两个数比较大小，返回大数，并在汇编程序中调用。

第 5 章

STM32F103 微控制器

本章承前启后，在前 4 章介绍了 ARM 公司推出的 Cortex-M3 微处理器体系结构、指令系统以及程序设计技术之后，从本章开始介绍意法半导体公司基于 ARM Cortex-M 系列微处理器推出的 STM32 系列微控制器。STM32 系列微控制器具有多种型号，适用于各种不同的应用需求。STM32F103 系列微控制器是 STM32 系列中的一个重要分支，它采用了 ARM Cortex-M3 内核，运行频率可达到 72 MHz，是目前使用较多的经典 STM32 微控制器系列，本书后续部分将围绕该系列微控制器进行介绍。

本章首先对基于 Cortex-M 微处理器核的 STM32 系列微控制器做总体概述，然后从系统架构、存储器结构、中断系统、时钟系统、引脚定义以及启动配置等多个方面详细介绍 STM32F103 微控制器的组成，并在此基础上构建一个基于 STM32F103 的最小系统。本章是后续各章学习的基础，也是基于 STM32F103 微控制器的嵌入式应用开发的起点。尽管 STM32 微控制器有很多系列，但 STM32 各个系列微控制器的开发非常相似，在掌握了 STM32F103 后，读者能够触类旁通，举一反三，很快便能将应用移植到 STM32 其他系列的微控制器上。

◆ 本章知识点与能力要求

◆ 了解 STM32 系列微控制器的分类，熟悉 STM32F103 小容量产品、中容量产品和大容量产品各自的特点。

◆ 掌握 STM32F103 微控制器芯片的系统组成、存储器结构、中断系统、时钟系统、引脚以及启动过程等。

◆ 熟悉 STM32F103 最小系统的各部分组成，学会构建 STM32F103 微控制器的最小系统，重点掌握最小系统的电源管理、时钟树结构及应用等。

5.1 STM32 系列微控制器概述

基于 ARM 公司推出的 Cortex-M3 微处理器，目前已有数十家半导体厂商购买了 IP 授权，并根据各自的市场定位和自身的技术积累，设计和生产了不同的基于 Cortex-M3 的微控制器。目前，市场上常见的有意法半导体公司的 STM32 系列微控制器、德州仪器公司的 LM3S 系列微控制器和恩智浦公司的 LPC17 系列微控制器等。本书我们选择意法半导体公司的 STM32F103 系列微控制器进行讲解。

5.1.1　STM32 系列微控制器

STM32 产品线主要基于其内核架构和应用特性进行分类，主要分为主流产品、高性能产品和超低功耗产品三类，分述如下：

(1) 主流产品如 STM32F0、STM32F1、STM32F3 等，这些微控制器采用常见的 ARM Cortex-M 内核，如 Cortex-M0 和 Cortex-M3/M4。它们适用于大多数常规应用，具有适中的性能和功耗表现，并且拥有丰富的外设接口和功能。

(2) 高性能产品如 STM32F2、STM32F4、STM32F7 等，这些微控制器基于更高级的 ARM Cortex-M 内核，如 Cortex-M7，具有更高的主频和更强大的处理能力。它们适用于需要高性能计算和复杂任务处理的应用，如图像处理、机器学习和工业控制等。

(3) 超低功耗产品如 STM32L0、STM32L1、STM32L4 等，这些微控制器专为低功耗应用设计。它们采用特殊的内核和节能技术，以降低功耗，从而适用于需要长时间运行或电池供电的应用，如无线传感器网络、智能家居等。

STM32 产品线的每个系列都针对特定的应用需求进行了优化，开发者可以根据项目的性能、功耗、成本和外设需求等选择合适的微控制器型号。此外，意法半导体还提供了丰富的开发工具、软件库和社区支持，帮助开发者高效地进行嵌入式系统开发。

STM32F1 系列微控制器是意法半导体公司基于 ARM Cortex M3 内核推出的高性能 32 位微控制器。这个系列微控制器为满足工业、医疗和消费类市场的各种应用需求而设计，并在这些领域中占据重要地位。在 STM32F1 系列微控制器中，STM32F103 是其中一个非常受欢迎的子系列。STM32F103 系列微控制器具有 72 MHz 的主频，并且提供了丰富的外设接口和功能，能够满足大多数嵌入式应用的需求。

5.1.2　STM32F103 系列微控制器

STM32F103 微控制器采用 ARM Cortex M3 内核，具备高达 72 MHz 的运行频率，内置了闪存 Flash 和 SRAM，为开发者提供了不同容量的存储空间，以满足不同应用的需求。在外设接口方面，STM32F103 微控制器提供了多种通信接口，如 USART(Universal Synchronous/Asynchronous Receiver/Transmitter，通用同步/异步收发器)接口、SPI 接口、I^2C 接口等，方便开发者与其他设备和传感器进行通信。STM32F103 微控制器还采用了低功耗设计，具有多种低功耗模式，可以通过软件控制以最佳方式管理功耗。这使得它在电池供电或对功耗有严格要求的应用场景中表现出色。在可靠性方面，STM32F103 微控制器提供了可靠高效的处理能力，具有极低的干扰和噪声，其高速运算能力和实时性使其适用于对实时性要求高的应用场景。

总的来说，STM32F103 微控制器凭借其高性能、丰富的外设接口、低功耗设计以及高可靠性等特点，在嵌入式系统开发中占据了重要地位。无论是初学者还是资深开发者，都可以利用 STM32F103 微控制器实现各种复杂和创新的嵌入式应用。

图 5.1 为按照芯片引脚和片内 Flash 容量大小给出的 STM32F103 微控制器产品线图。按照 STM32 系列微控制器命名规则，从图中也可以看出，产品子系列名 STM32F103 后的

第 1 个字符表示引脚数，如"T"代表 36pin，第 2 字符表示片内 Flash 容量大小，如"4"代表 16 KB。图中给出了引脚数从 36pin 到 144pin、片内 Flash 从 16 KB 到 1 MB 不等的部分 STM32F103 微控制器产品。根据内置 Flash 的容量大小，STM32F103 微控制器可分为小容量产品、中容量产品和大容量产品 3 个子产品系列，如图 5.2 所示。

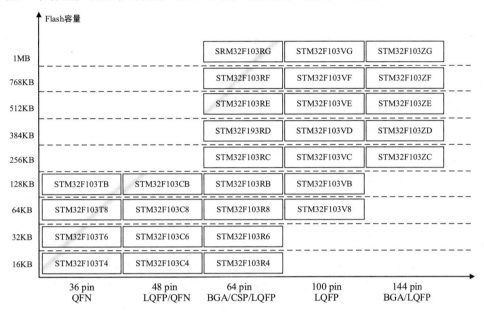

图 5.1　STM32F103 微控制器产品线图

引脚数目	小容量产品		中等容量产品		大容量产品		
	16 KB Flash	32 KB Flash	64 KB Flash	128 KB Flash	256 KB Flash	384 KB Flash	512 KB Flash
	6 KB RAM	10 KB RAM	20 KB RAM	20 KB RAM	48 KB RAM	64 KB RAM	64 KB RAM
144	—	—	—	—	4 个通用定时器； 2 个高级定时器； 2 个基本定时器； 3(2) 个 SPI； 2 个 I²C； 5 个 USART； 1 个 USB； 1 个 CAN； 1 个 SDIO； 3 个 16(21)通道 ADC； FSMC(100 和 144 脚封装)		
100	—	—					
64	2 个通用定时器； 1 个高级定时器； 1 个 SPI； 1 个 I²C； 2 个 USART； 1 个 USB； 1 个 CAN； 2 个 10 通道 ADC		3 个通用定时器； 1 个高级定时器； 1(2) SPI； 1(2) 个 I²C； 2(3) 个 USART； 1 个 USB； 1 个 CAN； 2 个 10(16)通道 ADC				
48			—	—	—	—	—
36			—				

图 5.2　不同 Flash 容量的 STM32F103 微控制器片内 I/O 资源

STM32F103xx 是一个完整的系列，其成员之间是完全的脚对脚兼容，软件和功能也兼容。其中 STM32F103x4 和 STM32F103x6 为小容量产品，STM32F103x8 和 STM32F103xB 为中等容量产品，STM32F103xC、STM32F103xD 和 STM32F103xE 为大容量产品。小容量产品具有较小的闪存、RAM 空间和较少的片上外设。而大容量的产品则具有较大的闪存、RAM 空间和更多的片上外设。需要说明的是，虽然 STM32F103 不同规格微控制器芯片的内部资源不同，但同一名称的片内资源如 GPIO(General-Purpose Input/Output，通用输入/输出端口)，其占用的地址空间的位置和大小都是一样的。

1. 小容量产品(Low-density Devices)

小容量产品指的是 Flash 容量为 16～32 KB，以 STM32F103x4 和 STM32F103x6 命名的微控制器，一般具有较小的片内 Flash 和 RAM 空间，较少的定时器和外设，具体参数见 STM32F103x4/6 数据手册。

2. 中容量产品(Medium-density Devices)

中等容量产品指的是 Flash 容量为 64～128 KB，以 STM32F103x8 和 STM32F103xB 命名的微控制器，具体参数参见 STM32F103x8/B 数据手册。

3. 大容量产品(High-density Devices)

大容量产品指的是 Flash 容量至少为 256 KB，以 STM32F103xC、STM32F103xD 和 STM32F103xE 命名的微控制器，通常具有较大的闪存存储器、RAM 空间和更多的片上外设，具体参数参见 STM32F103xC/D/E 数据手册。

除了存储容量，这些产品在外设资源的丰富程度上也有所不同。随着容量的增加，外设资源通常也会更加丰富，以满足不同复杂程度应用的需求。在开发过程中，选择不同容量的 STM32F103 微控制器主要取决于应用的实际需求。例如，对于简单控制任务如传感器数据采集，小容量产品可能就足够了；对于需要更多存储空间和复杂外设支持的应用，则可能需要选择中容量或大容量的产品。请注意，具体的型号和规格可能会随着技术的发展和市场需求的变化而有所更新和扩展，因此建议在选择产品时查阅最新的官方文档或咨询技术支持以获取最准确的信息。

注意：为了方便基于 STM32F103 微控制器的嵌入式系统开发，意法半导体公司提供了标准固件库(后续我们介绍片内 I/O 开发时会介绍该固件库)。由于不同类型的微控制器芯片片内资源不同，固件库为不同类型的芯片提供了相应的启动程序，以便在系统启动时实现对不同类型芯片的初始化。例如选用了 STM32F103R6 微控制器芯片进行嵌入式系统开发，从图 5.1 可以看出，其片内 Flash 容量为 32 KB，由图 5.2 可知属于小容量产品，因此，应该在意法半导体公司提供的标准固件库中选择启动文件 startup_stm32f10x_ld.s(文件名中的"ld"为 Low-density 的缩写，即为小容量芯片)。

5.2 STM32F103 微控制器组成

STM32F103 微控制
器系统架构

5.2.1 系统架构

STM32F103 系列微控制器是意法半导体公司基于 ARM Cortex-M3 微处理器内核设计的 32 位精简指令集微控制器，最高工作频率为 72 MHz，其系统架构图如图 5.3 所示。

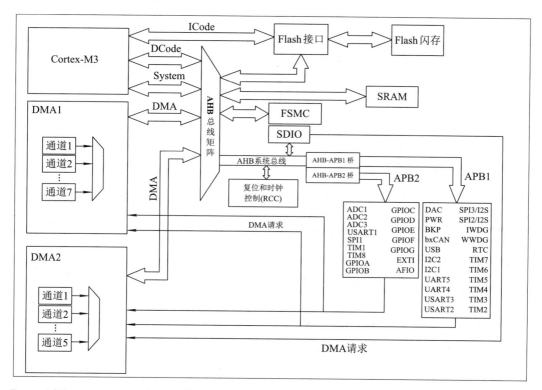

DMA：对于 Direct Memory Access，直接内存访问；AHB：Advanced High Performance Bus，先进高性能总线；

APB：Advanced Peripheral Bus，先进外围总线；SDIO：Secure Digital Input and Output，安全数字输入输出接口。

图 5.3　STM32F103 微控制器的系统架构

注意：对于 STM32F103 系列不同型号的微控制器，挂在 APB1 和 APB2 总线上的片内资源多少和类型都是存在差异的，图 5.3 给出的是高容量微控制器芯片的片上外设信息。具体微控制器芯片的详细信息请查阅其数据手册。

由图 5.3 可见，STM32F103 通过 AHB 总线矩阵、AHB 总线、APB1 总线及 APB2 总线实现了 Cortex-M3 内核与片内 ROM、片内 SRAM、片内不同速度外设等之间的信息交换。

接入 AHB 总线矩阵的主设备有 Cortex-M3 内核的 DCode 总线(D-bus)、Cortex-M3 内核的系统总线(S-bus)、通用 DMA1 和通用 DMA2。

从设备有片内 SRAM、片内闪存存储器 Flash、FSMC，以及 AHB 到 APB 的桥 (AHB-APBx)连接的所有的 APB 片内外设。其中，FSMC 是 Flexible Static Memory Controller 的缩写，意为可变静态存储控制器，是 STM32 系列微控制器上内置的一个外设。微控制器通过 FSMC 可以与 SRAM、ROM、PSRAM、NOR Flash 和 NAND Flash 等多种存储器的引脚直接相连，实现不同类型存储器的扩展。

注意：AHB 主设备是指 Cortex-M3 内核和 DMA(通用 DMA 或专用 DMA)，它们能够启动访问，即进行读写操作。在某一时刻，仅有一个主设备可以占用总线并进行操作。AHB 从设备则是指响应主设备读写访问的设备，如存储器、各类外设等。任一时刻只能有一台主设备占用总线，占用总线的主设备可以对其指定的从设备进行读写操作。

STM32 的内核是由 ARM 公司设计的，而片上外设是由意法半导体公司设计的，两者通过总线结构进行沟通与协调。对 STM32 而言，CPU 主要指 ARM Cortex-M3 内核，常用的片上外设功能部件主要有 Flash、SRAM、通用输入输出接口(General Purpose Input/Output，GPIO)、定时/计数器 TIM、通用同步/异步收发器接口 USART 等。这些外设接口的功能不同，根据运行速度的不同可分为高速外设(接到高速外设总线 APB2，其最高工作频率可达 72 MHz)和低速外设(接到低速外设总线 APB1，其最高工作频率 36 MHz)两类，各自通过 AHB-APB2 桥或 AHB-APB1 桥，经 AHB 系统总线(其最高工作频率也可达 72 MHz)连接至总线矩阵，从而实现与 ARM Cortex-M3 内核的连接。STM32 总线系统包括以下 6 部分。

1. ICode 总线

ICode(Instruction Code，指令代码)总线将 Cortex-M3 内核与闪存 Flash 接口相连接，用于访问存储空间的指令。它为 32 位的 AHB 总线，从存储器空间的 0x00000000～0x1FFFFFFF 区域进行取指令操作，指令预取在此总线上完成。

2. DCode 总线

DCode(Data Code，数据代码)总线将 ARM Cortex-M3 内核与闪存 Flash 的数据接口相连接，用于访问该存储空间的数据，用于常量加载和调试访问。该总线为 32 位的 AHB 总线，从存储器空间的 0x00000000～0x1FFFFFFF 区域进行数据访问操作。

3. System 总线

System 总线连接 ARM Cortex-M3 内核的系统总线(外设总线)到总线矩阵，用于访问指令、数据以及调试模块接口。它为 32 位的 AHB 总线，负责 0x20000000～0xDFFFFFFF 和 0xE0100000～0xFFFFFFFF 地址空间上的片上 SRAM、片上外设、片外 RAM、片外外设和私有外设等与 Cortex-M3 内核的联系。

4. 总线矩阵

总线矩阵协调 Cortex-M3 内核系统总线和其他主控总线之间的访问仲裁管理。总线仲裁即总线判优控制，用于协调 Cortex-M3 内核的 DCode 和 DMA 对 SRAM、闪存和外设的访问。当多个部件同时使用总线发送数据时，为避免冲突由总线控制器统一管理。

5. DMA 总线

DMA 总线将 DMA 的 AHB 主控接口与总线矩阵相连，用于内存与外设之间的数据传输。DMA 通过该总线访问 AHB 外设或执行存储器间的数据传输。

6. APB 总线

APB 总线用于连接 Cortex-M3 处理器和外围设备。STM32 通过 2 个 AHB-APB 桥实现 AHB 与 2 个 APB 总线(APB1 和 APB2)之间的同步连接。

APB1 总线操作速度限于 36 MHz，通常用于连接速度较慢的外围设备。这些设备包括数模转换器(DAC)、USB、I^2C 等接口，APB1 总线的设计更注重于简单性和低功耗，以满足这些设备的需求。

APB2 总线操作速度限于 72 MHz，用于连接速度较快的外围设备。这些设备包括 GPIO、模/数转换器(Analog to Digital Converter，ADC)、SPI 控制器等需要更高数据传输速率的组件。APB2 总线的设计更强调性能和带宽，以满足高速设备的需求。

在 Cortex-M3 内核的嵌入式系统中，当芯片复位后，出于功耗管理和初始化考虑，所有的外设时钟都会被关闭。这是为了确保系统启动时，各个外设都处于一个已知的初始状态，同时减少不必要的功耗。在使用任何外设之前，开发者需要在相应的寄存器中使能(开启)该外设的时钟。

5.2.2　存储结构

STM32F103 微控制器的
4G 地址空间映射

STM32F103 微控制器采用 ARM Cortex-M3 的内核，它遵循 ARM Cortex-M3 预定义存储器映射"大框架"下的存储分布规定(见图 2.12)。

STM32F103 微控制器总的地址空间大小为 4 GB，采用统一编址方式实现对存储单元和 I/O 端口的编址，因此，开发人员对外设的操作和对存储器的操作是一样的。C 语言中，存储器地址通过指针来表示，所以，STM32F103 微控制器的外设同样可以通过指针来实现访问和操作。

按照 ARM 公司为 Cortex-M3 微处理器预定义的存储器映射"大框架"，STM32F103 微控制器的 4 GB 大小的空间也被划分为代码区、片上 SRAM 区、片上外设区、片外 RAM 区、片外外设区和系统区 6 部分，这些区域均通过不同的总线经过总线矩阵与 ARM Cortex-M3 内核相连。可将 ARM Cortex-M3 内核视为 STM32F103 微控制器的"CPU"，ARM Cortex-M3 内核控制对 Flash 程序存储器区、SRAM 静态数据存储器区和所有外设的读/写操作。

1. 代码区

Cortex-M3 微处理器内核规定代码区的地址范围为 0x00000000～0x1FFFFFFF，大小为 512 MB。但是，程序存储器(即片内 Flash)的起始地址和大小由各个芯片制造商自己决定。意法半导体公司生产的 STM32F103 系列微控制器的片内 Flash 的起始地址是 0x08000000，这个地址是程序开始执行的地方。不同微控制器芯片的片内 Flash 大小不一样，例如 STM32F103RCT6 微控制器中 Flash 的大小为 256 KB，如图 5.4 所示，该芯片的片内程序存储器 Flash 地址范围为 0x08000000～0x0803FFFF。

图 5.4　STM32F103RCT6 的 Flash 代码区

　　除了程序存储器外，STM32F103RCT6 微控制器还配置了 0x1FFFF000～0xlFFFF7FF 共 2 KB 的 Flash，用作系统存储器，0x1FFFF800～0xlFFFF80F 的 16 B 的选项字节，如图 5.4 所示。这两块 Flash 的起始地址和空间大小在 STM32F103 微控制器所有产品中都是相同的。

　　2 KB 的系统存储器中存放 STM32 出厂时固化好的启动程序(Bootloader)，利用启动程序可以将代码烧写到 STM32 的用户 Flash 中，实现在线编程或在系统编程(In-System Programming，ISP)。

　　16 字节(128 位)的选项字节用于配置和存储与 Flash 存储器操作和系统行为相关的各种设置。这些选项字节提供了对微控制器行为的灵活控制，使开发人员能够根据应用需求定制微控制器的行为。在开发过程中，通常通过 STM32 的固件库函数或特定的寄存器操作来访问和修改这些选项字节。

2. 片上 SRAM 区

　　Cortex-M3 处理器内核规定片上 SRAM 区的地址范围为 0x20000000～0x3FFFFFFF，大小为 512 MB。但是，片上数据存储器(即片上 SRAM)挂载的起始地址和大小由各芯片生产商自己决定。意法半导体公司生产的 STM32F103 系列微控制器 SRAM 容量从 6 KB 到 64 KB 不等(见图 5.2)，通常 SRAM 起始地址为 0x20000000。由于 SRAM 成本较高，因此，片内集成的 SRAM 容量一般不会很大。

3. 片上外设区

　　Cortex-M3 处理器内核规定片上外设区的地址范围为 0x40000000～0x5FFFFFFF，大小为 512 MB。意法半导体公司将片上外设区这 512 MB 大小的区域根据外设速度的不同划分给 3 种不同的外设总线(APB1 总线、APB2 总线、AHB 总线)，用于搭载不同速度要求的外设，不同系列芯片的片上外设的种类和数量会有一定出入，使用时需要到官网下载相关芯片的数据手册获取最新最全的芯片信息。STM32F103x4&x6(小容量芯片)微控制器片上外设区的地址空间分配如图 5.5 所示。

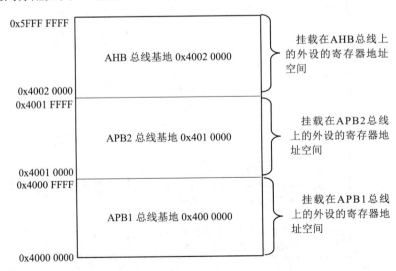

图 5.5　STM32F103x4&x6 片上外设地址空间分配

APB1 低速外设总线，其工作频率最高为 36 MHz，起止地址为 0x40000000～0x4000FFFF，主要用于连接低速外设，如 TIM2、TIM3 定时器、USART2、I²C、USB、PWR(Power Control，电源控制)等。APB1 总线外设的地址空间映射关系如图 5.6 所示。可以看出，0x40000000～0x4000FFFF 共有 64 KB 个存储单元，每个片内外设都留有 1 KB 个存储单元(如为 TIM2 分配了从 0x40000000 到 0x400003FF 共 1024 个单元供其使用，而事实上 TIM2 也只使用很少的几个单元来对其进行控制)。理论上 64 KB 地址空间可以安排 64 个片内外设的存储器需求，而事实上大量的存储单元都被"保留"而没有使用(如 0x40000800～0x400027FF 等)。

地址	外设
0x4000 FFFF	reserved
0x4000 7400	PWR
0x4000 7000	BKP
0x4000 6C00	reserved
0x4000 6800	bxCAN
0x4000 6400	Shared 512 byte USB/CAN SRAM
0x4000 6000	USB Registers
0x4000 5C00	reserved
0x4000 5800	I²C
0x4000 5400	reserved
0x4000 4800	USART2
0x4000 4400	reserved
0x4000 3400	IWDG
0x4000 3000	WWDG
0x4000 2C00	RTC
0x4000 2800	reserved
0x4000 0800	TIM3
0x4000 0400	TIM2
0x4000 0000	

图 5.6　APB1 总线外设的存储器地址空间

APB2 高速外设总线，其工作频率最高为 72 MHz，起止地址为 0x40010000～0x4001FFFF，主要用于连接高速外设，如 GPIOA～GPIOG、ADC1、ADC2、ADC3、TIM1、TIM8 等。APB2 总线外设的地址空间如图 5.7 所示。

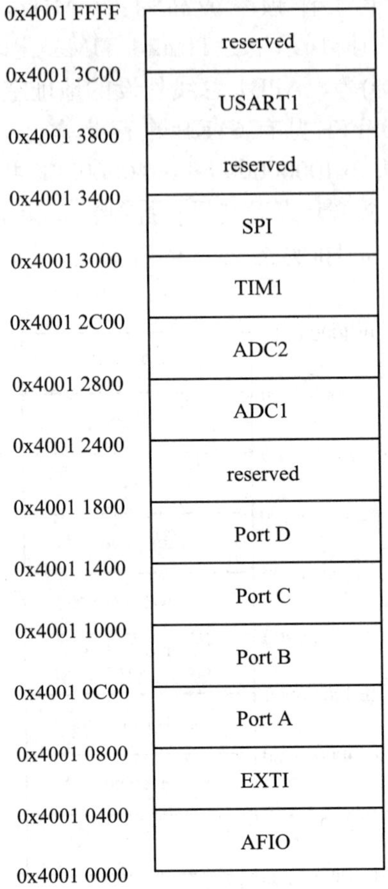

0x4001 FFFF
reserved
0x4001 3C00
USART1
0x4001 3800
reserved
0x4001 3400
SPI
0x4001 3000
TIM1
0x4001 2C00
ADC2
0x4001 2800
ADC1
0x4001 2400
reserved
0x4001 1800
Port D
0x4001 1400
Port C
0x4001 1000
Port B
0x4001 0C00
Port A
0x4001 0800
EXTI
0x4001 0400
AFIO
0x4001 0000

图 5.7　APB2 总线外设的存储器地址空间

AHB 高级高性能总线起止地址为 0x40020000～0x5FFFFFFF，用于连接高速存储器、DMA 以及高性能的外设。AHB 总线外设的地址空间如图 5.8 所示。

0x5FFF FFFF
reserved
0x4002 3400
CRC
0x4002 3000
reserved
0x4002 2400
Flash Interface
0x4002 2000
reserved
0x4002 1400
RCC
0x4002 1000
reserved
0x4002 0400
DMA
0x4002 0000

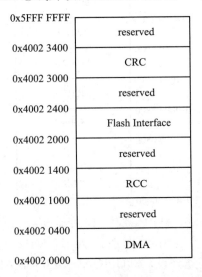

图 5.8　AHB 总线外设的存储器地址空间

4. 片外 RAM 区

Cortex-M3 处理器内核规定片外 RAM 区的地址范围为 0x60000000～0x9FFFFFFF，大小为 1 GB。

在 STM32F103 大容量且引脚数在 100 脚以上的产品系列中，该区域通过 FSMC 可变静态存储控制器来进行片外 RAM 的扩展。FSMC 接口能够与多种类型的静态存储器进行连接，如 SRAM、PSRAM、NOR FLASH 以及 NAND FLASH 等。这使得 STM32F103 芯片能够方便地扩展其存储容量，以满足不同应用的需求。

当小容量和中等容量的 STM32F103 微控制器进行片外 RAM 扩展时，虽然它们通常不带 FSMC 接口，但仍有其他可行的方法，如可以使用 SPI、I^{2}C 或 GPIO 来进行片外 RAM 的扩展。

需要注意，在进行外部 RAM 扩展时，建议查阅具体型号的 STM32F103 微控制器的技术手册，以了解其所支持的扩展方式和接口，以便确定最适合的扩展方案，确保系统的稳定性和可靠性。

5. 片外外设区

Cortex-M3 处理器内核规定片外外设区的地址范围为 0xA0000000～0xDFFFFFFF，大小为 1 GB。STM32F103 微控制器的片外外设区是一个关键的功能区域，它使得 STM32F103 能够与其他外部设备，如传感器、执行器、存储器等，进行数据传输和控制。通过片外外设区，微控制器可以读取传感器的数据，控制执行器的动作，或者与外部存储器进行数据交换。这一功能区的存在大大扩展了微控制器的应用范围和灵活性。

6. 系统区

Cortex-M3 处理器内核规定系统区的地址范围为 0xE0000000～0xFFFFFFFF，大小为 512 MB。Cortex-M3 的私有外设如 NVIC、SYSTICK、FPB(Flash Patch and Breakpoint，闪存地址重载及断点)、DWT(Data Watchpoint and Trace，数据观察点与跟踪)、ITM (Instrumentation Trace Macrocell，指令跟踪宏单元)等，都位于该区域。

5.2.3　中断系统

STM32F103 微控制器的中断管理机制

1. STM32F103 中断源

STM32F103 中断体系结构如图 5.9 所示，STM32F103 中断源有以下 3 个：

(1) 内部异常：内部异常是指处理器在运行时遇到的一些特殊情况，这些情况需要中断正常的指令执行流程来进行处理。STM32F103 的内部异常中断源通常包括硬件错误、软件错误或特定的内部事件，如非法指令访问、除零错误等。当这些异常发生时，处理器会暂停当前的任务，转而执行相应的异常处理程序。内部异常中断有助于确保系统的稳定性和可靠性，避免由于错误或异常情况导致的程序崩溃或数据损坏。

(2) 片上外设中断：片上外设中断是指由微控制器内部外设产生的中断请求。STM32F103 具有丰富的片上外设，如定时器、ADC、SPI、I^{2}C、USART 等。这些外设可以在特定事件发生时产生中断，通知处理器进行相应的处理。例如，定时器中断可以用于实现定时任务或周期性事件的处理；ADC 转换完成中断可以在 ADC 转换完成后触发中断处理程序,以获取转换结果。

(3) 片外外设中断:片外外设中断是指由微控制器外部设备或信号产生的中断请求。这些外部中断源连接微控制器的外部引脚,用于检测外部事件或信号的变化,如按键按下、传感器信号变化等。当外部事件发生时,外部中断源会触发中断请求,通知处理器进行相应的处理。片外外设中断使得微控制器能够与外部设备进行交互,并根据外部事件作出及时响应,实现与外部环境的实时通信和控制。

STM32F103 中断系统通过嵌套向量中断控制器 NVIC,对处理器内部异常、片上外设中断和片外外设中断进行响应和处理。开发者可以根据具体的应用需求,配置和使用这些中断源,以实现高效的实时响应和系统控制。

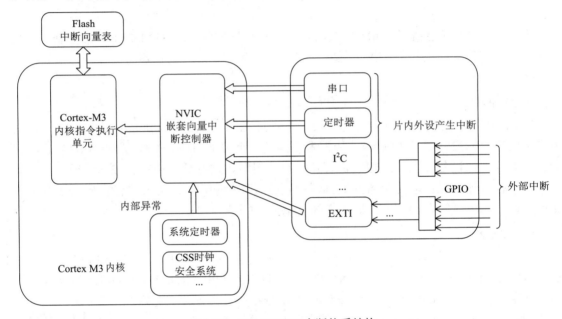

图 5.9　STM32F103 中断体系结构

2. STM32F103 外部中断/事件控制器 EXTI

EXTI(External Interrupt/Event Controller)是 STM32 微控制器中的外部中断/事件控制器。它负责处理来自微控制器外部引脚的中断请求和事件。EXTI 提供了丰富的功能和配置选项,使得开发者能够灵活地配置和使用外部中断和事件。如图 5.10 所示,在 STM32F103 系列芯片中,EXTI 外部中断/事件控制器可以实现对 19 路中断/事件的管理,其中 16 个通道 $EXTI_0$~$EXTI_{15}$ 对应于连接在 APB2 上的基本输入输出接口的引脚 $GPIOx\_Pin_0$~$GPIOx\_Pin_{15}$,另外 3 个图中没有画出来,它们分别是 $EXTI_{16}$ 连接 PVD (Programmable Voltage Detector,可编程电压监测器,作用是监视供电电压)输出、$EXTI_{17}$ 连接到 RTC(Real Time Clock,实时时钟)闹钟事件和 $EXTI_{18}$ 连接到 USB 唤醒事件。

图 5.10 中连接 GPIO 引脚和 EXTI 的 AFIO(Alternate Function I/O,复用功能输入输出)在 STM32 等微控制器中起到了关键的作用。它允许 GPIO 引脚具有多种功能,而不仅仅是作为普通的输入/输出引脚。通过 AFIO 的配置,GPIO 引脚可以被重映射到不同的外设功能上,如外部中断(EXTI)、串行通信(USART、I^2C 等)或其他特殊功能。

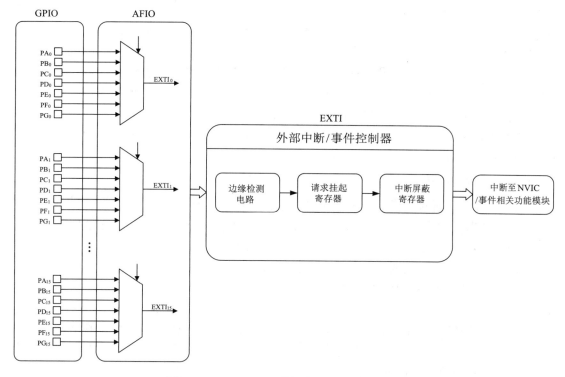

图 5.10　STM32F103 外部中断/事件管理机制

对于开发人员来说，设置 AFIO 通常涉及以下步骤：

(1) 配置 GPIO 引脚：配置 GPIO 引脚为复用功能模式。这通常通过设置 GPIO 寄存器的相关位来实现。

(2) 配置 AFIO 寄存器：配置 AFIO 寄存器以选择所需的复用功能。AFIO 寄存器中包含了多个字段，用于选择不同 GPIO 引脚的功能。

(3) 配置外部中断(如果需要)：如果 GPIO 引脚被配置为外部中断源，还需要配置 EXTI 寄存器以设置中断的触发条件(如上升沿、下降沿或双边沿)和中断优先级等。

(4) 编写中断服务程序：对于外部中断，需要编写相应的中断服务程序(Interrupt Service Routine，ISR)，以便在中断发生时执行特定的操作。

请注意，具体的设置步骤和寄存器配置可能因不同的 STM32 型号和库函数版本而有所差异。因此，在实际开发中，建议参考具体的硬件手册和库函数文档以获取准确的设置方法和寄存器配置信息。

STM32F103 外部中断/事件控制器 EXTI 可以产生 19 路中断请求信号或事件触发信号。外部中断/事件控制器 EXTI 中任意一路信号生成过程、相关寄存器的设置等将在第 9 章介绍外部中断应用时详细介绍。

3. 嵌套向量中断控制器 NVIC

嵌套向量中断控制器 NVIC 被集成在 ARM Cortex-M3 内核中，与中央处理器核心紧密耦合，从而实现低延迟的中断处理和高效地处理晚到的较高优先级的中断。NVIC 最多可以支持 256 个中断/异常，包括 16 个内部异常和 240 个中断(来自片内或片外外设的中断)，能够对这 256 个中断源实现可编程的优先级设置。异常由 Cortex-M3 内核产生，因此异常是任何芯片生产厂商修改不了的。非内核异常的中断根据芯片的功能定位，其数量由各芯片厂商配置。

ARM Cortex-M3 内核虽然理论上可以支持多达 256 种异常和中断，但一般的通用微控制器芯片用不到这么多中断。如表 5.1 所示，STM32F103 系列芯片(含小容量、中容量和大容量产品)目前支持的中断总数为 76 个，其中 10 个异常，60 个中断(含片上外设中断和经过 $EXTI_0 \sim EXTI_4$ 的片外外设中断)，其中 10 个异常与 Cortex-M3 内核有关，60 个外部中断与 STM32F103 系列芯片的接口有关。

4. STM32F103 中断向量表

STM32F103 中断向量表是一张存储中断服务程序入口地址的表，如表 5.1 所示。每个中断源的中断服务程序的入口地址为 32 位，因此需要占用 4 个单元来存放。ARM Cortex-M3 内核理论上可以支持 256 种异常和中断，因此，中断向量表就需要占用 1024 个单元。STM32F103 的中断向量表通常位于 Flash 存储器的起始位置(0x00000000~0x000003FF)。在 STM32F103 的标准固件库中，中断向量表已经被预先定义好，并且与各个中断服务程序相关联。

当 STM32F103 接收到中断请求时，它会根据中断类型查找中断向量表，找到对应的中断服务程序入口地址，并执行相应的中断服务程序。中断服务程序会处理中断事件，并在完成后返回，使处理器继续执行主程序。

需要注意的是，中断向量表的配置和使用方式可能会因 STM32F103 的具体型号和固件库版本而有所差异。因此，在实际开发中，建议参考相关的技术文档或手册，以确保正确配置和使用中断向量表。

表 5.1　STM32F103 微控制器的中断向量表

位置	优先级	优先级类型	名　称	说　明	地　址
—	—	—	—	主堆栈 MSP 的初值	0x0000 0000
—	−3	固定	Reset	复位	0x0000 0004
—	−2	固定	NMI	不可屏蔽中断，RCC 时钟安全系统 CSS 连接到 NMI	0x0000 0008
—	−1	固定	HardFault	各种类型的硬件异常	0x0000 000C
—	0	可设置	MemManage	存储器管理异常	0x0000 0010
—	1	可设置	BusFault	预取指失败，存储器访问异常	0x0000 0014
—	2	可设置	UsageFault	未定义指令或非法状态	0x0000 0018
—	—	—	—	保留(4 个)	0x0000 001C-0x0000 002B
—	3	可设置	SVCall	通过 SWI 指令的系统服务调用	0x0000 002C
—	4	可设置	Debug Monitor	调试监控器	0x0000 0030
—	—	—	—	保留	0x0000 0034

续表一

位置	优先级	优先级类型	名　称	说　明	地　址
—	5	可设置	PendSV	可挂起的系统服务	0x0000 0038
—	6	可设置	SysTick	系统定时器	0x0000 003C
0	7	可设置	WWDG	窗口看门狗(Window Watchdog)中断	0x0000 0040
1	8	可设置	PVD	连接到 EXTI 的可编程电压检测器 (Programmable Voltage Detector)中断	0x0000 0044
2	9	可设置	TAMPER	侵入检测中断	0x0000 0048
3	10	可设置	RTC	实时时钟(RTC)全局中断	0x0000 004C
4	11	可设置	FLASH	闪存全局中断	0x0000 0050
5	12	可设置	RCC	复位和时钟控制(RCC)中断	0x0000 0054
6	13	可设置	EXTI0	EXTI 线 0 中断	0x0000 0058
7	14	可设置	EXTI1	EXTI 线 1 中断	0x0000 005C
8	15	可设置	EXTI2	EXTI 线 2 中断	0x0000 0060
9	16	可设置	EXTI3	EXTI 线 3 中断	0x0000 0064
10	17	可设置	EXTI4	EXTI 线 4 中断	0x0000 0068
11	18	可设置	DMA1 通道 1	DMA1 通道 1 全局中断	0x0000 006C
12	19	可设置	DMA1 通道 2	DMA1 通道 2 全局中断	0x0000 0070
13	20	可设置	DMA1 通道 3	DMA1 通道 3 全局中断	0x0000 0074
14	21	可设置	DMA1 通道 4	DMA1 通道 4 全局中断	0x0000 0078
15	22	可设置	DMA1 通道 5	DMA1 通道 5 全局中断	0x0000 007C
16	23	可设置	DMA1 通道 6	DMA1 通道 6 全局中断	0x0000 0080
17	24	可设置	DMA1 通道 7	DMA1 通道 7 全局中断	0x0000 0084
18	25	可设置	ADC1_2	ADC1 和 ADC2 的全局中断	0x0000 0088
19	26	可设置	USB_HP_CAN_TX	USB 高优先级或 CAN 发送中断	0x0000 008C
20	27	可设置	USB_LP_CAN_RX0	USB 低优先级或 CAN 接收 0 中断	0x0000 0090
21	28	可设置	CAN_RX1	CAN 接收 1 中断	0x0000 0094
22	29	可设置	CAN_SCE	CAN SCE 中断	0x0000 0098
23	30	可设置	EXTI9_5	EXTI 线[9:5]中断	0x0000 009C
24	31	可设置	TIM1_BRK	TIM1 Break 中断	0x0000 00A0
25	32	可设置	TIM1_UP	TIM1 更新中断	0x0000 00A4
26	33	可设置	TIM1_TRG_COM	TIM1 触发和通信中断	0x0000 00A8
27	34	可设置	TIM1_CC	TIM1 捕获比较中断	0x0000 00AC

续表二

位置	优先级	优先级类型	名　称	说　明	地　址
28	35	可设置	TIM2	TIM2 全局中断	0x0000 00B0
29	36	可设置	TIM3	TIM3 全局中断	0x0000 00B4
30	37	可设置	TIM4	TIM4 全局中断	0x0000 00B8
31	38	可设置	I2C1_EV	I^2C1 事件中断	0x0000 00BC
32	39	可设置	I2C1_ER	I^2C1 错误中断	0x0000 00C0
33	40	可设置	I2C2_EV	I^2C2 事件中断	0x0000 00C4
34	41	可设置	I2C2_ER	I^2C2 错误中断	0x0000 00C8
35	42	可设置	SPI1	SPI1 全局中断	0x0000 00CC
36	43	可设置	SPI2	SPI2 全局中断	0x0000 00D0
37	44	可设置	USART1	USART1 全局中断	0x0000 00D4
38	45	可设置	USART2	USART2 全局中断	0x0000 00D8
39	46	可设置	USART3	USART3 全局中断	0x0000 00DC
40	47	可设置	EXTI15_10	EXTI 线[15:10]中断	0x0000 00E0
41	48	可设置	RTC Alarm	连到 EXTI 的 RTC 闹钟中断	0x0000 00E4
42	49	可设置	USB 唤醒	连到 EXTI 的 USB 待机唤醒中断	0x0000 00E8
43	50	可设置	TIM8_BRK	TIM8 Break 中断	0x0000 00EC
44	51	可设置	TIM8_UP	TIM8 更新中断	0x0000 00F0
45	52	可设置	TIM8_TRG_COM	TIM8 触发和通信中断	0x0000 00F4
46	53	可设置	TIM8_CC	TIM8 捕获比较中断	0x0000 00F8
47	54	可设置	ADC3	ADC3 全局中断	0x0000 00FC
48	55	可设置	FSMC	FSMC 全局中断	0x0000 0100
49	56	可设置	SDIO	SDIO 全局中断	0x0000 0104
50	57	可设置	TIM5	TIM5 全局中断	0x0000 0108
51	58	可设置	SPI3	SPI3 全局中断	0x0000 010C
52	59	可设置	USART4	USART4 全局中断	0x0000 0110
53	60	可设置	USART5	USART5 全局中断	0x0000 0114
54	61	可设置	TIM6	TIM6 全局中断	0x0000 0118
55	61	可设置	TIM7	TIM7 全局中断	0x0000 011C
56	63	可设置	DMA2 通道 1	DMA2 通道 1 全局中断	0x0000 0120
57	64	可设置	DMA2 通道 2	DMA2 通道 2 全局中断	0x0000 0124
58	65	可设置	DMA2 通道 3	DMA2 通道 3 全局中断	0x0000 0128
59	66	可设置	DMA2 通道 4_5	DMA2 通道 4 和 DMA2 通道 5 全局中断	0x0000 012C

5. STM32F103 中断优先级

STM32F103 中断优先级是一个机制，用于确定当多个中断同时发生时，处理器应该首先响应哪一个中断。这种优先级机制使得嵌入式系统能够更有效地管理其资源，并确保关键的中断得到及时处理。

STM32 通过 Corex-M3 内核集成的 NVIC 实现中断优先级管理，理论上，除 3 个固定的高优先级(Reset、NMI、硬件故障)不可编程外，Cortex-M3 支持的其他中断的优先级都是可以设置的。但绝大多数基于 Contex-M3 内核设计的芯片都会进行精简，如 STM32 使用 Cortex-M3 的 8 位优先级寄存器中的 4 位来配置中断优先级，即 STM32 中的 NVIC 只支持 16 级中断优先级的管理。

STM32F103 的中断优先级设置分为两个主要部分：抢占优先级(Preemption Priority)和响应优先级(Sub-Priority)。

(1) 抢占优先级：决定了中断的紧急程度。当一个中断的抢占优先级高于当前正在执行的中断时，它可以打断当前中断的执行，转而处理高优先级的中断。

(2) 响应优先级：当两个或多个中断具有相同的抢占优先级时，响应优先级用于确定哪个中断应该首先得到处理。

STM32F103 允许将中断优先级分为不同的组，每组对应不同的抢占优先级和响应优先级的位数分配。例如，可以有 4 位用于抢占优先级，而 0 位用于响应优先级，或者 3 位用于抢占优先级，1 位用于响应优先级等。

设置中断优先级的方法：

(1) 分组设置：首先，需要配置中断优先级分组。这通常是通过设置 NVIC 嵌套向量中断控制器的 PRIGROUP 位来实现的。选择适当的组设置(4 位中几位用于抢占优先级分组，几位用于响应优先级分组)，以满足不同的应用需求。

(2) 配置中断：对于每个中断，需要配置其抢占优先级和响应优先级。这通常是在初始化代码中，通过配置 NVIC 的中断优先级寄存器来完成的。

(3) 启用中断：配置完中断优先级后，还需要启用相应的中断。这通常是通过设置 NVIC 的中断使能寄存器来实现的。

注意：STM32F103 的中断优先级设置是全局的，即一旦设置，它将影响所有的中断。因此，在设置中断优先级时，需要仔细考虑系统的应用需求，以确保关键中断能够得到及时处理。

6. STM32F103 中断服务程序

STM32F103 的中断服务程序统一存放在标准外设库 stm32f10x_it.c 文件中，其中每个中断服务函数都只有函数名，函数体都是空的，需要用户自己编写 stm32f10x_it.c 文件中相应的程序，中断服务程序的函数名是不能更改的。

5.2.4 时钟系统

STM32 时钟系统是基于时钟树的结构，时钟树由不同的时钟源、时钟分频器和时钟分配器组成，用于为各个外设提供不同频率的时钟信号。如图 5.11 所示，STM32F103 微控制器主要有以下 5 种时钟源，

STM32F103 微控制器
时钟系统

其中 3 个用于生成系统时钟，另外 2 个用作片内的二级时钟。

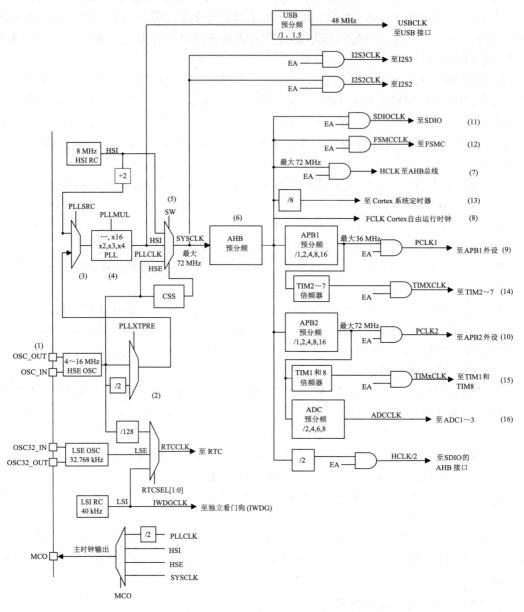

图 5.11   STM32F103 时钟树

可以用来驱动系统时钟(SYSCLK)的 3 个不同的时钟源分别是：

(1) HSE(High Speed External)高速外部时钟，可外接一个外部时钟源，或者通过 OSC_IN 和 OSC_OUT 引脚外接晶振，允许外接的晶振频率范围为 4～16 MHz，通常使用 8 MHz。特点是精度高、稳定。

(2) HSI(High Speed Internal)高速内部时钟，由内部 8 MHz 的 RC 振荡器生成，可作为系统时钟或经 2 分频后作为锁相环(Phase Locked Loop，PLL)输入。特点是时钟频率精度差、不稳定。

(3) PLLCLK 锁相环时钟，锁相环，是一种反馈控制电路，用于外部输入时钟信号与内部振荡信号的同步(频率和相位相同)，以确保输出频率的稳定。另一方面，也可用于倍频 HSI 或 HSE，其时钟输入源可选择为 HSI/2、HSI 或者 HSE，倍频可选择为 2～16 倍，但其输出频率最大不得超过 72 MHz。

STM32 的 2 个二级时钟源分别是：

(1) LSE(Low Speed External)低速外部时钟，通过 OSC32_IN 和 OSC32_OUT 引脚外接频率为 32.768 kHz 的晶振，为 RTC(实时时钟)提供低速高精度的时钟源。

(2) LSI(Low Speed Internal)低速内部时钟，由内部 RC 振荡器产生，频率约为 40 kHz。LSI 时钟源在微控制器中担当一个低功耗时钟源的角色，能够在停机和待机模式下保持运行。它主要为独立看门狗和自动唤醒单元提供时钟信号，尤其适用于对功耗要求较高的应用场合。

注意：LSE 和 LSI 这两个低速时钟源并没有参与到 AHB 预分频器中，也就是说它们并没有参与挂载在 AHB 总线上的各种外设，而是各自在其特定的应用场景中发挥作用，满足微控制器对于低功耗和精确时钟的需求。

下面以图 5.11 所示的 STM32F103 时钟树，沿着图中所示(1)→(2)→(3)→(4)→(5)→(6)顺序，介绍如何一步步产生系统时钟 SYSCLK 以及用于驱动各类不同速度外设时钟。

(1) OSC_IN 和 OSC_OUT：图中 OSC_IN 和 OSC_OUT 这 2 个引脚分别连接到 8 MHz 外部晶振的两端，生成 8 MHz 的高速外部时钟 HSE。

(2) PLLXTPRE：PLLXTPRE(HSE divider for PLL entry)用于配置 PLL 的输入分频器。通过编程配置寄存器，可以选择 PLLXTPRE 的输出，实现对输入时钟的二分频或不分频。通常选择不分频，因此，经过 PLLXTPRE 后，输出仍然是 8 MHz 的时钟信号。

(3) PLLSRC：PLLSRC(PLL Source Selection)用于选择 PLL 的输入源。STM32F103 通常支持多种时钟源，如 HSI 高速内部时钟、HSE 高速外部时钟等。PLLSRC 允许用户选择将哪个时钟源作为 PLL 的输入。同样可以通过配置寄存器，选择 PLLSRC 的输出是高速外部时钟 HSE 或高速内部时钟 HSI。通常，选择输出为高速外部时钟 HSE。

(4) PLL：8 MHz 的 HSE 经过 PLL 后，输出的时钟称为 PLLCLK，通过配置 PLL 寄存器，选择倍频系数 PLLMUL(PLL MULtiplication factor)，可以决定输出的 PLLCLK 时钟的频率。为了使 STM32F103 满频工作，通常将倍频系数设为 9，因此，经过 PLL 后，原来 8 MHz 的时钟 HSE 变成了 72 MHz 的时钟 PLLCLK。

(5) SW：72 MHz 的 PLLCLK 送入多路选择器 SW，接入多路选择器 SW 的除了 72 MHz 的 PLLCLK 外，还有 HSE 和 HSI，共 3 路时钟信号。通过配置寄存器，可以选择 SW 输出为 PLLCLK、HSE 或 HSI。SW 输出就是 STM32F103 的系统时钟 SYSCLK，通常选择 PLLCLK 作为 SW 输出，因此，STM32F103 的系统时钟 SYSCLK 为 72 MHz。

(6) 系统时钟 SYSCLK 经过 AHB 预分频器(图 5.11 中标注为(6)的部件)输出到 STM32F103 的各个部件。下面分别介绍系统时钟 SYSCLK 经分频后得到的用于连接不同外设的总线。

(7) HCLK：高速总线 AHB 的时钟，由系统时钟 SYSCLK 经 AHB 预分频器后直接得到，通常将 AHB 预分频系数设置为 1，HCLK 即为 72 MHz。HCLK 为 Cortex-M3 内核、存储器和 DMA 提供时钟信号。它是 Cortex-M3 内核的运行时钟，内核主频就是这个时钟信号，由此可见，通常情况下，STM32F103 运行于最高频率 72 MHz。

(8) FCLK：Cortex-M3 内核的自由运行时钟，同样由系统时钟 SYSCLK 经 AHB 预分频器后得到。它与 HCLK 互相同步，最大也是 72 MHz。所谓的"自由"，表现在它不来自 HCLK，因此在 HCLK 停止时，FCLK 仍能继续运行。这样，可以保证即使在 Cortex-M3 内核睡眠时也能采样到中断和跟踪休眠事件。

(9) PCLK1：外设时钟，由系统时钟 SYSCLK 经 AHB 预分频器，再经 APB1 预分频器后得到。通常情况下，将 AHB 的预分频系数设置为 1，将 APB1 的预分频系数设置为 2，PCLK1 最大频率为 36 MHz。PCLK1 为挂载在 APB1 总线上的外设提供时钟信号。如需使用以上挂载在 APB1 总线上的外设，必须先开启 APB1 总线上该外设的时钟。

(10) PCLK2：外设时钟，由系统时钟 SYSCLK 经 AHB 预分频器，再经 APB2 预分频器后得到。通常情况下，将 AHB 预分频系数和 APB2 的预分频系数都设置为 1，PCLK2 即为 72 MHz，它的最大频率也为 72 MHz。PCLK2 为挂载在 APB2 总线上的外设提供时钟信号，如 GPIOA～GPIOG、USART1、SPI1、TIM1、TIM8、EXTI、AFIO 等。同样，如需使用以上挂载在 APB2 总线上的外设，则必须先开启 APB2 总线上该外设的时钟。

(11) SDIOCLK：SDIO 外设的时钟，由系统时钟 SYSCLK 经 AHB 预分频器后得到。同样，如需使用 SDIO 外设，必须先开启 SDIOCLK。

(12) FSMCCLK：可变静态存储控制器的时钟，由系统时钟 SYSCLK 经 AHB 预分频器后得到。如需使用 FSMC 外接存储器，必须先开启 FSMCCLK。

(13) STCLK：系统定时器 SYSTICK 的外部时钟源，由系统时钟 SYSCLK 经 AHB 预分频器，再经过 8 分频后得到。除了外部时钟源 STCLK，系统定时器 SYSTICK 还可以将 FCLK 作为内部时钟源。

(14) TIMxCLK：定时器 TIM2～TIM7 的内部时钟源，由 APB1 总线上的时钟 PCLK1 经过倍频后得到。如需使用定时器 TIM2～TIM7 中的任意一个或多个，必须先开启 APB1 总线上对应的定时器时钟。

(15) TIMxCLK：定时器 TIM1 和 TIM8 的内部时钟源，由 APB2 总线上的时钟 PCLK2 经过倍频后得到。如需使用 TIM1 或 TIM8，必须先开启 APB2 总线上定时器 1 或定时器 8 的时钟。

(16) ADCCLK：ADC1、ADC2 和 ADC3 的时钟，由 APB2 总线上的时钟 PCLK2 经过 ADC 预分频器得到。ADCCLK 最大频率为 14 MHz。

为什么 STM32F103 的时钟系统会显得如此复杂呢？因为有倍频、分频和一系列外设时钟的开关。首先，倍频是考虑到电磁兼容性，如果直接外接一个 72 MHz 的晶振，过高的振荡频率会给制作电路板带来难度。其次，分频是因为 STM32F103 各个片上外设的工作频率不尽相同，既有高速外设又有低速外设，需要把高速外设和低速外设分开管理，如同 PC 中的北桥和南桥一样。最后，每个 STM32F103 外设都配备了时钟开关，当使用某个外设时，一定要先打开该外设的时钟。而当不使用某个外设时，可以把这个外设时钟关闭，从而降低 STM32 的整体功耗。

上述这些时钟通过 RCC(Reset and Clock Control，复位与时钟控制)模块进行配置和控制。RCC 是 STM32 内部的一个重要外设，负责管理各种时钟源和时钟分频，以及为各个外设提供时钟使能。嵌入式系统开发人员可以通过 RCC 模块中的寄存器或者库函数来配置系统时钟和总线时钟，以满足不同外设对时钟频率的需求。复位与时钟控制模块的相关寄存器被映射到地址空间 0x40021000～0x400213FF，有关寄存器功能及相关位定义的更详细信息请查阅芯片参考手册 STM32F103xxReference manual(RM0008)。

5.2.5　引脚定义

从 STM32 微控制器芯片的名称可以看出其引脚个数和封装形式，以 STM32F103RCT6 为例，其中 RCT6 中 R 代表引脚个数，T 代表封装形式。

引脚个数通常有 T(36 pin)、C(48 pin)、R(64 pin)、V(100 pin)、Z(144 pin)和 I(176 pin) 等。STM32F103RCT6 芯片的引脚个数为 64。

封装方式通常有 T(Low-profile Quad-Flat Package，LQFP，薄型四侧引脚扁平封装)、H(Ball Grid Array，BGA，球栅阵列封装)、U(Very thin Fine pitch Quad-Flat No-lead Package，VFQFPN，超薄细间距四方扁平无铅封装)、Y(Wafer Level Chip Scale Packag，WLCSP，晶圆片级芯片规模封装)等。STM32F103RCT6 采用的是薄型四侧引脚扁平封装。

图 5.12 为一个 64 引脚，采用薄型四侧扁平封装的 STM32 微控制器的引脚图，有关引脚的具体定义，可参考相关芯片的数据手册。

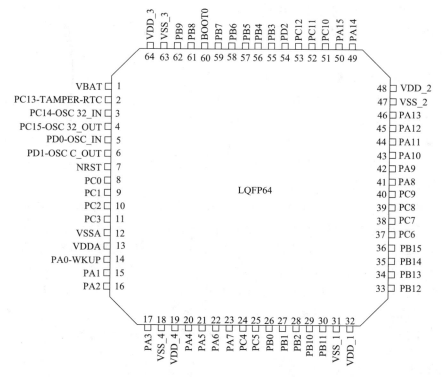

图 5.12　STM32F103 系列微控制器 LQFP64 封装的引脚图

5.2.6　启动配置

在 STM32F103 系列微控制器中，通过 BOOT[1:0]引脚可以设置 3 种不同的启动模式。BOOT0 和 BOOT1 两个引脚的电平状态决定了微控制器在复位后的启动模式。以下介绍这 3 种启动模式及其对应的启动文件存放位置。

1. 主闪存存储器启动模式(BOOT1=X，BOOT0=0)

主闪存存储器是芯片内置的 Flash 存储组件，用户程序通常存放在其中。这是 STM32F10xxx 系列微控制器的正常工作模式。

在大多数情况下，开发者会选择从主闪存存储器启动，因为这是一种可靠且常用的方式，适用于大多数应用场景。

在系统复位后，SYSCLK 的第 4 个上升沿，Boot 引脚的值将被锁存。微控制器将主闪存存储器映射到启动空间(0x0000 0000)，但主闪存存储器仍然可以在其原有的地址(0x0800 0000)上进行访问。系统启动后，CPU 从地址 0x0000 0000 获取堆栈的地址，并从启动存储器的 0x0000 0004 指示的地址开始执行代码。

2. 系统存储器启动模式(BOOT1=0，BOOT0=1)

系统存储器是芯片内部一块特定的区域，出厂时预置了一段 Bootloader 程序。这个区域是 ROM 区，出厂后无法擦写或修改。

从系统存储器启动通常用于 ISP 在系统编程或 IAP(In-Application Programming，在应用编程)等场景，这些场景需要在不拆卸微控制器的情况下，对 Flash 进行编程或更新。

与从主闪存存储器启动类似，系统存储器会被映射到启动空间(0x0000 0000)。在系统启动后，CPU 从系统存储器的特定地址开始执行 Bootloader 程序，该程序用于对 Flash 进行编程或更新。

3. 内置 SRAM 启动模式(BOOT1=1，BOOT0=1)

内置 SRAM 是微控制器的内存区域，其访问速度通常比 Flash 快。从内置 SRAM 启动主要用于调试目的，因为它允许开发者在不需要等待 Flash 访问的情况下快速运行和测试代码。

在这种模式下，代码直接在 SRAM 中运行，因此需要在应用程序的初始化代码中，使用 NVIC 嵌套向量中断控制器的异常表和偏移寄存器，将向量表重新映射到 SRAM 中。然后，CPU 从 SRAM 的特定地址开始执行代码。

需要注意的是，在实际应用中，用户需要根据具体的应用场景和需求来选择合适的启动模式，并正确配置 BOOT[1:0]引脚。启动模式的选择会影响存储器的映射方式。例如，从主闪存存储器启动时，主闪存存储器会被映射到启动空间(0x0000 0000)，但仍然可以在它原有的地址(0x0800 0000)访问它，这种双重映射使得主闪存存储器的内容在多个地址上被访问，为开发者提供了更大的灵活性和兼容性。从系统存储器或内置 SRAM 启动时，也有类似的映射规则。此外，启动文件的存放位置和具体布局可能会因不同的 STM32F103 型号而有所差异，因此在实际应用时，应参考具体的硬件参考手册和软件开发文档。

5.3　STM32F103 微控制器最小系统

STM32F103
微控制器最小系统

与其他微控制器相比，STM32F103 内部包含了 RC 振荡器和复位电路，因此，基于 STM32F103 的最小系统可以做得更小，只需为其提供电源和下载调试接口即可。但通常为了精确和可靠，仍然在 STM32F103

外部配置了晶振和复位电路。以 STM32F103ZET6 微控制器为例，图 5.13 给出一个基于 STM32F103 微控制器的最小系统。根据不同型号控制器引脚的对应关系，该参考设计可以裁减到不同封装的任意一款 STM32 芯片。在最小系统中，除了 STM32F103ZET6 微控制器外，还包括时钟电路、复位电路、电源电路、调试与下载电路、启动模式选择电路等。

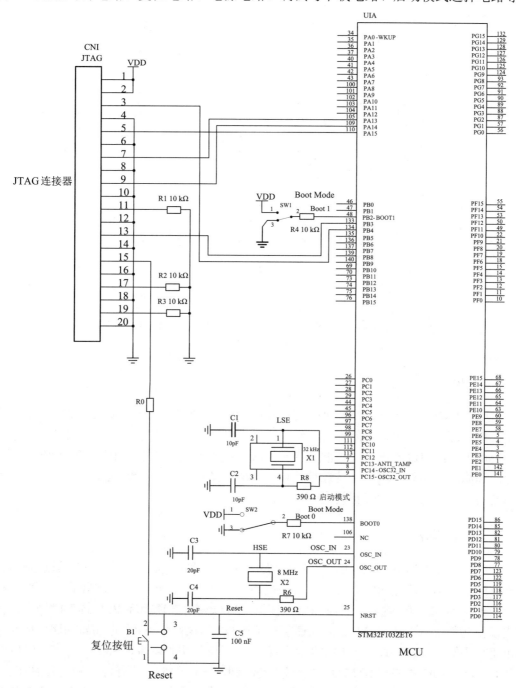

图 5.13　STM32F103 微控制器最小系统组成

5.3.1 电源电路

如图 5.14 所示，STM32F103 微控制器要求 2.0～3.6 V 的操作电压(VDD)，并采用嵌入式的调压器提供内部 1.8 V 的数字电源。当主电源 VDD 关闭时，实时时钟 RTC 和备用寄存器可以通过 VBAT(备用电池电压)供电。

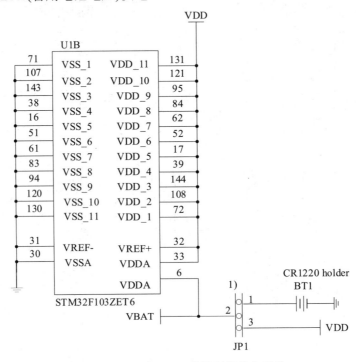

图 5.14 STM32F103 微控制器供电系统

供电系统由电源电路、滤波电容和其他辅助组件等构成。电源电路是 STM32F103 的供电系统核心部分，它负责将外部电源转换为微控制器所需的工作电压。在电源电路中，滤波电容用来平滑电源电压中的纹波和噪声，减少电压波动对微控制器工作的影响。除了电源电路和滤波电容外，供电系统还可能包括其他辅助组件，如保护电路、电源指示灯等。电源电路的具体设计请参阅相关的硬件设计手册。

5.3.2 时钟电路

在 STM32F103 微控制器中，时钟电路是一个至关重要的部分，它负责为微控制器的各个部分提供精确和稳定的时钟信号。时钟电路的设计直接影响到微控制器的性能和功耗。

由于 STM32F103 内置了内部 RC 振荡器，可以为内部锁相环 PLL 提供时钟，这样依靠内部振荡器就可以在 72 MHz 的满速状态下运行。但是，内部 RC 振荡器相比外部晶振不够准确也不够稳定，因此在条件允许的情况下，尽量使用外部主时钟源。外部主时钟源主要作为 Cortex-M3 内核和 STM32 外设的驱动时钟，一般称为高速外部时钟信号 HSE。

如图 5.15 所示，HSE 外部系统时钟电路由外部晶振和负载电容组成。负载电容的值需根据选定的晶振进行调节，而且位置要尽可能靠近晶振的引脚，以减小输出失真和启动稳定时间。外部晶振的频率可以是 4～16 MHz，STM32F103 通常选用 8 MHz 的外部晶振。由于这种模式能产生非常精确且稳定的主时钟，因此它是 STM32F103 微控制器时钟电路的首选。

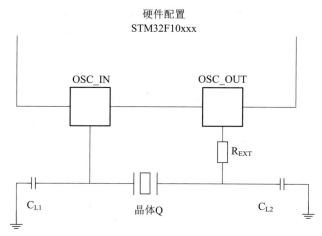

图 5.15　采用外部晶振的 STM32F103 时钟电路

5.3.3　复位电路

　　STM32F103 系统的复位电路如图 5.16 所示，当下列事件有一个发生都将产生系统复位。

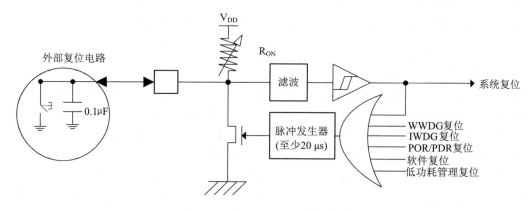

图 5.16　STM32F103 复位电路

　　(1) NRST 引脚上出现低电平(外部复位)：当 NRST 管脚上的电平为低时，会触发系统复位。这通常是通过一个外部复位按键实现的。当按下这个按钮时，NRST 引脚会与 GND(Ground，接地端)导通，即变为低电平，从而触发系统复位。而在不按按钮的时候，NRST 引脚是通过一个上拉电阻保持高电平的。

　　(2) 看门狗计数终止复位：STM32F103 中的看门狗分为独立看门狗(Independent Watchdog，IWDG)和窗口看门狗(Window Watchdog，WWDG)。当看门狗计数终止时，会触发系统复位。其中，窗口看门狗对于"喂狗"时间的要求更高，只有在特定的时间窗口内喂狗才有效，否则会导致系统重启。

(3) 上电复位 POR(Power On Reset)：当 STM32F103 的电源电压从 0 开始逐渐上升到某个特定的阈值电压时，会触发 POR。这个阈值电压通常是根据芯片的设计和数据手册来确定的，对于 STM32F103 系列，这个阈值电压的典型值约为 1.92 V。一旦电源电压超过这个阈值，芯片会触发一个固定或可编程的延迟后，开始执行指令。这个复位延迟的设计是为了确保电源电压稳定，并为 MCU 提供足够的时间从复位状态恢复并准备开始正常工作。POR 的主要作用是确保 MCU 在每次上电时都能从一个已知的状态开始运行，避免因为电源电压的不稳定而导致的数据错误或系统运行异常。

(4) 掉电复位 PDR(Power Down Reset)：与 POR 相反，PDR 是在电源电压下降到某个特定的阈值以下时触发的。这个阈值电压同样是基于芯片设计和数据手册来确定的。当电源电压低于这个阈值时，PDR 会自动将系统复位，以防止由于电源电压降低导致的系统异常。PDR 的主要作用是保护 MCU 免受电源电压过低导致的损害，并确保在电源电压恢复正常时，MCU 能够从一个安全的状态开始运行。

(5) 软件复位(SW 复位)：通过软件代码也可以实现 STM32F103 的系统复位。在调用复位函数到真正复位之前，有一小段时间差，在这段时间里处理器仍然可以处理来自中断的请求。为了避免意外发生，通常需要在复位前加入拒绝中断的代码。

(6) 低功耗管理复位：当 STM32F103 处于待机模式或停止模式等低功耗状态时，如果由于某些原因(如硬件故障、软件错误或外部事件)需要系统恢复到正常运行状态，就可以触发低功耗管理复位。

系统复位还会将除时钟控制寄存器 RCC_CSR 中的复位标志和备份区域中的寄存器以外的所有寄存器设为初始值。复位后，微处理器会被强制到复位向量中去执行程序。可以通过观测时钟控制器 RCC_CSR 寄存器的标志位来识别复位的来源。

5.3.4　调试与下载电路

STM32F10xxx 内核集成了 Serial Wire/JTAG 调试端口(SWJ 调试端口)。这是标准的 ARM CoreSight 调试端口，包括 JTAG 调试端口(5 引脚)和 SW 调试端口(2 引脚)。其中，JTAG 调试端口(JTAG-DP)为 AHP-AP 模块(AHB 访问端口模块)提供 5 针标准 JTAG 端口。SW 调试端口(SW-DP)为 AHP-AP 模块提供 2 针(时钟+数据)端口。

在 SWJ 调试端口中，SW 调试端口的 2 个引脚与 JTAG 接口的 5 个引脚中的一些是复用的。具体引脚功能和分布如表 5.2 所示。复位后，STM32F103 微控制器属于 SWJ 调试端口的 5 个引脚都被初始化为被调试器使用的专用引脚。图 5.17 为 STM32F10xxx 微控制器和 JTAG 连接器的连接图。

表 5.2　SWJ 调试端口引脚分配

SWJ 端口名称	JTAG 端口	SW 端口	引脚号
JTMS/SWDIO	输入，JTAG 模式选择	输入输出，串行数据输入/输出	PA13
JTCK/SWCLK	输入，JTAG 时钟	输入，串行时钟	PA14
JTDI	输入，JTAG 数据输入	—	PA15
JTDO/TRACESWO	输出，JTAG 数据输出	跟踪时为 TRACESWO 信号	PB3
JNTRST	输入，JTAG 模块复位	—	PB4

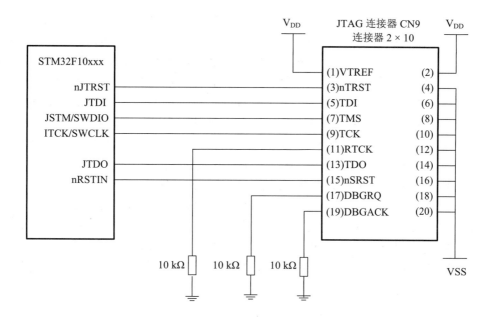

图 5.17　STM32F10xxx 微控制器和 JTAG 的连接图

本 章 小 结

STM32F103 系列微控制器是由意法半导体公司推出的一款高性能、低功耗的 32 位 ARM Cortex-M3 内核的微控制器。该系列微控制器具备丰富的外设接口(如 USART、SPI、I^2C、USB 等)和多样化的功能(如定时器、ADC、DAC 等)，以及不同容量的闪存和 SRAM，可满足不同应用需求。STM32F103 系列微控制器高性能、低功耗和易于开发的特点，使其在工业控制、医疗器械、智能家居等领域得到广泛应用。同时，意法半导体公司提供了丰富的开发工具和软件库，进一步降低了开发难度，提升了开发效率。本章首先对基于 Cortex-M3 内核的 STM32 系列微控制器进行总体概述，然后从系统架构、存储器结构、中断系统、时钟系统、引脚定义以及启动配置等方面对 STM32F103 微控制器的组成进行详细介绍，在此基础上介绍一个基于 STM32F103 的最小系统的基本电路。

STM32 系列微控制器作为意法半导体公司推出的高性能、低功耗的 32 位微控制器，其中 STM32F103 系列微控制器作为 STM32 家族中的经典之作，其广泛的应用领域和成熟的生态系统为学习者提供了丰富的资源和案例。根据片内 Flash 容量的不同，STM32F103 系列微控制器分为小容量(≤32 KB)、中容量(≤128 KB)和大容量(≥256 KB)3 种不同的产品。Flash 容量越大，微控制器芯片内包含的片上外设也越多。为了满足不同容量大小产品开发的需要，意法半导体公司为不同容量的产品提供了不同的启动文件，以便对片内不同的资源进行初始化。

STM32F103 微控制器的内部结构包括系统架构、存储结构、中断系统、时钟系统、引脚定义以及启动配置等。系统架构介绍了微控制器是如何高效组织各功能模块的；存储结构介绍了存储器与外设共用的 4 GB 地址空间是如何分配的；中断系统介绍了微控制器如何响应外部或内部中断；时钟系统介绍了时钟树的组成以及如何设置微控制器各部分的工作频率；引脚定义介绍了常用的封装方式和特点；启动配置介绍了如何通过对 BOOT0 和 BOOT1 两个引脚的配置来实现微控制器复位后的不同启动模式。

为了将理论知识转化为实际应用，本章最后给出一个基于 STM32F103 微控制器的最小系统的例子，详细介绍了构建 STM32F103 微控制器最小系统的关键要素，包括电源电路、时钟电路、复位电路以及调试与下载电路等。这些部分共同构成了微控制器运行的基础平台，是任何嵌入式项目开发的起点。通过学习最小系统的搭建，读者不仅能够掌握硬件设计的基本技能，还能为后续的软件开发打下坚实的硬件基础。

通过本章的学习，读者应该对 STM32F103 微控制器有了全面且深入的认识，从基本原理到实际应用，从内部架构到外部接口，都有了较为系统的理解。这不仅为后续深入学习 STM32 系列的其他型号或进阶应用打下了坚实的基础，也为读者在嵌入式系统开发领域的进一步探索提供了有力的支持。希望读者能够充分利用本章所学，结合实践项目，不断提升自己的嵌入式系统设计能力。

习　　题

1. 简述 ARM Cortex-M3 微处理器内核与基于 ARM Cortex-M3 内核的微控制器之间的关系。

2. 简述 STM32 系列微控制器的命名规则、主要产品线及其适用场合。

3. STM32F103 微控制器由哪几部分构成？简要介绍各部分的功能。

4. STM32F103 微控制器的 4 GB 大小的空间被划分为代码区、片上 SRAM 区、片上外设区、片外 RAM 区、片外外设区和系统区 6 部分，画出 STM32F103 微控制器的存储器映射图，并简要说明每部分的功能。

5. STM32F103 通过 AHB 总线矩阵、AHB 总线、APB1 总线及 APB2 总线实现了 Cortex-M3 内核与片内 ROM、片内 SRAM、片内不同速度外设等之间的信息交换。试简要介绍用来连接片上不同速度外设的 APB1 总线及 APB2 总线，驱动它们的时钟是如何得到的？

6. STM32F103 中断源有哪三类？简要说明每类中断源的特点。

7. 什么是中断向量表？在 STM32F103 中断系统中起什么作用？

8. STM32F103 每个中断源的中断服务程序入口地址在中断向量表中占多少个存储单元？STM32F103 理论上可以有多少个中断源？需要多少个存储单元来存放这些中断源对应的中断服务程序的入口地址？在 STM32F103 中，中断向量表占用的地址空间地址范围是多少？

9. 简要说明 STM32F103 微控制器是如何实现对中断优先级的管理的。

10. 简述 STM32F103 的时钟系统。该系统有哪几个时钟源，各自的时钟频率是多少？

11. STM32F103 微控制器 AHB 高速总线时钟 HCLK、APB2 外设总线时钟 PCLK2 和

APB1 外设总线时钟 PCLK1 分别给哪些模块提供时钟信号？当 STM32F103 微控制器复位后，它们默认的工作频率分别是多少？

12. 在 STM32F103 系列微控制器中，通过 BOOT[1:0]引脚可以设置 3 种不同的启动模式，请介绍如何通过 BOOT[1:0]引脚来设置不同的启动模式？每种启动模式的启动文件存放在什么位置？每种启动模式各自的特点和应用场景？

13. 什么是微控制器的最小系统？它通常由哪几部分构成？

14. STM32F103 微控制器集成了标准 ARM CoreSight 调试端口 SWJ-DP，它有 2 种不同的端口 JTAG 调试端口(JTAG-DP)和 SW 调试端口(SW-DP)。与 JTAG 相比，SW 有什么特点和优势？

第 6 章

基于 STM32F103 微控制器的
嵌入式系统开发基础

STM32F103 微控制器作为 STM32 系列中的佼佼者，以其卓越的性能、丰富的外设资源、高效的代码执行能力和强大的可扩展性，在嵌入式系统开发中占据了举足轻重的地位。其开发过程融合了硬件设计的灵活性与软件编程的多样性，既考验着开发者对微控制器硬件特性的深入理解，又要求掌握高效的编程技巧和调试方法。嵌入式系统片上外设的开发，其实质就是通过不同的开发模式，对片上外设的寄存器所对应的存储单元进行操作。

本章首先介绍了寄存器开发模式、标准外设库开发模式、HAL 库开发模式以及 LL 库开发模式的基本思想，然后重点介绍基于标准外设库的开发模式，内容包括 Cortex 微控制器软件接口标准(Cortex Microcontroller Software Interface Standard，CMSIS)、STM32F1 标准外设库、基于标准外设库的工程构建、基于 Proteus 的嵌入式系统仿真以及基于 JLINK 的硬件调试等。本章涉及的内容较多，从分层的角度引导读者理解嵌入式系统开发的实质。有专家称"一切计算机科学的问题都可以用分层来解决"，从汇编语言到 C 语言，从直接配置寄存器到使用库，从裸机到系统，从操作系统到应用层软件，无不体现着这样的分层思想。希望通过本章的学习，读者能够深入理解不同开发模式的特点，通过从底层寄存器层面的开发来更好地理解基于库函数开发的实质，为后续学习 STM32F103 微控制器开发打下坚实的基础。

本章知识点与能力要求

◆ 了解意法半导体公司 STM32 微控制器开发的 4 种常见模式(寄存器开发模式、标准外设库开发模式、基于 STM32Cube 平台的 HAL 库和 LL 库开发模式)各自的特点，重点理解寄存器开发和库函数开发实现的机理，了解 STM32Cube 平台的特点。

◆ 熟悉寄存器开发模式的基本原理，掌握汇编访问寄存器、汇编访问位带别名区、C 地址指针访问寄存器以及 C 结构体成员访问寄存器的实现方法。

◆ 理解 ARM Cortex 微控制器软件接口标准 CMSIS 提出的目的和基本组成；熟悉标准外设库的组成，掌握标准外设库中关键文件之间的关系；熟悉并掌握与 STM32 微控制器开发相关的 C 语言基础知识。

◆ 熟练掌握基于标准外设库的工程构建过程及参数设置方法，熟悉基于 Proteus 进行系统仿真的基本步骤，掌握基于 JLINK 的硬件调试方法。

6.1 STM32 开发模式

STM32 常见的 4 种开发模式介绍

到目前为止，意法半导体公司的 STM32 微控制器开发模式主要有寄存器开发模式、标准外设库开发模式、HAL 库开发模式和 LL 库开发模式 4 种。

(1) **寄存器开发模式(Register-Based Development)**：基于寄存器的嵌入式系统开发是最基础的开发模式，在微控制器出现之初就存在，它允许开发者直接访问和操作微控制器的寄存器，进行底层硬件编程，提供了最大的灵活性和直接控制硬件的能力。在需要大量处理数据时，寄存器开发模式在处理速度上更具有优势。寄存器开发模式主要适用于对性能要求高、对代码大小和效率有严格要求的项目。它需要开发者具备深厚的硬件知识，通常由经验丰富的开发者使用。

(2) **标准外设库开发模式(Standard Peripheral Library，SPL)**：标准外设库是 STM32 微控制器的一个固件函数包，包含了程序、数据结构和宏，旨在提供对微控制器所有外设的直接访问。这个库函数包含了片上外设(如 GPIO、UART、SPI 等)的驱动描述和应用实例，为开发者提供了一个中间 API 来访问底层硬件，无须深入了解底层硬件细节。该开发模式可以追溯到较早的 STM32 产品线出现的时候。

(3) **硬件抽象层库开发模式(Hardware Abstraction Layer，HAL)**：是意法半导体公司于 2013 年推出的，目的是进一步提高开发效率和可移植性。该开发模式是基于意法半导体公司推出的 STM32Cube 集成开发平台进行的，通过图形化配置工具 STM32CubeMX 使得外设初始化工作变得更加简单明了且不容易出错，STM32CubeMX 将自动生成初始化代码模板，包括主函数和 HAL 库相关的初始化函数，从而大大减轻开发工作，节省时间和费用。HAL 库提供了更高抽象层次的 API，因此可移植性更强，便于在不同内核的微控制器之间移植。

(4) **底层库开发模式(Low-Level Library，LL)**：是 2017 年推出的，提供了对底层硬件的直接访问，同时保持了与 HAL 库相似的 API 设计。LL 库适用于需要高性能或需要直接控制底层硬件的场合。与 HAL 库相比，LL 库提供了更多的灵活性和控制力，但使用难度也相对较高，LL 库的使用也相对较少。该开发模式也是基于意法半导体公司推出的 STM32Cube 集成开发平台进行的。

为了更好地掌握嵌入式系统设计的精髓，了解其底层逻辑，在学习基于 STM32 微控制器的嵌入式系统开发时，到底应该选用哪种开发模式，是直接选择目前比较流行、学习难度相对较低且简便易上手的 HAL 库，还是使用早期的标准外设库，甚至是直接基于寄存器来进行开发，一直都存在争议。作为计算机或电子信息类相关专业的学生，以及将来有志成为嵌入式系统开发工程师的读者，必须掌握嵌入式系统开发的底层逻辑，了解基于底层硬件的嵌入式系统开发的基本原理，只有这样，在开发过程中遇到问题时才能更容易发现和解决深层次的问题。此外，目前市场上生产基于 Cortex-M3 核的嵌入式微控制器的厂家很多，每个厂家为了推广其产品，都想尽办法推出各种简单易用的开发工具，因此，作为学习嵌入式系统的读者，没有必要一开始为了快速上手而花大量的时间和精力把自己限定在某一厂家的某一款开发工具上，从而限制了自己在未来职场上的适应能力。

为了方便介绍以上 4 种开发模式的基本实现思路，通过图 6.1 所示的简单例子来进行说明。图的左侧为一个由复位电路、外接晶振组成的 STM32F103R6 微控制器最小系统，外设为一个 LED 灯 D1，接到 GPIOA 的 PA0 引脚上，要求实现 D1 灯的闪烁。为了使问题简化，假设已经完成了系统时钟初始化、GPIO 引脚初始化等工作，仅介绍不同开发方式是如何通过对 GPIOA 相关寄存器的相关位的设置，来实现接到 GPIOA 的 PA0 上的 D1 灯的闪烁。

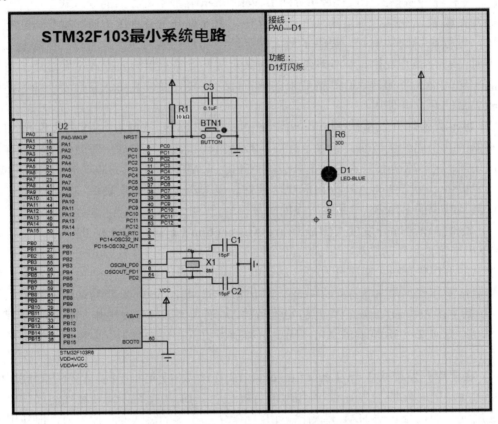

图 6.1   控制 LED 灯闪烁的电路原理图

图 6.2 为 STM32F103 微控制器片上外设 GPIOA 的寄存器地址映射。可以看出，片上外设 GPIOA 占用了 0x40010800～0x40010BFF 共 1024 个单元。GPIOA 有 7 个寄存器，每个寄存器占用 4 个存储单元，占用了 0x40010800～0x4001081B 共 28 个存储单元。其余 0x4001081C～0x40010BFF 单元保留，没有使用。这 7 个寄存器的详细功能将在第 7 章中详细介绍，这里只涉及位于 0x4001080C～0x4001080F 四个单元的 32 位的输出数据寄存器 GPIOA_ODR，该寄存器用于控制 GPIO 端口的输出电平状态。当某个引脚被配置为输出模式时，通过写入此寄存器可以设置该引脚的高低电平状态。如图 6.1 所示，D1 接 PA0 引脚，那么将 PA0 设置为 1，可以使对应的引脚输出高电平，D1 熄灭；设置为 0，则输出低电平，D1 点亮。下面分别介绍使用不同的开发模式，如何实现将 PA0 置 1 和清 0，从而实现 D1

灯的闪烁。

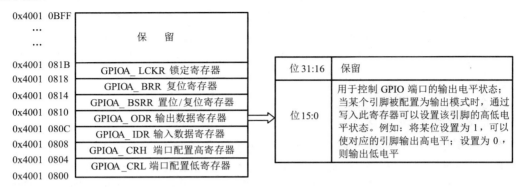

图 6.2　片上外设 GPIOA 的寄存器的地址映射

注意：ARM 公司在设计 Cortex-M3 核时，把 4 GB 的地址空间进行了统一划分，芯片厂商在进行芯片设计时都会遵循这一地址映射架构。不同型号的微控制器的同一类片上外设的数量可能会因为产品定位的不同而不同，比如意法半导体公司的两款微控制器芯片 STM32F103R6 和 STM32F103ZE，前者为低容量微控制器(32 KB Flash)，后者为高容量微控制器(512 KB Flash)。就 GPIO 端口而言，前者有 GPIOA~GPIOD 共 4 个，后者有 GPIOA~GPIOG 共 7 个，虽然两个芯片 GPIO 的数量不同，但相同名称的片上外设的地址都是一样的，从而便于代码在不同芯片之间的移植。比如这两种型号芯片的 GPIOA 的地址空间都是 0x40010800~0x40010BFF，共 1024 个单元(Cortex-M3 核为每个片上外设都预留了 1024 个单元)，但实际上都没有用完，比如这里的 GPIOA 端口只有 7 个寄存器，仅占用了其中的 28 个单元。

6.1.1　寄存器开发模式

寄存器开发模式的实质就是直接对寄存器对应的存储器单元进行操作，而不需要借助芯片厂商提供的任何库函数。根据获取寄存器对应存储单元地址以及使用的开发语言的不同，又可分为以下 4 种情况。

1. 汇编访问寄存器

GPIOA_ODR 寄存器的地址为 0x4001080C，通过将寄存器的 d0 位交替置 0 或 1，即可实现连接在 PA0 上的 D1 灯的闪烁。具体代码如下：

寄存器开发
模式介绍

```
          AREA      ADDCODE, CODE, READONLY
mycode
          MOV       R2, #0x00000000
          MOV       R3, #0x00000001
next
          LDR       R0, =0x4001080C        ;GPIOA_ODR 寄存器地址送 R0
          STR       R2, [R0]               ;将 R2 的值存 GPIOA_ODR 寄存器
          EOR       R2,R3                  ;将 R2 的 d0 位取反(d0 位与 1 异或)
          BL        delay                  ;调用延时过程
          B         next                   ;循环点亮 D1 灯
delay     PROC                             ; 延时过程
```

```
         MOV      R5,#0x0000FFFF
loop1    SUBS     R5,R5,#1
         BNE      loop1
         BX       LR
         ENDP
         END
```

2. 汇编访问位带别名区

位带操作是将位带区的一位(1 bit)映射到位带别名区的一个由 4 个存储单元组成的 32 位字单元，通过给该字单元送 0 或 1，实现将位带区对应位清 0 或置 1，从而实现了寄存器位设置的原子操作，提高了并发环境下嵌入式系统运行的可靠性。有关位带操作的详细介绍见 2.4.2 节。

本例中 GPIOA_ODR 寄存器的地址(GPIOA_ODR_address)为 0x4001080C，其 d0 位映射到位带别名区的地址为：

GPIOA_ODR_d0_alias= 0x42000000+((GPIOA_ODR_address−0x40000000)*8+0)*4
                  =0x42210180

通过给位带别名区 0x42210180 字单元送 0 或 1，即可实现对 GPIOA_ODR 寄存器的 d0 位清 0 或置 1，从而实现连接在 PA0 上的 D1 灯的闪烁。具体代码如下：

```
         AREA     ADDCODE, CODE, READONLY
         ENTRY
mycode
         MOV      R2, #0x00000000
         MOV      R3, #0x00000001
next
         LDR      R0, =0x42210180          ;d0 对应的位带别名区地址为 0x42210180
         STR      R2, [R0]                 ;将 R2 值送位带别名区
         EOR      R2,R3                     ;R2 与 R3 异或，使 R2 的 d0 位取反
         BL       delay                     ;调用延时过程
         B        next                      ;循环点亮 D1 灯
```

3. C 地址指针访问寄存器

通过地址指针对相关寄存器进行操作的代码如下，其中加粗的 4 行语句用于实现 APB2 总线时钟使能和 GPIOA 引脚配置，这里不做过多解释。与前面两个例子一样，这里只重点关注如何通过地址指针对 GPIOA_ODR 寄存器相关位进行操作。

```
#define RCC_APB2ENR *(volatile unsigned long*) 0x40021018
#define GPIOA_CRL *(volatile unsigned long*) 0x40010800
//定义 GPIOA_ODR 寄存器的地址指针
#define GPIOA_ODR *(volatile unsigned long*) 0x4001080C
void Delay(int nCount);
int main(void)
{   RCC_APB2ENR   =  1<<2;              //APB2 上的外设时钟使能
```

```
GPIOA_CRL = (2<<0) |(0<<2);          //设置 GPIOA 引脚 0 的工作方式
while(1) {
    GPIOA_ODR = 0<<0;          //GPIOA_ODR 寄存器 d0 位清零，D1 灯亮
    Delay(0x0FFFFF);           //调用延时函数
    GPIOA_ODR = 1<<0;          //GPIOA_ODR 寄存器 d0 位置 1，D1 灯熄灭
    Delay(0x0FFFFF);           //调用延时函数
}
}
void Delay(int nCount)
{ for(; nCount != 0; nCount--);}
```

通过宏定义语句"#define GPIOA_ODR *(volatile unsigned long*) 0x4001080C"，为地址 0x4001080C(即 GPIOA 的 ODR 寄存器)定义了一个别名 GPIOA_ODR。其中(volatile unsigned long *)实现类型的强制转换，将后面的地址值 0x4001080C 转换为一个指向 volatile unsigned long 类型的指针。*运算符用于获取指针所指向的值。因此，"*(volatile unsigned long *) 0x4001080C"的意思是获取内存地址 0x4001080C 处的 volatile unsigned long 类型的值。这样就可以通过寄存器名 GPIOB_ODR 对该寄存器对应的存储单元进行操作了，而不需要每次都写出完整的地址。

while 循环中，"GPIOA_ODR = 0<<0"语句将 GPIOA_ODR 寄存器 d0 位清零，使 D1 灯被点亮；语句"Delay(0x0FFFFF)"调用延时函数，使 d0 位的状态保持一段时间；"GPIOA_ODR = 1<<0"语句使 GPIOA_ODR 寄存器 d0 位置 1，D1 灯熄灭。

4. C 结构体成员访问寄存器

使用关键词 typedef 为片上外设 GPIO 定义一个名字为 GPIO_TypeDef 的结构体类型，结构体的成员按照其地址映射顺序分别为 GPIO 外设的 7 个寄存器。代码如下：

```
typedef struct
{   int   CRL;
    int   CRH;
    int   IDR;
    int   ODR;
    int   BSRR;
    int   BRR;
    int   LCKR;
} GPIO_TypeDef;        //为 GPIO 片上外设定义了一个 GPIO_TypeDef 结构体类型

#define GPIOA        ((GPIO_TypeDef *) 0x40010800)
#define RCC_APB2ENR *(volatile unsigned long*) 0x40021018
#define GPIOA_CRL *(volatile unsigned long*) 0x40010800
void Delay(int nCount);
int main(void)
{
```

```
    RCC_APB2ENR    =    1<<2;
    GPIOA_CRL      =    (2<<0) |(0<<2);
    while(1) {
        GPIOA -> ODR = 0<<0;          //GPIOA_ODR 寄存器 d0 位清零，D1 灯亮
        Delay(0x0FFFFF);              //调用延时函数
        GPIOA -> ODR = 1<<0;          //GPIOA_ODR 寄存器 d0 位置 1，D1 灯熄灭
        Delay(0x0FFFFF);              //调用延时函数
    }
}

void Delay(int nCount)
{ for(; nCount != 0; nCount--);}
```

通过宏定义语句"#define GPIOA　((GPIO_TypeDef *) 0x40010800)"定义一个名为 GPIOA 的宏，该宏的值是一个指向 GPIO_TypeDef 类型的结构体指针，该指针指向地址 0x40010800。GPIOA 是指向片上外设 GPIOA 的结构体指针，通过该指针就可以访问结构体成员，对 GPIO 的相关寄存器进行操作了。

While 循环中，使用语句"GPIOA -> ODR = 0<<0"给结构体成员 ODR 寄存器进行操作，使 ODR 寄存器 d0 位清零，D1 灯亮；语句"GPIOA -> ODR = 1<<0"使 ODR 寄存器 d0 位置 1，D1 灯熄灭。

需要说明的是，代码中有 4 条加粗语句，使用上述"C 地址指针访问寄存器"来实现对 APB2 上的外设时钟以及 GPIOA 引脚 0 的工作方式设置。当然，它们也可以通过自定义结构体的方式来实现，但为了节省篇幅，使用寄存器地址指针直接对其进行设置。

注意：这里为 GPIO 定义了一个结构体变量，事实上，在意法半导体公司提供的标准库中，stm32f10x.h 头文件为所有的片上外设都定义了专门的结构体类型，建议读者阅读该头文件，了解相关结构体的定义，分析这些结构体在标准库中是如何被使用的。

6.1.2　标准外设库开发模式

标准外设库
开发模式介绍

上一节采用 4 种不同的直接操作寄存器的方式，实现了使用 STM32F103R6 微控制器驱动 LED 灯 D1(接在 GPIOA 的 PA0 引脚)的工程。可以看出，选择使用寄存器方式构建工程的优点主要有：直接操作寄存器通常可以获得更高的性能，因为没有函数调用的开销；直接访问寄存器提供了对硬件的完全控制，可以执行底层硬件操作，实现更精细的定时和同步；由于没有额外的库函数调用，代码大小会更小；通过对底层硬件的访问来实现相关的操作，更利于读者掌握嵌入式开发的底层逻辑。然而，由于目前嵌入式微控制器的片上外设越来越多，涉及外设的寄存器也越来来越多，基于寄存器的开发缺点也是显而易见的。

为了方便嵌入式开发人员的开发工作，使自己的微控制器占用尽可能多的市场份额，微控制器生产厂家都会不遗余力地推出自己的 API 库，以简化开发过程，降低开发成本，加速产品上市时间。以意法半导体公司产品为例，该公司先后推出了标准外设库 SPL、硬件抽象层库 HAL 和底层库 LL。

意法半导体公司推出的标准外设库为开发者提供了一组预定义的函数和数据结构,用于访问和控制 STM32 微控制器的各种外设,如 GPIO、UART、SPI 等。通过使用标准外设库,开发者可以重用已有的代码和解决方案,从而加速开发过程。标准外设库支持多种流行的集成开发环境,如 Keil MDK-ARM、IAR Embedded Workbench 等,使得开发者可以根据自己的喜好和习惯选择合适的开发环境进行开发。此外,标准外设库以源码方式提供,这使得开发者可以将其作为学习素材,深入了解底层硬件的工作原理和编程方法。

下面给出在 MDK5 集成开发环境中,使用 STM32F10x 标准外设库,开发基于 STM32F103R6 微控制器驱动 LED 灯 D1(接在 GPIOA 的 PA0 引脚)工程的主要步骤和主要的程序代码。本章后面将给出基于标准外设库构建工程的详细介绍。

(1) 启动 MDK5:打开 Keil μVision5 集成开发环境。

(2) 新建工程:单击菜单栏上的“Project”→“New μVision Project...”,然后给工程命名并选择保存位置(事先要创建一个用来存放该工程的工程文件夹)。

(3) 选择 MCU 型号:在弹出的对话框中,选择“STMicroelectronics”→“STM32F1 Series”→“STM32F103R6”或类似的 MCU 型号。

(4) 添加标准外设库:将 STM32F10x 标准外设库的路径添加到工程设置中。这通常包括 stm32f10x.h 头文件和相应的库文件(.c 和.h)。具体步骤如下:

① 在工程文件夹中创建一个文件夹来存放标准外设库文件(如 Libraries 文件夹)。

② 将标准外设库文件复制到该文件夹中。

③ 在 MDK5 中,右键单击工程名(缺省为 Target 1)→“Add Group...”,在新出现的分组“New Group”上单击右键,单击“Manage Project Items...”,在出现的对话框中命名该组(如“STM32F10x_StdPeriph_Driver”),然后将库文件添加到该组中。

(5) 配置工程设置:在 Project 菜单中选择“Options for Target...”来配置工程设置。

(6) 编写代码:在 main.c 文件中编写代码来初始化 GPIOA 并控制 PA0 引脚。

(7) 编译和下载:保存工程,然后单击工具栏上的编译按钮(或使用快捷键 F7)来编译工程。如果编译成功,就可以将生成的二进制文件下载到 STM32F103R6 微控制器开发板,或者在 Proteus 仿真环境中进行调试运行了。

下面是一个简单的 main.c 文件示例。在 main()函数中,首先调用 GPIO_Config()函数,对 GPIOA 时钟进行使能,并通过调用 GPIO_Init()函数对 PA0 引脚进行配置。在 while 循环中切换 PA0 的状态来控制 LED 灯 D1 的亮灭。代码如下:

```c
#include "stm32f10x.h"
void GPIO_Config(void)
{
    GPIO_InitTypeDef GPIO_InitStructure;
    RCC_APB2PeriphClockCmd(RCC_APB2Periph_GPIOA, ENABLE);   //使能 GPIOA 时钟
    GPIO_InitStructure.GPIO_Pin = GPIO_Pin_0;                //选择 PA0 引脚
    GPIO_InitStructure.GPIO_Mode = GPIO_Mode_Out_PP;         //推挽输出
    GPIO_InitStructure.GPIO_Speed = GPIO_Speed_50 MHz;       //设置输出速度为 50 MHz
    GPIO_Init(GPIOA, &GPIO_InitStructure);   //根据设定的参数初始化 GPIOA 的 PA0 引脚
}
```

```
int main(void)
{
    GPIO_Config();          //初始化 GPIOA
    while (1)
    {
        GPIO_ResetBits(GPIOA, GPIO_Pin_0);        //将 PA0 设置为低电平，LED 灯亮
        for(uint32_t i = 0; i < 1000000; i++);    //延时
        GPIO_SetBits(GPIOA, GPIO_Pin_0);          //将 PA0 设置为高电平，LED 灯灭
        for(uint32_t i = 0; i < 1000000; i++);    //延时
    }
}
```

6.1.3　HAL 库开发模式

HAL 库开发模式介绍

虽然 STM32 标准外设库提供了直接访问硬件的底层接口，具有较高的灵活性和精确度，对于开发人员真正掌握嵌入式开发的底层逻辑很有帮助。然而，标准外设库是针对 STM32 某一系列的微控制器专门开发的，如本书使用的 STM32F10x_StdPeriph_Lib_V3.6.0 标准库就是针对 STM32F10X 系列的微控制器，因此不同系列微控制器之间的软件移植性差。此外，基于标准外设库开发可以实现底层的直接访问，代码效率高，但确实存在对开发人员要求高，开发效率低的问题。

为了解决 STM32 不同系列微控制器之间代码的移植问题，提高开发效率，减少开发难度，意法半导体公司推出了 STM32Cube 平台，该平台的主要特点如下：

(1) STM32Cube 支持 STM32 全线产品，使得在其上开发的软件可以很容易地在不同系列的微控制器间移植，减少了开发人员在项目移植过程中的工作量，提高了开发效率。

(2) STM32Cube 平台集成了一个图形化配置工具 STM32CubeMX。用户可以通过简单的操作选择 STM32 微控制器型号，配置其引脚、时钟、外设和中间件，并自动生成初始化 C 代码(基于所选择的库)，进一步降低了开发难度，提升了开发效率。

(3) STM32Cube 平台提供了多种 API 函数库支持，以满足不同开发者的需求。它主要包括 HAL 库、LL 库、标准外设库、CMSIS 库以及中间件组件等。这些库和组件为 STM32 微控制器的开发提供了全面的支持。

(4) STM32Cube 平台为 STM32 微控制器的开发提供了多种集成开发环境支持，以满足不同开发者的需求和偏好。其代表是意法半导体公司于 2019 年推出的 STM32Cube IDE 集成开发环境，它是 STM32Cube 软件生态系统的一部分。除了 STM32Cube IDE 外，STM32Cube 平台还支持其他流行的集成开发环境，如 ARM 公司的 MDK(Keil μVision)、IAR Systems 公司的 IAR Embedded Workbench for ARM(IAR EWARM)等。

HAL 库是意法半导体公司基于 STM32Cube 平台推出的比标准外设库有更高抽象整合水平的 API 库。HAL 库支持 STM32 全线产品，不同的 STM32 芯片型号之间只要使用的是相同的外设，使用 HAL 库编写的程序基本可以完全复制粘贴，大大提高了代码的可重用性和可移植性。使用意法半导体公司研发的 STM32CubeMX 软件可以通过图形化的配置功能，

直接生成整个使用 HAL 库的工程文件，极大地简化了开发流程。下面仍然使用 STM32F103R6 微控制器驱动 LED 灯 D1(接在 GPIOA 的 PA0 引脚)的例子，简单介绍在 STM32Cube 平台使用 HAL 库进行工程开发的过程。

(1) 使用 STM32CubeMX 进行配置。步骤如下：

① 打开 STM32CubeMX：启动 STM32CubeMX 软件。

② 选择 MCU：在搜索框中输入"STM32F103R6"并选择它。

③ 引脚配置：在引脚图中找到 GPIOA 的 PA0 引脚，并将其配置为 GPIO_Output(推挽输出)。

④ 项目设置：在 Project Manager 标签页中，配置项目名称、位置、工具链/IDE(如 Keil μVision、IAR Embedded Workbench 或 SW4STM32 等)，并确认选择 HAL 库作为项目类型。

⑤ 生成代码：单击"Project"→"Generate Code"，生成初始化代码。

(2) 在所选择的集成开发环境(STM32Cube IDE 或 MDK)中，打开已生成初步代码的项目，并进行代码完善。步骤如下：

① 初始化 LED 引脚：在 main.c 的 main 函数中，通常会有一个由 STM32CubeMX 生成的 MX_GPIO_Init 函数，这个函数会初始化所有配置的 GPIO 引脚。

② 控制 LED 亮灭：使用 HAL 库函数来控制 LED 的亮灭。

下面是生成的 main.c 文件示例。

```
#include "main.h"
#define LED_PIN GPIO_PIN_0
#define LED_PORT GPIOA
int main(void)
{   HAL_Init();                  //初始化 HAL 库
    SystemClock_Config();        //初始化系统时钟，由 STM32CubeMX 生成
    MX_GPIO_Init();              //初始化 GPIO，由 STM32CubeMX 生成
    while (1)
    {   //点亮 LED
        HAL_GPIO_WritePin(LED_PORT, LED_PIN, GPIO_PIN_SET);
        HAL_Delay(1000);   //延时 1 s
        //熄灭 LED
        HAL_GPIO_WritePin(LED_PORT, LED_PIN, GPIO_PIN_RESET);
        HAL_Delay(1000);        //等待 1 s
    }
}
```

LL 库开发模式介绍

6.1.4　LL 库开发模式

与标准外设库相比，HAL 库提供了更高级别的抽象，隐藏了底层硬件的复杂性，这使得代码移植性更好，开发效率更高，但是代码效率不高，对底层硬件的访问能力不足。为了解决这些问题，意法半导体公司在推出 HAL 库之后，又推出了 LL 库。HAL 库和 LL 库都是基于 STM32Cube 平台，基于这两个库进行嵌入式系统开发的过程几乎是一样的。下

面仍然使用 STM32F103R6 微控制器驱动 LED 灯 D1(接在 GPIOA 的 PA0 引脚)的例子，简单介绍在 STM32Cube 平台使用 LL 库进行工程开发的过程。

(1) 使用 STM32CubeMX 进行配置。步骤如下：

① 打开 STM32CubeMX：启动 STM32CubeMX 软件。

② 选择 MCU：在搜索框中输入"STM32F103R6"并选择它。

③ 引脚配置：在引脚图中找到 GPIOA 的 PA0 引脚，并将其配置为 GPIO_Output(推挽输出)。

④ 项目设置：在 Project Manager 标签页中，配置项目名称、位置、工具链/IDE(如 Keil μVision、IAR Embedded Workbench 等)，并确认选择 LL 库作为项目类型。

⑤ 生成代码：单击"Project"→"Generate Code"，STM32CubeMX 将自动生成一个包含初始化代码和 LL 库的头文件及源文件的工程。

(2) 在所选择的集成开发环境(STM32Cube IDE 或 MDK)中，打开已生成初步代码的项目，并进行代码完善。步骤如下：

① 初始化 LED 引脚：在 main.c 的 main 函数中，通常会有一个由 STM32CubeMX 生成的 LL_GPIO_Init 函数，这个函数会初始化 GPIO 引脚的配置。

② 控制 LED 亮灭：使用 LL 库函数来控制 LED 的亮灭。

下面是生成的 main.c 文件示例。

```
#include "stm32f1xx_ll_gpio.h"
#include "stm32f1xx_ll_bus.h"
#define LED_PIN LL_GPIO_PIN_0
#define LED_PORT GPIOA
int main(void)
{   //启用 GPIOA 的时钟
    LL_APB2_GRP1_EnableClock(LL_APB2_GRP1_PERIPH_GPIOA);
    //配置 GPIOA 的 PA0 引脚为输出
    LL_GPIO_InitTypeDef GPIO_InitStruct = {0};
    GPIO_InitStruct.Pin = LED_PIN;
    GPIO_InitStruct.Mode = LL_GPIO_MODE_OUTPUT;
    GPIO_InitStruct.OutputType = LL_GPIO_OUTPUT_PUSHPULL;
    GPIO_InitStruct.Speed = LL_GPIO_SPEED_FREQ_LOW;
    GPIO_InitStruct.Pull = LL_GPIO_PULL_NO;
    LL_GPIO_Init(LED_PORT, &GPIO_InitStruct);
    //主循环
    while (1)
    {
        //点亮 LED
        LL_GPIO_SetOutputPin(LED_PORT, LED_PIN);
        //延时
        for (uint32_t i = 0; i < 1000000; i++);
```

```
    //熄灭 LED
    LL_GPIO_ResetOutputPin(LED_PORT, LED_PIN);
    //延时
    for (uint32_t i = 0; i < 1000000; i++);
    }
}
```

注意：本节介绍了 4 种寄存器开发模式(汇编访问寄存器、汇编访问位带别名区、C 地址指针访问寄存器、C 结构体成员访问寄存器)和 3 种 API 库开发模式(标准外设库、HAL 库和 LL 库)。

对于初学嵌入式系统开发的读者，了解并掌握底层开发方式对掌握嵌入式系统开发的精髓是必需的。本书后续在介绍 STM32 片上外设时，给出了 C 结构体成员访问寄存器和标准外设库两种开发模式的例子，而对于 HAL 库和 LL 库的开发方式，本书其他章节将不再涉及。相信读者在掌握了嵌入式系统开发的底层逻辑后，对于硬件抽象层次更高也更容易使用的库是很容易上手的，而且当在使用这些库进行开发遇到问题时，由于有了比较扎实的底层知识，更容易找到问题的根源所在。

对于嵌入式系统开发人员，选择使用寄存器方式还是 API 库方式取决于项目的具体需求。如果项目对性能有严格的要求，或者需要执行底层硬件操作，那么寄存器方式可能更合适。如果项目更关注易用性、可读性和可维护性，那么使用标准外设库可能更合适。对于追求快速开发、易于维护和跨系列移植的开发者，建议考虑使用 HAL 库或其他更高级的抽象层库。在实际开发中，通常会根据项目的要求和团队的经验来选择开发模式。

6.2　CMSIS 软件接口标准及其支持包

在 MDK5 中，使用意法半导体公司的标准外设库进行 STM32F10X 系列微控制器的开发，开发人员需要下载并安装的软件(支持包)主要包括：

(1) Keil MDK5(μVision5)。Keil MDK5 是 ARM 公司推出的嵌入式开发工具，用于开发基于 ARM 内核微控制器的嵌入式应用程序。开发人员需要首先安装 Keil MDK5 作为开发环境的基础(当然也可以选用其他集成开发环境)。

(2) STM32F1xx 设备支持包(Device Family Pack, DFP)。Keil.STM32F1xx_DFP.x.x.x.pack (其中 x.x.x 是版本号，如 2.4.1)是 STM32F1 系列微控制器的设备支持包。这个支持包包含了针对 STM32F1 系列微控制器的 CMSIS 驱动程序、关键设备定义头文件、软件组件和代码示例库等。开发人员需要下载并安装这个支持包，以便在 MDK5 中正确配置和使用 STM32F10X 系列微控制器。

(3) STM32 标准外设库。STM32 标准外设库是意法半导体公司基于 CMSIS 标准推出的用于简化 STM32 微控制器外设编程的 API 库。这个库包含了访问 STM32 微控制器外设(如 GPIO、UART、I^{2}C 等)的 API 和函数。开发人员需要获取并配置这个库，以便在 MDK5 中编写和调试使用这些外设的程序。

MDK5 已经在 1.5 节中做了介绍。本节将重点介绍 CMSIS 标准以及基于 CMSIS 的 STM32F1xx 设备支持包。意法半导体公司基于 CMSIS 标准推出的标准外设库结构以及基于该标准外设库的工程构建方法等将在本章后面详细介绍。

6.2.1 CMSIS 软件接口标准

不同半导体厂商基于 ARM 公司推出的 Cortex 处理器 IP 核生产出了各种类型的微控制器芯片。在这条产业链上，ARM 公司只负责芯片内的架构设计，而半导体厂商则根据 ARM 公司提供的内核标准设计各自的芯片，所以任何一款基于 Cortex 核生产的微控制器芯片其内核结构都是一样的，区别在于存储器容量、片上外设、I/O 以及其他模块设计。为了解决不同芯片厂商生产的基于 Cortex 内核的微处理器在软件上的兼容问题，ARM 公司与众多芯片和软件厂商共同制定了 CMSIS 标准，旨在将所有 Cortex 内核产品的软件接口标准化。半导体厂商在推出微控制器芯片的同时，基于该标准开发了相应的支持包，这样就可以方便嵌入式软件在不同微处理器芯片之间进行移植了。

在基于 CMSIS 标准的软件架构中，CMSIS 层扮演着至关重要的角色，它位于微控制器 MCU 层与实时操作系统 RTOS/用户应用程序层之间，如图 6.3 所示。CMSIS 向下负责与内核和各个外设直接交互，向上提供实时操作系统和用户程序调用函数的接口，实现了各个片内外设驱动文件文件名的规范化和操作函数的规范化等。CMSIS 为微控制器 MCU 的硬件层提供了抽象层，这意味着它隐藏了硬件的具体实现细节，向上层(RTOS 和用户应用程序)提供了一套统一且简单的接口。CMSIS 通过定义标准化的接口，使得不同芯片厂商生产的基于 Cortex-M 处理器的微控制器在软件层面上具有更高的兼容性，这有助于减少因硬件差异而导致的软件移植问题，降低了开发成本。CMSIS 通过提供内核外设函数、中间件函数和片上外设函数，使得开发人员能够更加专注于应用程序的开发，而无须深入了解硬件的具体细节，这大大提高了开发效率。

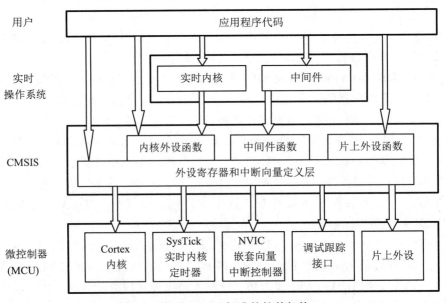

图 6.3 基于 CMSIS 标准的软件架构

6.2.2　STM32F1xx 微控制器的设备支持包下载与安装

意法半导体公司基于 CMSIS 软件接口标准，为基于 Cortex-M3 核的系列微控制器开发了相应的设备支持包 DFP 和标准外设库。比如针对本书选用的 STM32F1 系列微控制器，就需要使用 Keil.STM32F1xx_DFP.pack 设备支持包和 STM32F10x_StdPeriph_Lib_V3.x.x 标准外设库。

1. 设备支持包的下载

在开发基于 STM32F1 系列微控制器的项目时，开发者需要首先下载并安装 S32F1xx 系列微控制器芯片的设备支持包，以获取完整的设备支持和 CMSIS 实现。从 Keil 官网上下载项目所选用的微控制芯片的软件支持包的具体步骤如下：

(1) 打开 Keil 官网(www.keil.com)，在主页上单击"Products"菜单项。

(2) 在 ARM-Keil 产品页面，找到"ARM Development Tools"选项，单击进入 arm Developer 页面。

(3) 在 arm Developer 页面，找到"CMSIS-Packs"，单击"CMSIS-Pack index"链接，进入 ARM-Keil 支持的各大半导体厂商的 CMSIS Packs 页面。

(4) 在搜索框键入"STM32F1"，即可找到 STM32F103 系列微控制器对应的设备支持包，目前找到的最新版本为 2.4.1(注意，意法半导体公司会不断推出新的版本，目前使用较多的是早一些推出的 keil.STM32F1xx_DFP.1.0.5.pack)。

2. 设备支持包的安装

设备支持包安装前，须确保已安装了 Keil MDK 集成开发环境。如果未安装，需要从 Keil 官网下载并安装最新版本的 Keil MDK。

(1) 双击下载好的 Keil.STM32F1xx_DFP.2.4.1.pack，选择将其安装在系统默认的 Keil MDK5 文件夹下，单击"Next"按钮开始安装。安装完成后，单击"Finish"按钮完成设备支持包的安装。

(2) 查看 STM32F1 系列设备支持包安装是否成功。打开 Keil MDK 集成开发环境，单击"Project"→"Manage"→"Pack Installer…"，弹出如图 6.4 所示的对话框。可以看出，意法半导体公司的 STM32F1 系列(STM32F100～STM32F107)的微控制器设备支持包已安装，其中 STM32F103 系列共有 29 款不同的微控制器芯片。

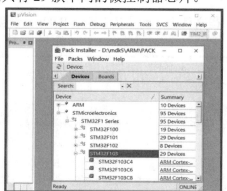

图 6.4　查看意法半导体 STM32F1 系列微控制器设备支持包安装后效果

6.2.3　基于设备支持包的工程构建

STM32F1 系列微控制器的设备支持包安装完成后，就可以基于 STM32F1 系列某款微控制器进行工程的构建了。这里举例仅想说明设备支持包在工程构建过程中的作用，以及基于设备支持包生成的相关工程文件。构建一个完整的工程，不仅需要设备支持包的支持，同时还需要标准外设库的支持。有关工程构建更详细的介绍见 6.4 节。

1. 构建存放工程的文件夹

假设要构建一个基于 STM32F103R6 微控制器的工程，首先构建一个空的工程文件夹，这里在桌面上创建一个名为 321 的文件夹，再在该文件夹中创建一个 project 子文件夹，用于存放 MDK 生成的工程文件、过程文件等。

2. 构建工程

打开 Keil MDK，单击"Project"→"New μVision Project…"，在弹出的对话框中选择要放置工程的文件夹(桌面上的 321\project)，输入工程名 321(工程名与文件夹同名)，单击"保存"，弹出如图 6.5 所示的"Select Device for Target 'Target 1'…"对话框，选择STM32F103R6，单击"OK"。

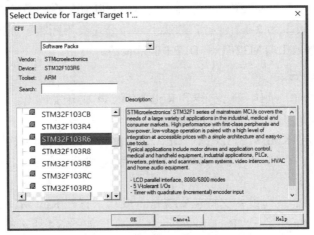

图 6.5　工程构建时目标设备选择

3. 查看生成的工程文件

打开在桌面上构建的工程文件夹 project，Keil MDK 在新创建的工程文件夹中生成图6.6 所示的文件和文件夹。

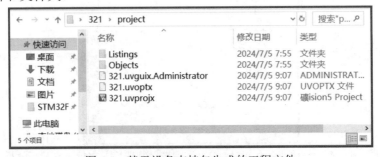

图 6.6　基于设备支持包生成的工程文件

图 6.6 中，321.uvprojx 为工程文件，该文件在 Keil MDK 中生成 STM32F1 微控制器工程时具有至关重要的作用。该文件记录了整个工程的结构，包括芯片类型、工程包含的源文件(如 C、C++、汇编文件等)以及其他相关资源文件，这使得开发者能够清晰地了解工程的组成和配置；该文件中还包含了项目的配置信息，如编译选项、链接选项、调试设置等，这些信息对于确保工程能够正确编译、链接和调试至关重要。通过该工程文件，Keil MDK5能够管理和维护整个项目，包括文件的添加、删除、修改等操作，开发者可以通过双击该文件来打开整个工程，并进行后续的开发工作。虽然 uvprojx 工程文件使用 XML 格式记录信息，可以使用文本编辑器(如记事本)打开并查看其内容，但是，为了保持文件的完整性和安全性，建议仅在必要时才进行此类操作。

默认生成的 Objects 文件夹用于存放编译过程中产生的中间目标文件。这些文件在编译过程中由编译器生成，并在链接阶段被链接器用来生成最终的程序映像，通常以.o 或.obj为扩展名。Objects 文件夹中的文件对于开发者来说，通常不需要直接操作，但它们对于编译和链接过程是至关重要的。

默认生成的 Listings 文件夹用于存放编译器编译时产生的列表清单文件。这些文件包含了源代码的汇编版本以及编译器在处理源代码时产生的各种信息，如警告、错误和代码优化结果等。Listings 中的文件对于理解编译器如何处理源代码、调试和优化程序非常有帮助。

注意：编译生成的目标文件和列表文件默认情况下会自动存放在 Objects 和 Listings 这两个自动生成的文件夹中。用户也可以创建自己的文件夹来存放编译生成的目标文件和列表文件，通过单击"Project"→"Option for Target 'xxx'…"，在弹出的对话框中，单击Output 和 Listing 选项卡来设置目标文件和列表文件的新的存放位置。

6.3　STM32F1 标准外设库

STM32F10x 标准
外设库介绍

6.2.3 节介绍了基于 STM32F1 设备支持包为某款 STM32 微控制器生成初步工程框架。为了进一步利用片内外设实现系统的具体功能，还需要借助于意法半导体公司基于 CMSIS标准开发的标准外设库来实现对外设的编程。意法半导体公司针对不同系列的 STM32 微控制器开发了相应的标准外设库，本书是基于 STM32F103 系列微控制器展开介绍的，因此，用到的是意法半导体推出的 STM32F10x_StdPeriph_Lib_V3.x.x 标准外设库。

本节将介绍标准外设库的组成、标准外设库中文件的关系及作用等，熟悉并掌握标准外设库的结构及核心文件的功能，是进行基于标准外设库的工程开发的基础。

6.3.1　STM32F10x 标准外设库的组成

STM32F10x_StdPeriph_Lib_V3.x.x 标准外设库的组成如图 6.7 所示，其中方框内文字代表库目录，方框外内容表示该目录下包含的文件。它主要包括以下 3 个文件夹。

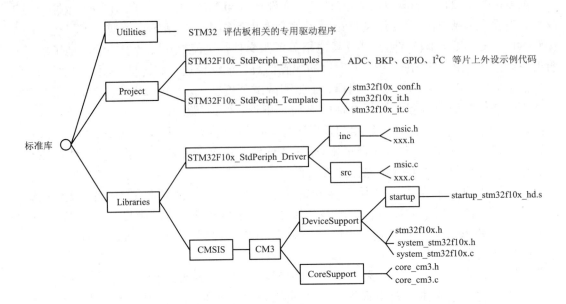

图 6.7　STM32F10x_StdPeriph_Lib_V3.x.x 标准外设库的组成

1. Libraries 文件夹

该文件夹下包括 CMSIS\CM3 和 STM32F10x_StdPeriph_Driver 两个文件夹。

1) CMSIS\CM3 文件夹

CMSIS 文件夹用于存放符合 CMSIS 标准的文件(由 ARM 公司提供，或意法半导体公司基于 ARM 公司制定的 CMSIS 标准为 STM32 微控制器提供的设备支持文件)，为开发者提供了与 ARM Cortex-M3 内核交互的标准化接口，以及 STM32F10x 系列微控制器的设备级支持，是 STM32 标准外设库的重要组成部分。该文件夹具体包括内核支持文件夹 Core Support 和设备支持文件夹 DeviceSupport。

(1) 内核支持文件文件夹 CoreSupport 包括 core_cm3.c 和 core_cm3.h 文件，提供了进入 Cortex-M3 内核的接口，是 CMSIS 标准的核心组成部分。它们由 ARM 公司提供，用于实现内核级别的功能，如中断管理、系统控制等。

(2) 设备支持文件文件夹 DeviceSupport 包括启动文件文件夹 startup 和 3 个配置文件，其中这些文件包含了 STM32F10x 系列微控制器的寄存器定义、中断向量表以及系统时钟配置等。例如，system_stm32f10x.c 和 system_stm32f10x.h 文件用于设置系统的时钟和总线配置，确保微控制器能够正确运行。

(3) 启动文件文件夹 startup 包括高容量、中容量和低容量微控制器的启动文件，如高容量芯片的启动文件 startup_stm32f10x_hd.s。启动文件是用汇编语言编写的，负责在系统复位后初始化堆栈、设置中断向量表、配置系统时钟等，为 C 语言程序的运行准备环境。

注意：设备支持包 Keil.STM32F1xx_DFP.2.4.1.pack 与 CMSIS 中 core_cm3.c 有着密切的关系。在开发基于 STM32F1 系列微控制器的项目时，开发者通常需要安装设备支持包以获取完整的设备支持和 CMSIS 实现。而 core_cm3.c 文件则作为底层支持的一部分，在 DFP

包中被引用和使用。

2) STM32F10x_StdPeriph_Driver 文件夹

STM32F10x_StdPeriph_Driver 文件夹用于存放 STM32F10x 系列微控制器的外设驱动文件。这些文件为 STM32 的各种外设(如 GPIO、ADC、TIM 等)提供了底层的驱动程序，使得开发者可以方便地通过高级 API 函数来操作这些外设，而无须深入了解硬件细节。该文件夹又包含 inc 文件夹和 src 文件夹。

(1) inc 文件夹存放片上外设的头文件(如 stm32f10x_gpio.h)。这些头文件包含了外设寄存器的定义、外设功能的描述和 API 函数的声明等。

(2) src 文件夹存放片上外设的源文件(如 stm32f10x_gpio.c)。这些源文件实现了对外设寄存器的直接操作，并为开发者提供了丰富的 API 函数，用于实现各种外设功能。

2. Project 文件夹

Project 文件夹包含 STM32F10x_StdPeriph_Template 文件夹和 STM32F10x_StdPeriph_Examples 文件夹共 2 个文件夹。

1) STM32F10x_StdPeriph_Template 文件夹

该文件夹存放官方的标准外设库工程模板。这个模板为开发者提供了一个标准的工程结构，包含了创建新项目时所需的基本文件和配置。通过使用这个模板，开发者可以快速启动一个新的 STM32 项目，而无须从头开始搭建工程结构。这大大提高了开发效率，并减少了因配置错误而导致的开发障碍。

注意：用户在构建自己的工程时，需要将"STM32F10x_StdPeriph_Template"中的 stm32f10x_conf.h、stm32f10x_it.h 和 stm32f10x_it.c 等文件拷贝到自己的工程中(通常与用户开发的程序一起放在文件夹 user 中)，并根据需要进行修改。

2) STM32F10x_StdPeriph_Examples 文件夹

STM32F10x_StdPeriph_Examples 文件夹下存放的是意法半导体公司提供的外设驱动例程。这些例程展示了如何使用 STM32F10x 系列微控制器的各种外设，如 GPIO、ADC、TIM 等。

3. Utilities 文件夹

该文件夹存放与 STM32 评估板相关的专用驱动程序和工具代码。这些代码通常用于初始化评估板上的硬件资源或实现特定的硬件功能，但对于非评估板开发不是必需的。

6.3.2　STM32F10x 标准外设库中的文件关系

在构建基于标准外设库的工程时，需要将 STM32F10x_StdPeriph_Lib_V3.x.x 中 Libraries 文件夹和 STM32F10x_StdPeriph_Template 文件夹中的相关文件拷贝到自己构建的工程的相关文件夹下，然后在 MDK 集成开发环境中，再将这些文件关联到工程中。因此，了解 STM32F10x 标准库中的相关文件至关重要。表 6.1 给出了工程构建时涉及的文件及其层次关系，表中从下往上依次从底层(硬件层)到上层(用户应用程序层)。

表6.1　工程构建时涉及的文件及其层次关系

文件位置	文 件 名	功 能 描 述
Project\STM32F10x_ StdPeriph_Template	stm32f10x_conf.h	配置文件，用于包含或排除STM32F10x标准外设库中的各个外设头文件
	stm32f10x_it.h stm32f10x_it.c	中断处理相关函数的声明与实现
Libraries\STM32F10x_StdPeriph_Driver\src…\inc	stm32f10x_xxx.h stm32f10x_xxx.c	为特定片上外设(xxx 代表外设名称，如 GPIO、USART 等)提供驱动函数实现，每个外设都有对应的stm32f10x_xxx.c 和 stm32f10x_xxx.h文件，其中.c 文件包含函数实现，.h文件包含函数声明、结构体定义、宏定义等
Libraries\STM32F10x_StdPeriph_Driver\src…\inc	misc.h misc.c	包括与 NVIC(嵌套向量中断控制器)和 Systick(滴答定时器)相关的函数实现，用于对 STM32 微控制器的中断优先级分组和Systick 定时器进行配置和控制
Libraries\CMSIS\CM3\DeviceSupport\startup\arm	startup_stm32f10x_xx.s	用汇编写的系统启动文件，进行系统的初始化，包括堆栈设置、中断向量表的配置以及启动主程序等
Libraries\CMSIS\CM3\DeviceSupport	system_stm32f10x.h system_stm32f10x.c	系统时钟配置和初始化，配置STM32F10x 系列微控制器的系统时钟源、PLL 倍频因子、AHB/APBx 的预分频因子等
	stm32f10x.h	定义 STM32F10x 系列微控制器所有外设寄存器的地址、位定义、中断向量表以及存储空间映射
Libraries\CMSIS\CM3\CoreSupport	core_cm3.h core_cm.c	ARM 公司提供，用于直接访问Cortex-M3 内核的寄存器,实现内核级别的功能操作

1. 内核操作文件 core_cm3.h/core_cm3.c

core_cm3.h 和 core_cm3.c 共同构成了 Cortex-M3 内核的软件接口层，用于实现对Cortex-M3 内核的访问和配置，为开发者提供标准的内核访问接口和实现内核级别的功能操作，使得开发者能够更容易地编写和移植基于 Cortex-M3 内核的嵌入式软件。

虽然 core_cm3.c 中的代码通常不需要开发者直接修改,但它作为实现内核功能的基石,对于确保系统的稳定性和性能至关重要。开发者在使用基于 CMSIS 的库函数时，实际上是在间接调用 core_cm3.c 中的函数。

2. 标准外设库核心头文件 stm32f10x.h

stm32f10x.h 是 STM32F10x 系列微控制器标准外设库的核心头文件。在进行 STM32 开发时，需要经常查看这个文件中的相关定义。打开这个文件可以看到非常多的结构体以及宏定义，主要包含以下几个方面的内容：

1) 数据类型定义

为了满足跨平台兼容性、可移植性以及标准库支持的需要，在 stm32f10x.h 文件中定义了一系列特有的数据类型，例如：

```
typedef        int32_t        s32;
typedef        int16_t        s16;
typedef        int8_t         s8;
typedef        const int32_t  sc32;    /*!< Read Only */
typedef        const int16_t  sc16;    /*!< Read Only */
typedef        const int8_t   sc8;     /*!< Read Only */
typedef        __IO int32_t   vs32;
typedef        __IO int16_t   vs16;
typedef        __IO int8_t    vs8;
...
```

2) 片上外设结构体类型定义

为了方便开发者访问和操作 STM32 的片上外设的相关寄存器，stm32f10x.h 中定义了各种外设的结构体类型。这些结构体将外设的寄存器封装成一个整体，使得开发者可以通过结构体指针来访问和修改外设的寄存器值。例如，对于 GPIO 片上外设，stm32f10x.h 头文件中定义了如下所示的一个名为 GPIO_TypeDef 的结构体类型，其内部成员是 GPIO 的 7 个寄存器。

```
typedef struct
{ __IO uint32_t   CRL;        //GPIO 端口配置低寄存器
  __IO uint32_t   CRH;        //GPIO 端口配置高寄存器
  __IO uint32_t   IDR;        //GPIO 端口输入数据寄存器
  __IO uint32_t   ODR;        //GPIO 端口输出数据寄存器
  __IO uint32_t   BSRR;       //端口位设置/清除寄存器
  __IO uint32_t   BRR;        //端口位清除寄存器
  __IO uint32_t   LCKR;       //端口配置锁定寄存器
} GPIO_TypeDef;
```

由于片上外设的功能是通过其内部的寄存器来实现的，因此，将这些寄存器视为一个整体，通过 C 语言的结构体类型变量定义的方式，就可以对结构体中的成员进行操作了。

3) 外设的声明

所谓外设的声明，其实质主要是一些宏定义，宏名就代表了某种外设，如下所示的

GIOA 等：

#define GPIOA	((GPIO_TypeDef *) GPIOA_BASE)
#define GPIOB	((GPIO_TypeDef *) GPIOB_BASE)
#define ADC1	((ADC_TypeDef *) ADC1_BASE)
#define TIM1	((TIM_TypeDef *) TIM1_BASE)

…

以 GPIOA 为例，"#define GPIOA ((GPIO_TypeDef *) GPIOA_BASE)"中 GPIOA_BASE 是一个宏，它定义了 GPIOA 端口的基地址(STM32 参考手册中可以找到；stm32f10x.h 头文件中通过宏也对其进行了定义)。GPIO_TypeDef 是一个结构体类型，当 GPIOA 宏被使用时，它实际上是将 GPIOA_BASE 这个地址转换为一个 GPIO_TypeDef 类型的指针。这样，就可以通过该指针来访问 GPIOA 端口的所有寄存器了。例如，要将 GPIOA 的输出数据寄存器的第 0 位置 1，代码如下：

GPIOA->ODR |= (1 <<0);

该条代码使 GPIOA 引脚 0 输出高电平。若该引脚上连接了一个 LED 灯，该灯就会被点亮或熄灭(取决于 LED 灯的驱动方式)。

4) 外设基地址映射

STM32F10x 系列微控制器芯片的片上外设被挂载在不同速率的外设总线 APB1、APB2 和 AHB 上，stm32f10x.h 头文件中通过一系列的宏定义实现了片上外设基地址的定义。理解这些外设基地址是如何获得的，对于理解如何通过外设结构体指针实现对外设寄存器的操作是很有帮助的。下面是 stm32f10x.h 中与外设基地址相关的一些宏定义。

#define	PERIPH_BASE	((uint32_t)0x40000000)
…		
#define	APB1PERIPH_BASE	PERIPH_BASE
#define	APB2PERIPH_BASE	(PERIPH_BASE + 0x10000)
#define	AHBPERIPH_BASE	(PERIPH_BASE + 0x20000)
#define	TIM2_BASE	(APB1PERIPH_BASE + 0x0000)
#define	TIM3_BASE	(APB1PERIPH_BASE + 0x0400)
…		
#define	GPIOA_BASE	(APB2PERIPH_BASE + 0x0800)
#define	GPIOB_BASE	(APB2PERIPH_BASE + 0x0C00)
…		

GPIOA 的基地址是如何基于这些宏定义得到的呢？GPIOA 挂载在 APB2 总线上，它是 APB2 总线上的第 3 个外设(前两个外设为 AFIO 和 EXTI，见图 5.7)，每个外设被安排占用了 1024 个单元，因此，挂在 APB2 总线上的 GPIOA 的偏移地址为 0x0800，APB2PERIPH_BASE 又是基于 PERIPH_BASE + 0x10000 得到的，PERIPH_BASE 为 0x40000000(STM32F10x 不同总线片上外设地址空间分配见图 5.5)，因此，GPIOA_BASE 就应该为 0x40000000 + 0x10000 + 0x0800 = 0x40010800。

综上所述，stm32f10x.h 通过定义特定的数据类型、片上外设结构体类型、寄存器地址和位定义以及枚举等，为 STM32F10x 系列微控制器的开发提供了必要的基础设施和接口，使得开发者能够更加高效、方便地进行硬件编程和控制系统设计。因此，在用户使用 STM32 库编写外设驱动时，必须将其包含在自己的工程文件中。

5) STM32F10x 标准外设库常见的几种状态类型

在基于标准外设库进行工程开发时，常在代码中见到 FlagStatus、FunctionalState、ErrorStatus 类型变量的使用。它们定义在文件 stm32f10x.h 中，在这里将它们列举出来，以方便后续代码的理解和使用。

(1) 标志/中断状态类型用来设置/清除(SET/RESET)外设的中断和标志，如下所示：

```
typedef enum {RESET = 0, SET = !RESET} FlagStatus, ITStatus;
```

(2) 功能状态类型用来实现外设的使能启动/除能停止(ENABLE/DISABLE)，如下所示：

```
typedef enum {DISABLE = 0, ENABLE = !DISABLE} FunctionalState;
```

(3) 错误状态类型反映外设函数的返回状态，即成功/出错(SUCCESS/ERROR)，如下所示：

```
typedef enum {ERROR = 0, SUCCESS = !ERROR} ErrorStatus;
```

3. 系统时钟配置文件 system_stm32f10x.h/system_stm32f10x.c

system_stm32f10x.h 与 system_stm32f10x.c 文件在意法半导体公司的标准外设库中共同负责 STM32F10x 系列微控制器的系统时钟配置。在系统上电复位那一刻，完成系统初始化的两个函数 SystemInit() 和 SystemCoreClockUpdate() 以及全局变量 SystemCoreClock 就是在这两个文件中实现的。

SystemInit() 函数设置系统时钟源，其中涉及 PLL 倍频因子、AHB-APB 预分频因子以及扩展 Flash 的设置等。该函数位于启动文件(startup_stm32f10x_xx.s)中，并在主函数 main 之前被调用。通过 SystemInit() 函数的配置，可以确保微控制器按照预期的时钟频率和其他硬件设置进行工作，为后续的程序开发和应用提供稳定的基础。

SystemCoreClockUpdate( ) 函数在时钟配置完成后被调用，用于根据实际的时钟配置(如时钟源、PLL 设置、分频系数等)更新 SystemCoreClock 变量的值。SystemCoreClock 变量通常用于表示系统核心时钟 SYSCLK 的频率，这个频率是 STM32F103 微控制器内部操作的基础，也是许多其他功能(如延时函数、定时器等)的参考基准。通过调用 SystemCore Clock Update() 函数，可以确保 SystemCoreClock 变量始终反映当前系统的实际时钟频率，从而避免在使用基于时钟频率的功能时出现错误或不准确的情况。

SystemCoreClock 全局变量代表了系统核心时钟 SYSCLK 的频率值，系统的滴答定时器定时长度的计算也是基于这个变量的。

4. 系统启动文件 startup_stm32f10x_xx.s

启动文件 startup_stm32f10x_xx.s 是意法半导体公司为 STM32F10x 系列微控制器提供的用汇编语言编写的文件，存放在标准外设库的 startup 文件夹中，如图 6.8 所示。STM32F10x 系列微控制器具有不同的闪存(Flash)容量，用户在构建工程时，必须导入一个与工程使用的微控制器容量相对应的启动文件。对于 STM32F103 系列微控制器来讲，主要是用其中 3 个启动文件：

startup_stm32f10x_ld.s 文件适用于小容量产品(Flash≤32 KB)；

startup_stm32f10x_md.s 文件适用于中等容量产品(64 KB≤Flash≤128 KB);

startup_stm32f10x_hd.s 文件适用于大容量产品(Flash≥256 KB)。

图 6.8   意法半导体公司为不同容量的 STM32F10x 微控制器提供的启动文件

系统启动文件的主要作用是在 STM32F10x 系列微控制器上电或复位后,引导程序进入主函数(main 函数)之前执行一系列初始化操作。启动文件完成的初始化工作有:

(1) 初始化堆栈和程序计数器:初始化主堆栈指针 MSP 和程序计数器指针 PC 为程序的执行准备必要的环境;设置堆栈大小,并分配相应的内存空间。

(2) 设置异常向量表:设置中断向量表,包括复位处理函数 Reset_Handler、非屏蔽中断处理函数 NMI_Handler 和各类异常处理函数(如硬错误、内存管理错误、总线错误等)的入口地址。

(3) 系统初始化:调用前面提到的系统初始化函数 SystemInit(),进行系统时钟和其他硬件的初始化。

(4) 引导进入用户程序:完成上述初始化工作后,启动文件会将控制权转移给 C/C++运行库中的__main 函数(这是 C 库的分支入口,用于进行 C/C++运行环境的初始化)。最终,__main 函数会调用用户编写的 main 函数,从而开始程序的主体执行。

5. 外设操作相关文件 stm32f10x_xxx.h/stm32f10x_xxx.c 与 stm32f10x_conf.h

1) 外设文件 stm32f10x_xxx.h/stm32f10x_xxx.c

文件名中的"xxx"对应某种外设,如 GPIO,相应的外设文件就是 stm32f10x_gpio.h 和 stm32f10x_gpio.c。STM32F10x 系列芯片上有多少种外设,就相应有多少个这样的外设文件。这类文件中定义和实现了针对相应外设功能的各种操作,如初始化、读/写数据寄存器、中断控制等。

2) 外设配置文件

stm32f10x_conf.h 文件是 STM32F10x 标准库中的一个重要配置文件,它通过宏定义和包含外设头文件的方式,实现了对 STM32F10x 系列微控制器片上外设资源的配置和初始化设置。stm32f10x_conf.h 位于标准库的 STM32F10x_StdPeriph_Template 文件夹下,用户在构建工程时应该把文件拷贝到自己的应用程序文件夹(通常习惯取名为 user)中,并根据外设的使用情况导入相应外设的头文件。

6. 中断/异常相关的文件 misc.h/misc.c 与 stm32f10x_it.h/stm32f10x_it.c

图 6.9 为 STM32F10x 系列微控制器的中断产生、响应与处理过程以及每个阶段涉及的

相关文件。

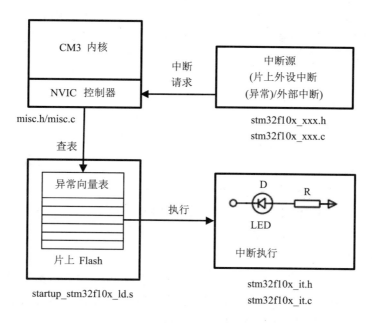

图 6.9　STM32F10x 微控制器中断处理过程及相关文件

1) 中断设置文件 misc.h/misc.c

在众多的外设文件中，misc.h 和 misc.c 是比较特殊的一对，其特殊性在于它们不是普通的片上外设文件，而是针对 Cortex-M3 核内的 NVIC 而设计的。因此，在基于中断的系统应用中，这两个文件是必不可少的。

2) 中断服务程序文件 stm32f10x_it.h/stm32f10x_it.c

stm32f10x_it.h 和 stm32f10x_it.c 是 STM32F10x 系列微控制器的中断服务程序文件。它们的主要作用是定义和实现中断服务函数(ISR)，这些函数在微控制器发生中断时自动执行，用于处理特定的中断事件。stm32f10x_it.h 文件通常包含中断服务函数的声明(即函数原型)，而 stm32f10x_it.c 文件则包含这些函数的实现代码。

与外设配置文件 stm32f10x_conf.h 一样，stm32f10x_it.h/stm32f10x_it.c 也位于标准库的 STM32F10x_StdPeriph_Template 文件夹下，用户在构建工程时应该把文件拷贝到自己的应用程序文件夹(通常习惯取名为 user)中，并根据中断的使用情况对文件进行相应的完善。

6.3.3　标准外设库 C 语言基础

使用 C 语言对 STM32F10x 系列微控制器进行开发时，需要特别掌握和了解一些与嵌入式系统开发相关的 C 语言知识，尤其要了解 STM32F10x 标准外设库中特有的一些用法，以便能快速熟悉和使用标准外设库。本节给出后续在基于 STM32F1 系列微控制器的寄存器开发、标准外设库开发过程中涉及的一些关键的 C 语言特性和用法，以方便读者更容易读懂例子中的代码。更详细的有关 C 语言的知识，可查阅相关资料。

1. 基础数据类型

基础数据类型主要有以下几种：

(1) int：通常表示整数，但具体的位数和范围可能因编译器和平台而异。

(2) unsigned int：无符号整数，与 int 具有相同的位数，但只能表示非负值。

(3) char：字符类型，通常用于存储 ASCII 字符。在某些情况下，它也可以被用作较小的整数类型(如 signed char 或 unsigned char)。

(4) float 和 double：表示浮点数。

2. 固定宽度数据类型(来自 stdint.h)

固定宽度数据类型主要有以下几种：

(1) int8_t/uint8_t：8 位有符号和无符号整数。

(2) int16_t/uint16_t：16 位有符号和无符号整数。

(3) int32_t/uint32_t：32 位有符号和无符号整数。

(4) int64_t/uint64_t：64 位有符号和无符号整数。

这些类型确保了在不同平台和编译器上的宽度一致性。

3. 指针数据类型

在 STM32F1xx 微控制器编程中，指针类型与通用的 C 或 C++编程语言中的指针类型相同。这是因为 STM32F1xx 微控制器通常使用 C 或 C++作为编程语言。下面是一些常见的指针类型及其在 STM32F1xx 编程中的使用示例。

1) 基本数据类型指针

(1) int *：指向整数的指针，示例如下：

```
int value = 10;
int *ptr = &value;        // ptr 指向 value 的地址
```

(2) uint32_t*(如果使用了 stdint.h)：指向 32 位无符号整数的指针，常用于表示地址或配置寄存器等。示例如下：

```
uint32_t          register_value;
uint32_t          *reg_ptr = (uint32_t *)0x40021018;        //假设这是某个寄存器的地址
*reg_ptr          = 0x12345678;          //将值写入寄存器
```

2) 结构体指针

struct MyStruct *：指向自定义结构体类型的指针。在 STM32F1xx 编程中，结构体经常用于表示硬件配置、消息、数据记录等。示例如下：

```
typedef struct {
    uint32_t field1;
    uint16_t field2;
} MyStruct;

MyStruct myInstance;
MyStruct *ptr = &myInstance;
```

3) 数组指针

数组指针是指向数组数据首元素的指针，可以通过递增指针来遍历数组。示例如下：

```
int arry[] = {1,2,3,4,5};
```

```
int *array_ptr = arry;
int value = *(arry_ptr+2);            //value 的值为 3
```

4. 宏定义

宏定义在 STM32 的寄存器定义中被广泛使用，因为它们允许为复杂的寄存器地址或位定义简单的名字。例如："#define　　GPIOA_BASE　　(0x40010800)"定义了一个名为 GPIOA_BASE 的基地址。它通常是一个指向 GPIO 端口 A 所有寄存器起始位置的指针或地址值。0x40010800UL 是一个 32 位的无符号长整型数(UL 代表 Unsigned Long)，表示该基地址的十六进制值。

"#define GPIOA_ODR_OFFSET　　0x14"定义了一个名为 GPIOA_ODR_OFFSET 的偏移量。它表示从 GPIOA_BASE 基地址开始，到输出数据寄存器(Output Data Register，ODR)的字节偏移量。在这个例子中，偏移量是 0x14(即 20B)，这是因为寄存器在内存中通常是连续排列的，但每个寄存器都有其特定的偏移量。

"#define　　GPIOA_ODR　　(*(uint32_t *)(GPIOA_BASE + GPIOA_ODR_OFFSET))"定义了一个名为 GPIOA_ODR 的宏。这个宏定义是最复杂的。其中，"(GPIOA_BASE + GPIOA_ODR_OFFSET)"将基地址和偏移量相加，得到 ODR 寄存器的完整地址。"(uint32_t *)"将上一步得到的地址强制转换为指向 32 位无符号整型(uint32_t)的指针，这是因为寄存器通常是一个固定宽度的内存区域，而 ODR 寄存器在这里被假定为 32 位宽。"*"获取该地址处的值。这样就可以通过读取或写入 GPIOA_ODR 宏来直接操作 ODR 寄存器。

综上所述，以上 3 条宏定义提供了一种方便的方法来访问和操作 GPIO 端口 A 的 ODR 寄存器，而无须每次都手动计算地址或进行类型转换。在代码中就可以像操作普通变量一样使用 GPIOA_ODR，而实际上是在直接操作硬件寄存器。

5. 结构体(Structures)

结构体用于定义一个数据集合，这些数据可能是不同类型但相互关联的。在 STM32 微控制器开发中，它们通常用于表示寄存器的位域。例如：

```
typedef        struct
{
    __IO uint32_t CRL;
    __IO uint32_t CRH;
    __IO uint32_t IDR;
    __IO uint32_t ODR;
    __IO uint32_t BSRR;
    __IO uint32_t BRR;
    __IO uint32_t LCKR;
} GPIO_TypeDef;

#define GPIOA ((GPIO_TypeDef *)GPIOA_BASE)
```

在这个例子中，使用 typedef 为片上外设 GPIO 定义了一个名为 GPIO_TypeDef 的结构体类型，成员变量是 GPIO 的 7 个寄存器，并使用宏 GPIOA 将 GPIOA 基地址强制转换为该结构体指针类型。

6. 枚举(Enumerations)

在 STM32F1xx(或其他 STM32 系列)微控制器的开发中，枚举类型(enum)通常用于定义一组相关的常量值，这些常量值可以用于表示某种状态、配置选项或其他需要命名的整数值。在 C 或 C++编程中，枚举是一种非常有用的工具，可以提高代码的可读性和可维护性。例如：

```
typedef    enum
{
    GPIO_MODE_INPUT = 0x00,
    GPIO_MODE_OUTPUT_PP = 0x01,
    GPIO_MODE_OUTPUT_OD = 0x02,
    GPIO_MODE_ANALOG = 0x03,
    // ... 其他模式 ...
} GPIO_Mode_TypeDef;
```

在这个例子中，GPIO_Mode_TypeDef 枚举定义了 GPIO 端口的各种模式。

7. 位操作

在 STM32 微控制器开发中，经常需要对寄存器的特定位进行位操作。可以通过使用按位与(&)、按位或(|)、按位异或(^)、按位取反(~)、左移(<<)和右移(>>)等位操作符来实现。

8. 内存访问控制

volatile 关键字在嵌入式编程中是非常重要的。编译器在优化代码时，为了提高效率，可能会将变量的值缓存在寄存器中，而不是每次访问时都直接从内存中读取。然后，对于被"volatile"修饰的变量，编译器会避免这种优化，确保每次访问时都直接从其内存地址中读取最新的值。

6.4　基于标准外设库的工程构建

标准外设库工程构建过程演示

基于标准外设库的工程开发过程由两步组成。首先，创建一个工程文件夹，用来存放工程用到的相关库文件、工程文件以及用户文件等。然后，在 Keil MDK 集成开发环境中创建工程，将工程文件夹中的相关文件关联到工程的相关组中，进行相关环境参数的设置、用户程序的编写与调试等工作。

这里仍使用本章开头给出的"LED 灯闪烁"例子，详细介绍基于标准外设库的工程构建过程。

6.4.1　创建存放工程的工程文件夹

在一个硬盘分区上建立工程文件夹，以本章"LED 灯闪烁"为例，工程文件夹取名

"LED"，并且在该目录下再创建 3 个空文件夹，如图 6.10 所示。

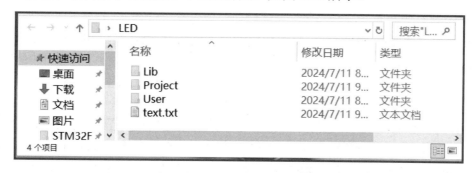

图 6.10　工程文件管理目录

注意：不同的开发者会根据自己的习惯或喜好，在工程文件夹下构建不同名称的子文件夹来存放工程的相关文件，完全遵从个人习惯以及开发过程中便于相关文件的查找，没有统一的标准。这里根据工程中文件的来源构建了 3 个子文件夹：① Lib 文件夹，用于存放 ARM 公司和意法半导体公司提供的相关库文件；② Project 文件夹，用于存放 MDK 集成开发环境生成的工程文件；③ User 文件夹，用来存放用户自己编写的文件。根目录下的 text.txt 文本文件是对工程功能的简单描述。

1) Lib 文件夹

在 Lib 文件夹下创建如下 4 个子文件夹：

(1) \Lib\CMSIS：将标准库中 CMSIS 目录下的相关文件拷贝到该文件夹下，如 core_cm3.h、core_cm3.c、stm32f10x.h、system_stm32f10x.h 和 system_stm32f10x.c。

(2) \Lib\inc：将标准库中 STM32F10x_StdPeriph_Driver\inc 文件夹下相关外设的头文件拷贝到该文件夹下。例如，本工程只涉及 RCC 和 GPIO 两个外设，只需将 stm32f10x_rcc.h 和 stm32f10x_gpio.h 两个文件拷贝过来即可。

(3) \Lib\src：将标准库中 STM32F10x_StdPeriph_Driver\src 文件夹下相关外设的文件拷贝到该文件夹下。与头文件一样，只需将 stm32f10x_rcc.c 和 stm32f10x_gpio.c 文件拷贝过来。

(4) \Lib\startup：根据工程所用微控制器芯片 Flash 容量大小，从 STM32F10x 标准库的 \CM3\DeviceSupport\ST\STM32F10x\startup\arm 文件夹中选择一个合适的启动文件，拷贝到该文件夹下。如本工程使用 STM32F103R6 微控制器，Flash 容量为 32 KB，属于小容量产品，应该选择 startup_stm32f10x_ld.s 头文件。

2) Project 文件夹

在使用 MDK 新建工程时，选择将工程存放在 Project 文件夹下，MDK 就会把生成的工程文件(.uvprojx 文件)存放在该文件夹下。此外，MDK 会自动生成两个子文件夹 Objects 和 Listings。其中 Objects 文件夹主要用于存放编译过程中产生的中间文件，默认情况下，MDK 生成的最终可执行文件(如.hex 或.axf 文件)也存放在该文件夹下。Listings 文件夹用于存放编译过程中生成的汇编列表文件(.lst 文件)。需要说明的是，用户也可以不用系统自动生成的这两个文件夹，可以自己创建一个新的文件夹(如 Output)，并在 MDK 设置中将其指定为存放目标文件和列表文件的文件夹，以便将所有中间文件集中存放在一个易于管理的位置。

3）User 文件夹

User 文件夹主要存放用户自定义的代码文件，包括主函数文件、中断服务函数文件以及用户根据需要添加的其他文件。

（1）用户程序代码 main.c：工程的主函数文件，用户需要在这里编写程序的主循环、初始化代码以及业务逻辑等。它是用户程序的核心部分。

（2）中断服务函数 stm32f10x_it.c：用于定义和实现中断服务函数。该文件(包括其对应的头文件)位于标准库中的模板文件夹"STM32F10x_StdPeriph_Template"中，用户需要将其拷贝到 User 文件夹中，用户要根据需要添加或修改该文件中的中断服务函数。

（3）其他用户自定义文件：除了上述文件外，User 目录还可能包含用户根据需要添加的其他.c 和.h 文件。这些文件可以包含用户自定义的函数、变量、类型定义等，用于实现特定的功能或模块。

6.4.2 在 Keil MDK 中创建工程

在创建了存放工程的文件夹并将相关的文件从标准库中拷贝到相应的文件夹后，就可以开始在 MDK 中创建工程了。

1．创建工程

打开 MDK 开发工具，单击 Keil MDK 的菜单"Project"→"New μVision Project"，在弹出的对话框中，将工程的存放位置定位到上一节已经建好的工程文件夹：LED\Project，输入工程文件名"LED"，然后单击"保存"，如图 6.11 所示。

图 6.11　创建工程对话框

在弹出的如图 6.12 所示的对话框中选择所使用的微控制器芯片，这里选择 STM32F103R6，单击"OK"。弹出如图 6.13 所示的"Manage Run-Time Environment"对话框，为工程添加需要的组件。本工程不需要添加任何组件，直接单击"Cancel"。

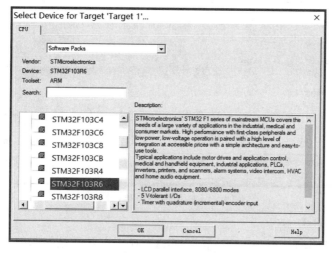

图 6.12　选择微控制器型号

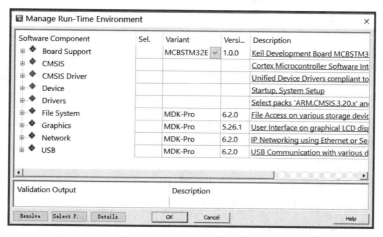

图 6.13　"Manage Run-Time Environment"对话框

到此，就完成了基于设备支持包的工程构建(目前还没有将标准库相关文件关联到工程)。这时打开 Project 文件夹，Keil MDK 在该文件夹中生成了工程文件 LED.uvprojx，两个空文件夹 Objects 和 Listings 分别用来存放目标文件和列表文件。有关基于设备支持包的工程构建详见 6.2.3 节。

2. 将相关文件关联到工程中

到目前为止，MDK 中生成了如图 6.14 所示的包含了 LED 工程初步信息的工程框架。Target 通常指的是项目中的一个具体目标设备或配置。由于一个项目可能包含多个 Target，因此 Target 的命名需要能够清晰地区分它们。由于本项目只有一个目标设备，因此可以使用默认的名称 Target1。

项目管理区中的"Source Group 1"为默认的第一个源文件分组名称，在 Keil MDK5 的项目结构中，开发者可以创建多个 Source Group 来分类和组织源代码文件，以便于管理和维护。下面结合本章"LED 灯闪烁"工程说明如何创建源文件组，并将上一节在硬盘上创建的工程文件夹中的文件关联到工程的相关源文件组中。

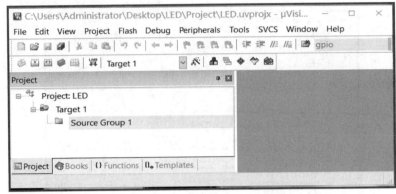

图 6.14 LED 工程的初始工程框架

1) 源文件组的创建

(1) 默认源文件组名 "Source Group 1" 修改：在工程管理区间断双击(双击之间间隔 1 s 左右)需要修改的文本 "Source Group 1"，待其处于可编辑状态后，修改其为工程实际的源文件组名。比如，这里修改为 Startup。

(2) 新建源文件组：单击"Project"→"Manage"→"Components, Environment, Books…"，或单击工具栏图标🖧，弹出如图 6.15 所示的 "Manage Project Items" 对话框。单击 "New(Insert)"，在出现的虚线框(位于 Startup 下)中键入新的源文件组名，这里输入 CMSIS。依次重复操作，分别构建源文件组 StdPeriph_Driver、User、Text。至此，得到如图 6.16 所示的工程框架(目前源文件组还是空的，工程的相关文件还没有从硬盘上的工程文件夹关联到相应的源文件组中)。这里构建的源文件组拟关联的工程文件如下：

Startup：关联工程启动文件。

CMSIS：关联内核相关文件。

StdPeriph_Driver：关联相关片上外设文件。

User：关联用户编写的代码。

Text：关联一个项目说明的文本文件。

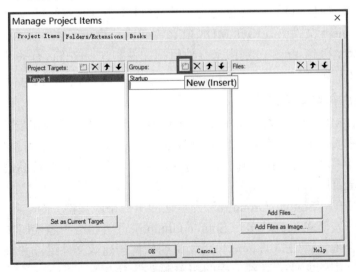

图 6.15 "Manage Project Items" 对话框

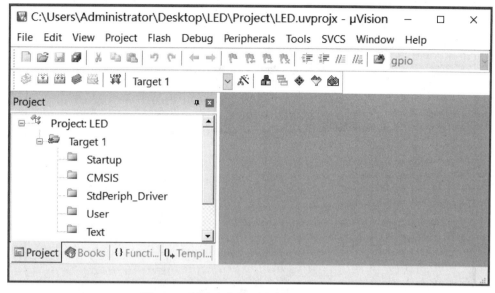

图 6.16　创建完空的源文件组的工程框架

注意：工程中源文件组的组织与命名没有统一的标准，用户可以根据自己的喜好来创建，唯一的目的就是方便用户在项目开发过程中对相关文件的查找与管理。

2）文件关联到源文件组

双击相关的源文件组名(如 Startup)，在弹出的如图 6.17 所示的"Add Files to Group 'Startup'"对话框中，从工程文件夹 Lib\startup\arm 中选择适用于本项目微控制器 STM32F103R6 的启动文件 startup_stm32f10x_ld.s，单击"Add"按钮，即可将 startup_stm32f10x_ld.s 文件关联到 Startup 源文件组中。依次重复操作，将相关文件关联到相应的源文件组中，最后得到如图 6.18 所示的关联相关文件后的工程架构。

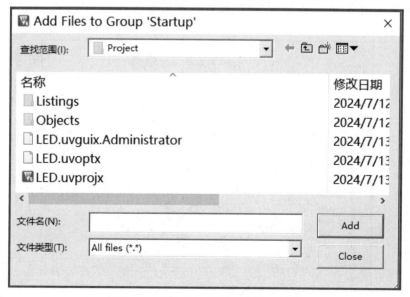

图 6.17　关联文件到源文件组对话框

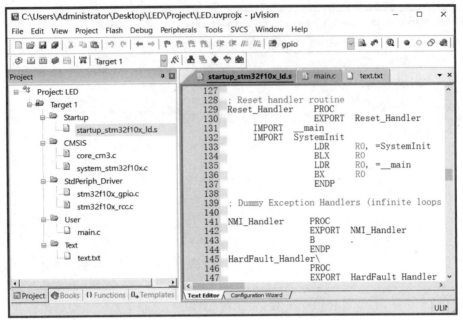

图 6.18   关联相关文件后的工程框架

若此时直接对工程进行编译,则会出现很多错误或警告,原因是目前还没有对编译与链接环境进行设置。

3. 编译与链接环境配置

在把相关文件关联到工程中后,还需要对开发环境进行配置。单击"Project"→"Options for Target 'Target 1…'",或单击工具栏图标 ⚒,弹出如图 6.19 所示的"Options for Target 'Target 1'"对话框。该对话框是 MDK5 中非常重要的配置界面,它允许开发者根据项目需求对编译、链接、调试等各个环节进行详细的配置。通过合理配置这些选项,可以优化程序性能、提高开发效率,并确保程序的稳定性和可靠性。表 6.1 列出了该对话框中各标签页的主要功能。

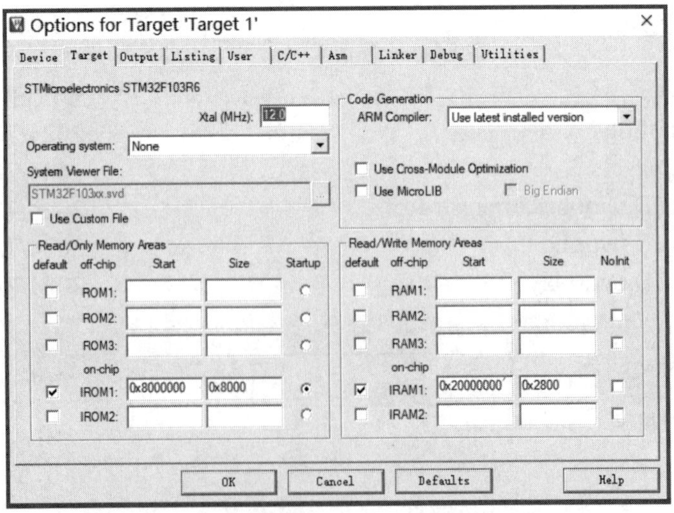

图 6.19   "Options for Target 'Target 1'"对话框

表 6.1　目标选项配置对话框中各标签页的主要功能

标签页	主要功能	备注
Device	**选择微控制器**：根据实际的硬件设计，选择对应的 STM32F103 系列微控制器型号； **包安装**：通过 MDK5 的包安装器(Pack Installer)可以安装或更新与所选微控制器相关的软件包(如 CMSIS、外设库等)	微控制器选择以及设备支持包的安装已完成，不用修改
Target	**晶振频率设置**：设置用于仿真调试的晶振频率，虽然这对实际产品没有影响，但在软件仿真时很重要； **编译器和链接设置**：选择编译器、RAM 和 ROM 分配的地址空间等，还可以选择是否使用 Keil 自带的 RTX 操作系统(通常不选)； **微库设置**：选择使用微库(MicroLIB)，这是一个优化过的库，可以减小代码大小，但可能不完全兼容 ANSI 标准	
Output	**输出设置**：选择输出类型(可执行文件或库文件)，并设置输出文件的名称和路径； **调试信息**：控制是否输出调试信息，这对于调试过程至关重要	如不想使用默认存放位置，用户可修改存放位置
Listing	**列表文件存储设置**：设置列表文件存放位置 **列表文件生成设置**：选择生成哪些列表文件	如不想使用默认存放位置，用户可修改存放位置
User	**用户自定义命令**：允许用户添加自定义的编译前、编译后或构建后的命令； **执行前/后操作**：可以设置在编译、构建或重建项目之前或之后执行的特定操作	
C/C++	**预处理器定义**：添加预处理器宏定义，这些宏定义在编译时会被预处理器处理； **路径设置**：将相关的头文件包含到 "Include Paths"； **代码优化**：设置代码优化级别，从 Level 0(无优化)到 Level 3(高度优化)	预处理器定义和路径设置是工程能被正确编译的关键
Asm	**汇编器设置**：配置汇编器的相关选项，如宏定义、包含路径等	
Linker	**链接器设置**：配置链接器的选项，如内存分配、库文件包含等； **散列文件(.map 文件)生成**：设置是否生成散列文件，该文件提供了程序的内存映射和符号表，对于分析程序大小和定位问题非常有用	
Debug	**调试设置**：配置调试器的相关选项，如断点、观察点、内存监视等； **仿真设置**：设置仿真器的参数，以便在仿真环境中调试程序	在使用目标板调试时，**Debug** 标签页的相关设置是进行正确调试的基础
Utilities	**工具链配置**：提供对工具链(编译器、链接器等)的额外配置选项； **环境变量**：设置或修改环境变量，这些变量可能会影响编译和链接过程	

下面仅就几个关键标签页相关选项的设置进行介绍，其他标签页相关选项的设置需要时可参阅相关手册。

1) **Output 标签页**

单击"Output"标签，弹出如图 6.20 所示的标签页。主要设置项有目标文件的存放位置设置和选择是否生成 Hex 文件。

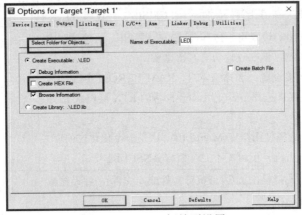

图 6.20　Output 标签页设置

(1) **目标文件的存放位置设置**：默认情况下，目标文件存放在工程文件夹下由 MDK 自动生成的 Objects 文件夹中。若需要修改，则单击"Select Folder for Objects…"按钮，将目标文件的存放位置进行重新设置(用户需要事先创建一个用来存放目标文件的文件夹)。

(2) **选择是否生成 Hex 文件**：MDK5 生成的两种主要可执行文件是 hex 文件和 axf 文件。其中，axf 文件是默认生成的可执行文件，而 hex 文件则需要在编译设置中指定生成。这两种文件各有用途，axf 文件主要用于调试，而 hex 文件则用于编程或烧录到目标设备中。

2) **Listing 标签页**

单击"Listing"标签，弹出如图 6.21 所示的标签页。默认情况下，列表文件存放在工程文件夹下由 MDK 自动生成的 Listings 文件夹中。若需要修改，则单击"Select Folder for Listings…"按钮，将列表文件的存放位置进行重新设置(用户需要事先创建一个用来存放列表文件的文件夹)。

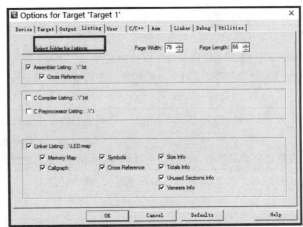

图 6.21　Listing 标签页设置

3) C/C++标签页

单击"C/C++"标签，弹出如图 6.22 所示的标签页。C/C++ 标签页中需要设置的选项较多，是实现工程被正确编译的关键，主要包括：

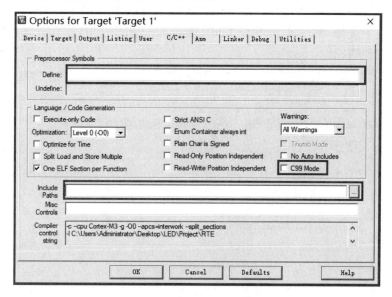

图 6.22　C/C++ 标签页设置

(1) **添加条件宏**：在 Define 标签后的编辑框输入宏常量 USE_STDPERIPH_DRIVER 和 STM32F10X_LD(中间用逗号分开)。其中：USE_STDPERIPH_DRIVER 表明本工程开发过程中需要使用 STM32 库函数；STM32F10X_LD 表明本工程采用的芯片系列为 STM32F10X 低容量芯片。STM32F10x 系列芯片根据内存容量和特性分为中容量、低容量和大容量等。

(2) **添加头文件**：单击"Include Path"标签所在编辑框后的"…"按钮，弹出如图 6.23 所示的头文件设置对话框，单击右边的添加按钮"New(Insert)"，找到工程所用到的头文件(这些文件实际存放于上一节所建立的 User 和 Lib 文件夹下面)，确认后该头文件就自动添加到头文件列表中。添加了所有头文件后的对话框如图 6.24 所示。

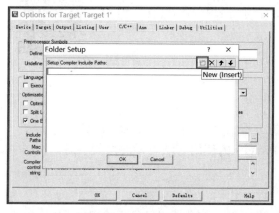

图 6.23　工程头文件设置

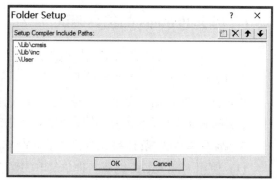

图 6.24　添加了所有头文件的对话框

(3) **C 语言标准选择**：通过勾选 C/C++ 标签页中的"C99 Mode"选项，开发者可以启用 C99 标准编译其 C 语言代码。在 C 语言发展过程中，先后推出 C89/C90 标准(1989 年)、

C99 标准(1999 年)和 C11 标准(2011 年)等。

至此,就可以对图 6.18 所示的关联了相关文件后的工程进行编译了,生成可执行的 axf 文件和 hex 文件。

为了显示工程中的各个源文件包含的头文件,在图 6.25 所示的 Target 1 上右键单击,在弹出的对话框中选择"Show Include File Dependencies",则在工程管理区就会看到各源文件包含的头文件情况。

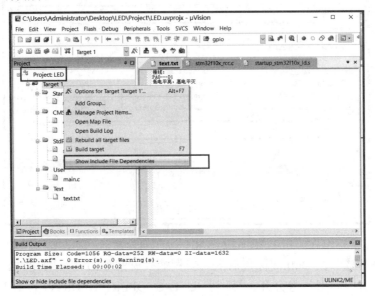

图 6.25　工程管理区显示源文件关联的头图文件

6.5　嵌入式系统的仿真与调试

嵌入式系统的调试方式有基于 Proteus 软件的仿真调试和基于硬件调试器的调试两种。本节仍以图 6.1 所示的 LED 灯闪烁工程为例进行介绍。

仿真与调试
过程演示

6.5.1　基于 Proteus 的仿真调试

基于 Proteus 的仿真调试包括以下步骤:

1) Proteus 中绘制电路原理图

(1) 打开 Proteus,创建一个名为 LED 的新工程(工程文件名为 LED.pdsprj)。

(2) 按图 6.1 所示绘制电路原理图。有关 Proteus 的使用方法可参阅相关手册。

2) 编写工程代码(详细过程见 6.4 节)

(1) 使用 Keil MDK 编写 STM32F103R6 的程序代码。

(2) 编译代码并生成 hex 文件,该文件将被加载到 Proteus 中的 STM32F103R6 芯片模型中。

3) 加载和仿真

(1) 在 Proteus 中,将生成的 hex 文件加载到 STM32F103R6 芯片模型中。

(2) 启动 Proteus 的仿真功能，模拟电路和程序的运行情况。

4) 调试和优化

(1) 根据仿真结果调整电路设计和程序代码，解决潜在的问题。

(2) 重复进行仿真和调试，直到系统达到预期的功能和性能要求。

5) 验证和测试

在 Proteus 中完成仿真验证后，可以进一步在实际硬件电路板上进行测试和验证。

注意：本书引入 Proteus 的目的，就是考虑到在硬件电路板上直接进行实验会受到时间和资源的限制而难以达到应有的效果。因此，建议读者事先基于硬件电路板上外设的实际连接情况，在 Proteus 仿真环境中绘制与实际电路板一致的电路原理图进行仿真调试，调试通过后再下载到实验板上进行验证与调试。

6.5.2　基于硬件调试器的调试

JLINK(德国 SEGGER 公司推出)、ULINK(ARM/KEIL 公司推出)、STLINK(意法半导体公司推出)是目前嵌入式系统开发中常用的调试和编程工具。

本节以更通用的 JLINK 为例，介绍在 MDK 中如何进行基于 JLINK 的嵌入式硬件调试的相关设置与调试方法。

1. 安装 JLINK 驱动程序

从 SEGGER 公司网站下载 JLINK 驱动程序，单击安装程序即可完成安装。注意，最新版本的 Keil MDK 集成开发环境可能已经集成了 JLINK 驱动，这样就不用专门安装了。

2. 调试工具选择

单击 "Project" → "Options for Target 'Target 1…'"，或单击工具栏图标，在弹出的Options for Target 对话框中单击 Debug 标签，选择调试工具 J-LINK/J-TRACE Cortex，如图6.26 所示。

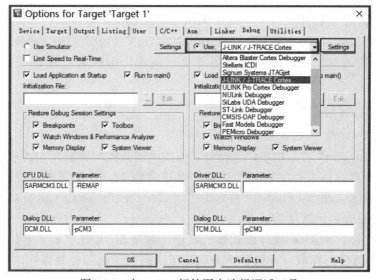

图 6.26　在 Debug 标签页中选择调试工具

3. 调试工具参数设置

单击图 6.26 中右上角的"Setings"按钮。注意此时已经通过调试器把开发板与计算机相连，MDK 会自动发现当前使用的调试器，如图 6.27 所示。

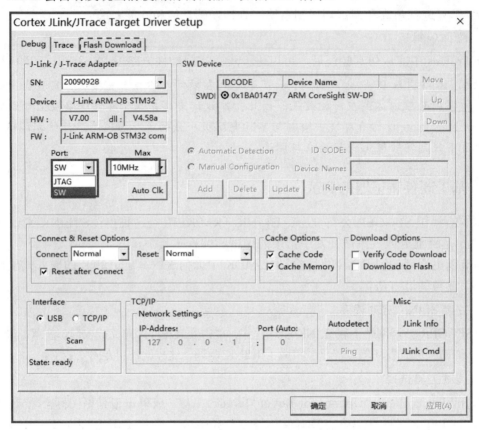

图 6.27　J-LINK 参数设置

图 6.27 中使用 J-LINK 的 SW 模式调试。Max Clock 可以单击"Auto Clk"按钮来自动设置，也可以根据实际情况选择合适的频率，这里设置 Max Clock 为 10 MHz。如果所使用的 USB 数据线比较差，那么可能会出问题，可以通过设置更低一些的频率来解决。

4. Flash 编程算法设置

单击图 6.27 中的"Flash Download"标签，在弹出的如图 6.28 所示的"Add Flash Programming Algorithm"对话框中，选择与系统使用的微控制器芯片相适应的 Flash 编程算法。图中与意法半导体微控制器相关的编程算法有两个，若使用高容量的片子，则选择"STM32F10x High-density Flash"，否则选择"STM32F10x Flash Options"。单击"Add"按钮即可完成 Flash 编程算法的设置。

至此，就完成了 J-LINK 硬件调试器的设置，单击 MDK 工具栏的"Load"按钮，就可以把程序下载到目标板，并进行系统调试了。有关调试的相关操作，请读者参阅相关手册。

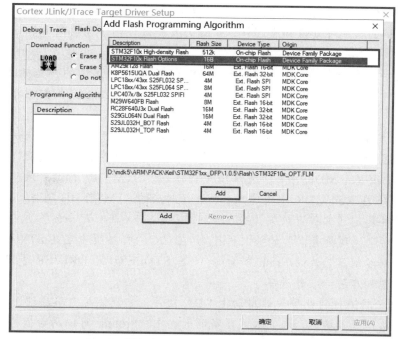

图 6.28　Flash 编程算法设置

本 章 小 结

　　本章详细介绍了基于 STM32F103 微控制器的嵌入式系统开发基础，包括多种开发模式、CMSIS 软件接口标准、标准外设库的组成、基于标准外设库的工程构建、Proteus 仿真以及 J-Link 硬件调试等关键内容。这些内容对于深入理解 STM32F103 的开发流程和掌握嵌入式系统开发技能具有重要意义。

　　在 STM32F103 微控制器的嵌入式系统开发过程中，存在多种开发模式，每种模式都有其特点和适用场景。本章详细介绍了以下 4 种主要的开发模式：

　　(1) 寄存器开发模式：直接操作硬件寄存器，实现对外设的控制；需要对微控制器的硬件有深入了解，编写代码时直接访问寄存器的地址；寄存器开发模式的代码执行效率快，但代码可读性差，维护困难。

　　(2) 标准外设库开发模式：使用意法半导体公司提供的标准外设库(STM32F10x_StdPeriph_Lib)，通过函数调用方式间接操作硬件；简化了硬件操作，提高了代码的可读性和可移植性，适用于快速开发和原型设计。

　　(3) HAL 库开发模式(硬件抽象层库)：HAL 库是意法半导体公司推出的一套更高级别的硬件抽象层库，旨在提供跨 STM32 系列的统一 API。相比于标准外设库，HAL 库提供了更多的功能，如中断管理、DMA 传输等，并且支持更多的硬件特性。该开发模式适用于需要复杂硬件操作和高度可移植性的项目。

　　(4) LL 库开发模式(LL 库)：LL 库是介于寄存器直接访问和 HAL 库之间的一个库，它提供了更接近硬件的 API，但比直接操作寄存器抽象。LL 库提供了对硬件的直接控制能力，同时保持了较好的代码可读性和可移植性。该开发模式适用于需要高性能且希望保持代码清晰的项目。

CMSIS 软件接口标准是 ARM 为 Cortex-M 系列微控制器定义的一套标准软件接口。它提供了一套与硬件无关的 API，使得开发者可以在不同的 Cortex-M 微控制器上编写可移植的代码。

STM32F1 标准外设库是意法半导体公司为 STM32F1 系列微控制器提供的一套外设驱动库。它包含了所有外设的初始化函数、配置函数和中断服务例程等，使得开发者可以方便地控制外设。在 Keil MDK 集成开发环境中构建基于 STM32F1 标准外设库的工程主要包括以下步骤：① 在 Keil MDK 中新建工程，选择对应的 STM32F103 芯片；② 将标准外设库中的相关文件复制到工程目录下，并添加到工程中；③ 在 C/C++标签页中配置头文件路径，确保编译器能找到所有需要的头文件；④ 在 C/C++标签页中定义 STM32F10X_HD(取决于所使用的微控制器芯片的 Flash 容量)和 USE_STDPERIPH_DRIVER 等宏，以选择合适的微控制器类型和启用标准外设库等。

Proteus 是一款流行的电子设计自动化 EDA 软件，它提供了电路原理图绘制、PCB 布局布线以及电路仿真等功能。在嵌入式系统的开发中，Proteus 可以用于模拟硬件电路的行为，验证硬件设计的正确性。本书引入 Proteus 的目的就是考虑到在实验板上进行实验会受到时间和资源的限制，因此，在 Proteus 仿真环境中绘制与实际实验板一致的电路原理图进行仿真调试，调试通过后再下载到实验板上进行验证与调试，从而大大节约了在实验室实验的时间，提高了实验设备的利用率。当然，读者也可以自己购买一套开发板来进行嵌入式系统的学习。即使如此，使用 Proteus 进行仿真实验，也是嵌入式开发硬件工程师必须具备的基本技能，也是进行复杂电路系统开发的基础。

J-Link 是 SEGGER 公司推出的一款高性能的 JTAG/SWD 调试器，它支持多种 ARM 微控制器的调试和编程。在 STM32F103 的开发中，J-Link 可以通过 JTAG 或 SWD 接口连接到微控制器上，实现断点设置、单步执行、变量查看等调试功能。通过 J-Link 的硬件调试，开发者可以实时地观察程序的执行过程和硬件的状态变化，从而快速定位和解决问题。

总之，本章涉及的内容较多，期望从分层的角度引导读者理解嵌入式系统开发的实质。通过本章的学习，读者能够深入理解不同开发模式的特点，通过从底层寄存器层面的开发来更好地理解基于库函数开发的实质，为后续学习 STM32F103 微控制器开发打下坚实的基础。

习　　题

1. 设有一个 LED 灯接在 GPIOA 的 PA1 引脚上(低电平灯亮,高电平灯灭)，GPIOA_ODR 寄存器的地址为 0x4000080C，试使用汇编语言实现 LED 灯的闪烁。

2. 设有一个 LED 灯接在 GPIOA 的 PA6 引脚上(低电平灯亮，高电平灯灭)，定义 GPIOA_ODR 寄存器的地址指针为 "#define GPIOA_ODR *(volatile unsigned long*) 0x4001080C"，试使用 C 语言编写程序实现 LED 灯的闪烁。

3. 在意法半导体的标准外设库的 stm32f10x.h 头文件中，用 typedef 为 GPIO 结构体类型定义了一个别名 GPIO_TypeDef：

```
typedef struct
{
    __IO uint32_t CRL;
    __IO uint32_t CRH;
    __IO uint32_t IDR;
    __IO uint32_t ODR;
    __IO uint32_t BSRR;
    __IO uint32_t BRR;
    __IO uint32_t LCKR;
} GPIO_TypeDef;
```

通过宏定义语句"#define GPIOA ((GPIO_TypeDef *) 0x40010800)"定义一个名为 GPIOA 的宏，该宏的值是一个指向 GPIO_TypeDef 类型的结构体指针，该指针指向地址 0x40010800。GPIOA 就是指向片上外设 GPIOA 的结构体指针。假设有一个 LED 灯接在 GPIOA 的 PA3 引脚上(低电平灯亮，高电平灯灭)，试通过结构体指针变量访问 ODR 寄存器，编程实现 LED 灯的闪烁。

4. 微控制器厂商为了方便用户使用自己的芯片进行嵌入式系统的开发，都会尽可能地推出 API 库来方便自己产品的开发，提高市场占有率。试简要介绍意法半导体公司推出的标准外设库、HAL 库和 LL 库的目的，基于这些不同的库进行 STM32 微控制器开发各有什么特点？

5. 在 Keil MDK5 集成开发环境中进行意法半导体公司的 STM32F1xx 系列微控制器开发时，用户需要下载 Keil.STM32F1xx_DFP.pack 设备支持包和 STM32F10x_ StdPeriph_ Lib_V3.x.x 标准外设库。试说明其在开发过程中所起的作用。

6. 在 STM32F10x_StdPeriph_Lib_V3.x.x 标准外设库的 Libraries 文件夹下有 CMSIS 和 STM32F10x_StdPeriph_Driver 两个文件夹。这两个文件夹下分别存放什么文件？它们在工程开发过程中起到什么作用？

7. 在进行嵌入式系统开发时，用户首先需要构建一个存放工程中各类不同文件的工程文件夹，其中用来存放用户文件的文件夹通常取名为 User，该文件夹下通常都存放哪些文件？它们的作用分别是什么？

8. 在构建 STM32F103x 系列微控制器的嵌入式系统工程时，需要用到两个非常重要的头文件 stm32f10x.h 和 stm32f10x_conf.h，试简要说明这两个头文件的作用。

9. 试说明 Keil MDK5 集成开发环境生成的可执行镜像文件 axf 文件和 hex 文件有什么区别，其中系统默认生成的是 axf 文件，若想让系统也生成 hex 文件，应如何设置？

10. 意法半导体公司为不同 Flash 容量的微控制器芯片提供了不同的启动文件，这些启动文件存放在标准外设库的哪个文件夹下？假设系统使用的是 STM32F103ZE 微控制器芯片，应该选择哪个启动文件？

11. 简要介绍在 Proteus 中进行嵌入式系统仿真的主要步骤。

12. 简要介绍在 Keil MDK5 中对 J-LINK 硬件调试器进行设置的主要步骤。

第7章

GPIO 原理及应用

    STM32F103 微控制器芯片中的 GPIO 端口是微控制器与外部世界沟通的桥梁。通过 GPIO 端口，微控制器能够灵活地读取外部设备的状态信号，如开关的状态、传感器的输入等，从而感知环境的变化。同时，GPIO 端口也能够作为输出端口，驱动外部设备如 LED 灯、电机或继电器等，实现对这些设备的控制。此外，GPIO 还支持中断功能，能够在特定条件下(如电平变化)触发中断，提高系统的响应速度和效率。更重要的是，GPIO 端口还具有复用功能，即同一个 GPIO 引脚可以配置为不同的外设功能，例如，某个 GPIO 引脚既可以作为普通的 GPIO 端口使用，又可以配置为 USART 通用同步/异步收发器的 TX(发送)或 RX(接收)引脚等，这种复用功能极大地扩展了微控制器的功能和应用范围。因此，GPIO 端口是 STM32F103 微控制器芯片中不可或缺的一部分，对于开发功能丰富、性能优异的嵌入式系统具有重要意义。本章主要介绍 GPIO 的基本输入输出功能，其他如中断功能、复用功能等在后续学习相关片上资源时再作介绍。

    本章首先介绍 GPIO 的基本概念和用它来开发和仿真实现的一个应用实例；其次介绍 STM32F103 微控制器中 GPIO 的引脚、内部结构、工作模式、内部寄存器；接下来以 GPIO 开发为例，介绍 STM32F103 微控制器片内 IO 开发常见的寄存器开发方式和库函数开发方式的实现原理；最后通过实例介绍了基于寄存器操作和基于库函数调用的两种开发方式。通过本章学习，读者能够了解 STM32 微控制器片内 IO 开发的基本思路，掌握基于 GPIO 实现简单人机交互的开发过程，以及各环节所涉及的关键知识点和操作 GPIO 端口的常用库函数等，初步形成裸机版(无嵌入式操作系统)嵌入式应用系统开发的整体思路，为后续章节的学习奠定基础。

》》 本章知识点与能力要求

    ◆ 理解 GPIO 基本工作原理、GPIO 库函数开发原理，掌握基于寄存器结构体操作和基于库函数调用的开发过程；

    ◆ 了解 STM32F103 微控制器 GPIO 的引脚、内部结构和工作模式，以及内部寄存器的功能和用法；

    ◆ 结合本章实例，熟练掌握裸机版嵌入式应用系统开发的整体流程，以及相关工具软件的使用方法和程序仿真、调试方法，能独立完成包含简单人机交互功能的嵌入式应用系统设计与开发。

7.1　GPIO 概述

GPIO 简介

　　GPIO 接口是 MCU 与外部设备连接、实现人机交互的基本接口。微控制器往往提供了多个 GPIO 端口，数十个 GPIO 引脚。用户可以通过 GPIO 内部寄存器动态地配置 GPIO 引脚为输入或输出，可以同时对任意一个输出引脚进行置位或清零，也可以读入输出寄存器的值以判断引脚的当前状态。用户正是通过对 GPIO 内部寄存器的各种操作来控制输入输出设备工作，从而实现人机交互和各种控制功能。

　　本章以按键控制 LED 灯为例，在 Proteus 仿真环境中，通过寄存器和标准外设库两种开发模式，实现基于 STM32F103R6 微控制器的 GPIO 操作，使读者掌握使用 GPIO 实现人机交互的基本方法。

　　图 7.1 为通过按键 KEY 控制 LED1～LED4 亮/灭的电路原理图。该实例使用 STM32F103R6 的 GPIO 端口通用输入/输出功能实现了最简单的人机交互。输入设备 KEY 连接到 GPIO 的引脚 PC0，输出设备 LED1～LED4 分别连接到 GPIO 的引脚 PA0～PA3。STM32F103R6 微控制器不断读取引脚 PC0 的状态，当检测到按键 KEY 按下时，从引脚 PA0～PA3 输出低电平，点亮 LED1～LED4；当再次检测到按键按下时，从引脚 PA0～PA3 输出高电平，熄灭 LED1～LED4。

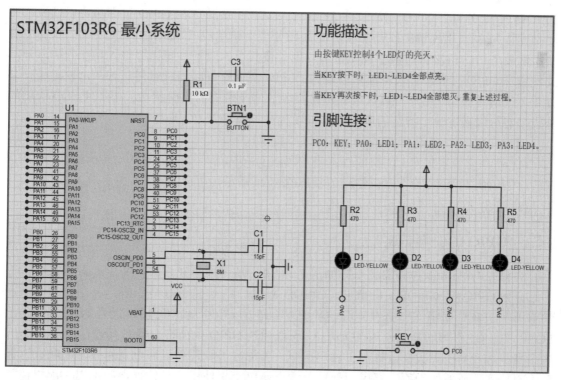

图 7.1　GPIO 输入/输出电路原理图

在该应用实例中,引脚 PA0～PA3 被设置为通用推挽输出工作方式,当引脚输出低电平时,灯被点亮,引脚输出高电平时,灯被熄灭;引脚 PC0 被设置为上拉输入工作方式,读取该引脚状态,为低电平时当前按键 KEY 被按下。该实例通过读取引脚 PC0 的值,判断应该给引脚 PA0～PA3 输出低电平还是高电平,从而实现 LED1～LED4 灯的亮或灭控制。

注意:本书后续在介绍 STM32F103 微控制器的片上资源时,均选用了 STM32F103R6 微控制器,给出了在 Proteus 仿真环境下相关外设的操作过程。读者可以根据自己或实验室现有实验板的实际情况,对本书提供的 Proteus 电路原理图进行重新设计,以便在 Proteus 仿真通过后,将可执行文件直接下载到嵌入式开发板上进行实际硬件环境下的调试与运行。

7.2　STM32F103 中的 GPIO

在 STM32F103 系列微控制器中,不同型号微控制器的 GPIO 端口数和引脚数目也不尽相同,但相同名称的 GPIO 端口在 4 GB 地址空间的映射位置以及对应的寄存器等是相同的。读者通过芯片数据手册可以查看不同封装类型芯片的引脚分布和功能。

STM32F103R6 具有 GPIOA(PA[15:0])、GPIOB(PB[15:0])、GPIOC(PC[15:0])、GPIOD(PD[2:0])4 个 GPIO 端口,共 51 个输入/输出引脚。这些 GPIO 引脚都可以通过软件动态配置为输出(推挽输出或开漏输出)、输入(带或不带上拉/下拉电阻)或复用的外设功能端口。多数 GPIO 引脚都与数字或模拟的复用外设共用。除了具有模拟输入功能的端口外,其他所有 GPIO 引脚都有大电流通过能力。GPIO 寄存器可以同时对任意若干个输出引脚进行置位或清零操作。用户可以读取输出寄存器的值及引脚的当前状态。需要时,I/O 引脚的外设功能可以通过一个特定的操作锁定,以免意外地写入 I/O 寄存器。

STM32F103R6 微处理器 GPIO 具有以下特性:

(1) 可独立设置每个 I/O 口的模式(输入/输出);

(2) 可独立控制每个 I/O 口输出的状态(置位或清零);

(3) 所有 I/O 口在复位后默认为输入状态。

7.2.1　GPIO 的引脚描述

STM32F103R6 微控制器的引脚如图 7.2 所示。从图中可知,大多数引脚是 GPIO 引脚,可以分为 GPIOA、GPIOB、GPIOC、GPIOD 四组,共计 51 个 I/O 引脚。其中,GPIOA、GPIOB、GPIOC 每组均有 Px[15:0](x=A～C)共 16 个 I/O 引脚,GPIOD 仅有 PD[2:0]共 3 个 I/O 引脚。这些引脚均具备通用 I/O 功能,可以通过 GPIO 内部寄存器对其进行设置。此外,为了减少芯片的引脚数量,提高引脚利用率,大部分引脚还可以通过复用技术被配置为其他专用功能,或者作为外设复用功能输入输出 AFIO 来使用。具体外设的 GPIO 配置请查看芯片参考手册。

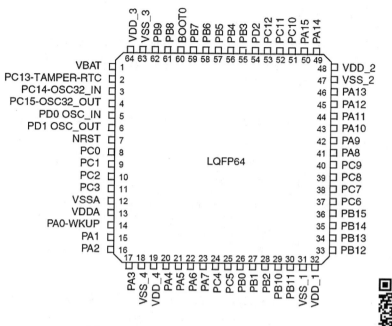

图 7.2　STM32F103R6 LQFP64 引脚图

GPIO 引脚的输入/
输出工作过程

7.2.2　GPIO 的内部结构

STM32F103R6 微控制器的 GPIO 内部一个 I/O 引脚对应的基本结构如图 7.3 所示。它主要由保护二极管、输入驱动器、输出驱动器、输入数据寄存器(Input Data Register，IDR)、输出数据寄存器(Output Data Register，ODR)、置位/复位寄存器(Bit Set/Reset Registers，BSRR)等组成，其中输入驱动器和输出驱动器是每一个 GPIO 引脚内部结构的核心部分。

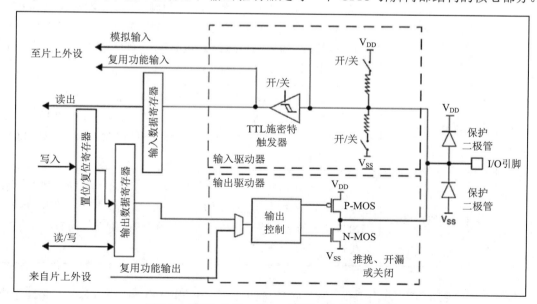

图 7.3　GPIO 内部一个 I/O 引脚对应的基本结构

7.2.3 GPIO 的工作模式

通用 GPIO 端口的每个引脚均可以由软件配置成多种工作模式，如表 7.1 所示。

表 7.1 GPIO 端口的工作模式

	工作模式	说　明
输入	上拉输入模式	引脚内部由一个上拉电阻，通过开关接到电源 V_{DD}。当 I/O 引脚无输入信号时，默认输入高电平。该工作模式的一个典型应用就是外部接按键，当按键没有按下时，I/O 引脚是确定的高电平；当按键按下时，I/O 引脚被拉为低电平
	下拉输入模式	当 I/O 引脚无输入信号时，默认输入低电平
	浮空输入模式	引脚内部没有接上拉、下拉电阻，直接经施密特触发器输入 I/O 引脚的信号，因此，其引脚电平输入完全取决于外部信号。一般用于 USART 或 I^2C 等通信协议
	模拟输入模式	引脚内部没有接上拉、下拉电阻，施密特触发器关闭，引脚信号连接到芯片内部的片上外设。其典型应用是 A/D 模拟输入，实现外部信号的采集
输出	推挽输出模式	该模式下，引脚可以输出低电平(0)和高电平(V_{DD})，用于较大功率驱动的输出。常见的连接 LED、蜂鸣器、数码管等数字器件的 I/O 引脚设置为该模式，可增大输出电流，提高输出引脚的驱动能力，提高电路的负载能力和开关的动作速度
	开漏输出模式	该模式下，引脚只能输出低电平(0)；若需要输出高电平，则需要给引脚外接上拉电阻和上拉电源，此时该引脚上的输出电平取决于其外接的上拉电阻及外部电源电压情况。该工作模式可以在电平不匹配的场合实现电平转换。通常，连接到不同电平器件、线路与输出，或使用普通模式模拟 I^2C 通信的 I/O 引脚设置为该模式
	复用推挽输出模式	当 I/O 引脚用作外设复用功能时，可选择复用推挽输出模式。它既有推挽输出的特点，又能使用片内外设的功能。通常，STM32F103 的某个 I/O 引脚用作 USART 的发送端 Tx 或者 SPI 的 MOSI、MISO、SCK 时，设置为该模式
	复用开漏输出模式	当 I/O 引脚用作外设复用功能并选择复用开漏输出模式时，既有开漏输出的特点，又能使用片内外设的功能，此时需要外接上拉电阻。通常，STM32F103 的某个 I/O 引脚用作 I^2C 的 SCL 串行时钟线或 SDA 串行数据线时，设置为该模式

每个 I/O 引脚都可以自由编程，但是必须按照 32 位字访问 I/O 端口寄存器(不允许半字或字节访问)。置位/复位寄存器 GPIO*x*_BSRR 和复位寄存器 GPIO*x*_BRR 允许对任何 GPIO

引脚进行读/更改的独立访问，这样在读和更改访问之间产生中断请求时不会发生危险。

复位期间和刚复位后，复用功能尚未开启，I/O 端口被配置成浮空输入模式。

7.2.4 GPIO 的内部寄存器

用户使用 GPIO 实现人机交互的过程就是通过编程来操作相应 GPIO 端口内部寄存器的过程。编程时，可以通过端口地址来访问对应的 GPIO 端口中相应的寄存器。STM32F103 中各组 GPIO 端口地址范围如表 7.2 所示。

寄存器 BSRR、ODR、BRR 之间的区别

表 7.2 STM32F103 中各组 GPIO 端口地址范围

地 址 范 围	外 设	总 线
0x40014000～0x40017FFF	保留	
…	…	APB2 (0x40010000 ～ 0x40017FFF)
0x40012000～0x400123FF	GPIO 端口 G	
0x40011C00～0x40011FFF	GPIO 端口 F	
0x40011800～0x40011BFF	GPIO 端口 E	
0x40011400～0x400117FF	GPIO 端口 D	
0x40011000～0x400113FF	GPIO 端口 C	
0x40010C000～x40010FFF	GPIO 端口 B	
0x40010800～0x40010BFF	GPIO 端口 A	
…	…	
0x40010000～0x400103FF	AFIO	

每组 GPIO 端口均有 2 个 32 位配置寄存器(GPIOx_CRL，GPIOx_CRH)、2 个 32 位数据寄存器(GPIOx_IDR 和 GPIOx_ODR)、1 个 32 位置位/复位寄存器(GPIOx_BSRR)、1 个 16 位复位寄存器(GPIOx_BRR)和 1 个 32 位锁定寄存器(GPIOx_LCKR)，如表 7.3 所示。

表 7.3 STM32F103 的 GPIO 内部寄存器(x=A～D)

通用名称	位宽	描 述	访问	复位值	端口寄存器 偏移地址
GPIOx_CRL	32	**端口配置低寄存器** GPIOx[7:0]的配置位和模式位	读写	0x44444444	0x00
GPIOx_CRH	32	**端口配置高寄存器** GPIOx[15:8]的配置位和模式位	读写	0x44444444	0x04
GPIOx_IDR	32	**输入数据寄存器** IDRy[31:16]：保留，始终读为 0； IDRy[15:0]：端口输入数据(y = 0～15)，这些位只能以 16 位的形式读出，读出值为对应 I/O 口的状态	只读	0x0000xxxx	0x08

通用名称	位宽	描 述	访问	复位值	端口寄存器偏移地址
GPIOx_ODR	32	**输出数据寄存器** ODRy[31:16]：保留，始终读为 0； ODRy[15:0]：只能以 16 位的形式进行读写操作。对 GPIOx_BSRR(x = A～D)，可以分别对各个 ODR 位进行独立的置位/清零	读写	0x00000000	0x0C
GPIOx_BSRR	32	**置位/复位寄存器** BRy[31:16]：清零端口 x 的位 y(y = 0～15)。这些位只能以 16 位的形式写入，并且仅当写入 1 时会将对应的 ODRy 位清零，写入 0 时不影响对应的 ODRy 位； BSy[15:0]：置位端口 x 的位 y(y = 0～15)。这些位只能以 16 位的形式写入，并且仅当写入 1 时会将对应的 ODRy 位置位，写入 0 时不影响对应的 ODRy 位	只写	0x00000000	0x10
GPIOx_BRR	16	**复位寄存器** bit[31:16]：保留； BRy[15:0]：清零端口 x 的位 y(y = 0～15)。这些位只能以 16 位的形式写入，并且仅当写入 1 时会将对应的 ODRy 位清零，写入 0 时不影响对应的 ODRy 位	只写	0x00000000	0x14
GPIOx_LCKR	32	**锁定寄存器** bit[31:17]：保留； bit[16]：锁键 LCKK。该位可以随时读出，但只可通过锁键写入序列修改：0：端口配置锁键位激活；1：端口配置锁键位被激活，下次系统复位前 GPIOx_LCKR 寄存器被锁住； bit[15:0]：LCKy，端口 x 的锁位 y(y = 0～15)，仅可在 LCKK 位为 0 时写入：0：不锁定端口的配置；1：锁定端口的配置	读写	0x00000000	0x18

1. 端口配置寄存器

GPIO 端口的每个引脚均需要 2 bit 模式位、2 bit 配置位，模式位和配置位组合起来，最终确定引脚的输入输出模式和最大输出速度。32 位配置寄存器只能给出 8 个引脚的模式位和配置位，因此，32 个端口引脚需要 2 个配置寄存器，端口配置低寄存器 GPIOx_CRL(x = A～D)对应引脚[7:0]，端口配置高寄存器 GPIOx_CRH (x = A～D)对应引脚[15:8]。端口配置低寄存器 GPIOx_CRL(x = A～D)各比特与端口引脚的对应关系如表 7.4 所示：

表 7.4　GPIOx_CRL 寄存器(x = A～D)

数据位	31:30	29:28	…	7:6	5:4	3:2	1:0
位区	CNFy	MODy	…	CNFy	MODy	CNFy	MODy
引脚	端口 x 引脚 7		…	端口 x 引脚 1		端口 x 引脚 0	

注：MODy 为端口 x 模式位(y = 0～7)；CNFy 为端口 x 配置位(y = 0～7)。

以端口 x 引脚 0 的模式位和配置位为例，其具体含义如下：

- GPIOx_CRL[1:0]：y = 0，即 MOD0，

00——输入模式(复位后的状态)。

01——输出模式，最大速度 10 MHz。当用作 I^2C 复用功能的输出引脚时，若工作时最大比特率较大，可以选用 10 MHz 的 I/O 引脚速度。

10——输出模式，最大速度 2 MHz。当用作连接 LED、蜂鸣器等外设的引脚时，一般设置为 2 MHz。当用作 USART 复用功能输出引脚时，若其工作时最大比特率为 115.2 kb/s，则选用 2 MHz 的响应速度也能够满足要求。

11——输出模式，最大速度 50 MHz。当用作 SPI 复用功能的输出引脚时，若工作时最大比特率较大，可以选用 50 MHz 的 I/O 引脚速度。当用作 FSMC 复用功能连接存储器的输出引脚时，一般设置为 50 MHz 的 I/O 引脚速度。

- GPIOx_CRL[3:2]：即 CNF0，在输入模式(模式位取值为 00)时：

00——模拟输入模式；

01——浮空输入模式(复位后的状态)；

10——上拉/下拉输入模式；

11——保留。

在输出模式(模式位取值大于 00)时：

00——通用推挽输出模式；

01——通用开漏输出模式；

10——复用功能推挽输出模式；

11——复用功能开漏输出模式。

端口配置高寄存器 GPIOx_CRH(x = A～D)与 GPIOx_CRL(x = A～D)的功能和用法均相同，仅对应引脚不同，GPIOx_CRH(x = A～D)用于对引脚[15:8]进行配置。

寄存器 GPIOx_CRL 和 GPIOx_CRH 的复位值均为 0x44444444，表示复位后 GPIO 端口各引脚均处于浮空输入模式。

2. 数据寄存器(GPIO*x*_IDR 和 GPIO*x*_ODR)

数据寄存器均为 32 位，分为输入数据寄存器 GPIO*x*_IDR(*x* = A～D)和输出数据寄存器 GPIO*x*_ODR(*x* = A～D)。这两个寄存器的高 16 位未使用，始终读为 0；低 16 位分别对应端口的 16 个引脚。

当端口连接了输入外设时，可以从输入数据寄存器 GPIO*x*_IDR 的对应引脚读出其输入外设的状态。

当端口连接了输出外设时，可以分别对输出数据寄存器 GPIO*x*_ODR 的各 ODR 位进行独立的设置/清除操作，写 1 时将控制对应引脚输出高电平，写 0 时将控制对应引脚输出低电平。由于给该寄存器写 1 或写 0 均会影响对应引脚的输出，因此，给该寄存器赋值时，需特别注意：除了将要操作的引脚外，不能修改其他引脚的值。例如，若端口 GPIOA 的引脚 PA0 当前输出为低电平、引脚 PA1 当前输出为高电平，现要求从引脚 PA0 输出高电平而 PA1 不变，一般采用以下赋值方式：

　　　　GPIOA_ODR|=0x01 或者 GPIOA_ODR=GPIOA_ODR|0x01

不能写成"GPIOA_ODR=0x01"，否则会将 PA0 之外的其他引脚输出都改为低电平。

3. 置位/复位寄存器(GPIO*x*_BSRR)

该寄存器将端口引脚的置位和复位功能融为一体，高 16 位为端口 *x* 的引脚 *y* (*y* = 0～15) 的复位位，写入 1 时将在对应引脚输出低电平(复位)，写入 0 时不起作用；低 16 位为端口 *x* 的引脚 *y* (*y* = 0～15)的置位位，写入 1 时将对应引脚输出高电平(置位)，写入 0 时不起作用。例如，若需要从引脚 PA0 输出低电平，可以采用以下赋值方式：

　　　　GPIOA_BSRR=0x01<<16;　　// bit[16]=1

若需要从引脚 PA0 输出高电平，可以采用以下赋值方式：

　　　　GPIOA_BSRR=0x01;　　　　// bit[0]=1

4. 复位寄存器(GPIO*x*_BRR)

该寄存器的高 16 位保留，低 16 位为端口 *x* 的引脚 *y* (*y* = 0～15)的复位位，写入 1 时将对应引脚输出低电平(复位)，写入 0 时不起作用。例如，若需要从引脚 PA0 输出低电平，可以采用以下赋值方式：

　　　　GPIOA_BRR=0x01;　　　　// bit[0]=1

注意区分 GPIO*x*_ODR、GPIO*x*_BSRR 和 GPIO*x*_BRR 这 3 个寄存器的用法。编程时，使用寄存器 GPIO*x*_BSRR 和 GPIO*x*_BRR 更不容易造成其他引脚的误输出。

5. 锁定寄存器(GPIO*x*_LCKR)

该寄存器为 32 位，只能按字访问，其中 bit[31:17]保留，bit[16]为锁键位(Lock Key，LCKK)，用于启动和确认 GPIO 端口的配置锁定序列。当执行正确的写入序列，设置了锁键位时，可以通过 bit[15:0]来锁定 GPIO 端口的配置(如输入/输出模式、速度、上拉/下拉配置等)，使得程序在运行时不会意外更改 GPIO 端口配置，从而提高系统的稳定性和可靠性。

锁键位的
功能与用法

锁键位 bit[16]可以随时读出，但只能通过锁键写入序列修改。锁键位 bit[16]的写入序列为：写 1→写 0→写 1→读。在操作锁键位的写入序列时，不能改变 bit[15:0]的值。

- bit[16] = 1：如果是在写入序列开始时将 LCKK 位(bit[16])设置为 1，表示"锁定序列已启动"；如果是在写入序列结束时将 LCKK 位设置为 1，表示"端口配置已锁定"。此时不能对 bit[15:0]进行写入操作，直到下次系统复位前 GPIOx_LCKR 寄存器均被锁住，且每个锁定位(bit[15:0])锁定配置寄存器(CRL、CRH)中相应的 4 个位(CNFy、MODy)，此时 GPIO 端口的配置不能再通过软件来更改，直到系统复位或重新进行解锁操作。

- bit[16] = 0：这是锁定序列的中间步骤，也是可以修改 GPIO 端口引脚配置的"窗口期"，可以理解为"锁定序列正在进行中"，此时可以对 bit[15:0]进行写入操作，写入 0 表示不锁定对应引脚的配置，写入 1 表示锁定对应引脚的配置。

　　一般来说，通过寄存器 GPIOx_CRL、GPIOx_CRH 确定 GPIO 端口引脚的配置后，可以通过 LCKK 位的写入序列来锁定这些配置。这种锁定机制在需要确保 GPIO 配置保持不变的场景中非常有用。

7.3　GPIO 库函数开发原理

GPIO 端口的底层
操作逻辑

　　通过对 GPIO 端口编程来实现人机交互时，一般有直接操作寄存器、通过结构体进行操作、通过调用封装好的库函数进行操作等开发方式。这些开发方式本质上都是对 GPIO 端口内部寄存器进行读、写操作，从而实现人机交互或相关控制功能。为了帮助读者了解这几种开发方式的原理，本节以 GPIO 基本输出——点亮 LED 灯为例，介绍每种开发方式的实现方法。

　　例如，GPIO 端口的引脚 PA0 连接了 LED 灯，其电路连接为低电平点亮 LED 灯，高电平熄灭 LED 灯。那么，只需要在引脚 PA0 输出低电平就可以点亮 LED 灯。

　　其底层操作过程如下：

　　(1) 使能外设时钟。

　　STM32 外设非常丰富，为了降低功耗，每个外设都对应着一个时钟，在系统复位时这些时钟都处于关闭状态，如果想要外设工作，必须把相应的时钟打开。

　　STM32 所有外设的时钟都由专门的外设 RCC 复位与时钟控制来管理。各个外设由于速率不同，分别挂载到 AHB、APB2 和 APB1 这 3 条总线上：AHB 主要用于高性能模块之间的连接(如 DMA、DSP 等)；APB2 主要用于连接对速度要求较高的外设(如 ADC、高级控制定时器、GPIO 等)；APB1 主要用于连接低速外设(如 I^2C、DAC、USART 等)。所有 GPIO 端口都挂载在 APB2 总线上，其时钟由 APB2 的外设时钟使能寄存器(RCC_APB2ENR)来控制，该寄存器 bit[2]置位时，将使能 GPIO 端口 A 的时钟。

　　(2) 初始化 GPIO 引脚。

　　通过设置端口配置低寄存器 GPIOA_CRL，将引脚 PA0 配置为通用推挽输出，速率为 2 MHz。

　　(3) 操作控制。

可以操作输出数据寄存器 ODR 或者端口置位/复位寄存器 BSRR、端口复位寄存器 BRR，从引脚 PA0 输出低电平。

上述 3 种开发方式均可按照以上思路来实现点亮 LED 灯的功能，但具体实现过程有所不同。不同开发方式具体介绍如下。

1. 直接操作寄存器

直接操作寄存器，实际上就是直接对该寄存器的绝对地址进行读写操作。由表 7.2 和表 7.3 可知，GPIOA_CRL 的地址为 0x40010800 + 0x00 = 0x40010800，GPIOA_ODR 的地址为 0x40010800 + 0x0C = 0x4001080C。查找用户手册可知，RCC_APB2ENR 的地址为 0x40021000 + 0x18 = 0x40021018。为了便于操作，首先定义寄存器地址如下：

```
#define   GPIOA_CRL   *(volatile unsigned long *)   0x40010800
#define   GPIOA_ODR   *(volatile unsigned long *)   0x4001080C
#define   RCC_APB2ENR   *(volatile unsigned long *)   0x40021018
```

接下来就可以在代码中使用寄存器名来代替其绝对地址。点亮 LED 灯的代码如下：

```
RCC_APB2ENR |= 1<< 2;          //使能外设时钟：开启端口 A 的时钟
GPIOA_CRL = (2<<0) | (0 << 2);   //初始化 GPIO 引脚:配置 PA0 为通用推挽输出,输出速率为 2MHz
GPIOA_ODR = 0 << 0;            //操作控制：从 PA0 输出低电平，点亮 LED 灯
```

2. 封装成结构体进行操作

直接操作寄存器时代码执行效率高，但操作寄存器的绝对地址比较麻烦，且寄存器在配置时容易出错，同时还增加了代码理解难度。由表 7.2 和表 7.3 可知，端口寄存器的地址都是基于端口的基地址，在端口基地址的基础上逐个连续递增，每个寄存器占 32 bit 或 16 bit。因此，可以定义一种 GPIO 端口的结构体，结构体的地址为端口的基地址，结构体的成员为端口寄存器，成员的顺序按照寄存器的偏移地址从低到高排列，成员类型跟寄存器类型相同。操作寄存器时，操作该结构体的成员即可。

此时，点亮 LED 的完整代码变为：

```
#include   <stdint.h>
typedef   struct {                 //定义 GPIO 寄存器结构体
    volatile   uint32_t   CRL;       //GPIO 端口配置低寄存器
    volatile   uint32_t   CRH;       //GPIO 端口配置高寄存器
    volatile   uint32_t   IDR;       //GPIO 端口输入数据寄存器
    volatile   uint32_t   ODR;       //GPIO 端口输出数据寄存器
    volatile   uint32_t   BSRR;      //GPIO 端口位置位/复位寄存器 BSRR
    volatile   uint32_t   BRR;       //GPIO 端口位置位寄存器 BRR
    volatile   uint32_t   LCKR;      //GPIO 端口配置锁定寄存器 LCKR
} GPIO_TypeDef;

typedef   struct {                 //定义 RCC 寄存器结构体
    volatile   uint32_t   CR;        //时钟控制寄存器
```

```
    volatile   uint32_t   CFGR;                //时钟配置寄存器
    volatile   uint32_t   CIR;                 //时钟中断寄存器
    volatile   uint32_t   APB2RSTR;            //APB2 外设复位寄存器
    volatile   uint32_t   APB1RSTR;            //APB1 外设复位寄存器
    volatile   uint32_t   AHBENR;              //AHB 外设时钟使能寄存器
    volatile   uint32_t   APB2ENR;             //APB2 外设时钟使能寄存器
    volatile   uint32_t   APB1ENR;             //APB1 外设时钟使能寄存器
    volatile   uint32_t   BDCR;                //备份域控制寄存器
    volatile   uint32_t   CSR;                 //控制/状态寄存器
}RCC_TypeDef;


#define   GPIOA   ((GPIO_TypeDef   *)   0x40010800)      //声明端口 GPIOA 并设置其基地址
#define   RCC   ((RCC_TypeDef   *)   0x40021000)         //声明外设 RCC 并设置其基地址


int main(void)
{
    RCC->APB2ENR |= 1<< 2;          //使能外设时钟：开启端口 A 的时钟
    GPIOA->CRL = (2<<0) | (0<<2);   //初始化 GPIO 引脚：配置 PA0 为通用推挽输出，输出
                                    //  速率为 2 MHz
    GPIOA->ODR = 0<<0;              //操作控制：从 PA0 输出低电平，点亮 LED 灯
}
```

3. 封装成库函数

将外设接口封装成结构体后再进行操作，不需要操作寄存器的绝对地址，但必须熟悉外设的所有寄存器，能正确地按其偏移地址顺序封装成结构体成员。此外，STM32 的外设寄存器多为 16 位、32 位，给引脚赋值往往通过移位来实现，容易出错，且从赋值的数字上难以直观地知道控制的是哪个引脚。库函数的实现方法可以较好地解决这些问题。

首先，在外设结构体的基础上按照功能的不同进一步封装成不同的库函数，每个功能对应一个库函数；其次，把外设寄存器的每个 bit 置位都用宏定义来实现，这些宏和需要操作的外设端口可以作为库函数的参数。可以将这些库函数定义和宏定义分别存放在相应的头文件中，调用库函数前包含对应的头文件即可。可见，库函数是架设在寄存器和用户代码之间的代码，向下与寄存器相关，向上为用户提供相关接口，开发人员不需要特别关注底层寄存器的操作，可以提高程序的可读性和可移植性，有利于快速开发和维护。

例如，GPIO 引脚定义的代码放在头文件 stm32f10x_gpio.h 中，具体内容如下：

```
    #define   GPIO_Pin_0   ((uint16_t) 0x0001)    /* Pin 0 置为 1 */
    #define   GPIO_Pin_1   ((uint16_t) 0x0002)    /* Pin 1 置为 1 */
    #define   GPIO_Pin_2   ((uint16_t) 0x0004)    /* Pin 2 置为 1 */
```

```
#define   GPIO_Pin_3    ((uint16_t) 0x0008)        /* Pin 3 置为 1 */
#define   GPIO_Pin_4    ((uint16_t) 0x0010)        /* Pin 4 置为 1 */
#define   GPIO_Pin_5    ((uint16_t) 0x0020)          /* Pin 5 置为 1 */
#define   GPIO_Pin_6    ((uint16_t) 0x0040)          /* Pin 6 置为 1 */
#define   GPIO_Pin_7    ((uint16_t) 0x0080)          /* Pin 7 置为 1 */
#define   GPIO_Pin_8    ((uint16_t) 0x0100)          /* Pin 8 置为 1 */
#define   GPIO_Pin_9    ((uint16_t) 0x0200)          /* Pin 9 置为 1 */
#define   GPIO_Pin_10   ((uint16_t) 0x400)           /* Pin 10 置为 1 */
#define   GPIO_Pin_11   ((uint16_t) 0x0800)          /* Pin 11 置为 1 */
#define   GPIO_Pin_12   ((uint16_t) 0x1000)          /* Pin 12 置为 1 */
#define   GPIO_Pin_13   ((uint16_t) 0x2000)          /* Pin 13 置为 1 */
#define   GPIO_Pin_14   ((uint16_t) 0x4000)          /* Pin 14 置为 1 */
#define   GPIO_Pin_15   ((uint16_t) 0x8000)          /* Pin 15 置为 1 */
#define   GPIO_Pin_ALL  ((uint16_t) 0xFFFF)          /* All pins 置为 1 */
```

对 GPIO 引脚的常用操作包括置位和清零操作，因此，可以分别定义置位库函数和复位库函数，端口号和引脚编号作为该库函数的形参，以便调用该库函数对指定 GPIO 端口的某个引脚进行操作。例如：

```
//GPIO 端口置位操作库函数
void   GPIO_SetBits(GPIO_TypeDef * GPIOx, uint16_t   GPIO_Pin)
{
    GPIOx->BSRR = GPIO_Pin;                //从 GPIOx 端口引脚 GPIO_Pin 输出高电平
}


//GPIO 端口复位操作库函数
void   GPIO_ResetBits(GPIO_TypeDef * GPIOx, uint16_t   GPIO_Pin)
{
    GPIOx->BRR = GPIO_Pin;                 //从 GPIOx 端口引脚 GPIO_Pin 输出低电平
}
```

可以新建一个文件 stm32f10x_gpio.c，专门存放这些操作 GPIO 的函数，并在头文件 stm32f10x_gpio.h 中声明这些函数，然后在文件 stm32f10x_gpio.c 中包含这个头文件，以及定义有关寄存器的头文件 stm32f10x.h。

点亮 LED 灯的 main 函数代码如下：

```
#include   "stm32f10x.h"
#include   "stm32f10x_gpio.h"


int main(void)
{
    RCC->APB2ENR |= 1<<2;           //使能外设时钟：开启端口 A 的时钟
    GPIOA->CRL = (2<<0)|(0<<2);   //初始化 GPIO 引脚：配置 PA0 为通用推挽输出，速率为 2 MHz
```

```
GPIO_ResetBits(GPIOA,GPIO_Pin_0);    //操作控制：从 PA0 输出低电平，点亮 LED 灯

    // 需要熄灭 LED 时，可以使用下列函数调用
    GPIO_SetBits(GPIOA,GPIO_Pin_0);      //操作控制：从 PA0 输出高电平，熄灭 LED 灯
}
```

该实例中，可以进一步将外设时钟使能操作、GPIO 引脚初始化操作均封装成库函数，使 main 函数更简洁。总之，库函数调用的开发方式操作起来更简单、更直观，对底层硬件相关知识的要求相对较低。后续实例中，基于寄存器级的开发均指上述第二种实现方式——将外设寄存器封装成结构体，基于标准外设库的开发均指上述第三种实现方式——将对外设结构体的操作按照其不同功能封装成不同的库函数。不论采用哪种实现方式，最终都要操作相应的外设寄存器。

7.4　基于寄存器的 GPIO 输入输出仿真与实现

基于寄存器的开发方式简单、直接，较为高效，主要适用于嵌入式系统底层开发，或者对代码的执行速度和系统资源有严格要求的场合。

创建基于寄存器访问的工程来实现按键控制 LED 灯亮灭时(电路原理图见图 7.1)，不需要调用意法半导体公司标准固件库，且程序比较简单，可以直接写在 main 函数中。

直接操作寄存器
点亮 LED 灯

7.4.1　功能描述与硬件设计

1. 功能描述

采用基于寄存器设计方式，利用单个 GPIO 引脚连接按键 KEY，另外 4 个 GPIO 引脚分别连接 4 个 LED 灯；当 KEY 按下时，反转这 4 个 LED 灯的亮、灭状态，达到按键控制 LED 灯亮、灭的效果。

2. 硬件设计

采用 MCU STM32F103R6 搭建最小系统；外设 LED1～LED4 正极分别经 470 Ω 的电阻 R2～R5 接到 3.3 V 电源，负极分别连接 GPIOA 的引脚 PA0～PA3；KEY 一端接地，另一端连接 GPIOC 的 PC0。

将 LED1～LED4 初始化为熄灭状态。当 KEY 按下时，可以从引脚 PC0 读到一个低电平，此时，将 LED1～LED4 的状态反转。其电路原理图见图 7.1。

7.4.2　软件设计与仿真实现

1. 系统流程图

该实例实现的功能较为简单，其流程图如图 7.4 所示。

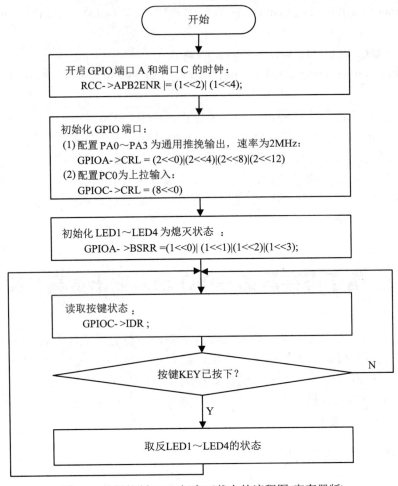

图 7.4   按键控制 LED 灯亮灭状态的流程图(寄存器版)

2. 代码实现

与 7.3 节中点亮 LED 灯的完整代码类似，首先也需要定义 GPIO 寄存器结构体、RCC 寄存器结构体，声明端口 GPIOA、GPIOC(基地址为 0x40011000)和外设 RCC，并设置其基地址。然后再编写 main 函数来实现按键控制 LED 灯的功能。main 函数的完整代码如下：

```
int main(void)
{
    uint32_t  key=0;                                //定义变量 key，用于辅助记录按键情况
    RCC->APB2ENR |= (1<<2) | (1<<4);                //开启端口 A 和端口 C 的时钟
    GPIOA->CRL = (2<<0)|( 2<<4) |( 2<<8) |( 2<<12);
                                                    //配置 PA0~PA3 为普通推挽输出模式，速率为 2 MHz
    GPIOA->BSRR = (1<<0)|(1<<1)|(1<<2)|(1<<3);      //PA0~PA3 输出高电平，熄灭 LED 灯
    GPIOC->CRL = (0x08<<0);                         //配置 GPIOC 为上拉输入模式

    while(1)
```

```
        {
            if(!((GPIOC->IDR)&0x01))
            {
                key = key + 1;
                switch(key%2)
                {
                    case    0:
                        GPIOA->BSRR = (1<<0)|(1<<1)|(1<<2)|(1<<3);   // PA0~PA3 输出高电平, 熄灭 LED
                        break;
                    case    1:
                        GPIOA->BRR = (1<<0)|(1<<1)|(1<<2)|(1<<3);   // PA0~PA3 输出低电平, 点亮 LED 灯
                        break;
                    default:
                        break;
                }
            }
        }
    }
```

3. 下载调试验证

在 Keil 中调试成功后生成 hex 文件, 将 hex 文件添加到 Proteus 电路原理图中就可以进行调试验证了, 具体操作方法如图 7.5 所示。

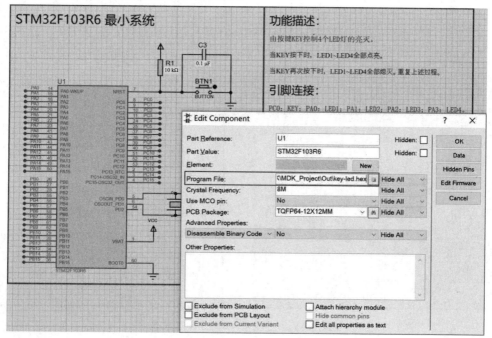

图 7.5　添加 hex 文件

运行结果如图 7.6 所示。

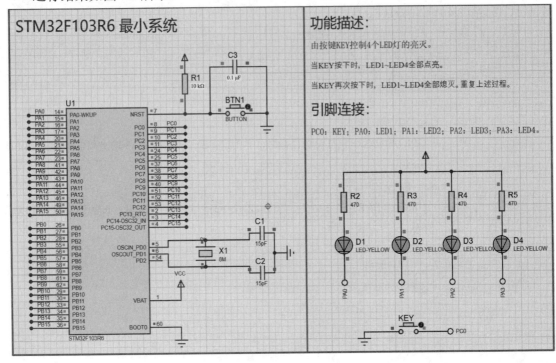

(a) LED 灯初始状态：熄灭

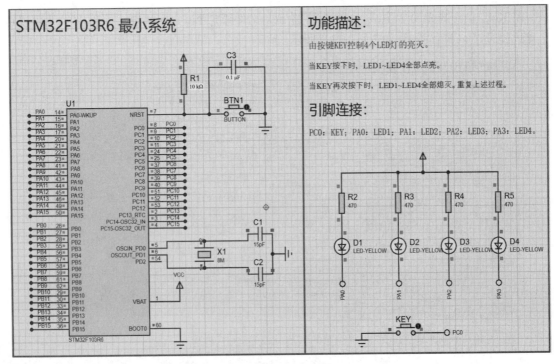

(b) KEY 第一次按下时 LED 灯点亮

图 7.6　运行结果

7.5　基于标准外设库的 GPIO 输入输出仿真与实现

意法半导体公司开发了标准外设库、HAL 库和 LL 库供开发人员使用。本节以 STM32 标准外设库 V3.5.0 版本为基础，简要介绍 GPIO 的标准外设库接口函数和查看函数原型的方法，并给出实例——"基于标准外设库来实现按键控制 LED 亮灭"的仿真与实现过程。

7.5.1　标准外设库中与 GPIO 相关的常用接口函数

标准外设库中，与 GPIO 端口操作相关的接口函数主要分为初始化及复位函数、引脚功能操作函数和其他函数三大类，其常用接口函数见表 7.5。函数的具体使用方法请查阅用户手册。

表 7.5　标准外设库中 GPIO 端口操作常用接口函数

类型	函　数	功　　能
初始化及复位函数	GPIO_Init	根据 GPIO_InitStruct 中指定的参数初始化外设 GPIO*x* 寄存器
	GPIO_DeInit	将外设 GPIO*x* 寄存器重设为缺省值
	GPIO_AFIODeInit	将复用功能(重映射事件控制和 EXTI 设置)重设为缺省值
	GPIO_StructInit	把 GPIO_InitStruct 中的每一个参数按缺省值填入
引脚功能操作函数	GPIO_ReadInputDataBit	读取指定的 GPIO 输入端口单个引脚数据
	GPIO_ReadInputData	读取指定的 GPIO 输入端口数据
	GPIO_ReadOutputDataBit	读取指定的 GPIO 输出端口单个引脚数据
	GPIO_ReadOutputData	读取指定的 GPIO 输出端口数据
	GPIO_SetBits	置位指定的 GPIO 端口引脚
	GPIO_ResetBits	清零指定的 GPIO 端口引脚
	GPIO_WriteBit	向指定的 GPIO 端口引脚写入数据
	GPIO_Write	向指定的 GPIO 端口写入一个 16 位的数据
其他函数	GPIO_PinLockConfig	锁定 GPIO 引脚设置寄存器
	GPIO_EventOutputConfig	选择 GPIO 引脚用作事件输出
	GPIO_EventOutputCmd	使能或禁止事件输出
	GPIO_PinRemapConfig	改变指定引脚的映射关系
	GPIO_ExitLineConfig	选择 GPIO 引脚用作外部中断输入引脚

7.5.2　GPIO 输入输出仿真与实现

1．实现思路及相关函数配置

基于库函数的开发实现思路与基于寄存器的开发一致，但具体操作不一样，其系统流程图如图 7.7 所示。

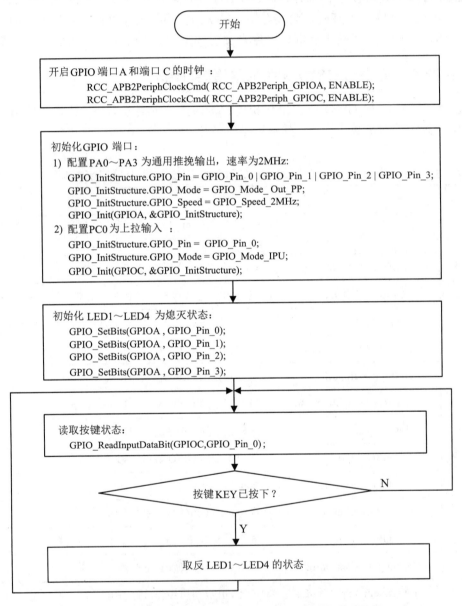

图 7.7　按键控制 LED 灯亮灭状态的流程图(标准库函数版)

1) 初始化时钟

本实例中使用了端口 GPIOA 和 GPIOC，因此，需要先启动这 2 个端口的时钟，所使用的库函数为 RCC_APB2PeriphClockCmd()，其函数原型如下：

```
void    RCC_APB2PeriphClockCmd( uint32_t    RCC_APB2Periph, FunctionalState NewState )
{
    /* Check the parameters */
    assert_param(IS_RCC_APB2_PERIPH(RCC_APB2Periph));
    assert_param(IS_FUNCTIONAL_STATE(NewState));
    if (NewState != DISABLE){
        RCC->APB2ENR |= RCC_ APB2Periph;
    }else{
        RCC->APB2ENR &= ~RCC_ APB2Periph;
    }
}
```

其中，形参 RCC_APB2Periph 表示需要操作的 GPIO 端口，形参 NewState 表示该端口时钟的开启或关闭状态。开启端口 GPIOA 和 GPIOC 时钟的代码为：

```
RCC_APB2PeriphClockCmd( RCC_APB2Periph_GPIOA, ENABLE);
RCC_APB2PeriphClockCmd( RCC_APB2Periph_GPIOC, ENABLE);
```

2) 配置 GPIO 端口

通过调用库函数来配置 GPIO 端口引脚、速度、模式。在标准库中，把端口配置的引脚、速度和模式封装成了一个结构体：

```
typedef    struct{
    unit16_t    GPIO_Pin;
    GPIOSpeed_TypeDef GPIO_Speed;
    GPIOMode_TypeDef GPIO_Mode;
}GPIO_InitTypeDef;
```

Speed 也被封装成了一个结构体：

```
typedef    enum{
    unit16_t    GPIO_Pin;
    GPIO_Speed_10MHz =1,
    GPIO_Speed_2MHz,
    GPIO_Speed_50MHz
}GPIOSpeed_TypeDef;
```

Mode 也被封装成了一个结构体：

```
typedef    enum{
    GPIO_Mode_AIN = 0x0,                    //模拟输入
    GPIO_Mode_IN_FLOATING = 0x04,           //浮空输入(复位后的状态)
    GPIO_Mode_IPD = 0x28,                   //下拉输入
    GPIO_Mode_IPU = 0x48,                   //上拉输入
    GPIO_Mode_Out_OD = 0x14,                //通用开漏输出
    GPIO_Mode_ Out_PP = 0x10,               //通用推挽输出
    GPIO_Mode_AF_OD = 0x1C,                 //复用开漏输出
```

```
    GPIO_Mode_AF_PP = 0x18                    //复用推挽输出
}GPIOMode_TypeDef;
```

因此，配置 GPIO 端口时，首先定义一个 GPIO_InitTypeDef 类型的结构体，然后调用库函数 GPIO_Init()选择要控制的端口，并配置其输入输出模式和速率。其函数原型如下：

```
    void GPIO_Init( GPIO_TypeDef * GPIOx, GPIO_InitTypeDef * GPIO_InitStruct )
```

其中，形参 GPIOx 用于选择 GPIO 端口(x=A～D)，GPIO_InitStruct 是指向 GPIO_InitTypeDef 结构体的指针。配置端口 GPIOA 和 GPIOC 的具体代码如下：

```
    GPIO_InitTypeDef    GPIO_InitStructure;

    /* 设置 PA0～PA3 为通用推挽输出，速率为 2 MHz   */
    GPIO_InitStructure.GPIO_Pin = GPIO_Pin_0 | GPIO_Pin_1 | GPIO_Pin_2 | GPIO_Pin_3;
    GPIO_InitStructure.GPIO_Mode = GPIO_Mode_ Out_PP;
    GPIO_InitStructure.GPIO_Speed = GPIO_Speed_2 MHz;
    GPIO_Init(GPIOA, &GPIO_InitStructure);

    /* 设置 PC0 为上拉输入   */
    GPIO_InitStructure.GPIO_Pin =    GPIO_Pin_0;
    GPIO_InitStructure.GPIO_Mode = GPIO_Mode_IPU;
    GPIO_Init(GPIOC, &GPIO_InitStructure);
```

3) 操作控制

本实例需要读取按键 KEY 的状态来控制 LED 灯的亮灭，需要用到的函数有 GPIO_ReadInputDataBit()、GPIO_SetBits()和 GPIO_ResetBits()。

函数 GPIO_ReadInputDataBit()用于读取指定 GPIO 端口的指定引脚的输入，其函数原型如下：

```
    u8    GPIO_ReadInputDataBit( GPIO_TypeDef * GPIOx, u16 GPIO_Pin )
```

其中，形参 GPIOx 用于选择 GPIO 端口(x = A～D)，GPIO_Pin 是待读取的引脚，可以取 GPIO_Pin_x(x = 0～15)的任意值。

函数 GPIO_SetBits()用于将指定 GPIO 端口的指定引脚置为高电平，其函数原型如下：

```
    void GPIO_SetBits( GPIO_TypeDef * GPIOx, u16 GPIO_Pin )
```

其中，形参 GPIOx 用于选择 GPIO 端口(x = A～D)，GPIO_Pin 是待写入的引脚，可以取 GPIO_Pin_x(x = 0～15)的任意值。

函数 GPIO_ResetBits()用于将指定 GPIO 端口的指定引脚置为低电平，其函数原型如下：

```
    void GPIO_ResetBits( GPIO_TypeDef * GPIOx, u16 GPIO_Pin )
```

其中，形参 GPIOx 用于选择 GPIO 端口(x = A～D)，GPIO_Pin 是待写入的引脚，可以取 GPIO_Pin_x(x = 0～15)的任意值。

2. 核心代码实现

在调用库函数编码实现按键控制 LED 灯时，需要新建以下几个文件：

(1) 新建头文件 stm32f10x_gpio.h：用于存放 stm32f10x_gpio.c 文件的引脚定义、全局

变量声明、函数声明等内容，具体方法请参考 7.3 节。其伪代码如下：

```
定义 GPIO 的引脚(0～15、ALL);
定义 GPIO 输出速度枚举类型 GPIOSpeed_TypeDef;
定义 GPIO 输入输出模式枚举类型 GPIOMode_TypeDef;
定义 GPIO 初始化结构体 GPIO_InitTypeDef;        //包含引脚、输出速度、输入输出模式这 3 个成员
void GPIO_Configuration(void);                 //声明 GPIO 配置函数
void GPIO_DeInit(GPIO_TypeDef* GPIOx)          //定义 GPIO 初始化函数
{
    参数检查;
    如果参数为 GPIOA，调用函数 RCC_APB2PeriphResetCmd 开启、关闭 GPIOA 的时钟;
    如果参数为 GPIOC，调用函数 RCC_APB2PeriphResetCmd 开启、关闭 GPIOC 的时钟;
}
```

(2) 新建文件 key_led.c：该文件用于初始化 GPIO 端口。代码如下：

```
#include "stm32f10x_rcc.h"
void GPIO_Configuration(void)
{
    GPIO_InitTypeDef   GPIO_InitStructure;     //定义 GPIO 结构体变量

    RCC_APB2PeriphClockCmd(RCC_APB2Periph_GPIOA | RCC_APB2Periph_GPIOC , ENABLE);
                                               //开启端口 A 和 C 的时钟

    GPIO_InitStructure.GPIO_Pin =    GPIO_Pin_0;
    GPIO_InitStructure.GPIO_Mode = GPIO_Mode_IPU;
    GPIO_Init(GPIOC, &GPIO_InitStructure);     //初始化端口 C

    GPIO_InitStructure.GPIO_Pin =    GPIO_Pin_0 | GPIO_Pin_1 | GPIO_Pin_2 | GPIO_Pin_3;
    GPIO_InitStructure.GPIO_Speed = GPIO_Speed_2 MHz;
    GPIO_InitStructure.GPIO_Mode = GPIO_Mode_Out_PP;
    GPIO_Init(GPIOA, &GPIO_InitStructure);     //初始化端口 A
}
```

(3) 新建一个 stm32f10x_gpio.c 文件。该文件用于定义函数，实现对 GPIO 端口的各种操作。代码如下：

```
#include "stm32f10x_gpio.h"
#include "stm32f10x_rcc.h"
uint8_t GPIO_ReadInputDataBit(GPIO_TypeDef* GPIOx, uint16_t GPIO_Pin)
{
    uint8_t bitstatus = 0x00;

    assert_param(IS_GPIO_ALL_PERIPH(GPIOx));     //参数检查
```

```
    assert_param(IS_GET_GPIO_PIN(GPIO_Pin));              //参数检查

    if ((GPIOx->IDR & GPIO_Pin) != (uint32_t)Bit_RESET)   //读取端口指定引脚的状态并返回
    {
        bitstatus = (uint8_t)Bit_SET;
    }
    else
    {
        bitstatus = (uint8_t)Bit_RESET;
    }
    return bitstatus;
}


void GPIO_SetBits(GPIO_TypeDef* GPIOx, uint16_t GPIO_Pin)
{
    assert_param(IS_GPIO_ALL_PERIPH(GPIOx));        //参数检查
    assert_param(IS_GPIO_PIN(GPIO_Pin));            //参数检查

    GPIOx->BSRR = GPIO_Pin;                         //从端口的指定引脚输出高电平
}

void GPIO_ResetBits(GPIO_TypeDef* GPIOx, uint16_t GPIO_Pin)
{
    assert_param(IS_GPIO_ALL_PERIPH(GPIOx));        //参数检查
    assert_param(IS_GPIO_PIN(GPIO_Pin));            //参数检查

    GPIOx->BRR = GPIO_Pin;                          //从端口的指定引脚输出低电平
}
```

(4) 新建一个 main.c 文件。该文件用于对 GPIO 端口进行操作，实现按键控制 LED 灯亮、灭的功能。代码如下：

```
#include "stm32f10x.h"

int main(void)
{
    u8 Key;
    GPIO_Configuration();
    Key=0;
    GPIO_SetBits(GPIOA , GPIO_Pin_0);
    GPIO_SetBits(GPIOA , GPIO_Pin_1);
```

```
GPIO_SetBits(GPIOA , GPIO_Pin_2);
GPIO_SetBits(GPIOA , GPIO_Pin_3);

while (1)
{
    if(!GPIO_ReadInputDataBit(GPIOC,GPIO_Pin_0))
        Key=Key+1;
    switch(Key%2)
    {
    case 0:
            GPIO_SetBits(GPIOA , GPIO_Pin_0);
            GPIO_SetBits(GPIOA , GPIO_Pin_1);
            GPIO_SetBits(GPIOA , GPIO_Pin_2);
            GPIO_SetBits(GPIOA , GPIO_Pin_3);
            break;
    case 1:
            GPIO_ResetBits(GPIOA , GPIO_Pin_0);
            GPIO_ResetBits(GPIOA , GPIO_Pin_1);
            GPIO_ResetBits(GPIOA , GPIO_Pin_2);
            GPIO_ResetBits(GPIOA , GPIO_Pin_3);
            break;
    default:break;
    }
}
}
```

3. 下载调试验证

在 Keil 中调试成功后生成 hex 文件，将 hex 文件添加到 Proteus 电路原理图中运行，操作过程、运行结果均与寄存器版源程序一致。

本 章 小 结

GPIO 在嵌入式系统开发中具有不可替代的作用。它是 STM32F103 微控制器连接外部设备实现人机交互的基本接口。它具有基本输入/输出、外部中断输入、定时器输入捕获、PWM 输出、模拟输入等多种功能，能够满足多种应用需求；它支持推挽输出、开漏输出、上拉输入、下拉输入等多种工作模式，支持多种响应速度。

GPIO 应用非常广泛，嵌入式系统能够在各个领域大放异彩，GPIO 功不可没。在工业自动化领域，GPIO 被广泛应用于管理各种传感器、控制各种机械设备；在智能家居系统中，

GPIO 常用于在灯光、安防等子系统中连接和控制各种智能设备；在汽车电子领域，GPIO 常用于发动机控制、车身控制等系统中，辅助实现车辆的各种控制功能；在医疗设备中，GPIO 常用于连接传感器和执行部件，实现医疗设备的精确控制和数据采集。

本章介绍了 GPIO 的基本工作原理，以 STM32F103R6 为例，介绍了 GPIO 内部寄存器操作封装成库函数的完整过程，并以按键控制 LED 灯亮、灭为例，详细介绍了基于寄存器开发和基于库函数调用开发的具体过程，帮助读者更快地熟悉嵌入式系统开发流程，以及简单人机交互的实现方法，建立起完整的包含处理器(STM32F103 微控制器)、存储器(片内 Flash、片内 SRAM)、输入设备(按键)、输出设备(LED 灯)五大部件的嵌入式硬件系统概念，理解无操作系统的嵌入式系统应用程序开发的特点。

在嵌入式系统中，GPIO 是 STM32F103 系列微处理器最常用、最简单的外设接口，也是嵌入式系统开发最基础的内容。通过本章的学习，读者能够了解学习外设接口工作原理和编程方法的大致步骤，掌握最基本的嵌入式系统开发和编程方法，为以后学习其他外设接口打下基础。后续学习的多个常用外设都需要使用 GPIO 引脚的复用功能，读者在学习时能够进一步体会 GPIO 的用法。

习　　题

1. 简要介绍操作 GPIO 引脚的一般流程。
2. 嵌入式硬件系统与微型计算机硬件系统有何异同？
3. 如何设置 GPIO 引脚进行输入、输出？
4. 简要分析 GPIO 内部寄存器 ODR、BSRR、BRR 之间的区别与联系。
5. 简要说明基于寄存器的开发与基于标准外设库的开发有何区别？
6. 假设 GPIOA 的引脚 PA0～PA3 分别连接到 LED1～LED4，引脚输出低电平时 LED 灯亮，输出高电平时 LED 灭。请在 Proteus 中设计电路原理图，在 MDK 中构建工程，编写程序实现流水灯的功能。流水花样可自行设计，例如，LED1～LED4 从左到右依次点亮，然后全部熄灭，再从右到左依次点亮。
7. 假设 GPIOA 的引脚 PA0 连接到一个 LED 灯，PA0 输出低电平时 LED 灯亮，输出高电平时 LED 灭。请在 Proteus 中设计电路原理图，在 MDK 中构建工程，编程模拟呼吸灯效果。提示：在循环体中执行操作"PA0 输出低电平(LED 灯亮)→延迟→PA0 输出高电平(LED 灯灭)→延迟"，每执行一次循环均修改延迟时间，使得 LED 灯"亮"的保持时间不同，从而模拟呼吸灯效果。
8. 简要介绍将 GPIO 内部寄存器操作封装成库函数调用的大致过程。
9. 为什么操作 GPIO 端口之前要开启其时钟？
10. 假设 GPIOA 的引脚 PA0 连接到一个 LED 灯，PA0 输出低电平时 LED 灯亮，输出高电平时 LED 灭。请在 Proteus 中设计电路原理图，在 MDK 中构建实现 LED 灯按一定频率闪烁的工程，要求分别用寄存器和标准库函数两种开发方式实现。

第 8 章

定时器原理及应用

为了满足嵌入式系统对定时、周期任务调度、脉冲宽度调制(Pulse Width Modulation，PWM)控制、输入捕获与编码器读取以及系统时钟源等方面的需求，在 STM32F103 系列微控制器中配置了多种不同类型的定时器，掌握这些定时器的基本功能、工作原理和编程方法是学习嵌入式系统应用开发的重要基础。

本章内容包括 STM32F103 微控制器的定时器分类，基本定时器、通用定时器和高级控制定时器的工作原理以及应用实例等。首先介绍定时器的基本概念和本章的应用实例；其次分别介绍 STM32F103 基本定时器、通用定时器和高级控制定时器，重点介绍通用定时器的内部结构、工作原理、内部寄存器及其用法；最后通过实例分别介绍了基于寄存器操作和基于库函数调用的两种开发方式。通过本章学习，读者能够了解基于 STM32 微控制器片内定时器的应用程序设计基本思路，掌握各环节所涉及的关键知识点和定时器操作常见库函数的用法等，为后续嵌入式应用系统开发奠定基础。

本章知识点与能力要求

◆ 了解定时器的基本概念和典型应用场景；

◆ 了解 STM32F103 中定时器的分类及特点；

◆ 理解 STM32F103 中基本定时器、通用定时器和高级控制定时器的特点，重点掌握通用定时器的内部结构、工作原理、内部寄存器及其用法；

◆ 结合本章实例，熟练掌握 STM32 微控制器片内定时器应用程序设计的基本思路，掌握各环节所涉及的关键知识点和常见库函数的用法，能独立完成基于通用定时器的简单嵌入式应用系统设计与开发。

8.1 定时器概述

可编程定时/计数器是 STM32F103 微控制器的基本片内外设，其本质上是一个计数器，可以对内部/外部稳定的时钟脉冲或外部有效事件输入进行计数，实现基本的延迟/

计数、输入捕获、输出比较和 PWM 波形输出等功能。在嵌入式系统开发中，充分利用定时器的强大功能，可以有效提升外设控制程序的编写效率，优化 CPU 资源利用率，提高系统的实时性。

本章以定时更新数码管显示的数字为例，介绍其 Proteus 仿真及寄存器级开发和标准外设库开发过程，使读者掌握使用通用定时器实现定时功能的基本方法。

图 8.1 为使用 TIM3 定时更新数码管显示数字的电路原理图。GPIO 的引脚 PC10～PC12 连接到 3-8 译码器 74HC138 的数据输入端 A～C，引脚 PC0～PC7 连接到 8 路同相三态双向总线收发器 74LS245 的输入端 A0～A7，接收将在数码管上显示的数字。

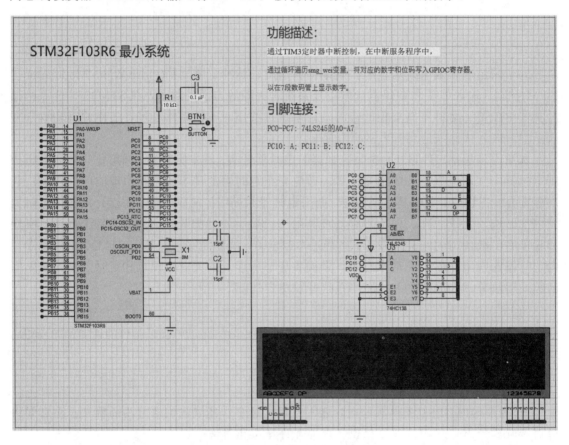

图 8.1　数码管动态显示电路原理图

该实例使用 STM32F103R6 的通用定时器 TIM3 来实现精确定时。TIM3 支持向上计数、向下计数等多种计数模式，其时钟源可以是内部时钟或外部时钟。该实例先设置 TIM3_psc 寄存器来确定预分频器值，可以得到分频后的时钟 ck_psc，也可以继续设置 TIM3_CR1 寄存器的 CKD 位，对时钟 ck_psc 再次分频；然后设置 TIM3_ARR 寄存器来确定计数周期，从而控制 TIM3 每 1 s 产生一次定时中断。在定时器中断服务程序 ISR 中，更新计时器变量 smg_wei 的值并将其转换成数码管可以显示的格式，然后输出显示。

注意：定时器是 STM32F103 系列微控制器中非常重要的功能模块，被广泛应用于周期性任务(例如定时采集传感器数据、控制 LED 灯闪烁等)、PWM 输出(常用于控制电机速度、调节 LED 灯亮度等)、输入捕获(常用于测量外部事件的事件间隔，如测量脉冲宽度、计算脉冲频率等)、编码器模式(常用于监测旋转或位置变化)等应用场景。STM32F103 的定时器种类繁多，功能强大而灵活，通过合理的配置和使用可以实现各种复杂的定时、控制功能，但不同类型的定时器(如基本定时器、通用定时器和高级定时器)其功能、特性和配置方法等方面均存在显著差异，实际应用时请查阅相应的数据手册和参考手册。

　　本章主要介绍通用定时器的内部结构、工作原理和典型应用。

8.2　STM32F103 的定时器

　　STM32F103 定时器种类多，功能强大，主要包括 SysTick 定时器、实时时钟 RTC、看门狗定时器、高级控制定时器(TIM1、TIM8)、通用定时器(TIM2～TIM5)和基本定时器(TIM6、TIM7)。这些定时器相互独立，互不干扰，可以同步操作。但不同型号的 STM32F103 微控制器芯片包含的定时器种类和数量是不同的，具体芯片片内定时器资源的详细信息，请查阅相关芯片的数据手册。

8.2.1　STM32F103 定时器分类

　　STM32F103 的定时器可以分为内核定时器、专用定时器、常规定时器三大类。

1. 内核定时器

STM32F103 的内核定时器是指 SysTick 定时器。

　　SysTick 定时器是一个位于 Cortex-M3 的 NVIC 中的 24 位递减计数器，倒数到 0 时可以产生 SysTick 异常请求(异常号为 15)，主要用于精确延时、在多任务操作系统中为整个系统提供时间基准(时基)，以维持操作系统"心跳"的节律；也可以用于任务切换，为每个任务分配时间片；还可以作为一个闹铃，用于测量时间等。

　　SysTick 定时器的时钟源可以是内部时钟(FCLK，Cortex-M3 上的"自由运行"时钟)，或者是外部时钟(Cortex-M3 处理器上的 STCLK 信号，其具体来源由芯片设计者决定，不同产品之间的时钟频率可能会大不相同)。所有 Cortex-M3 芯片都带这个定时器，使操作系统和其他系统软件在不同 Cortex-M3 器件间的移植工作得以简化。

　　注意：当处理器在调试期间被喊停(halt)时，SysTick 定时器亦将暂停工作。

2. 专用定时器

STM32F103 的专用定时器主要有实时时钟和看门狗定时器。

1) 实时时钟

　　实时时钟 RTC 是一个独立的 32 位可编程定时器，可用于较长时间段的测量。RTC 模块拥有一组连续计数的计数器，可提供时钟日历的功能；修改计数器的值还可以重新设置系统当前的时间和日期。

RTC 由 APB1 接口和 RTC 核心两个主要部分组成。具体介绍如下：

(1) APB1 接口由 APB1 总线时钟 PCLK1 驱动，用来和 APB1 总线相连；包含一组 16 位寄存器，可通过 APB1 总线对其进行读写操作，可以由系统复位。

(2) RTC 核心由一组可编程计数器组成，包括预分频模块和可编程计数器这两个主要模块。预分频模块包含一个 20 位的可编程分频器(RTC 预分频器)，可编程产生最长为 1 s 的 RTC 时间基准 TR_CLK，可以在每个 TR_CLK 周期中产生一个中断(秒中断)。可编程计数器为 32 位，可被初始化为当前系统时间。系统时间按 TR_CLK 周期累加并与存储在 RTC_ALR 寄存器中的可编程时间相比较，如果 RTC_CR 控制寄存器中设置了相应允许位，比较匹配时将产生一个闹钟中断。

2) 看门狗定时器

STM32F103 内置 2 个看门狗(独立看门狗 IWDG 和窗口看门狗 WWDG)，提供了更高的安全性、时间的精确性和使用的灵活性。这 2 个看门狗设备可用来检测和解决由软件错误引起的故障；当计数器达到给定的超时值时，触发一个中断(仅适用于窗口型看门狗)或产生系统复位。

独立看门狗由专用的低速时钟 LSI 驱动，即使主时钟发生故障它也仍然有效，适合应用于那些需要看门狗作为一个在主程序之外能够完全独立工作，并且对时间精度要求较低的场合。IWDG 具有自由运行的递减计数器，时钟由独立的 RC 振荡器提供(可在停止和待机模式下工作)。看门狗被激活后，在计数器计数至 0x000 时产生复位。

窗口看门狗具有可编程的自由运行递减计数器，由从 APB1 时钟分频后得到的时钟驱动，通过可配置的时间窗口来检测应用程序非正常的过迟或过早的操作，适合那些要求看门狗在精确计时窗口起作用的应用程序。窗口看门狗通常被用来监测由外部干扰或不可预见的逻辑条件造成的应用程序背离正常的运行序列而产生的软件故障。如果窗口看门狗的递减计数器值没有在一个有限的时间窗口中被刷新，看门狗电路在达到预置的时间周期时就会产生一个 MCU 复位。

3. 常规定时器

STM32F103 的常规定时器包括基本定时器(2 个：TIM6 和 TIM7)、通用定时器(4 个：TIM2～TIM5)、高级控制定时器(2 个：TIM1 和 TIM8)。

其中，高级控制定时器和通用定时器均由各自的可编程预分频器驱动一个 16 位自动装载计数器组成，适合测量输入信号的脉冲宽度(输入捕获)、产生输出波形(输出比较、PWM、嵌入死区时间的互补 PWM)等。使用定时器预分频器和 RCC 时钟控制预分频器，可以实现脉冲宽度和波形周期从几微秒到几毫秒的调节。高级控制定时器和通用定时器是完全独立的，它们不共享任何资源，可以同步使用。

基本定时器也由自己的可编程预分频器驱动一个 16 位自动装载计数器组成，可以为通用定时器提供时间基准，也可以为数模转换器 DAC 提供时钟。它们在芯片内部直接连接到 DAC 并通过触发输出直接驱动 DAC。

STM32F103 中常规定时器的主要特点和功能见表 8.1。

表 8.1　STM32F103 中的常规定时器

主 要 特 点	基本定时器 TIM6、TIM7	通用定时器 TIM2～TIM5	高级控制定时器 TIM1、TIM8
内部时钟 CK_INT 来源 TIM*x*CLK	APB1 分频器 输出	APB1 分频器输出	APB2 分频器输出
内部预分频器的位数(分频系数范围)	16 位	16 位	16 位
内部计数器的位数(计数范围)	16 位	16 位	16 位
更新中断和 DMA	可以	可以	可以
计数方向	向上	向上、向下、双向	向上、向下、双向
外部事件计数	无	有	有
其他定时器触发或级联	无	有	有
4 个独立的输入捕获、输出比较通道	无	有	有
单脉冲输出方式	无	有	有
正交编码器输入	无	有	有
霍尔传感器输入	无	有	有
刹车信号输入	无	无	有
死区时间可编程的互补输出	无	无	有
特殊应用场景	主要用于驱动 DAC	通用：定时计数、 PWM 输出、输入 捕获、输出比较	带死区控制和紧急 刹车，可应用于 PWM 电机控制

8.2.2　基本定时器

可编程基本定时器常用于一些简单的定时和计数应用场景。它可以作为通用定时器提供时间基准，产生精确的定时和延时，以及触发中断；也可以在芯片内部直接连接到 DAC，通过触发输出驱动 DAC，为 DAC 提供时钟信号。

可编程基本定时器的主要部分是一个带自动重装载的 16 位累加计数器，计数器的时钟来自预分频器，见图 8.2。其时基单元包括计数器寄存器(TIM*x*_CNT)、预分频寄存器(TIM*x*_PSC)和自动重装载寄存器(TIM*x*_ARR)。当用作定时或延时功能时，需要先为自动重装载寄存器设置初值，这是计数的最大值。时钟源 CK_PSC 通过预分频器分频后作为计数器的内部时钟输入 CK_CNT，计数器对其进行累加计数，当计数值和自动重装载寄存器的值相等时，定时时间到，基本定时器将产生更新事件。

基本定时器定时时间的计算公式为

$$T = \frac{(\text{ARR}+1) \times (\text{PSC}+1)}{F_t}$$

其中，T 是定时器的定时时间，F_t 是定时器的时钟源频率，ARR 是自动重装载寄存器的值，PSC 是预分频寄存器的值。

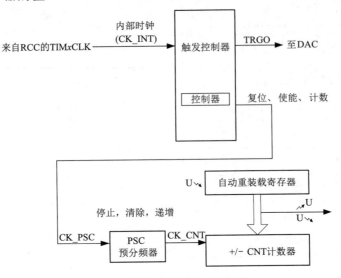

图 8.2　基本定时器的内部结构

基本定时器 TIM6 和 TIM7、通用定时器 TIM2～TIM5、高级控制定时器 TIM1 和 TIM8 的起始地址如表 8.2 所示。

表 8.2　TIM1～TIM8 定时器的地址范围

地 址 范 围	外　设	总　线
0x40014000～0x40017FFF	保留	APB2 (0x40010000 ～ 0x40017FFF)
…	…	
0x40013400～0x400137FF	TIM8	
…	…	
0x40012C00～0x40012FFF	TIM1	
…	…	
0x40010000～0x400103FF	AFIO	
0x40007800～0x4000FFFF	保留	APB1 (0x40000000 ～ 0x4000FFFF)
…	…	
0x40001400～0x400017FF	TIM7	
0x40001000～0x400013FF	TIM6	
0x40000C00～0x40000FFF	TIM5	
0x40000800～0x40000BFF	TIM4	
0x40000400～0x400007FF	TIM3	
0x40000000～0x400003FF	TIM2	

可编程基本定时器的内部寄存器均为 16 位(见表 8.3)，详细信息请查阅参考手册。

表 8.3　基本定时器的内部寄存器

寄存器名称	功　能	复位值	偏移地址
控制寄存器 1 (TIM*x*_CR1)	配置定时器的工作模式、计数模式、时钟分频等	0x0000	0x00
控制寄存器 2 (TIM*x*_CR2)	选择在主模式下向从定时器发送同步信息	0x0000	0x04
DMA/中断使能寄存器 (TIM*x*_DIER)	更新 DMA/中断请求使能	0x0000	0x0C
状态寄存器 (TIM*x*_SR)	用于标记定时器事件的状态，如计数器溢出、比较匹配等。仅 bit[0]有效，用于更新中断标志：该位由硬件在更新中断时置位，由软件清除	0x0000	0x10
事件产生寄存器 (TIM*x*_EGR)	仅 bit[0]有效，用于产生更新事件：该位由软件置位，由硬件自动清除	0x0000	0x14
计数器寄存器 (TIM*x*_CNT)	存储当前计数值	0x0000	0x24
预分频器 (TIM*x*_PSC)	设置定时器时钟的预分频值。计数器的时钟频率 CK_CNT $=f_{\text{CK\_PSC}}/(\text{PSC}[15:0]+1)$。在每一次更新事件时，PSC 的数值被传送到实际的预分频寄存器中	0x0000	0x28
自动重装载寄存器 (TIM*x*_ARR)	设置自动重装载数值——计数器的上限值，该数值将传送到实际的自动重装载寄存器中	0x0000	0x2C

8.2.3　通用定时器

通用定时器的
定时过程

可编程通用定时器通常由一个或多个 16 位计数器组成。时钟源经过预分频器分频后作为计数器的输入，计数器进行计数，并根据设定的自动重装载值进行自动重载，从而形成周期性计数过程，可以实现向上计数、向下计数、向上向下双向计数，其内部结构见图 8.3。

除了用于生成精确的定时和延时外，通用定时器还可以用于测量输入脉冲的频率和脉冲宽度、产生 PWM 输出信号、触发中断等，可以在多种应用场景中实现定时、计数和控制功能。此外，通用定时器还具有编码器接口，可以接收增量(正交)编码器的信号，根据编码器旋转产生的正交信号脉冲，自动控制 CNT 计数器自增或自减，从而指示编码器的位置、旋转方向和旋转速度，常用于电机控制。

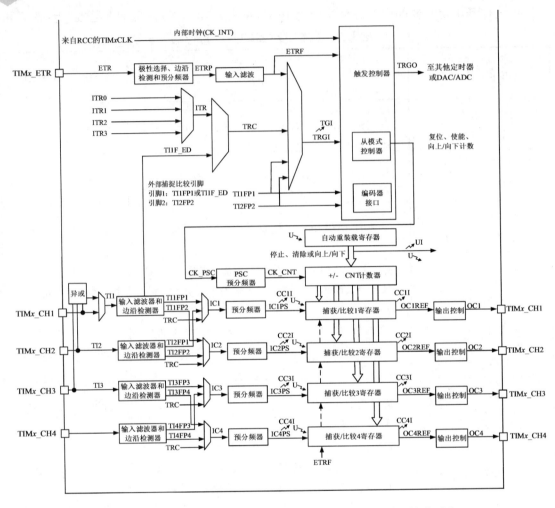

ETR：外部触发输入；ITRx：内部触发输入；TIx：外部输入捕捉引脚。

图 8.3　通用定时器的内部结构

1. 时基单元

通用定时器的时基单元包括预分频器寄存器(TIMx_PSC)、自动重装载寄存器(TIMx_ARR)和计数器寄存器(TIMx_CNT)。

自动重装载寄存器用于存储通用定时器的计数上限值。当计数值达到该上限值时，将产生一个更新事件(如溢出中断)，此时可以选择停止计数，也可以重置计数器，从而开始下一个计数周期。但是，用户程序通常不能直接操作自动重装载寄存器，而是通过它的缓冲器——预装载寄存器来间接修改自动重装载寄存器的值。控制寄存器 1(TIMx_CR1)的 bit[7]是自动重装载预装载允许位(Auto-Reload Preload Enable，ARPE)。当 TIMx_CR1.ARPE = 1时，预装载寄存器存在并发挥作用。此时，对自动重装载寄存器的修改实际上是对预装载寄存器的修改，在当前定时/计数周期结束时，硬件才会自动将预装载寄存器的值更新到自动重装载寄存器中。在需要精确控制定时器周期的场合，如在需要不断切换定时器周期且周期较短的情况下，使用预装载寄存器可以确保定时/计数周期的平稳过渡；在多通道输出且需要时序精准同步更新的场景中，使能预装载寄存器可以确保所有通道在更新事件发生时同时更新为预装载寄存器的值，从而实现准确的时序同步。

PSC 预分频器可以对时钟源 CK_PSC 分频后送入 CNT 计数器进行计数，分频参数可以为 1～65 536 之间的任意值。PSC 预分频器带有缓冲器，其预分频参数可以在当前计数周期尚未结束时被修改，新的预分频参数在下一次更新时间到来时被采用，如图 8.4 所示。

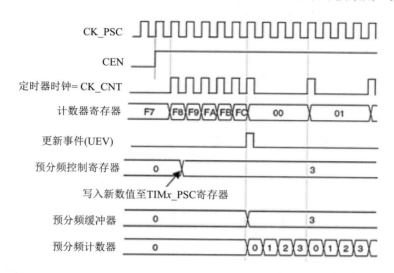

图 8.4   当预分频器的参数从 1 变到 4 时计数器的时序图

2. 内部寄存器

可编程通用定时器的内部寄存器可按半字(16 位)或字(32 位)方式操作，如表 8.4 所示。定时器 TIM2 ～TIM5 的起始地址见表 8.2。

表 8.4   通用定时器的常用内部寄存器

寄存器名称	功　　能	复位值	偏移地址
控制寄存器 1 (TIMx_CR1)	设置时钟分频因子(CKD[1:0])、自动重装载预装载允许位(ARPE)、计数模式(CMS[1:0])、计数方向(DIR)、单脉冲模式(OPM)、更新请求源(URS)、禁止更新位(UDIS)、计数器使能位(CEN)等	0x0000	0x00
控制寄存器 2 (TIMx_CR2)	设置 TI1 输入选择(TI1S)、主模式选择(MMS[2:0])、捕获/比较的 DMA 选择(CCDS)等	0x0000	0x04
从模式控制寄存器 (TIMx_SMCR)	设置外部触发极性(ETP)、外部时钟使能(ECE)、外部触发预分频(ETPS[1:0])、外部触发滤波(ETF[3:0])、主/从模式(MSM)、触发选择(TS[2:0])、从模式选择(SMS[2:0])	0x0000	0x08
DMA/中断使能寄存器 (TIMx_DIER)	设置允许触发 DMA 请求(TDE)、允许捕获/比较 x 的 DMA 请求(CCxDE)、允许更新的 DMA 请求(UDE)、触发中断使能(TIE)、允许捕获/比较 x 中断(CCxIE)、允许更新中断(UIE)	0x0000	0x0C
状态寄存器 (TIMx_SR)	设置捕获/比较 x 重复捕获标记(CCxOF)、触发器中断标记(TIF)、捕获/比较 x 中断标记(CCxIF)、更新中断标记(UIF)	0x0000	0x10

寄存器名称	功　能	复位值	偏移地址
事件产生寄存器 (TIM*x*_EGR)	设置产生触发事件(TG)、捕获/比较 *x* 事件(CC*x*G)、更新事件(UG)	0x0000	0x14
捕获/比较模式 寄存器 1 (TIM*x*_CCMR1)	设置捕获/比较 2 选择(CC2S[1:0])和捕获/比较 1 选择(CC1S[1:0]),用于定义通道的输入/输出方向及输入引脚的选择。其余位段的作用在输入和输出模式下不相同。OC*xx*描述了通道在输出模式下的功能,IC*xx* 描述了通道在输入模式下的功能	0x0000	0x18
捕获/比较模式 寄存器 2 (TIM*x*_CCMR2)	设置捕获/比较 4 选择(CC4S[1:0])和捕获/比较 3 选择(CC3S[1:0]),用于定义通道的输入/输出方向及输入引脚的选择。其余位段的作用在输入和输出模式下不相同。OC*xx*描述了通道在输出模式下的功能,IC*xx* 描述了通道在输入模式下的功能	0x0000	0x1C
捕获/比较使能寄存器(TIM*x*_CCER)	设置输入/捕获 *x* 输出极性(CC*x*P)和输入/捕获 *x* 使能(CC*x*E)	0x0000	0x20
计数器寄存器 (TIM*x*_CNT)	存储当前计数值	0x0000	0x24
预分频器 (TIM*x*_PSC)	设置定时器时钟预分频值,计数器的时钟频率 CK_CNT = f_{CK_PSC}/(PSC[15:0]+1)。在每一次更新事件时,PSC 的数值被传给实际的预分频寄存器中	0x0000	0x28
自动重装载寄存器 (TIM*x*_ARR)	设置自动重装载数值——计数器的上限值,该数值将传给实际的自动重装载寄存器中	0x0000	0x2C
捕获/比较寄存器 1 (TIM*x*_CCR1)	捕获/比较 1 的值	0x0000	0x34
捕获/比较寄存器 2 (TIM*x*_CCR2)	捕获/比较 2 的值	0x0000	0x38
捕获/比较寄存器 3 (TIM*x*_CCR3)	捕获/比较 3 的值	0x0000	0x3C
捕获/比较寄存器 4 (TIM*x*_CCR4)	捕获/比较 4 的值	0x0000	0x40
DMA 控制寄存器 (TIM*x*_DCR)	设置 DMA 在连续模式下的传送长度(DBL[4:0])和 DMA 在连续模式下的基地址(DBA[4:0])	0x0000	0x48
连续模式的 DMA 地址 (TIM*x*_DMAR)	DMA 连续传送寄存器	0x0000	0x4C

1) 控制寄存器 1(TIM*x*_CR1)

该寄存器负责控制定时器的基本功能和操作模式,其位段设置如图8.5 所示。

15:10	9:8	7	6:5	4	3	2	1	0
保留，始终读为 0	CKD[1:0]	ARPE	CMS[1:0]	DIR	OPM	URS	UDIS	CEN

图 8.5 寄存器 TIMx_CR1

该寄存器的 bit[9:0]均为可读可写，其中：

· bit[9:8]：CKD[1:0]，时钟分频因子，当使用定时器的输入捕获功能时，设置输入捕获的预分频器，以用于数字滤波器的采样，或者用于处理外部触发输入(External Trigger Input，ETR)和定时器输入(TIx)，其设置值含义如下：

时钟分频因子 CKD 与
预分频器 PSC

00——$t_{DTS} = t_{CK\_INT}$；

01——$t_{DTS} = 2 \times t_{CK\_INT}$；

10——$t_{DTS} = 4 \times t_{CK\_INT}$；

11——保留。

通用定时器计数时的
三种中央对齐模式

· bit[7]：ARPE，自动重装载预装载允许位，其设置值及含义如下：

0——TIMx_ARR 寄存器没有缓冲；

1——TIMx_ARR 寄存器被装入缓冲器。

· bit[6:5]：CMS[1:0]，选择中央对齐模式：

00——边沿对齐模式，计数器根据方向位 DIR 的设置进行向上或向下计数；

01——中央对齐模式 1，计数器交替地向上、向下计数，并在向下计数时触发中断。配置为输出的通道(TIMx_CCMRx 寄存器中 CCxS = 00)，计数器从 0 开始计数到 "(TIMx_ARR 寄存器)-1"；继续向下计数到 1 并更新中断标志位；然后再从 0 开始下一个计数周期。

10——中央对齐模式 2，计数器交替地向上、向下计数，并在向上计数时触发中断。配置为输出的通道(TIMx_CCMRx 寄存器中 CCxS = 00)，其输出比较中断标志位仅在计数器从 0 开始向上计数时被设置。

11——中央对齐模式 3。计数器交替地向上、向下计数，并在向上、向下计数时均触发中断。配置为输出的通道(TIMx_CCMRx 寄存器中 CCxS = 00)，其输出比较中断标志位在从 0 开始向上计数到 "(TIMx_ARR 寄存器) - 1" 时和继续向下计数到 1 时均被设置。

· bit[4]：DIR，计数方向标志位，其值及含义如下：

0——计数器向上计数；

1——计数器向下计数。

· bit[3]：OPM，单脉冲模式，其值及含义如下：

0——在发生更新事件时，计数器不停止；

1——在发生下一次更新事件(清除 CEN 位)时，计数器停止。

· bit[2]：URS，更新请求源，软件通过该位选择哪些更新事件(Update Event，UEV)发生时将更新定时器的中断标志位，其值及含义如下：

0——如果使能了更新中断或 DMA 请求，则计数器溢出/下溢、设置 UG 位、从模式控制器产生的更新等任一事件发生时，均将产生更新中断或 DMA 请求。

1——如果使能了更新中断或 DMA 请求，则仅计数器溢出/下溢时才产生更新中断或 DMA 请求。

- bit[1]：UDIS，禁止更新，软件通过该位允许/禁止 UEV 事件的产生，其值及含义如下：

0——允许 UEV，事件更新(UEV)可以由计数器溢出/下溢、设置 UG 位、从模式控制器产生的更新等任一事件产生。

1——禁止 UEV，不产生更新事件。

- bit[0]：CEN，使能计数器，其值及含义如下：

0——禁止计数器；

1——使能计数器。

通用定时器状态
寄存器 SR

在软件设置了 CEN 位后，外部时钟、门控模式和编码器模式才能工作。触发模式可以自动通过硬件设置 CEN 位。在单脉冲模式下，发生更新事件时，CEN 被自动清除。

2) 状态寄存器(TIMx_SR)

该寄存器通过不同的位来反映定时器的不同状态，从而允许微控制器根据这些状态来执行相应的操作或响应中断。该寄存器除保留位外，其余位的读写属性均为"rcw0"，表示软件可以读该位，也可以通过写入"0"来清除该位的值，向该位写入"1"则不做任何操作，不影响其原来的值。

该寄存器的 bit[15:13]、bit[8:7]、bit[5]为保留位，始终读为 0，其他位段设置见图 8.6。

15:13	12	11:10	9	8:7	6	5	4	3:2	1	0
保留	CC4OF	⋯	CC1OF	保留	TIF	保留	CC4IF	⋯	CC1IF	UIF

图 8.6　寄存器 TIMx_SR

- bit[12]：CC4OF，捕获/比较 4 的重复捕获标记。仅当相应通道被配置为输入捕获且发生捕获溢出时，该标记可由硬件置"1"，写"0"可以清除该位。其值及含义如下：

0——无重复捕获产生；

1——当计数器的值被捕获到 TIMx_CCR4 寄存器时，CC4IF 被置为"1"。

- bit[11]：CC3OF，捕获/比较 3 的重复捕获标记。参见 CC4OF。
- bit[10]：CC2OF，捕获/比较 2 的重复捕获标记。参见 CC4OF。
- bit[9]：CC1OF，捕获/比较 1 的重复捕获标记。参见 CC4OF。
- bit[6]：TIF，触发中断标记。当发生触发事件时，由硬件将该位置"1"。其值及含义如下：

0——无触发器事件产生；

1——触发器中断等待响应。

- bit[4]：CC4IF，捕获/比较 4 的中断标志位。

若通道 CC4 设置为输出模式，当计数器值与比较值匹配时，该位由硬件置"1"(中心对称模式下除外)，由软件清"0"。其值及含义如下：

0——无匹配发生；

1——TIMx_CNT 的值与 TIMx_CCR4 的值匹配。

若通道 CC4 配置为输入模式，当捕获事件发生时，该位由硬件置"1"，由软件清"0"

或通过读寄存器 TIMx_CCR4 清"0"。其值及含义如下：

0——无输入捕获产生；

1——在 IC4 上检测到与所选极性相同的边沿，计数器值已被复制到寄存器 TIMx_CCR4 中。

- bit[3]：CC3IF，捕获/比较 3 的中断标志位。参见 CC4IF。
- bit[2]：CC2IF，捕获/比较 2 的中断标志位。参见 CC4IF。
- bit[1]：CC1IF，捕获/比较 1 的中断标志位。参见 CC4IF。
- bit[0]：UIF，更新中断标志，当产生更新事件时，该位由硬件置"1"，由软件清"0"。

其值及含义如下：

0——无更新事件产生；

1——更新中断等待响应。

其他寄存器的详细信息请查阅参考手册。

3. 时钟源

通用定时器的计数器时钟可以由以下时钟源提供：

(1) **内部时钟源 CK_INT**：来自 RCC 的 TIMxCLK，是 APB1 预分频器的输出。当 APB1 预分频系数为 1 时，TIMxCLK = PCLK1 = 36 MHz，否则 TIMxCLK = 2*PCLK1 = 72 MHz。

(2) **内部触发输入 ITRx**：来自芯片内部其他定时器的触发输入，使用一个定时器作为另一个定时器的预分频器。

(3) **外部输入捕获引脚 TIx(外部时钟模式 1)**：来自外部输入捕获引脚上(可以是 TI1FP1、TI1F_ED 或 TI2FP2)的边沿信号。计数器可以在选定输入端的每个上升沿或下降沿计数。

(4) **外部触发输入引脚 ETR(外部时钟模式 2)**：来自外部引脚 ETR。计数器能在外部触发输入 ETR 的每个上升沿或下降沿计数。

4. 计数模式

计数模式是定时器最基本的工作模式。STM32F103 通用定时器中的 16 位计数器 TIMx_CNT 有向上计数、向下计数、双向计数 3 种计数模式，如图 8.7 所示。

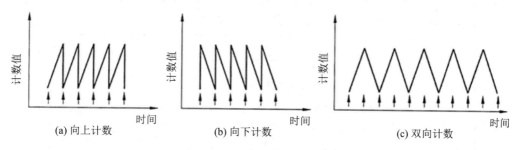

图 8.7　通用计数器的计数模式

(1) **向上计数**：计数器在时钟 CK_CNT 的驱动下从 0 开始加 1 计数到自动重装载寄存器 TIMx_ARR 的预设值后，重新从 0 开始计数并产生一个计数器溢出事件(图 8.7 中的"↑"就表示溢出事件)，还可以触发中断或 DMA 请求。当 TIMx_ARR=0x36、内部时钟分频因子为 4 时，计数器向上计数的时序如图 8.8 所示。

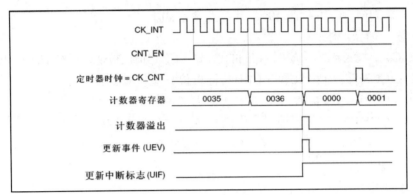

图 8.8　向上计数模式且内部时钟分频因子为 4 的时序图

(2) **向下计数**：计数器在时钟 CK_CNT 的驱动下从自动重装载寄存器 TIM*x*_ARR 的预设值开始向下减 1 计数到 0 后，重新从自动重装载寄存器 TIM*x*_ARR 的预设值开始计数并产生一个计数器溢出事件，还可以触发中断或 DMA 请求。当 TIM*x*_ARR = 0x36、内部时钟分频因子为 4 时，计数器向下计数的时序如图 8.9 所示。

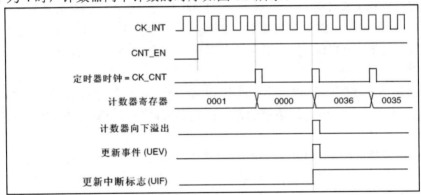

图 8.9　向下计数模式且内部时钟分频因子为 4 的时序图

(3) **双向计数**：计数器在时钟 CK_CNT 的驱动下从 0 开始加 1 计数到自动重装载寄存器 TIM*x*_ARR 的预设值 − 1 时，产生一个计数器溢出事件，然后再向下计数到 1 并产生一个计数器溢出事件，接着再从 0 开始重新计数。当 TIM*x*_ARR = 0x36、内部时钟分频因子为 4 时，计数器向上计数的时序如图 8.10 所示。

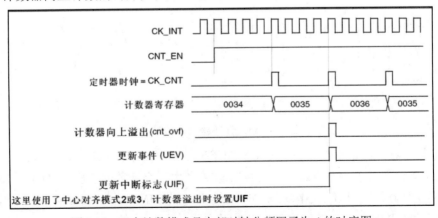

图 8.10　双向计数模式且内部时钟分频因子为 4 的时序图

5. 工作模式

1) 输入捕获模式

输入捕获模式在 PWM 波形参数测量、脉冲宽度测量、频率测量、编码器读取、电容按键检测、信号同步与事件捕获以及错误检测与保护等方面具有广泛的应用。

在输入捕获模式下，当检测到某个输入捕获通道 ICx(x = 1～4)信号上相应的边沿后，计数器 TIMx_CNT 的当前值被锁存到捕获/比较寄存器(TIMx_CCRx)中。当捕获事件发生时，TIMx_SR 寄存器的 CCxIF 标志位被置"1"，如果使能了中断或 DMA 操作，则将产生中断或 DMA 操作。如果捕获事件发生时 CCxIF 标志位已经为"1"，则 TIMx_SR 寄存器的重复捕获标志位 CCFxOF 被置"1"。

当给 TIMx_SR 寄存器的 CCxIF 标志位写入"0"时，可以清除 CCxIF；读取存储在寄存器 TIMx_CCRx 中的捕获数据也可以清除 CCxIF。当给 TIMx_SR 寄存器的 CCxOF 标志位写入"0"时，可以清除 CCxOF。

2) PWM 输入模式

PWM 输入模式是输入捕获模式的一个特例，常用于检测输入到 GPIO 引脚的外部信号频率和占空比，此时两个 ICx 信号被映射至同一个 TIx 输入，这两个 ICx 信号均为边沿有效，但极性相反；其中一个 TIxFP 信号被用作触发输入信号，且从模式控制器被配置成复位模式；捕获/比较寄存器被用作捕获功能。

使用 PWM 输入模式测量外部信号频率(TIMx_CCR1 寄存器)和占空比(TIMx_CCR2 寄存器)的工作过程如下(其时序如图 8.11 所示)：

(1) 选择 TIMx_CCR1 的有效输入：置 TIMx_CCR1 寄存器的 CC1S=01(选择 TI1)；

(2) 选择 TI1FP1 的有效极性(用来捕获数据到 TIMx_CCR1 并清除计数器)：置 CC1P = 0(上升沿有效)；

(3) 选择 TIMx_CCR2 的有效输入：置 TIMx_CCR1 寄存器的 CC2S=10(选择 TI1)；

(4) 选择 TI1FP2 的有效极性(用来捕获数据到 TIMx_CCR2)：置 CC2P=1(下升沿有效)；

(5) 选择有效的触发输入信号：置 TIMx_SMCR 寄存器中的 TS=101(选择 TI1FP1)；

(6) 配置从模式控制器为复位模式：置 TIMx_SMCR 寄存器中的 SMS=100；

(7) 使能捕获：置 TIMx_CCER 寄存器中的 CC1E=1 且 CC2E=1。

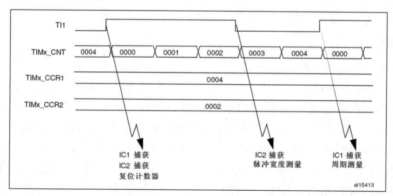

图 8.11　PWM 输入模式时序

从通用定时器内部结构图(图 8.3)可知，只有 TI1FP1 和 TI2FP2 连到了从模式控制器，因此，PWM 输入模式只能使用 TIMx_CH1/TIMx_CH2 信号。

3) 输出比较模式

输出比较模式通常用来控制一个输出波形或指示定时时间已经到达。

当计数器 TIMx_CNT 的当前计数值与捕获/比较寄存器 TIMx_CCRx 的值相等时，可以触发一系列预定义的操作或变化。这些变化通常包括：

(1) 相应的输出引脚可根据设置的编程模式选择置位、复位、翻转或不变；

(2) 中断状态寄存器中的相应标志位被置位；

(3) 如果相应的中断屏蔽位被置位，则产生中断请求；

(4) 如果 DMA 请求使能被置位，则产生 DMA 请求。

4) PWM 输出模式

PWM 是指对输出脉冲宽度的控制，是一种利用微控制器的数字输出来对模拟电路进行控制的有效技术，在电力电子领域得到广泛应用，如测量、通信、功率控制与变换、电机控制、伺服控制、调光、开关电源、音频放大等。

STM32F103 微控制器的通用定时器能同时产生 4 路 PWM 输出，其 PWM 输出模式工作过程如下：

(1) 若配置计数器 TIMx_CNT 为向上计数模式，自动重装载寄存器 TIMx_ARR 的预设值为 N，则计数器 TIMx_CNT 的当前计数值 X 在时钟 CK_CNT 的驱动下从 0 开始累加计数；

(2) 计数器 TIMx_CNT 的当前计数值 X 不断与捕获/比较寄存器 TIMx_CCR 的预设值 A 进行比较：当 X<A 时，输出高电平(或低电平)；当 X≥A 时，输出低电平(或高电平)；

(3) 当计数器 TIMx_CNT 的当前计数值 X 大于自动重装载寄存器 TIMx_ARR 的预设值 N 时，TIMx_CNT 的计数值清零并重新开始计数。

占空比是 PWM 信号中高电平时间与整个周期时间的比值。在基于定时器的 PWM 实现中，寄存器 TIMx_CCRx 常用于设置 PWM 脉冲的宽度(即高电平时间)，寄存器 TIMx_ARR 常用于设置 PWM 信号的周期。例如，若采用向上计数模式，占空比 = (TIMx_CCRx/(TIMx_ARR+1)) ×100%。

5) 单脉冲模式

单脉冲模式允许计数器响应一个激励，并在一个可编程的延迟之后产生一个脉宽可程序控制的脉冲。通过软件可以设定选用单脉冲或重复脉冲波形。

6. 编码器接口

当 STM32F103 微控制器中通用定时器被配置为编码器接口模式时，可以接收来自旋转编码器的正交信号，并根据这些正交信号脉冲自动控制计数器 CNT 的自增或自减，从而指示编码器的旋转方向和速度，实现运动系统位置的测量。例如，STM32F103 微控制器通用定时器的两个输入 TI1 和 TI2 可以用作增量编码器接口，分别连接编码器的 A 相和 B 相，再通过滤波和边沿极性选择，产生通向编码器接口的 TI1FP1 和 TI2FP2 信号。当编码器正转时，计数器 CNT 自增；当编码器反转时，计数器 CNT 自减。计数器 CNT 的当前计数值代表了编码器的旋转角度或圈数。每隔一段固定时间读取一次计数值并将其清零，再计算单位时间内计数值的增量，就可以测得运动系统的速度。因此，通过控制计数器 CNT 的自增或自减，可以实现对旋转方向和速度的精确测量。使用第 2 个配置为捕获模式的定时器，则可以测量两个编码器事件的时间间隔，获得速度、加速度、减速度等动态信息。

7. 通用定时器的典型应用场景

通用定时器的典型应用场景包括精确定时、输入捕获和 PWM 输出等。

1) 精确定时

通用定时器最典型的应用是精确定时，定时时间到则产生中断。以 LED 灯定时闪烁为例，若 LED 灯连接在引脚 PB0，高电平灭低电平亮，初始状态为熄灭。使用通用定时器 TIM2 进行 1 s 精确定时，定时时间到则反转 LED 灯的状态并重新开始下一轮定时。实现该功能的思路如下：

(1) 初始化 GPIO 引脚 PB0：

• 设置 APB2 外设时钟使能寄存器(RCC_APB2ENR)，开启端口 GPIOB 的时钟。端口 GPIOB 的时钟使能位为该寄存器的 bit[3]。该寄存器的地址为 RCC 模块的起始地址 0x40021000+偏移地址 0x18=0x40021018，因此，将地址 0x40021018 的 bit[3]置位，实现开启端口 GPIOB 时钟的操作。

• 设置端口配置低寄存器 GPIOB_CRL，将引脚 PB0 设置为通用推挽输出，输出速率为 10 MHz。该寄存器的 bit[3:0]可用于设置引脚 PB0 的输入输出工作模式。bit[1:0]=01 表示输出模式，最大输出速度为 10 MHz；bit[3:2]=00 表示通用推挽输出模式。该寄存器的地址为 GPIOB 端口的起始地址 0x40010C00+偏移地址 0x00=0x40010C00，因此，将地址 0x40010C00 的 bit[3:0]设置为 0001 即可。

• 设置端口位设置/清除寄存器(GPIOB_BSRR)，从引脚 PB0 输出高电平，使 LED 灯初始状态为熄灭。该寄存器的低 16 位分别对应 GPIO 端口的 16 个引脚，写入 1 时将从对应引脚输出高电平，写入 0 则无效。该寄存器的地址为 GPIOB 端口的起始地址 0x40010C00+偏移地址 0x10=0x40010C10，因此，给地址 0x40010C10 写入 0x01 即可。

(2) 初始化通用定时器 TIM2：

• 设置 APB1 外设时钟使能寄存器(RCC_APB1ENR)，开启通用定时器 TIM2 的时钟。该寄存器的 bit[0]可以开启(bit[0] = 1)或关闭(bit[0] = 0)TIM2 的时钟。该寄存器的地址为 RCC 模块的起始地址 0x40021000 + 偏移地址 0x1C = 0x4002101C，因此，将地址 0x4002101C 的 bit[0]置位，实现开启 TIM2 时钟的操作。

• 设置 TIM2 的自动重装载寄存器 TIM2_ARR 和预分频器 TIM2_PSC 的值，实现 1 s 定时。寄存器 TIM2_ARR 的地址为 TIM2 的起始地址 0x40000400 + 偏移地址 0x2C = 0x4000042C，寄存器 TIM2_PSC 的地址为 TIM2 的起始地址 0x40000400 + 偏移地址 0x28 = 0x40000428。根据计算公式“定时时间 = (TIM2_ARR+1) × (TIM2_PSC + 1) / 系统时钟”，确定寄存器 TIM2_ARR 和 TIM2_PSC 的值。例如，当系统时钟为 72 MHz 时，可设置 TIM2_ARR = 9999，TIM2_PSC=7199，实际上是将这两个数值写入了对应的地址 0x4000042C 和 0x40000428 中。

• 设置控制寄存器 1(TIM2_CR1)，确定计数模式。该寄存器的 bit[4]用于设置 TIM2 的计数模式：bit[4] = 0 为向上计数模式，bit[4] = 1 为向下计数模式。该寄存器的地址为 TIM2 的起始地址 0x40000400 + 偏移地址 0x00 = 0x40000400，因此，可以通过向该地址的 bit[4]

写入 0 或 1 来配置向上或向下计数模式。

　　• 设置状态寄存器 TIM2_SR，清除更新标志。向该寄存器的 bit[0]写入 0 代表无更新事件产生。该寄存器的地址为 TIM2 的起始地址 0x40000400 + 偏移地址 0x10 = 0x40000410，因此，向该地址的 bit[0]写入 0 即可。

　　• 设置 DMA/中断使能寄存器(TIM2_DIER)，使能定时中断。该寄存器的 bit[0]用于禁止(bit[0] = 0)或允许(bit[0] = 1)更新中断。该寄存器的地址为 TIM2 的起始地址 0x40000400 + 偏移地址 0x0C = 0x4000040C，因此，向该地址的 bit[0]写入 0 即可使能定时中断。

　　• 设置控制寄存器 1(TIM2_CR1)，使能计数器。该寄存器的 bit[0]用于禁止(bit[0] = 0)或使能(bit[0] = 1)计数器。该寄存器的地址为 TIM2 的起始地址 0x40000400 + 偏移地址 0x00 = 0x40000400，因此，往该地址的 bit[0]写入 1 即可使能计数器。

　　• 设置 APB1 外设时钟使能寄存器(RCC_APB1ENR)，关闭 TIM2 的时钟。将地址 0x4002101C 处的 bit[0]清 0 即可关闭 TIM2 的时钟，等待使用时开启。

　　(3) 初始化 NVIC：

　　• 设置系统控制块中应用程序中断和复位控制寄存器(SCB_AIRCR，地址为 0xE000ED00)的 bit[10:8]，以便设置优先级分组，确定分别用多少个 bit 来表示抢占优先级和响应优先级。STM32F103 微控制器仅使用 4 个 bit 来表示优先级分组，因此，该寄存器的 bit[10:8] 也只用到了 000～100 共 5 种编码来表示 NVIC_PriorityGroup_0～NVIC_PriorityGroup_4 这 5 种优先级分组，例如，NVIC_PriorityGroup_0 指的是用 0 bit 来表示抢占优先级、用 4 bit 来表示响应优先级。关于"抢占优先级""响应优先级"以及优先级分组的更多具体内容请参考第 9.2 节。

　　• 设置中断优先级寄存器(NVIC_IPRx)。查阅 Cortex-M3 编程手册可知，28 号中断的优先级可以在寄存器 NVIC_IPR7 的 bit[7:4]中设置。

　　• 设置中断使能寄存器(NVIC_ISERx)，使能 TIM2 中断。查阅 STM32F103 的异常向量表可知，TIM2 的中断类型号为 28，中断使能寄存器 NVIC_ISER0 的 bit[28]可以使能 (bit[28] = 1)或禁止(bit[28] = 0)TIM2 中断。该寄存器的地址为 NVIC 的起始地址 0xE000E100 + 偏移地址 0x00 = 0xE000E100，因此，将该地址的 bit[28]置位即可使能 TIM2 中断。

　　(4) 编写 TIM2 中断服务程序 void TIM2_IRQHandler(void)：

　　• 反转 LED 灯的状态。从引脚 PB0 输出低电平/高电平，使 LED 灯点亮/熄灭。

　　• 设置状态寄存器 TIM2_SR，清除更新标志。将该寄存器的 bit[0]清零，以免同一个中断请求被多次处理。

　　(5) 在主程序中循环等待定时中断。

　　2) 输入捕获

　　假设 GPIO 引脚 PA0 连接按键 Key。当 Key 按下时从 PA0 可检测到低电平，Key 释放时从 PA0 可检测到高电平。现利用 TIM2 的输入捕获功能来测量按下 Key 后低电平持续的时间。其编程的基本思路如下：

　　(1) GPIO 引脚初始化：开启端口 GPIOA 的时钟，并将 PA0 复用为 TIM2 的 CH1。

　　(2) TIM2 初始化：开启 TIM2 的时钟，配置 TIM2 的自动重装载寄存器初值(TIMx_ARR)、预分频系数(TIMx_PSC)、计数模式等参数，设置 TIM2 的中断优先级并使能中断。

(3) 输入捕获配置:

• 设置输入捕获滤波器:为了消除高频噪声的影响,可以配置输入捕获滤波器。滤波器的设置决定了其对输入信号的滤波效果。

• 设置输入捕获极性:可以设置为上升沿、下降沿或者双边沿有效,此处设为下降沿有效。当输入信号捕获到一个下降沿时,TIM2 会捕获当前计数器的值,并将其存储在捕获/比较寄存器(TIM2_CCR2)中。

• 设置输入捕获映射通道:将输入信号映射到 TIM2 的 CH1 通道上。

• 设置输入捕获分频器:输入捕获分频器,用于对输入信号进行分频处理,以便更好地适应定时器的计数频率。

(4) 编写中断服务程序:

• 进入中断后将 CNT 清零,并将下次捕获方式修改为上升沿捕获;同时打开溢出中断,以便记录溢出次数。

• 若两次捕获均结束,则计算低电平的持续时间:

  低电平持续时间 = 溢出次数 × 一次计数周期的时间 + 低电平捕获的时间

• 清除中断标志位。

(5) 等待输入捕获信号到来。

3) PWM 输出

通用定时器相关引脚如表 8.5 所示。以呼吸灯为例,假设使用 TIM3 的 CH3(引脚 PB0)来输出占空比不断变化的 PWM 信号并连接 LED 灯,使之不断重复逐渐变亮又逐渐变暗的过程,实现呼吸灯效果。其基本编程思路如下:

表 8.5 通用定时器相关引脚

通道	TIM2	TIM3	TIM4	TIM5
CH1	PA0/PA15	PA6/PB4/PC6	PB6/PD12	PA0
CH2	PA1/PB3	PA7/PB5/PC7	PB7/PD13	PA1
CH3	PA2/PB10	PB0/PC8	PB8/PD14	PA2
CH4	PA3/PB11	PB1/PC9	PB9/PD15	PA3

(1) GPIO 引脚初始化:

• 开启端口 GPIOB 的时钟(具体操作方法见本节 "1) 精确定时" 的相关内容)。

• 将引脚 PB0(呼吸灯要用到该引脚)设置为复用推挽输出,输出速率为 50 MHz。

(2) TIM3 的 PWM 模式配置过程如下:

• 配置 TIM3 的基本参数,具体步骤包括:开启 TIM3 的时钟→配置寄存器 TIM3_ARR 和 TIM3_PSC 的值,从而确定 PWM 频率→设置 TIM3 为向上计数模式。

• 配置 TIM3 的 PWM 模式,具体步骤包括:配置为 PWM 模式 1 或 PWM 模式 2→使能 PWM 输出→设置 PWM 输出的初始脉冲值→设置输出极性为高电平或低电平→使能 CH3→使能预装载→使能 TIM3_ARR。

• 分别使能 TIM3、TIM3 的更新中断。

(3) 配置 TIM3 的中断优先级(具体操作方法见本节 "1) 精确定时" 的相关内容)。

(4) 编写中断服务函数。在该函数中,每执行一次中断服务函数,就将寄存器

TIM3_CCR3 的值减去或增加一个固定的量，从而使得下一个计数周期的计数时长发生变化，LED 灯的亮/灭时间长短随之发生变化，实现呼吸灯的效果。注意，务必在该函数的最后清除中断标志位，以免同一个中断请求被多次处理。

(5) 在主程序中循环等待定时中断。

8.2.4　高级控制定时器

STM32F103 的高级控制定时器 TIM1 和 TIM8 除了具有通用定时器的所有功能外，最多可以产生 7 路 3 对互补的 PWM 输出，具有刹车功能和死区时间控制功能，支持定时、PWM、输入捕获、输出比较等多种工作模式，可以用于测量输入信号的脉冲宽度(输入捕获)或产生输出波形(输出比较、PWM、嵌入死区时间的互补 PWM 等)，在控制系统、通信、电源转换等领域有着广泛的应用。

STM32F103 的高级控制定时器内部结构比通用定时器复杂一些，通常由预分频器、定时器计数器、自动重载寄存器、PWM 输出、输入捕获/比较寄存器等组成，但其核心仍然是一个由可编程预分频器驱动的、具有自动重装载功能的 16 位计数器。

高级控制定时器包含控制寄存器、状态寄存器、计数寄存器、自动重载寄存器、PWM 输出寄存器、输入捕获/比较寄存器等内部寄存器。各寄存器的详细信息请查阅参考手册。通过配置这些寄存器，可以实现对定时器的各种参数设置和控制，包括时钟源、预分频值、自动重载值、PWM 参数、输入捕获/比较参数等。定时器 TIM1、TIM8 内部寄存器的起始地址见表 8.2。可以用半字(16 位)或字(32 位)方式操作这些外设寄存器。

8.3　基于寄存器操作的定时器应用实例仿真与实现

本节介绍基于寄存器操作方式实现 STM32F103 通用定时器精确定时功能的方法。

8.3.1　功能描述与硬件设计

1. 功能描述

采用基于寄存器操作的方式，利用 8 个 GPIO 引脚连接七段数码管，用于依次显示数字 0~7。通用定时器 TIM3 进行 1 s 精确定时，定时时间到则产生中断。每次中断时均更新七段数码管上所显示的数字。

2. 硬件设计

微控制器选用 STM32F103R6，端口 GPIOC 的引脚 PC10~PC12 连接到 3-8 译码器 74HC138 的数据输入端 A~C，74HC138 的输出选择线 $\overline{Y0}$ ~ $\overline{Y7}$ 连接到数码管，作为 8 个数码管的片选信号，也可以看作这 8 个数码管的编号。引脚 PC0~PC7 连接到 8 路同相三态双向总线收发器 74LS245 的输入端 A0~A7。

74LS245 具有三态功能和双向传输能力，其使能端 $\overline{CE}$ 直接接地；方向控制端 DIR(AB/$\overline{BA}$)直接连电源，表示数据始终从端口 A 流向端口 B；端口 B 的引脚 B0~B7 连接数码管的引脚 A～G、DP，用于显示数字 0～7。

电路原理图见图 8.1。

8.3.2 软件设计与仿真实现

1. 编程思路

1) 定义相关变量

定义用于在七段数码管上显示数字的数组 smg_num 和用于存放七段数码管编号的数组 wei，以及一些控制数码管显示的变量。

2) 初始化数码管

开启端口 GPIOC 的时钟，并将引脚 PC0～PC7、PC10～PC12 均设置为通用推挽输出。

3) 初始化通用定时器 TIM3

开启 TIM3 的时钟，并设置计数周期、预分频值、计数模式等参数，实现 1 s 定时；使能 TIM3 的更新中断；设置 TIM3 的中断优先级并使能 TIM3 中断；启动 TIM3 计数。

4) 编写 TIM3 的定时中断服务程序，等待中断

当 TIM3 的更新中断发生时，若为定时时间到，则根据数组 smg_num 和 wei 的值循环遍历 8 个数码管，将数码管的编号和待显示的数值写入 GPIOC 寄存器，从而在相应数码管上显示数字。最后清除中断标志位。

系统流程图如图 8.12 所示。

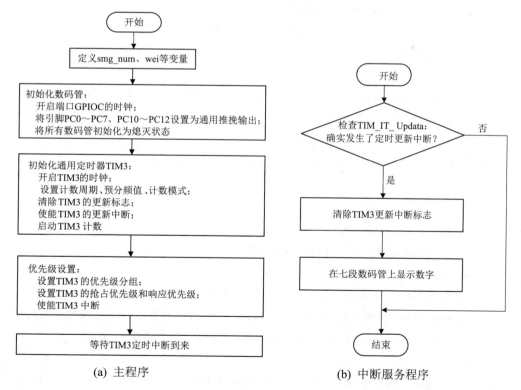

(a) 主程序　　　　　　　　　　　　(b) 中断服务程序

图 8.12　系统流程图(寄存器版)

2. 核心代码实现

与 7.3 节中点亮 LED 灯的完整代码类似，首先也需要定义 GPIO 寄存器结构体、RCC 寄存器结构体，声明端口 GPIOC 和外设 RCC 并设置其基地址。由于本实例中还需要实现通用定时器的定时中断，因此，还需要定义 NVIC 和通用定时器寄存器结构体。

主要代码如下：

```
#include "led.h"            //包含 LED 控制的头文件
#include "timer.h"          //包含定时器函数的头文件
                            //定义用于在七段数码管上显示数字的数组
uint16_t smg_num[]={0x3f,0x06,0x5b,0x4f,0x66,0x6d,0x7d,0x07,0x7f,0x6f};
                            //定义用于选择七段数码管上的数字的数组
uint16_t wei[]={0x00,0x01,0x02,0x03,0x04,0x05,0x06,0x07};
u8 smg_wei=0;               //变量，表示当前在七段数码管上显示的数字
u8 smg_duan=0;              //变量，表示当前在七段数码管上点亮的段
u8 t=0;                     //变量，用于时间计数


void TIM_ClearITPendingBit(TIM_TypeDef* TIMx, uint16_t TIM_IT)
{
    //参数检查，确保 TIMx 是一个有效的 TIM 外设
    assert_param(IS_TIM_ALL_PERIPH(TIMx));
    //参数检查，确保 TIM_IT 是一个有效的 TIM 中断标志位
    assert_param(IS_TIM_IT(TIM_IT));

    TIMx->SR = (uint16_t)~TIM_IT;   //将 TIM_SR 寄存器中与 TIM_IT 相应的位清零
}


ITStatus TIM_GetITStatus(TIM_TypeDef* TIMx, uint16_t TIM_IT)
{
    ITStatusbitstatus = RESET;
    uint16_t itstatus = 0x0, itenable = 0x0;
    assert_param(IS_TIM_ALL_PERIPH(TIMx));
    assert_param(IS_TIM_GET_IT(TIM_IT));
    itstatus = TIMx->SR & TIM_IT;         //读取 TIM_SR 寄存器，获取当前中断标志位的状态
    itenable = TIMx->DIER & TIM_IT;       //读取 TIM_DIER 寄存器，获取中断使能位的状态
    If ((itstatus != (uint16_t)RESET) && (itenable != (uint16_t)RESET))
    {
        bitstatus = SET;   //如果中断标志位和中断使能位都为 1，则设置返回状态为 SET
    }
```

```
        else
        {
            bitstatus = RESET;   //否则，返回状态为 RESET
        }
        return bitstatus;
}


void TIM3_IRQHandler(void)     // TIM3 的中断服务程序
{
    if (TIM_GetITStatus(TIM3, TIM_IT_Update) != RESET)   //检查 TIM3 更新中断是否发生
    {
        TIM_ClearITPendingBit(TIM3, TIM_IT_Update );   //清除 TIM3 更新中断标志
        for(smg_wei=0; smg_wei<8; smg_wei++)
        {
            // 在七段数码管上显示数字
            GPIOC->ODR = wei[smg_wei] << 10 | smg_num[smg_wei] & 0x00ff;
        }
    }
}


int main(void)
{
    LED_Init();   //初始化引脚 PC0～PC7、PC10～PC12，具体实现请参考第 7.5.2 节
    RCC->APB1ENR |= (1<<1);           //使能 TIM3 的时钟

    /*定时器 TIM3 初始化*/
    TIM3->ARR = 9999;       //设置自动重装载寄存器 TIM3_ARR 的值(计数周期)
    TIM3->PSC =7199;        //设置预分频器 TIM3_PSC 的值(分频系数)
    TIM3->CR1 &= (uint16_t)0xFFEF;   //设置向上计数模式
    TIM3->CR1 |= (uint16_t)0x0001;   //使能 TIM3 计数器
    TIM3->SR&=(uint16_t)0xFFFE;      //清除 TIM3 更新标志
    TIM3->DIER |= (uint16_t)0x0001;  //使能 TIM3 更新中断

    /*设置中断优先级并使能中断*/
    SCB->AIRCR = AIRCR_VECTKEY_MASK |(uint32_t)0x600;//设置中断优先级分组 1
    NVIC->IPR7 |= (uint32_t)(0x03<<12);          //设置 TIM3 的抢占优先级 0, 响应优先级 3
    NVIC->ISER0=(uint32_t)(0x01<<29);            //使能 TIM3 中断
```

```
    while(1)
                                    //等待定时中断到来
    {

    }
}
```

3. 下载调试验证

在 Keil 中编译链接成功后，生成目标设备可执行的 hex 文件。这一文件包含了编译后的程序代码以及其他必要的信息，用于烧录到目标芯片中。

将生成的 hex 文件添加到 STM32F103R6 微控制器中，配置必要的仿真参数，进行系统级仿真，以模拟实际硬件环境中的程序执行过程，检验其功能是否满足要求。图 8.13 为该程序运行过程中，在第 6 个数码管上显示数字 6 时的运行结果。

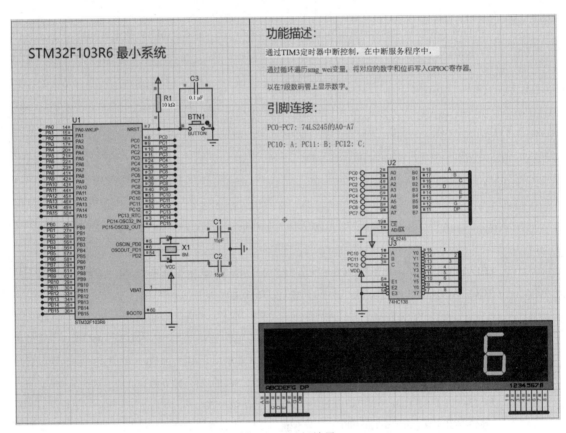

图 8.13　运行结果

8.4　基于标准外设库的定时器应用实例仿真与实现

本节简要介绍标准外设库中与通用定时器相关的常用接口函数，以及基于标准外设库来实现精确定时的仿真实现过程。

8.4.1　标准外设库中与通用定时器相关的常用接口函数

通用定时器可以用于生成各种时间延迟、定时触发等功能。标准外设库中与通用定时器相关的常用接口函数可用于控制通用定时器的初始化、启动、停止和配置等操作。这些接口函数的功能描述见表 8.6，函数的具体使用方法请查阅用户手册。

表 8.6　标准外设库中与通用定时器相关的常用接口函数

类型	函　　数	功　　能
初始化	TIM_TimeBaseInit()	初始化定时器的基本参数，如时钟频率、计数周期和工作模式
	TIM_Cmd()	启动或停止定时器计数
	TIM_ITConfig()	配置定时器中断，使能或禁止中断请求
	TIM_SetCounter()	设置定时器的计数器值
其他功能	TIM_GetCounter()	读取当前定时器的计数器值
	TIM_GetITStatus()	查询指定定时器产生的中断是否发生，并返回中断状态，常用于在中断处理程序中判断中断源
	TIM_ClearITPendingBit()	清除定时器中断标志位
	TIM_OCInit()	配置定时器的输出比较通道参数，如输出模式、极性、脉冲宽度等，在 PWM 波形输出中非常有用
	TIM_ICInit()	配置定时器的输入捕获通道参数，如输入捕获模式、捕获极性、滤波器设置等，在需要测量输入信号脉冲长度等应用中非常有用
	TIM_EncoderInterfaceConfig()	配置定时器的编码器接口模式，用于编码器输入的计数和方向检测

8.4.2　软件设计与仿真实现

1. 实现思路及相关函数配置

基于库函数开发的实现思路与基于寄存器的开发一致，但具体操作不一样，其系统流程图如图 8.14 所示。具体操作过程如下：

采用库函数调用方式
实现数码管显示

(1) 定义 smg_num、wei、smg_wei 等相关变量。

(2) 开启通用定时器 TIM3 的时钟。

TIM3 位于 STM32F103 时钟系统的 APB1 总线上，APB1 预分频器的输出作为 TIM3 的内部时钟输入信号，因此，可以调用库函数 RCC_APB1PeriphClockCmd() 来开启 TIM3

的时钟信号。该函数的原型和参数说明见 7.5.2 节。开启 TIM3 时钟的代码为：

RCC_APB1PeriphClockCmd(RCC_APB1Periph_TIM3, ENABLE);

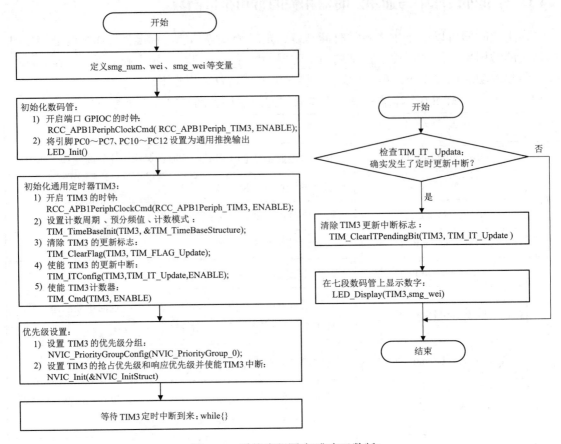

图 8.14　系统流程图(标准库函数版)

(3) 配置定时器 TIM3 的基本参数。

通过调用库函数来配置定时器的基本参数，包括预分频器值、计数模式、定时器计数周期、时钟分频因子等。标准库中，首先把定时器内部寄存器封装成一个结构体，代码如下：

```
typedef struct
{
    __IO uint16_t CR1;
    uint16_t    RESERVED0;
    __IO uint16_t CR2;
    uint16_t    RESERVED1;
    __IO uint16_t SMCR;
    uint16_t    RESERVED2;
    __IO uint16_t DIER;
    uint16_t    RESERVED3;
```

```
        __IO uint16_t SR;
        uint16_t    RESERVED4;
        __IO uint16_t EGR;
        uint16_t    RESERVED5;
        __IO uint16_t CCMR1;
        uint16_t    RESERVED6;
        __IO uint16_t CCMR2;
        uint16_t    RESERVED7;
        __IO uint16_t CCER;
        uint16_t    RESERVED8;
        __IO uint16_t CNT;
        uint16_t    RESERVED9;
        __IO uint16_t PSC;
        uint16_t    RESERVED10;
        __IO uint16_t ARR;
        uint16_t    RESERVED11;
        __IO uint16_t RCR;
        uint16_t    RESERVED12;
        __IO uint16_t CCR1;
        uint16_t    RESERVED13;
        __IO uint16_t CCR2;
        uint16_t    RESERVED14;
        __IO uint16_t CCR3;
        uint16_t    RESERVED15;
        __IO uint16_t CCR4;
        uint16_t    RESERVED16;
        __IO uint16_t BDTR;
        uint16_t    RESERVED17;
        __IO uint16_t DCR;
        uint16_t    RESERVED18;
        __IO uint16_t DMAR;
        uint16_t    RESERVED19;
    } TIM_TypeDef;
```

然后，把定时器的上述参数也封装成一个结构体，代码如下：

```
    typedef struct
    {
        uint16_t    TIM_Prescaler;          //用于设置预分频值
        uint16_t    TIM_CounterMode;        //用于设置计数模式
        uint16_t    TIM_Period;             //用于设置定时器的计数周期
```

```
uint16_t    TIM_ClockDivision;         //用于设置时钟分频因子
uint16_t    TIM_RepetitionCounter;     //用于设置重复计数值
}TIM_TimeBaseInitTypeDef;
```

因此，设置定时器的基本参数时，首先定义一个 TIM_TypeDef 指针类型的定时器和一个 TIM_TimeBaseInitTypeDef 指针类型的结构体，然后调用库函数 TIM_TimeBaseInit()对定时器进行基本配置。该库函数原型如下：

```
void         TIM_TimeBaseInit(TIM_TypeDef*          TIMx,          TIM_TimeBaseInitTypeDef*
TIM_TimeBaseInitStruct)
```

其中，形参 TIMx 用于选择定时器，TIM_TimeBaseInitStruct 是指向定时器基本参数结构体的指针。因此，配置定时器 TIM3 基本参数的代码为：

```
TIM_TimeBaseInitTypeDef    TIM_TimeBaseStructure;

RCC_APB1PeriphClockCmd(RCC_APB1Periph_TIM3, ENABLE);

TIM_TimeBaseStructure.TIM_Period = arr;

TIM_TimeBaseStructure.TIM_Prescaler =psc;

TIM_TimeBaseStructure.TIM_ClockDivision = TIM_CKD_DIV1;

TIM_TimeBaseStructure.TIM_CounterMode = TIM_CounterMode_Up;

TIM_TimeBaseInit(TIM3, &TIM_TimeBaseStructure);
```

(4) 设置 TIM3 的中断优先级。

当 TIM3 需要使用定时中断功能时，需要先调用库函数 NVIC_PriorityGroupConfig()来设置其优先级分组，然后调用库函数 NVIC_Init()来设置 TIM3 的中断优先级。

NVIC_PriorityGroupConfig()的函数原型为：

```
void NVIC_PriorityGroupConfig(uint32_t NVIC_PriorityGroup)
```

NVIC_Init()的函数原型为：

```
void NVIC_Init(NVIC_InitTypeDef* NVIC_InitStruct)
```

关于 NVIC 相关函数的函数原型具体说明参见第 9 章相关内容。

因此，设置 TIM3 中断优先级的代码为：

```
NVIC_InitTypeDef    NVIC_InitStruct;

NVIC_PriorityGroupConfig(NVIC_PriorityGroup_0);          //设置优先级分组

NVIC_InitStruct.NVIC_IRQChannel = TIM3_IRQn;             //设置中断源

NVIC_InitStruct.NVIC_IRQChannelPreemptionPriority = 0;   //设置抢占优先级

NVIC_InitStruct.NVIC_IRQChannelSubPriority = 0;          //设置响应优先级

NVIC_InitStruct.NVIC_IRQChannelCmd = ENABLE;            //允许 TIM3 中断

NVIC_Init(&NVIC_InitStruct);
```

(5) 清除 TIM3 的更新标志，使能 TIM3 中断并启动定时器 TIM3 计数。

可调用库函数 TIM_ClearFlag()来清除寄存器 TIM3_SR 中的更新标志。其函数原型为：

```
void TIM_ClearFlag(TIM_TypeDef* TIMx, uint16_t TIM_FLAG)
```

其中，形参 TIMx 用于选择定时器，TIM_FLAG 标志位用于清除 TIMx_SR 寄存器中的更新标志位。

可调用库函数 TIM_ITConfig()来使能 TIM3 中断。其函数原型为：

```
void TIM_ITConfig(TIM_TypeDef* TIMx, uint16_t TIM_IT, FunctionalState NewState)
```

其中，形参 TIMx 用于选择定时器，TIM_IT 用于设置寄存器 TIMx_DIER，NewState 可取值为 ENABLE 或 DISABLE。当 NewState 的值为 ENABLE、TIM_IT 的值为 TIM_IT_Update 时，可将寄存器 TIMx_DIER 的 bit[0]置位，使能 TIMx 中断。

可调用库函数 TIM_Cmd()启动配置好的定时器，使其开始计数。其函数原型为：

```
void TIM_Cmd(TIM_TypeDef* TIMx, FunctionalState NewState)
```

其中，形参 TIMx 用于选择定时器，NewState 可取值为 ENABLE 或 DISABLE。当 NewState 的值为 ENABLE 时，可将寄存器 TIMx_CR1 的 bit[0]置位，从而启动定时器 TIMx。

因此，实现此步骤功能的代码为：

```
TIM_ClearFlag(TIM3, TIM_FLAG_Update);          //清除 TIM3 的更新标志
TIM_ITConfig(TIM3,TIM_IT_Update,ENABLE);       //使能 TIM3 中断
TIM_Cmd(TIM3, ENABLE); //启动 TIM3
```

(6) 编写中断服务程序，等待定时中断。

2. 核心代码实现

(1) 新建头文件 led.h 和 timer.h。led.h 用于定义宏__LED_H、LED 引脚，并声明 LED 初始化函数。代码如下：

```
#ifndef __LED_H             //条件编译指令，用于检查宏__LED_H 是否已定义
#define __LED_H
#include   "sys.h"
void LED_Init(void);        //声明 LED 的初始化函数
#endif
```

timer.h 用于定义宏__TIMER_H，并声明 TIM3 的初始化函数。代码如下：

```
#ifndef __TIMER_H           //条件编译指令，用于检查宏__TIMER_H 是否已定义
#define __TIMER_H
#include "sys.h"
void TIM3_Int_Init(u16 arr,u16 psc);   //声明 TIM3 的初始化函数
#endif
```

(2) 新建一个 main.c 文件。该文件用于通过定时器中断控制在七段数码管上显示数字。代码如下：

```
#include "timer.h"          //包含定时器函数的头文件
                            /*定义用于在七段数码管上显示数字的数组*/
uint16_t smg_num[]={0x3f,0x06,0x5b,0x4f,0x66,0x6d,0x7d,0x07,0x7f,0x6f};
                            /*定义用于选择七段数码管编号的数组*/
uint16_t wei[]={0x00,0x01,0x02,0x03,0x04,0x05,0x06,0x07};
u8 smg_wei=0;               //变量，表示当前在七段数码管上显示的数字
u8 smg_duan=0;             //变量，表示当前在七段数码管上点亮的段
u8 t=0;                     //变量，用于时间计数
```

```
void LED_Display(GPIO_TypeDef* GPIOx,u8 smg_wei)      // 在数码管上显示数字
{
    GPIOx->ODR = wei[smg_wei] << 10 | smg_num[smg_wei] & 0x00ff;
}
void TIM3_IRQHandler(void)      // TIM3 的中断服务程序
{
    if (TIM_GetITStatus(TIM3, TIM_IT_Update) != RESET)    //检查 TIM3 更新中断是否发生
    {
        TIM_ClearITPendingBit(TIM3, TIM_IT_Update );       //清除 TIM3 更新中断标志
        for(smg_wei=0; smg_wei<8; smg_wei++)
        {/*在七段数码管上显示数字*/
            LED_Display(GPIOC,smg_wei);
        }
    }
}


int main(void)
{
    RCC_APB2PeriphClockCmd(RCC_APB2Periph_GPIOC, ENABLE);
    LED_Init();
    TIM3_Int_Init(4999, 7199);

    while(1)    {
    }
}
```

3. 下载调试验证

在 Keil 中编程实现上述功能并进行调试，成功后生成 hex 文件，将该 hex 文件添加到 Proteus 电路原理图中运行，操作过程、运行结果(见图 8.13)均与寄存器版源程序一致。

本 章 小 结

可编程定时/计数器是 STM32F103 系列微控制器中的基本片内外设，种类多，功能强大，在嵌入式系统开发中被广泛用于周期性任务调度、PWM 输出、输入捕获等场景。

STM32F103 系列微控制器中的定时器主要分为基本定时器、通用定时器和高级定时器，不同型号的微控制器中定时器的数量和功能也不尽相同。基本定时器功能相对简单，通常只有一个向上计数的 16 位计数器，主要用于精确定时并产生定时中断。通用定时器的功能较为丰富，除了基本的精确定时和中断功能外，还支持输入捕获、输出比较等功能。

高级定时器功能最强大，性能最高，支持多种定时模式、死区控制和互补输出等高级特性。

本章重点介绍了 STM32F103 微控制器中通用定时器的内部结构、基本工作原理和典型应用，其配置过程一般包括使能时钟、初始化时基单元、配置中断、使能定时器、编写中断服务程序等步骤。本章以通用定时器 TIM3 精确定时 1 s 更新在数码管上的显示数字为例，详细介绍了基于寄存器开发和基于库函数调用开发的具体过程，帮助读者更快地熟悉定时器的编程应用开发流程和实现方法。

本章实例定时中断所涉及的中断优先级设置、中断服务程序设计等内容没有进行详细介绍，请参考第 9 章 NVIC 的相关内容。该实例展示的是通用定时器最常用、最简单的精确定时功能，基于寄存器操作的开发过程有助于读者深入理解定时器的工作原理及编程思路，基于库函数调用的开发过程方便读者熟悉常用库函数接口和调用方法。在此基础上，读者可以进一步学习定时器其他功能的编程方法。

习　　题

1. 列举可编程定时/计数器的常见应用场景。

2. 通用定时器、SysTick 定时器和看门狗定时器有何区别？

3. STM32F103 通用定时器位于时钟树的什么位置？如何确定其内部时钟信号频率？

4. 简要分析基本定时器、通用定时器、高级定时器的区别。

5. STM32F103 通用定时器的时钟源有哪几种？这些时钟源有什么区别？

6. 假设 GPIOA 的引脚 PA0 连接到一个 LED 灯，PA0 低电平时 LED 灯亮，高电平时 LED 灯灭。试在 Proteus 中设计电路原理图，在 MDK 中构建工程，编写程序，实现通用定时器 TIMx (x = 2、3、4、5)定时 2 s 的功能，定时时间到则翻转 LED 灯的状态。

7. 简述 PWM 输出的工作原理，分析如何计算其占空比和输出频率。

8. 编写程序：基于标准外设库编程完成通用定时器 TIMx (x = 2、3、4、5)的 PWM 输出，实现呼吸灯效果，并在 Proteus 中进行仿真调试。

第 9 章

外部中断及应用

STM32F103 微控制器中的中断机制在嵌入式系统设计中扮演着至关重要的角色,利用中断机制可以有效提高系统的实时性和可靠性。绝大多数嵌入式应用开发都会用到中断系统,如基于前后台的程序开发架构就是利用中断方式实现的。掌握中断机制、熟练编写中断服务程序是嵌入式开发人员必备的基本技能之一。

本章内容包括中断的基本概念、NVIC 和 STM32F103 微控制器中的外部中断/事件控制器 EXTI 以及外部中断应用实例等。首先介绍中断的基本概念和本章的外部中断应用实例;其次介绍 NVIC 的功能和主要寄存器;接下来介绍 STM32F103 外部中断/事件控制器 EXTI 的内部结构、主要特性、工作原理及内部寄存器;最后以按键模拟外部中断为例,分别介绍 STM32F103 微控制器外部中断应用基于寄存器操作和基于库函数调用这两种开发方式。通过本章的学习,读者能够了解 NVIC 和 EXTI 的主要功能及基本用法,掌握外部中断应用的开发过程以及各环节所涉及的关键知识点和所要用到的库函数等,初步形成裸机版嵌入式应用系统中断机制实现的整体思路。

本章知识点与能力要求

◆ 理解和掌握中断的相关概念和中断的处理过程;

◆ 理解 NVIC 的主要功能和内部寄存器的基本用法,掌握基于寄存器结构体操作和基于库函数调用的开发过程;

◆ 了解 STM32F103 中 EXTI 的内部结构、主要特性、工作原理以及内部寄存器的功能和用法;

◆ 结合本章实例,熟练掌握裸机版嵌入式应用系统中断机制实现的整体流程,以及相关工具软件的使用方法和程序仿真、调试方法,能独立完成包含中断应用的嵌入式系统设计与开发。

9.1 中断概述

中断的类型

中断是一种常见的、外设主动请求与 CPU 进行通信的方式,CPU 不需要浪费时间等待或查询外设状态，大大提高了其工作效率，同时又能快速响应、及时处理异步事件。这一特性在实时控制领域是非常重要的。

在 Cortex-M3 体系结构中，中断或异常统一交由向量中断控制器 NVIC 来管理，它负责 240 个外部中断输入和 11 个内部异常源。具体到 STM32F103 系列微控制器，外部中断又可以分为两类：一类是由使用了 GPIO 引脚复用功能的片内外设产生的中断，其中断标志往往保存在外设状态寄存器或中断寄存器中。要注意的是，对于不同型号的微控制器，其 GPIO 引脚的复用情况也可能不同，使用前可查阅对应的数据手册或参考手册。另一类是由片外外设产生的中断。这些片外外设通过与 GPIO 引脚有物理连接的外部中断/事件控制器 EXTI 来传递中断请求信号。第一类外部中断将在介绍相关的片内外设时讲解。本章在介绍中断的基本概念和 NVIC 后，对外部中断的使用方法进行介绍，帮助读者掌握外部中断/事件控制器 EXTI 的使用，进而理解中断处理的整个流程，最终使读者明白中断是如何克服轮询的不足，从而带来系统整体性能提升的。

本章以按键触发外部中断控制七段数码管显示计数值为例，介绍 STM32F103 微控制器操作外部中断的仿真以及基于寄存器级开发和标准外设库开发的过程，使读者掌握使用 EXTI 实现外部中断的基本方法。EXTI 外部中断电路原理图如图 9.1 所示。

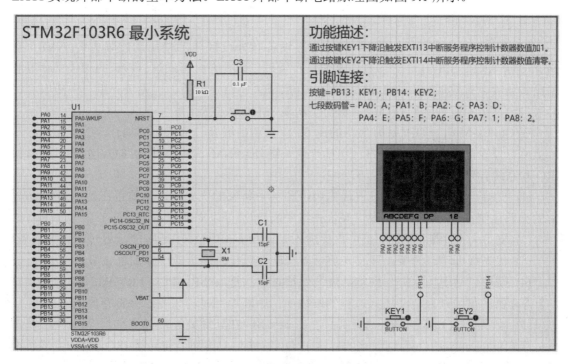

图 9.1　EXTI 外部中断电路原理图

图 9.1 为两个按键 KEY1、KEY2 控制七段数码管显示计数值的电路原理图。该实例使用 STM32F103R6 的 EXTI 外设触发中断服务程序功能实现简单的人机交互。输入设备 KEY1 连接到 GPIO 的引脚 PB13，KEY2 连接到 GPIO 的引脚 PB14，输出设备七段数码管的引脚 A～G 分别连接到 GPIO 的引脚 PA0～PA6，引脚 SEG1 和 SEG2 分别连接到 GPIO 的 PA7 和 PA8。STM32F103R6 微控制器不断刷新引脚 PA0～PA8 的状态，在七段数码管上显示计数值。当按键 KEY1 按下时，触发 EXTI13 中断，将计数值加 1；当按键 KEY2 按下

时，触发 EXTI14 中断，将计数值清零。

在该实例中，PA0～PA8 被设置为输出工作方式，当引脚输出高电平时，点亮共阴极数码管的对应位置，低电平时，对应位置熄灭；引脚 PB13 和 PB14 被设置为输入工作方式，并通过 AFIO 复用配置 GPIO 输入到对应的 EXTI 线。PB13 和 PB14 均被配置为下降沿触发，当 EXTI 检测到引脚的下降沿跳变时，执行对应的中断服务程序来修改计数值。

注意：Cortex-M3 的中断机制可查阅第 2 章的相关内容。本章着重介绍外部中断/事件控制器 EXTI 的工作原理，并通过按键模拟外部中断的实例，介绍片外外设通过 EXTI 与 MCU 实现中断通信的过程。编程实现片外外设中断时，主要包括初始化和中断服务程序的编写。读者应该先学习 Cortex-M3 的中断机制，建立起中断处理完整过程的基本概念，然后在理解 NVIC 内部寄存器用法和 EXTI 工作原理的基础上，进一步理解初始化的几个阶段，包括 GPIO 引脚的初始化、EXTI 的初始化和 NVIC 的初始化，继而掌握外部中断应用的编程方法。

9.2　STM32F103 的外部中断

STM32F103 微控制器具有丰富的外部设备和外设接口，使用功能强大的 NVIC 对 GPIO、USART、SPI、I²C 等多种中断源进行管理。开发人员可通过 NIVC 的相关寄存器和位操作灵活、有效地实现中断状态查询、开启或关闭特定中断、优先级分组与中断嵌套、编写自定义中断服务例程等功能，从而实现复杂的嵌入式应用。

在 Cortex-M3 内核中(见第 5 章的图 5.9)，NVIC 嵌套与内核紧密耦合，管理着内核和片上所有外设的中断及系统异常，包括片内关键外设 NMI、片内外设 IRQ、外部扩展外设 IRQ 和系统异常。NVIC 具有以下功能：

(1) 支持可嵌套中断：可设置优先级组和各中断源的优先级，当前正在处理的中断/异常的类型存储在寄存器 xPSR 中，高优先级中断/异常可以立即抢占当前任务。

(2) 支持向量中断：中断向量可直接进入 Cortex-M3 内核，中断响应延迟时间大大缩短。

(3) 优先级可动态调整：开发人员可以在软件运行时期更改中断的优先级。

(4) 硬件自动现场保护与恢复：现场保护时依次把 xPSR、PC、LR、R12、R3～R0 共 8 个寄存器的值由硬件自动压入适当的堆栈中，中断返回时再恢复这些寄存器的值。

(5) 咬尾中断(Tail-Chaining)机制：当 Cortex-M3 在处理某异常 IRQx 时，又发生了抢占优先级较低的异常 IRQy，则新来的异常 IRQy 被挂起；等到当前异常 IRQx 处理完成，准备返回时，不执行出栈操作，而是直接进入被挂起的异常 IRQy 的处理过程，减少了一次入栈/出栈操作，看起来就像 IRQy 把 IRQx 的"尾巴咬掉了"。

(6) 晚到的高优先级异常机制：当 Cortex-M3 对某异常 IRQx 的响应序列还处在入栈阶段，尚未执行其服务例程时，如果又发生了高优先级异常 IRQy 的请求，则入栈操作结束后，将直接执行 IRQy 的服务例程。

(7) 中断可屏蔽：可通过屏蔽寄存器组 PRIMASK、FAULTMASK、BASEPRI 屏蔽优先级低于某个阈值的中断/异常，或全体封杀除 NMI 之外的所有中断/异常。

STM32F103 系列微控制器中，每个中断源都有一个唯一的中断号(IRQn)，其中断优先级的定义和设置遵循 Cortex-M3 的规范，一般由抢占优先级(Preemption Priority)和响应优先级(Subpriority)两部分组成。

(1) 抢占优先级：抢占优先级决定了中断源的相对重要性，具有更高抢占优先级的中断能够打断正在执行的具有较低抢占优先级的中断。在 STM32F103 中，抢占优先级的级数由用户编程设置的位数决定，通常最多是 4 位(优先级为 0～15，其中 0 表示最高抢占优先级)。

(2) 响应优先级：响应优先级(也叫子优先级)用于区分拥有相同抢占优先级的中断。它允许在同一抢占优先级下进一步细化中断的执行顺序。响应优先级的级数也由用户编程设置的位数决定，通常最多是 4 位(优先级为 0～15，其中 0 表示最高响应优先级)。

STM32F103 微控制器一般通过 NVIC 的优先级分组功能来配置中断源的优先级，可以通过对寄存器 SCB_AIRCR 的 PRIGROUP 字段编程来实现。STM32F103 的 NVIC 配置允许将优先级分为不同的抢占优先级和响应优先级组合。开发人员可以通过配置 NVIC 内部寄存器来实现中断源优先级设置、开启或关闭特定中断等操作。接下来介绍 NVIC 内部常用寄存器的功能与用法。

9.2.1 NVIC 的主要寄存器

STM32F103 系列微控制器的 NVIC 有多个用于中断控制的寄存器(异常类型号为 16～255)，这些寄存器位于系统控制区间(System Control Space，SCS)地址区域，一般在特权级访问。ARM Cortex-M3 为 NVIC 分配的地址范围为 0xE000E000～0xE000EFFF，见表 9.1。

NVIC 内部
寄存器

表 9.1 NVIC 的地址范围

地 址 范 围	外 设	总 线
0xE00FFFFF ～ 0xE000F000	保留	
0xE000EFFF ～ 0xE000E000	NVIC	内部私有外设总线
...	...	
0xE0000FFF～0xE0000000	ITM	

1. STM32F103 微控制器的 NVIC 主要寄存器

NVIC 主要寄存器包括以下类型：

1) 中断设置使能(Set-enable)与清除使能(Clear-enable)寄存器组

ARM Cortex-M3 中有 240 对中断设置使能位/清除使能位(SETENA/CLRENA)，每个中断拥有一对，这 240 个对子分布在 8 对 32 位寄存器中。需要使能一个中断时，须写 1 到对应的 SETENA 位中；需要禁用一个中断时，须写 1 到对应的 CLRENA 位中；向 SETENA/CLRENA 写 0 时无效。SETENA/CLRENA 可以按字、半字、字节访问。因为前 16 个异常号已经分配给系统异常，所以中断 0 的异常号是 16。在 STM32F103R6 中，只需要使用到 SETENA0/CLRENA0 和 SETENA1/CLRENA1，见表 9.2。

表 9.2   STM32F103R6 的 SETENA/CLRENA 寄存器组

名　称	类　型	地　址	复位值	描　　述
SETENA0	R/W	0xE000E100	0x00000000	中断 0～31 的使能寄存器，共 32 个使能位； 位[n]：中断 #n 使能(异常号为 16+n)
SETENA1	R/W	0xE000E104	0x00000000	中断 32～63 的使能寄存器，共 32 个使能位； 位[n]：中断 #n 使能(异常号为 32+n)
CLRENA0	R/W	0xE000E180	0x00000000	中断 0～31 的除能寄存器，共 32 个使能位； 位[n]：中断 #n 清除使能(异常号为 16+n)
CLRENA1	R/W	0xE000E184	0x00000000	中断 32～63 的除能寄存器，共 32 个使能位； 位[n]：中断 #n 清除使能(异常号为 32+n)

2) 中断设置挂起(Set-Pending)与清除挂起(Clear-Pending)寄存器组

若中断产生后没有立即执行就会被挂起。中断挂起状态可以通过中断设置挂起寄存器(SETPEND)和中断清除挂起寄存器(CLRPEND)访问，也可以通过设置 SETPEND 寄存器来产生软件中断，还可以通过设置 CLRPEND 寄存器来取消一个当前被挂起的异常。中断设置挂起寄存器与清除挂起寄存器也有 8 对，STM32F103R6 仅需使用前两对，见表 9.3，用法与中断设置使能/清除寄存器完全相同。

表 9.3   STM32F103R6 的 SETPEND/CLRPEND 寄存器组

名　称	类型	地　址	复位值	描　　述
SETPEND0	R/W	0xE000E200	0x00000000	中断 0～31 的设置挂起寄存器，共 32 个挂起位； 位[n]：中断 #n 挂起(异常号为 16+n)
SETPEND1	R/W	0xE000E204	0x00000000	中断 32～63 的设置挂起寄存器，共 32 个挂起位； 位[n]：中断 #n 挂起(异常号为 32+n)
CLRPEND0	R/W	0xE000E280	0x00000000	中断 0～31 的清除挂起寄存器，共 32 个使能位； 位[n]：中断 #n 清除挂起(异常号为 16+n)
CLRPEND1	R/W	0xE000E284	0x00000000	中断 32～63 的清除挂起寄存器，共 32 个使能位； 位[n]：中断 #n 清除挂起(异常号为 32+n)

3) 优先级寄存器阵列

每个外部中断通道都有一个对应的中断优先级控制字节(8 位，但是只使用最高 4 位)。4 个相邻的优先级寄存器可以拼成一个 32 位寄存器。所有优先级寄存器都可以按字、半字、字节访问。根据优先级组设置，优先级可以分为高、低两个位段，分别表示抢占优先级和响应优先级。当多个中断源同时产生中断请求时，按以下次序进行响应：

(1) 优先响应抢占优先级最高的中断；

(2) 当抢占优先级相同时，优先响应响应优先级最高的中断；

(3) 当抢占优先级和响应优先级均相同时，优先响应在异常向量表中位置靠前的中断。

当某个中断/异常正在处理时，仅更高抢占优先级的中断/异常可以嵌套处理。

STM32F103R6 的中断优先级寄存器阵列如表 9.4 所示。

表 9.4　STM32F103R6 中断优先级寄存器阵列

名称	类型	地址	复位值	描　述
PRI_0	R/W	0xE000E400	0x00(8 位)	外中断 0 的优先级
PRI_1	R/W	0xE000E401	0x00(8 位)	外中断 1 的优先级
…	…	…	…	…
PRI_59	R/W	0xE000E43B	0x00(8 位)	外中断 59 的优先级

4) 活动状态(ActiveBit)寄存器

每个外部中断都有一个活动状态位。在处理器执行了其中断服务程序 ISR 的第 1 条指令后,它的活动位就被置 1,即使该中断被抢占,其活动状态也依然为 1,直到 ISR 返回时才由硬件清零。活动状态寄存器不再成对出现,可以按字、半字、字节读取。STM32F103R6 的中断活动状态寄存器组如表 9.5 所示。

表 9.5　STM32F103R6 中断活动状态寄存器组

名称	类型	地址	复位值	描　述
ACTIVE0	RO	0xE000E300	0	中断 0~31 的活动状态寄存器,共 32 个状态位;位[n]:中断#n 活动状态(异常号为 16+n)
ACTIVE1	RO	0xE000E304	0	中断 32~63 的活动状态寄存器,共 32 个状态位;位[n]:中断#n 活动状态(异常号为 32+n)

2. CMSIS 的 NVIC 寄存器

为了提高软件一致性,CMSIS 对 NVIC 的寄存器表示进行了简化,将中断使能/除能寄存器、中断设置挂起/清除挂起寄存器、活动状态寄存器均映射到 32 位寄存器数组,例如:
- 数组元素 ISER[0]~ ISER[2]对应寄存器 ISER0~ISER2;
- 数组元素 ICER[0]~ ICER[2]对应寄存器 ICER0~ICER2;
- 数组元素 ISPR[0]~ ISPR[2]对应寄存器 ISPR0~ISPR2;
- 数组元素 ICPR[0]~ ICPR[2]对应寄存器 ICPR0~ICPR2;
- 数组元素 IABR[0]~IABR[2]对应寄存器 IABR0~IABR2。

根据 CMSIS 规定,将 8 位中断优先级寄存器映射到 8 位整数数组,因此,数组元素 IP[0]~IP[67]对应寄存器 IPR0~IPR67,其中,数组元素 IP[n]用于存放中断 n 的优先级。

CMSIS 提供对中断优先级寄存器的原子访问,表 9.6 给出了中断类型号、中断相关寄存器以及 CMSIS 变量之间的对应关系,CMSIS 变量的每个比特对应一个中断。

表 9.6　中断与中断变量之间的对应关系

中断	CMSIS 数组元素				
	Set-enable	Clear-enable	Set-pending	Clear-pending	Active Bit
0~31	ISER[0]	ICER[0]	ISPR[0]	ICPR[0]	IABR[0]
32~63	ISER[1]	ICER[1]	ISPR[1]	ICPR[1]	IABR[1]
64~67	ISER[2]	ICER[2]	ISPR[2]	ICPR[2]	IABR[2]

注:每个数组元素只对应一个 NVIC 寄存器,如数组元素 ICER[1]对应寄存器 ICER1。

1) 中断设置使能寄存器(NVIC_ISERx，x = 0～2)

该寄存器各比特读写属性均为"rs"，即 read/set，软件可以读也可以给该 bit 写入 1，写入 0 则无效。各位段含义如图 9.2 所示。

31	30	…	2	1	0
SETENAx[31]	SETENAx[30:2]			SETENAx[1]	SETENAx[0]

图 9.2　寄存器 NVIC_ISERx (x = 0～2)

在该寄存器中，bit[31:0]是中断设置使能位，对应 SETENAx[31:0]。

对该寄存器进行写操作时：

- 写入"1"——使能对应的中断；
- 写入"0"——没有影响。

对该寄存器进行读操作时：

- 读到"1"——已使能对应的中断；
- 读到"0"——已禁止对应的中断。

如果一个挂起的中断被使能，那么 NVIC 将根据其优先级在适当的时候激活该中断。如果一个中断被禁止了，那么即使中断请求信号的到来使得该中断的状态被切换为挂起状态，NVIC 也不会激活该中断，此时并不考虑该中断的优先级高低。

2) 中断清除使能寄存器(NVIC_ICERx，x=0～2)

该寄存器各比特的读写属性均为"rc_w1"，即 read/clear，软件可以读，也可以通过写入"1"来清除该 bit，写入"0"则无效。各位段含义如图 9.3 所示。

31	30	…	2	1	0
CLRENAx[31]	CLRENAx[30:2]			CLRENAx[1]	CLRENAx[0]

图 9.3　寄存器 NVIC_ICERx (x = 0～2)

在该寄存器中，bit[31:0]是中断清除使能位，对应 CLRENAx[31:0]。

对该寄存器进行写操作时：

- 写入"1"——对应中断被清除使能(禁止)；
- 写入"0"——没有影响。

对该寄存器进行读操作时：

- 读到"1"——已禁止对应的中断；
- 读到"0"——已使能对应的中断。

3) 中断设置挂起寄存器(NVIC_ISPRx，x=0～2)

该寄存器各比特读写属性均为"rs"，各位段含义如图 9.4 所示。

31	30	…	2	1	0
SETPENDx[31]	SETPENDx[30:2]			SETPENDx[1]	SETPENDx[0]

图 9.4　寄存器 NVIC_ISPRx (x = 0～2)

在该寄存器中，bit[31:0]是中断设置挂起位，对应 SETPENDx[31:0]。

对该寄存器进行写操作时：

- 写入"1"——将对应中断的状态修改为挂起状态；
- 写入"0"——没有影响。

对该寄存器进行读操作时：

- 读到"1"——对应的中断已被挂起；
- 读到"0"——对应的中断没有被挂起。

值得注意的是，如果给 ISPR 中一个已经被挂起中断的对应位写入"1"将不会有任何影响，只有给 ISPR 中一个未被挂起中断的对应位写入"1"时，才会将该中断的状态设置为挂起状态。

中断清除挂起寄存器(NVIC_ICPRx，x=0～2)各位段含义如图 9.5 所示。

31	30:2	1	0
CLRPENDx[31]	CLRPENDx[30:2]	CLRPENDx[1]	CLRPENDx[0]

注：该寄存器各比特属性均为"rc_w1"。

图 9.5 寄存器 NVIC_ICPRx (x = 0～2)

在该寄存器中，bit[31:0]是中断清除挂起位，对应 CLRPENDx[31:0]。对该寄存器进行写操作时，写入"1"表示清除对应中断的挂起状态，写入"0"则没有影响。对该寄存器进行读操作时，读到"1"表示对应中断已被挂起，读到"0"表示对应中断未被挂起。

4) 中断活动状态寄存器(NVIC_IABRx，x=0～2)

该寄存器各比特属性均为"r"，表示 read-only，软件只能读，不能写入该 bit 位。各位段含义如图 9.6 所示。

31	30:2	1	0
ACTIVEx[31]	ACTIVEx[30:2]	ACTIVEx[1]	ACTIVEx[0]

图 9.6 寄存器 NVIC_IABRx (x = 0～2)

在该寄存器中，bit[31:0]是中断活动标志位，对应 ACTIVEx[31:0]。

对该寄存器只能进行读操作，读到"1"表示对应中断被激活，或者被激活且被挂起，读到"0"表示对应中断未被激活。

5) 中断优先级寄存器(NVIC_IPRx，x=0～16)

这些寄存器可以按字节访问，每个字节的高 4 位保存一个中断源的优先级，低 4 位保留(见表 9.7)。每个中断优先级寄存器对应 CMSIS 中断优先级数组的 4 个数组元素，如图 9.7 所示。

表 9.7 中断优先级寄存器 NVIC_IPRx 各位段分配

位 段	名 称	功 能
[31:24]	第 3 个字节，类型号为($4x$+3)的中断源的优先级	每个字节的高 4 位保存一个 0～255 之间的优先级值，低 4 位写时忽略，读时始终为 0。优先级值越低，相应中断的优先级越高
[23:16]	第 2 个字节，类型号为($4x$+2)的中断源的优先级	
[15:8]	第 1 个字节，类型号为($4x$+1)的中断源的优先级	
[7:0]	第 0 个字节，类型号为($4x$)的中断源的优先级	

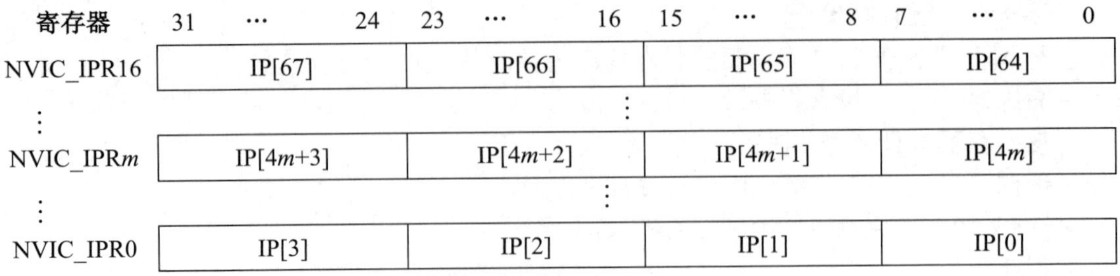

寄存器	31 ··· 24	23 ··· 16	15 ··· 8	7 ··· 0
NVIC_IPR16	IP[67]	IP[66]	IP[65]	IP[64]
⋮				
NVIC_IPR*m*	IP[4m+3]	IP[4m+2]	IP[4m+1]	IP[4m]
⋮				
NVIC_IPR0	IP[3]	IP[2]	IP[1]	IP[0]

图 9.7　中断优先级寄存器(NVIC_IPRx, $x = 0 \sim 2$)

此外，CMSIS 还提供了一些 NVIC 操作相关的函数，如表 9.8 所示，详细内容请查阅 CMSIS 文档。

表 9.8　CMSIS 提供的 NVIC 操作控制函数

CMSIS 中断控制函数	功能描述
void NVIC_SetPriorityGrouping(uint32_t priority_grouping)	设置优先级分组
void NVIC_EnableIRQ(IRQn_Type IRQn)	使能中断
void　NVIC_DisableIRQ(IRQn_Type IRQn)	禁用中断
uint32_t　NVIC_GetPendingIRQ(IRQn_Type IRQn)	若 IRQn 被挂起则返回其中断类型号
void NVIC_SetPendingIRQ(IRQn_Type IRQn)	挂起 IRQn
void NVIC_ClearPendingIRQ(IRQn_Type IRQn)	清除 IRQn 的挂起状态
uint32_t NVIC_GetActive(IRQn_Type IRQn)	返回已被激活的中断源的中断类型号
void NVIC_SetPriority(IRQn_Type IRQn, uint32_t　priority)	设置 IRQn 的中断优先级
uint32_t NVIC_GetPriority(IRQn_Type IRQn)	读出 IRQn 的中断优先级
void NVIC_SystemReset(void)	复位系统

3. 特殊功能的中断/异常屏蔽寄存器组

中断/异常屏蔽寄存器组包括 PRIMASK、FAULTMASK 和 BASEPRI 这三个寄存器，可以用于控制异常的使能和除能(寄存器描述见表 9.9)。在特权级下，可以使用 MRS/MSR 指令来访问它们。

表 9.9　Cortex-M3 的中断屏蔽寄存器组

名称	类型	复位值	描　述
PRIMASK	R/W	0	该寄存器只有 1 位。当被置位时，它把当前优先级改为 0(可编程优先级中的最高优先级)，关掉了除 NMI 和硬 fault 外的所有可屏蔽异常。缺省值为 0，表示没有关中断
FAULTMASK	R/W	0	该寄存器只有 1 位。当被置位时，它把当前优先级改为 −1，关掉除 NMI 外的所有异常，包括硬 fault。缺省值为 0，表示没有关异常。该寄存器会在异常退出时自动清零
BASEPRI	R/W	0	该寄存器最多有 9 位(由表达优先级的位数决定)。它定义了被屏蔽优先级的阈值，所有优先级号大于等于此值的中断都被关(优先级号越大，优先级越低)。但若被设成 0，则不关闭任何中断。缺省值为 0

4. 中断控制及状态寄存器 ICSR

该寄存器的地址为 0xE000ED04，其多个位段可以用于调试，在应用程序中可用于设置和清除 SysTick、PendSV、NMI 等系统异常的挂起状态，还可以通过读取该寄存器的 VECTACTIVE 位段来确定当前执行的异常/中断编号，各位段的描述见表 9.10。

表 9.10　中断控制及状态寄存器 ICSR

位段	名　称	类型	复位值	描　　述
31	NMIPENDSET	R/W	0	写 1 挂起 NMI；读出值表示 NMI 挂起状态
28	PENDSVSET	R/W	0	写 1 挂起 PendSV；读出值表示 PendSV 的挂起状态
27	PENDSVCLR	W	0	写 1 清除 PendSV 的挂起状态
26	PENDSTSET	R/W	0	写 1 挂起 SysTick 异常；读出值表示 SysTick 的挂起状态
25	PENDSTCLR	W	0	写 1 清除 SysTick 的挂起状态
23	ISRPREEMPT	R	0	为 1 时表示挂起中断下一步将变为活跃状态(用于单步调试)
22	ISRPENDING	R	0	为 1 时表示当前正有外部中断被挂起(不包括 NMI)
21:12	VECTPENDING	R	0	挂起的 ISR 编号，如果不止一个中断被挂起，则该值是所有被挂起中断中优先级最高的那一个
11	RETTOBASE	R	0	当处理器在执行异常处理时置 1，若中断返回且没有其他异常挂起则会返回线程
9:0	VECTACTIVE	R	0	当前执行的 ISR 编号

此外，配置中断优先级还会涉及 Cortex-M3 内核的部分寄存器，包括 32 位应用程序中断和复位控制寄存器(SCB_AIRCR，地址为 0xE000ED0C，复位值为 0xFA050XXX)，如表 9.11 所示。

表 9.11　应用程序中断及复位控制寄存器 AIRCR

位段	名　称	类型	复位值	描　　述
31:16	VECTKEY	R/W	—	访问钥匙：任何对该寄存器的写操作，都必须同时把 0x05FA 写入此段，否则写操作被忽略。若读取此半字，则值为 0xFA05
15	ENDIANESS	R	—	指示端设置。1 = 大端(BE8)，0 = 小端。此值是在复位时确定的，不能更改
10:8	PRIGROUP	R/W	0	优先级分组，详见表 9.12
2	SYSRESETREQ	W	—	请求芯片控制逻辑产生一次复位
1	VECTCLRACTIVE	W	—	清零所有异常的活动状态信息。通常只在调试时用，或者在 OS 从错误中恢复时用
0	VECTRESET	W	—	复位 Cortex-M3 处理器内核(调试逻辑除外)，但是此复位不影响芯片上在内核以外的电路

表 9.12　寄存器 AIRCR 中断优先级分组(PRIGROUP)设置

优先级组	AIRCR[10:8]	PRI 寄存器 bit[7:4]的分配情况	分配结果
0	111	0:4	0 位抢占优先级，4 位响应优先级
1	110	1:3	1 位抢占优先级，3 位响应优先级
2	101	2:2	2 位抢占优先级，2 位响应优先级
3	100	3:1	3 位抢占优先级，1 位响应优先级
4	011	4:0	4 位抢占优先级，0 位响应优先级

总的来说，NVIC 对中断源的管理主要体现在设置中断优先级、使能/禁止中断、中断挂起、记录/清除中断状态等方面，最终还是对 NVIC 内部相关寄存器进行操作。理解上述寄存器的功能与用法，有助于更好地理解 STM32F103 的中断机制，以及外设以中断方式工作时与 NVIC 相关的初始化过程。

9.2.2　EXTI 内部结构

EXTI 的内部结构

STM32F103 微控制器的片内外设中断直接由 NVIC 进行管理，其片外的外设中断(I/O 端口)由 EXTI 外部中断/事件控制器和 NVIC 共同负责，允许外部事件触发中断并执行相应的操作。每个 GPIO 引脚都可以配置成一个外部中断源，可以通过配置中断优先级和使能 EXTI 中断来管理外部中断的优先级和使能状态。

STM32F103 微控制器的 EXTI 是一个用于处理外部事件触发的硬件模块，可以支持 19 个外部中断/事件请求，每个中断/事件都有独立的触发和屏蔽设置，每个中断线都有专用的状态位，都可以独立地配置输入类型(脉冲或挂起)和对应的触发事件(上升沿、下降沿或双边沿触发)，可检测脉冲宽度低于 APB2 时钟宽度的外部信号，具有中断模式和事件触发模式两种工作模式。其中，中断模式是指通过外部信号的边沿产生中断信号传送给 NVIC，从而触发中断；事件触发模式是指外部信号满足预设的边沿条件时，将系统从睡眠或停止模式中唤醒以响应外部中断请求，或者直接将事件信号路由至相应外设(TIM、ADC 等)，触发硬件操作(如定时器更新、ADC 启动)，而不需要 CPU 的干预。

STM32F103 微控制器的 EXTI 模块内部结构如图 9.8 所示。

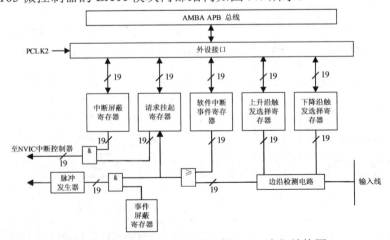

图 9.8　STM32F103 微控制器的 EXTI 内部结构图

EXTI 由以下几部分组成：

(1) 外部中断/事件输入线：图 9.8 中画斜线"/"的信号线，共有 19 根。

· EXTI0～EXTI15 对应外部 I/O 口的输入中断 GPIOx0～GPIOx15(x = A～E)，但这些外部中断输入线每次只能连到 1 个 I/O 口上。例如，PA0、PB0、…、PE0 每次只能有一个被配置为 EXTI0。

· EXTI16 连接到 PVD(Programmable Voltage Detector，可编程电压检测器)输出。PVD 是 STM32 内置的掉电检测机制，可监测电源电压的变化，并在电源电压高于或低于预设的基准电压时产生 PVD 中断。

· EXTI17 连接到 RTC 闹钟事件。

· EXTI18 连接到 USB 唤醒事件。

(2) 边沿检测电路：当检测到有效的边沿信号时产生外部中断/事件请求，共 19 个。

(3) 控制寄存器：包括中断屏蔽寄存器、事件屏蔽寄存器、请求挂起寄存器、软件中断事件寄存器、上升沿触发选择寄存器、下降沿触发选择寄存器等。

(4) APB 总线外设接口：STM32F103 微控制器的 GPIO 引脚挂接在 APB2 总线上。使用 GPIO 引脚的外部中断/事件映射功能时，需要先使能 APB2 总线上该引脚对应的 GPIO 端口时钟和 AFIO 复用功能时钟。

外部信号输入后，首先经过边沿检测电路，可以对上升沿或下降沿信号进行检测，从而得到硬件触发信号，也可由软件中断事件寄存器产生软件触发信号。无论是硬件触发还是软件触发，如果中断屏蔽寄存器允许，则产生中断给 NVIC 处理；如果事件屏蔽寄存器允许，则产生触发事件，脉冲发生器产生脉冲供其他模块使用。

STM32F103 微控制器的 EXTI 模块具有以下特性：

(1) 外部事件触发：EXTI 允许用户监测外部事件，例如按键按下、传感器状态变化或其他外部条件的变化。这使得它非常适合与外部世界进行互动。

(2) 多种触发条件：EXTI 支持多种触发条件，包括上升沿、下降沿、上升和下降沿、低电平或高电平触发。用户可以根据需要配置引脚的触发条件，以适应不同类型的外部事件。

(3) 灵活性：EXTI 的 GPIO 引脚还可以用作通用输入/输出 GPIO 或其他外设的输入。这使得 EXTI 非常灵活，可以在不同应用场景中使用。

(4) 中断服务函数：用户可以为 EXTI 中断编写自定义的中断服务函数，以响应外部事件。当外部事件触发 EXTI 中断时，中断服务函数将被调用，允许执行特定的操作，如处理按键输入、通信事件或其他应用程序特定任务。

(5) 向量中断控制器集成：EXTI 与可嵌套的向量中断控制器 NVIC 集成，用户可以配置中断优先级寄存器并使能 EXTI 中断，以管理中断的优先级和使能状态。

(6) 低功耗模式支持：EXTI 支持低功耗模式，可以在不需要检测外部事件时降低功耗，以延长电池寿命或减少能源消耗。

(7) 硬件触发输入：EXTI 还支持硬件触发输入，允许其他外设或模块生成中断请求，可用于协同多个外设的操作。

9.2.3　EXTI 工作原理

EXTI 的工作原理

EXTI 外部中断/事件请求的产生和传输过程如下：

(1) 外部事件触发：当外部事件发生时，将在一个特定的 GPIO 引脚上引发电平变化。这个外部事件可以是按键按下、传感器状态变化或其他外部条件的变化。

(2) 引脚配置：首先，用户需要将待监测的 GPIO 引脚配置为输入模式，并通过设置输入模式的相关参数来定义中断触发条件，如上升沿、下降沿、上升和下降沿、低电平或高电平触发。这些设置可以通过操作上升沿触发选择寄存器、下降沿触发选择寄存器来完成。这两个触发选择寄存器相互独立，因此，同时对这两个寄存器进行设置，可配置为双边沿触发。

(3) 中断触发：一旦引脚的电平发生了符合中断触发条件的变化，EXTI 模块将检测到这一变化。如果外部事件满足中断触发条件，EXTI 将生成一个中断请求。

(4) 中断请求传递：EXTI 生成的中断请求将传递给 NVIC。NVIC 将检查该中断请求，并根据事先设置的优先级来确定如何处理该中断。

(5) 中断服务程序执行：一旦 NVIC 确定要处理 EXTI 的中断请求，Cortex-M3 核就将执行其对应的中断服务程序。用于响应外部事件的中断服务程序可以是用户自定义的代码，以便执行特定的任务，如更新状态、处理数据或触发其他操作。

总之，EXTI 模块监测特定的 GPIO 引脚，当引脚状态发生的变化符合预先设置的触发条件时，将生成一个中断请求。这个中断请求传递到 NVIC，然后执行相应的中断服务程序，实现对外部事件的响应，从而使得 STM32F103 微控制器可以有效地与外部世界交互。

9.2.4　EXTI 内部寄存器

开发人员使用 EXTI 外设的过程就是通过编程来操作相应 EXTI 端口的过程。编程时，可以通过端口地址来访问相应的 EXTI 配置寄存器。STM32F103 微控制器的 EXTI 端口地址范围如表 9.13 所示。

表 9.13　EXTI 端口的地址范围

地 址 范 围	外　　设	总　　线
0x40014000～0x40017FFF	保留	APB2
…	…	(0x40010000
0x40010400～0x400107FF	EXTI	～
0x40010000～0x400103FF	AFIO	0x40017FFF)

EXTI 外设的内部寄存器都是 32 位，包括中断屏蔽寄存器 EXTI_IMR、事件屏蔽寄存器 EXTI_EMR、上升沿触发选择寄存器 EXTI_RTSR、下降沿触发选择寄存器 EXTI_FTSR、软件中断事件寄存器 EXTI_SWIER 和请求挂起寄存器 EXTI_PR，如表 9.14 所示。这些外设寄存器均需按字(32 位)方式访问，但各寄存器的 bit[31:19] 为保留位，必须始终保持为复位状态(0)；而 bit[18:0] 对应 EXTI18～EXTI0 的相关设置。

表 9.14 STM32F103 的 EXTI 内部寄存器

通用名称	位宽	描 述	访问	复位值	端口偏移地址
EXTI_IMR	32	**中断屏蔽寄存器，** MRx: 线 x 上的中断屏蔽， 0: 屏蔽来自线 x 上的中断请求； 1: 允许来自线 x 上的中断请求	读写	0x00000000	0x00
EXTI_EMR	32	**事件屏蔽寄存器，** MRx: 线 x 上的事件屏蔽， 0: 屏蔽来自线 x 上的事件请求； 1: 允许来自线 x 上的事件请求	读写	0x00000000	0x04
EXTI_RTSR	32	**上升沿触发选择寄存器，** TRx: 线 x 上的上升沿触发事件配置位， 0: 禁止输入线 x 上的上升沿触发(中断和事件)； 1: 允许输入线 x 上的上升沿触发(中断和事件)	读写	0x00000000	0x08
EXTI_FTSR	32	**下降沿触发选择寄存器，** TRx: 线 x 上的下降沿触发事件配置位， 0: 禁止输入线 x 上的下降沿触发(中断和事件)； 1: 允许输入线 x 上的下降沿触发(中断和事件)	读写	0x00000000	0x0C
EXTI_SWIER	32	**软件中断事件寄存器，** SWIERx 软件模拟 EXTIx 线上的外部中断或事件。当该位为 0 时，表示 EXTIx 线上没有中断请求，此时往该位写入 1 将置位寄存器 EXTI_PRx，从而在 EXTIx 线上通过软件模拟产生一个中断请求。 如果在 EXTI_IMR 和 EXTI_EMR 中允许产生该中断，则此时将产生一个中断请求	读写	0x00000000	0x10
EXTI_PR	32	**请求挂起寄存器，** PRx: 挂起位， 0: 没有发生触发请求； 1: 发生了选择的触发请求。 当在外部中断线上发生了选择的边沿事件，该位被置 1，向该位写入 1 可以清除它	可读；写 1 则清除	0xxxxxxxxx	0x14

9.3　基于寄存器操作的中断应用实例仿真与实现

本节介绍创建基于寄存器访问的工程来实现按键控制计数(电路原理图见图9.1)的具体过程。

基于寄存器操作的
EXTI 中断应用实例

9.3.1　功能描述与硬件设计

1．功能描述

本实例利用按键模拟外部中断来控制数码管上显示的数值。采用基于寄存器操作的设计方式,利用两个 GPIO 引脚 PB13、PB14,分别连接按键 KEY1、KEY2 来模拟外部中断 EXTI13、EXTI14,另外 9 个 GPIO 引脚(PA0～PA8)分别连接二位七段数码管用于显示计数值。当 KEY1 按下时,数码管显示的计数值加 1;当 KEY2 按下时,数码管显示的计数值清零,达到使用按键触发外部中断来控制七段数码管显示计数值的效果。

2．硬件设计

采用 STM32F103R6 搭建最小系统;按键 KEY1 一端接地,另一端连接 GPIOB 的引脚 PB13;按键 KEY2 一端接地,另一端连接 GPIOB 的引脚 PB14。二位七段数码管的 A～G 和 1、2 引脚分别连接到 GPIOA 的引脚 PA0～PA8。

二位七段数码管初始值显示 00,当 KEY1 按下时,在引脚 PB13 会产生下降沿,触发外部中断,由对应的中断服务程序控制计数值加 1 并显示;当 KEY2 按下时,在引脚 PB14 会产生下降沿,触发外部中断,通过对应的中断服务程序清零计数值并显示。

9.3.2　软件设计与仿真实现

1．系统流程图

程序流程图如图 9.9 所示。

主要操作步骤如下:

(1) 开启外设时钟。

此处要用到端口 GPIOA 和 GPIOB,因此,需要先配置 RCC 模块的 APB2 总线外设时钟;又因为 PB13 和 PB14 是复用为外部中断输入,所以还要开启 AFIO 时钟。

(2) 设置 GPIO 引脚的工作模式。

通过端口配置低寄存器 GPIO_CRL 和高寄存器 GPIO_CRH,将 GPIO 引脚 PB13、PB14 配置为上拉输入模式,并通过 AFIO 的外部中断选择寄存器 AFIO_EXTICR4 选择 PB13 和 PB14 作为外部中断源。

(3) 开放外部中断请求并设置中断触发方式。

通过中断屏蔽寄存器 EXTI_IMR 来开放 EXTI13 和 EXTI14 的外部中断请求,再通过下降沿触发选择寄存器 EXTI_FTSR 来配置外部中断通过下降沿触发。

(4) 设置优先级分组和中断优先级并使能中断。

通过系统控制块(System Control Block，SCB)的中断控制寄存器 AIRCR 来配置优先级分组，再设置 NVIC 的中断优先级寄存器 NVIC_IP[40]和中断使能寄存器 SETENA1(也可以操作寄存器 NVIC_ISER1，见表 9.6)，完成中断优先级设置并使能中断。

(5) 编写中断服务程序，等待触发外部中断。

编写中断服务程序，判断外部中断来源，相应地进行计数值加 1 或清零的操作。

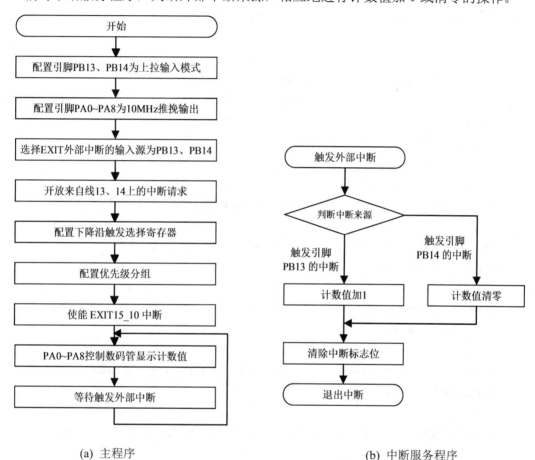

(a) 主程序　　　　　　　　　　　　　　　　　(b) 中断服务程序

图 9.9　寄存器版程序流程图

2. 核心代码实现

main.c 文件包含了全部功能，主要可以分为寄存器定义部分、配置初始化部分、中断服务程序定义和最后的执行部分。

寄存器定义部分的源代码如下：

```
#define RCC_APB2ENR        *(uint32_t*)0x40021018//定义 APB2 外设时钟使能寄存器
#define GPIOA_CRL          *(uint32_t*)0x40010800// GPIOA 端口配置低寄存器
#define GPIOA_CRH          *(uint32_t*)0x40010804// GPIOA 端口配置高寄存器
#define GPIOA_ODR          *(uint32_t*)0x4001080C// GPIOA 端口输出数据寄存器
#define GPIOB_CRH          *(uint32_t*)0x40010C04// GPIOB 端口配置高寄存器
```

```
#define GPIOB_ODR              *(uint32_t*)0x40010C0C// GPIOB 端口输出数据寄存器
#define AFIO_EXTICR4           *(uint32_t*)0x40010014// 外部中断配置寄存器 4
#define EXTI_IMR               *(uint32_t*)0x40010400// 中断屏蔽寄存器
#define EXTI_RTSR              *(uint32_t*)0x40010408// 上升沿触发选择寄存器
#define EXTI_FTSR              *(uint32_t*)0x4001040C// 下降沿触发选择寄存器
#define EXTI_PR                *(uint32_t*)0x40010414// 中断挂起寄存器
#define SCB_AIRCR              *(uint32_t*)0xE000ED0C// 应用中断和复位控制寄存器

                       //中断优先级寄存器第 40 号外部中断 EXTI15_10_IRQn
#define NVIC_IP40              *(uint32_t*)0xE000E428
                       //中断设置使能寄存器 32 位一组，写 1 组的 40 号中断对应位
#define NVIC_ISER1             *(uint32_t*)0xE000E104
```

配置初始化部分的源代码如下：

```
RCC_APB2ENR |= (1<<0);        //开启 AFIO 端口时钟
RCC_APB2ENR |= (1<<2);        //开启 GPIOA 端口时钟
RCC_APB2ENR |= (1<<3);        //开启 GPIOB 端口时钟

GPIOA_CRL &= ~(0xFFFFFFFF);   //清零控制 PA0～PA8 的端口位
GPIOA_CRH &= ~(0xF);

GPIOA_CRL |= (0x11111111);    //配置 PA0～PA8 为通用推挽输出，速度为 10M
GPIOA_CRH |= (0x1);

GPIOB_CRH |= (0x08800000);    //配置 PB13 和 PB14 为上拉输入模式
GPIOB_ODR = (uint16_t)(0x6000);

AFIO_EXTICR4 = (0x00000110);  //选择 EXTI 外部中断的输入源为 PB13、PB14

EXTI_IMR &= ~(0x00006000);    //清零中断屏蔽寄存器的配置
EXTI_IMR |= (0x00006000);     //开放来自线 13、14 上的中断请求
EXTI_FTSR &= ~(0x00006000);   //清零下降沿触发选择寄存器
EXTI_FTSR |= (0x00006000);    //配置下降沿触发选择寄存器

SCB_AIRCR = 0x05FA0500;       //配置优先级分组
NVIC_IP40 = 0xA0;             //配置 EXTI15_10 的抢占优先级和响应优先级均为 2

NVIC_ISER1 = 0x00000100;      //使能 EXTI15_10 中断
```

中断服务程序定义部分的源代码如下：

```
void EXTI15_10_IRQHandler()
```

```
    {
        if (EXTI_PR & (0x00004000))          //判断是否为 EXTI14 中断
        {
            count = 0;                        //将要显示的数值清零
            EXTI_PR = 0x00004000;             //清除中断标志位
        }
        if (EXTI_PR & (0x00002000))          //判断是否为 EXTI13 中断
        {
            GPIOA_ODR = (uint16_t)(0);
            count++;
            if (count >= 100)
            {
                count = 0;
            }

            EXTI_PR = 0x00002000;             //清除中断标志位
        }
    }
```

循环执行部分的源代码如下：

```
    uint16_t count;

    while(1)
    {
        uint16_t ten = count / 10;
        uint16_t single = count % 10;

        GPIOA_ODR = (uint16_t)(0x00000100);
        GPIOA_ODR = (uint16_t)(0x00000100 | Seg[ten]);

        Delay_ms(50);

        GPIOA_ODR = (uint16_t)(0x00000080);
        GPIOA_ODR = (uint16_t)(0x00000080 | Seg[single]);

        Delay_ms(50);
    }
```

3. 下载调试验证

在 Keil 中调试成功后生成 hex 文件，然后将 hex 文件添加到 Proteus 中运行。图 9.10 中数码管上显示的是 KEY1 多次按下后的计数值。

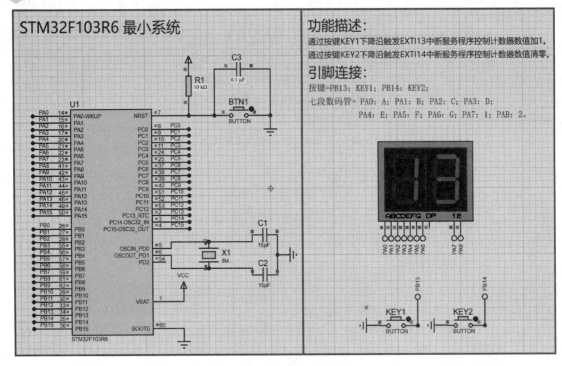

图 9.10　KEY1 多次按下后的计数值

此时再按下 KEY2，就会清零数码管上显示的计数值，如图 9.11 所示。

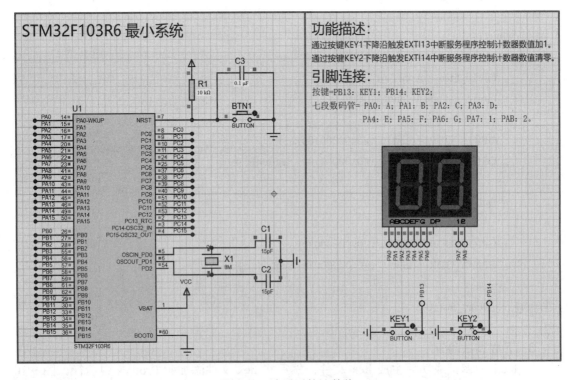

图 9.11　清零后的计数值

9.4　基于标准外设库的中断应用实例仿真与实现

本节以 STM32 标准外设库 V3.5.0 版本为基础，简要介绍与中断相关的标准外设库接口函数和查看函数原型的方法，并给出实例——基于标准外设库按键触发外部中断控制七段数码管显示计数值的仿真与实现过程。

9.4.1　标准外设库中与 EXTI 相关的接口函数

标准外设库中与 EXTI 相关的接口函数主要分为初始化及复位函数、状态获取/清除函数和其他相关函数三大类，其他相关函数包括引脚映射库函数和 NVIC 相关库函数，其常用接口函数见表 9.15。

表 9.15　标准外设库 EXTI 相关接口函数

类　型	函　数	功　能
初始化及复位函数	EXTI_Init	根据 EXTI_InitStruct 中指定参数初始化外设 EXTI 寄存器
	EXTI_DeInit	将外设 EXTI 寄存器重设为缺省值
	EXTI_StructInit	把 EXTI_InitStruct 中的每一个参数按缺省值填入
状态获取/清除函数	EXTI_GetFlagStatus	只是纯粹读取中断标志位的状态，不一定会响应中断
	EXTI_GetITStatus	除了读取中断标志位，还查看 EXT_IMR 寄存器是否对该中断进行屏蔽，只有在中断挂起且没有屏蔽的情况下方会响应中断
	EXTI_ClearFlag	清除中断线上的中断标志位
	EXTI_ClearITPendingBit	清除中断线上的中断挂起位，确保中断不会重复触发
其他相关函数	EXTI_GenerateSWInterrupt	生成软件触发外部中断
	GPIO_EXTILineConfig	选择 GPIOx 的某个引脚作为外部中断的触发源
	NVIC_PriorityGroupConfig	配置中断优先级分组
	NVIC_Init	根据 NVIC_InitStruct 中指定参数初始化 NVIC 寄存器

9.4.2　软件设计与仿真实现

1. 标准外设库中与中断相关函数的配置

配置 EXTI 外部中断大致可分为 5 个步骤：

(1) 配置 RCC，打开外设时钟。

调用函数 RCC_APB2PeriphClockCmd()配置外设时钟，其函数原型如下(详见 7.5.2 节)：

　　　void RCC_APB2PeriphClockCmd(uint32_t RCC_APB2Periph, FunctionalStateNewState)

由于需要打开 GPIOA、GPIOB 和 AFIO 外设的时钟，所以用以下方式调用该函数：

　　　RCC_APB2PeriphClockCmd(RCC_APB2Periph_GPIOA|RCC_APB2Periph_GPIOB, ENABLE);

　　　RCC_APB2PeriphClockCmd(RCC_APB2Periph_AFIO, ENABLE);

(2) 配置 GPIO，选择端口的工作模式。

调用函数 GPIO_Init()配置 GPIO 外设，其函数原型如下(详见 7.5.2 节)：

　　　void　GPIO_Init(GPIO_TypeDef * GPIOx, GPIO_InitTypeDef * GPIO_InitStruct)

该实例中需要配置端口 GPIOB 的引脚 PB13 和 PB14 为输入模式，因此，指定 GPIO_Pin 为 GPIO_Pin_13|GPIO_Pin_14、GPIO_Mode 为 GPIO_Mode_IPU。

该实例中还需要配置端口 GPIOA 的引脚 PA0~PA8 为通用推挽输出模式，具体设置方式参见 7.5.2 节。

(3) 配置 AFIO，将选用的 GPIO 引脚连接到 EXTI。

调用函数 GPIO_EXTILineConfig()配置中断源选择，该函数选择指定的 GPIO 引脚作为 EXTI 外部中断线。该函数接受两个参数 GPIO_PortSource 和 GPIO_PinSource，分别指定 GPIO 端口和 GPIO 引脚。这里两次调用该函数，端口参数均是 GPIO_PortSourceGPIOB，引脚参数分别是 GPIO_PinSource13 和 GPIO_PinSource14。

(4) 配置 EXTI，选择边沿触发方式，选择触发响应方式(中断响应和事件响应)。

调用函数 EXTI_Init()配置 EXTI 外设，其函数原型如下：

　　　void EXTI_Init(EXTI_InitTypeDef* EXTI_InitStruct)

该函数的形参为一个 EXTI_InitTypeDef 结构体指针。

```
typedef struct
{
    uint32_t    EXTI_Line;
    EXTIMode_TypeDef    EXTI_Mode;
    EXTITrigger_TypeDef    EXTI_Trigger;
    FunctionalState    EXTI_LineCmd;
}EXTI_InitTypeDef;
```

结构体类型 EXTI_InitTypeDef 的 4 个成员变量分别用来指定 EXTI 线、工作模式、触发方式、状态。要将 KEY1 和 KEY2 配置为模拟下降沿触发的外部中断，这 4 个成员变量

的取值就需要按照以下方式进行设置:

- EXTI_Line 为 EXTI_Line13|EXTI_Line14,中断输入线为 EXTI13、EXTI14;
- EXTI_Mode 为 EXTI_Mode_Interrupt,中断模式;
- EXTI_Trigger 为 EXTI_Trigger_Falling,下降沿触发中断;
- EXTI_LineCmd 为 Enable,使能中断。

(5) 配置 NVIC,为中断选择合适的优先级分组、抢占优先级和响应优先级。

首先,调用函数 NVIC_PriorityGroupConfig()配置优先级分组,其函数原型如下:

  void NVIC_PriorityGroupConfig(uint32_t NVIC_PriorityGroup)

该函数的形参为 NVIC_PriorityGroup,其取值可以为 NVIC_PriorityGroup_0 ～ NVIC_PriorityGroup_4,分别表示不同的抢占优先级和响应优先级设置。本实例中选用 NVIC_PriorityGroup_2,表示使用 2 位抢占优先级(共 4 种抢占优先级,取值范围为 0～3) 和 2 位响应优先级(共 4 种响应优先级,取值范围为 0～3)。

其次,还要调用 NVIC_Init()函数为中断配置优先级,其函数原型如下:

  void NVIC_Init(NVIC_InitTypeDef* NVIC_InitStruct)

该函数的形参为 NVIC_InitTypeDef 结构体指针。

```
typedef struct
{
    unit8_t NVIC_IRQChannel;                    //设置中断通道(中断源)
    uint8_t NVIC_IRQChannelPreemptionPriority;  //设置抢占优先级
    uint8_t NVIC_IRQChannelSubPriority;         //设置响应优先级
    FunctionalStateNVIC_IRQChannelCmd;          //中断使能
}NVIC_InitTypeDef;
```

结构体类型 NVIC_InitTypeDef 的这 4 个成员变量分别用来指定中断请求通道、抢占优先级、响应优先级和中断使能/除能状态。要配置 EXTI13 和 EXTI14 的中断优先级,这 4 个成员变量的取值就需要按照以下方式进行设置:

- NVIC_IRQChannel 为 EXTI15_10_IRQn,EXTI10～EXTI15 在中断向量表中共用同一个中断通道,因此,只需要将中断通道参数设置为 EXTI15_10_IRQn 即可。
- NVIC_IRQChannelPreemptionPriority 为 1,设置抢占优先级为 1(取值范围为 0～3)。
- NVIC_IRQChannelSubPriority 为 1,设置响应优先级为 1(取值范围为 0～3)。
- NVIC_IRQChannelCmd 为 ENABLE,使能中断。

(6) 编写中断服务程序。

2. 系统流程图

库函数版的流程图如图 9.12、图 9.13 所示。

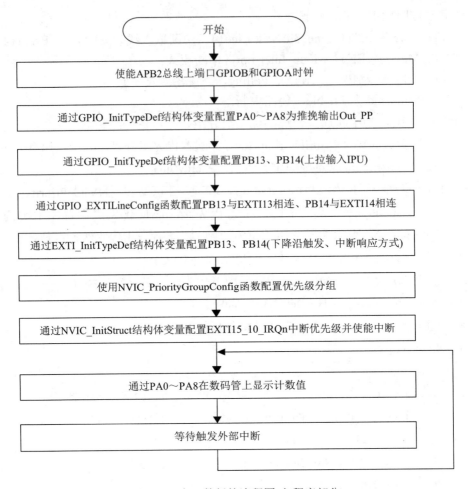

图 9.12 库函数版的流程图(主程序部分)

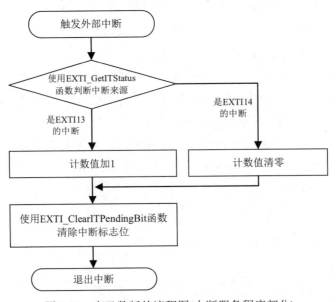

图 9.13 库函数版的流程图(中断服务程序部分)

3. 核心代码实现

(1) 新建一个 Counter.h 头文件。该文件用于定义用到的函数。代码如下：

```c
#ifndef __COUNTER_H
#define __COUNTER_H

#include "stm32f10x_conf.h"

void Counter_Init(void);
uint16_t Counter_Get(void);

#endif
```

(2) 新建一个 Counter.c 文件。该文件用于初始化，完成外设中断配置和定义中断服务程序。代码如下：

```c
#include "Counter.h"

uint16_t Counter;

void Counter_Init(void)
{
    //第一步：配置 RCC，打开外设时钟。EXTI 和 NVIC 时钟默认开启。
    RCC_APB2PeriphClockCmd(RCC_APB2Periph_GPIOB, ENABLE);
    RCC_APB2PeriphClockCmd(RCC_APB2Periph_AFIO, ENABLE);

    //第二步：配置 GPIO，选择端口为输入模式。
    GPIO_InitTypeDef GPIO_InitStruct;
    GPIO_InitStruct.GPIO_Mode = GPIO_Mode_IPU;
    GPIO_InitStruct.GPIO_Pin = GPIO_Pin_13 | GPIO_Pin_14;
    GPIO_InitStruct.GPIO_Speed = GPIO_Speed_50 MHz;
    GPIO_Init(GPIOB, &GPIO_InitStruct);

    //第三步：配置 AFIO，将 GPIO 引脚 PB13、PB14 连接到 EXTI。
    GPIO_EXTILineConfig(GPIO_PortSourceGPIOB, GPIO_PinSource13);
    GPIO_EXTILineConfig(GPIO_PortSourceGPIOB, GPIO_PinSource14);

    //第四步：配置 EXTI，选择边沿触发方式，选择触发响应方式(中断响应或事件响应)。
    EXTI_InitTypeDefEXTI_InitStruct;
    EXTI_InitStruct.EXTI_Line = EXTI_Line13 | EXTI_Line14;
    EXTI_InitStruct.EXTI_LineCmd = ENABLE;
    EXTI_InitStruct.EXTI_Mode = EXTI_Mode_Interrupt;
```

```c
        EXTI_InitStruct.EXTI_Trigger = EXTI_Trigger_Falling;
        EXTI_Init(&EXTI_InitStruct);

        //第五步：配置 NVIC，为中断选择合适的优先级。
        NVIC_PriorityGroupConfig(NVIC_PriorityGroup_2);
        NVIC_InitTypeDefNVIC_InitStruct;
        NVIC_InitStruct.NVIC_IRQChannel = EXTI15_10_IRQn;
        NVIC_InitStruct.NVIC_IRQChannelCmd = ENABLE;
        NVIC_InitStruct.NVIC_IRQChannelPreemptionPriority = 1;
        NVIC_InitStruct.NVIC_IRQChannelSubPriority = 1;
        NVIC_Init(&NVIC_InitStruct);
}


uint16_t Counter_Get(void)
{
        return Counter;
}


void EXTI15_10_IRQHandler()
{
        if (EXTI_GetITStatus(EXTI_Line13) == SET)        //判断是否是 EXTI13 的中断
        {
            Counter++;
            if (Counter >= 100)
            {
                Counter = 0;        //当计数值 Counter 大于等于 100 时将其清零
            }

            EXTI_ClearITPendingBit(EXTI_Line13);        //清除中断标志位
        }

        if (EXTI_GetITStatus(EXTI_Line14) == SET)        //判断是否是 EXTI14 的中断
        {
            Counter = 0;            //清零计数器
            EXTI_ClearITPendingBit(EXTI_Line14);        //清除中断标志位
        }
}
```

(3) 新建一个 main.c 文件。该文件用于完成整个项目的流程。代码如下：

```c
#include "stm32f10x.h"
```

```
#include "Seg7.h"
#include "Counter.h"

uint16_t count;

int main(void)
{
    Counter_Init();       //初始化计数器
    Seg_Init();           //初始化七段数码管
    while(1)
    {
        count = Counter_Get();   //获取当前计数值
        Seg_show(count);         //使用七段数码管显示当前计数值
    }
}
```

4. 下载调试验证

在 Keil 中调试成功后生成 hex 文件，将 hex 文件添加到 Proteus 中运行。多次按下 KEY1 后的计数值与图 9.10 类似。此时再按下 KEY2，就会清零计数值，如图 9.11 所示。

本 章 小 结

中断是嵌入式系统中处理各种突发事件的重要机制，是确保 MCU 实时、高效响应外部事件的关键技术之一。STM32F103 微控制器通过 NVIC 来管理两大类异常/中断：一类是 MCU 内部异常和片内外设中断，这类异常/中断不需要占用 GPIO 引脚来连接某个物理外设，其中断状态体现在 NVIC 和外设本身的相关寄存器中；另一类是片外外设中断，这类中断统一由外部中断/事件控制器 EXTI 来管理，往往需要占用 GPIO 引脚来连接某个物理外设，然后将该 GPIO 引脚复用为 EXTI 中断源。当该引脚上出现一个事先定义好的有效信号(上升沿、下降沿、双边沿)时，意味着这个物理外设通过 EXTI 向 NVIC 提交了一次中断请求。

当片外外设以中断方式工作时，其初始化过程主要包括以下几个方面：

(1) 初始化 GPIO：将连接片外外设的 GPIO 引脚设置为正确的工作模式。

(2) 初始化 EXTI：设置 EXTI 的中断源、工作模式、触发方式并使能中断。

(3) 初始化 NVIC：为中断源设置合适的优先级分组、抢占优先级和响应优先级并使能中断。

此外，就是根据具体的应用需求来编写中断服务程序了。

本章首先介绍了中断的基本概念，然后介绍了 NVIC 的功能和主要寄存器，EXTI 的内部结构、基本工作原理及内部寄存器的用法，并以按键模拟外部中断控制数码管显示相应数字为例，详细介绍了基于寄存器开发和基于库函数调用开发的具体过程，帮助读者更好地理解 STM32F103 微控制器的中断处理机制以及外部中断的实现过程。

习　　题

1. 简要分析 NVIC 与 Cortex-M3 内核之间的关系，并介绍 NVIC 的主要功能。
2. STM32F103 的 NVIC 可以管理哪几类中断/异常？
3. NVIC 如何设置中断源的优先级？
4. 抢占优先级和响应优先级有什么区别？
5. EXTI 有哪几种工作模式？请简要介绍 EXTI 的工作原理。
6. NVIC 如何实现中断/异常的屏蔽与使能？
7. 简要描述按键模拟外部中断的编程思路。
8. 用按键模拟外部中断，实现 LED 灯状态反转功能。画出 Proteus 电路原理图并进行仿真调试。

第 10 章

USART 原理及应用

USART(Universal Synchronous/Asynchronous Receiver/Transmitter，通用同步/异步收发传输)是嵌入式系统中常用的串行通信接口之一，用于 MCU 与其他设备(如传感器、其他 MCU、计算机等)之间的数据交换。通过掌握 USART 的工作原理、配置方法以及编程技巧，读者能够更好地理解嵌入式系统之间的通信机制，为未来的嵌入式系统开发打下坚实的基础。

本章内容包括数据通信的基本概念、STM32F103 微控制器的 USART 内部结构与基本工作原理，以及 USART 应用实例等。首先介绍数据通信的基本概念和本章的 USART 应用实例；然后介绍 STM32F103 微控制器中 USART 的内部结构、数据传输过程、主要中断和内部寄存器；最后以 USART 接收、发送数据，从而控制 LED 灯亮、灭为例，介绍基于微控制器 STM32F103R6 操作 USART 接口的 Proteus 仿真，以及寄存器级开发和标准外设库开发过程。通过本章的学习，读者能够了解 STM32F103 微控制器中 USART 的主要功能及基本用法，掌握 USART 异步通信应用的开发过程，以及各环节所涉及的关键知识点和标准外设库中与 USART 操作相关的常见库函数等。

▶▶ 本章知识点与能力要求

◆ 理解数据通信的相关概念，理解 USART 的主要功能和基本用法；

◆ 了解 STM32F103 微控制器中 USART 的内部结构和数据异步传输过程，以及 USART 内部寄存器的功能和用法，掌握基于寄存器结构体操作和基于库函数调用的 USART 串行通信的开发过程；

◆ 结合本章实例，熟练掌握裸机版嵌入式应用系统中 USART 异步通信实现的整体流程，以及相关工具软件的使用方法和程序仿真、调试方法，能独立完成包含 USART 接口应用的嵌入式系统设计与开发。

10.1 数据通信的基本概念

数据通信简介

通信方式是指在信息传输过程中，通信双方所采用的信息传输技术。通信方式可以从不同维度进行分类。

1) 根据传输介质分类

通信方式根据传输介质分类，可以分为有线通信和无线通信。

有线通信方式有电报(使用电线远距离传输电信号，传输速度快、距离远，但使用麻烦)、电话(使用电话线传输声音信号，实时性强、传输质量较好，广泛应用于日常生活和商业领域)、光纤通信(使用光纤传输光信号，传输速度快、传输容量大，适用于长距离高容量的通信需求，如互联网传输和电视信号传输)等方式。

无线通信方式有无线电通信(利用空气传播无线电波，传输距离远，适用于移动通信，广泛应用于广播、电视、手机等领域)、卫星通信(利用人造卫星传输信号，传输距离广、覆盖范围大，常用于远距离通信、国际通信等领域)、蓝牙通信(利用蓝牙技术实现的短距离无线通信，功耗低、传输距离短，常用于手机与耳机、键盘等设备之间的连接)等方式。

2) 根据传输方式分类

通信方式根据传输方式分类，可以分为并行通信与串行通信。

并行通信是指在某一时刻传输多个比特的通信方式。发送方需要将待传输的多个数据位同时传输到接收方，每个数据位占用一根数据线进行传输；接收方再将这些同时传来的多个数据位组合成完整的数据。并行通信需要更多的数据线，数据传输速度快，但抗干扰能力较弱，主要用于外部设备与微机之间进行近距离、大量和快速的信息交换。

串行通信是指每次只能传输一个比特的通信方式。在串行通信中，发送方将数据的每一个比特依次传输到接收方，接收方再将这些单个比特数据组合成完整的字节数据。串行通信具有传输线少、成本低的特点，主要适用于近距离人-机交互、实时监控等系统的通信；但借助于现有电话网，串行通信也能实现远距离数据传输。因此，串行通信接口是计算机系统中常用的接口。

根据数据传输方向与时间关系分类，串行通信可以分为单工通信、半双工通信和全双工通信，根据数据同步方式进行分类，还可以分为同步通信和异步通信，如表 10.1 所示。

表 10.1　串行通信方式分类

分类依据	串行通信类别	特　点
数据传输方向与时间关系	单工通信	任何时刻都只允许数据按照一个固定的方向传送，一个设备固定为发送设备，另一个设备固定为接收设备
	半双工通信	通信的两个设备均可以收、发数据，但同一时刻数据只能按照一个固定的方向进行传送，实现分时的双工通信
	全双工通信	同一时刻通信的两个设备之间可以同时发送和接收数据
数据同步方式	同步通信 (Synchronous Communication)	一种连续串行传送数据的通信方式，通过时钟同步和数据帧的特定格式来确保发送端和接收端之间的数据同步传输。发送方与接收方之间通过特定的同步信号(如同步字符)来建立并维持同频同相的同步时钟信号，确保数据能够按照预定的顺序和时序进行传输。 同步通信可以实现高速度、大容量、可靠性高的数据传送，它适用于对速度要求高的传输场景，但软硬件成本较高，对时序要求非常严格
	异步通信 (Asynchronous Communication)	发送方与接收方使用各自的时钟来控制数据的发送过程和接收过程，两个时钟源彼此独立，互不同步。异步通信双方没有共同的时钟线，只有数据线；双方通过约定数据发送的速率以及起始位、停止位和数据位的方式来实现数据传输。 通信设备相对简单、便宜，但传输过程中起始位和停止位的开销所占比例较大，信道利用率相对较低，适用于电信与移动通信、计算机网络、工业控制、实时通信应用、文件与视频传输等场合

　　串口通信(Serial Communication)是指外设和计算机之间通过数据信号线、地线等，按位进行数据传输的一种通信方式，属于串行通信方式。串口是一种接口标准，它规定了接口的电气标准。本章以 USART 接收、发送数据，控制 LED 灯的亮、灭为例，介绍基于微控制器 STM32F103R6 操作 USART 接口的 Proteus 仿真，以及寄存器级开发和标准外设库开发过程，进而掌握使用 USART 进行串口通信的基本方法。

　　图 10.1 为 USART 串口接收、发送数据控制 LED0～LED3 亮灭的电路原理图。该实例使用 STM32F103R6 的 GPIO 端口实现 USART 接收、发送数据。虚拟终端 RX-TX 作为双向通信接口，它的 RXD 连接到端口 GPIOA 的引脚 PA2，TXD 连接到端口 GPIOA 的引脚 PA3。输出设备 LED0～LED3 分别连接到端口 GPIOA 的引脚 PA8～PA11。当程序运行时，LED0 不断闪烁，表明程序正在运行。STM32F103R6 通过引脚 PA2 输出字符串，虚拟终端会通过 RXD 引脚接收该字符串并显示在窗口中。用户此时输出数字 1～3，虚拟终端通过 TXD 引脚传送数字到 STM32F103R6 开发板上，开发板接收数字产生 USART2 中断，在中断中判断数字并控制相应 LED 灯的亮灭；如果用户输入的数字不在 1～3 范围内，则发送提示信息"输出错误"到虚拟终端。

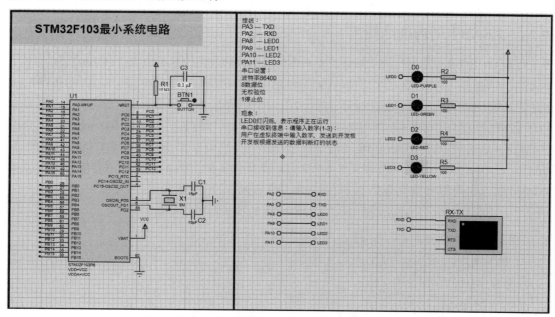

图 10.1　Proteus 电路原理图

　　在该实例中，PA8～PA11 被设置为输出工作方式，当引脚输出低电平时，对应的 LED 灯被点亮，高电平时，LED 灯被熄灭；引脚 PA2 被设置为输出工作方式，负责发送字符串到虚拟终端上；引脚 PA3 被设置为输入工作方式，负责接收从虚拟终端上发送的数据。通过分析接收的数据，在 PA9～PA11 上输出对应的高低电平控制 LED 灯的亮灭。

　　注意：STM32F103 微控制器中内置了多个 USART 和 UART 接口来实现串行通信，但不同型号产品中的具体数量也有所不同，使用前应仔细查阅参考手册。USART 支持同步和异步通信，其通信波特率、有效数据字长度和停止位均可编程设置；提供了多个带标志的中断源(如发送完成、接收数据寄存器满等)，便于实现复杂的通信协议；还可以配置使用 DMA 传送来提高数据传输效率。

USART 多数情况下采用异步通信，可以工作于查询方式，也可以工作于中断方式。本章着重介绍 USART 的异步通信工作原理和以中断方式工作的编程应用方法。

10.2　STM32F103 中的 USART

STM32F103 微控制器中的 USART 是一种串行通信设备，可以灵活地与使用工业标准 NRZ(Non-Return-to-Zero，不归零编码)异步串行数据格式的外部设备进行全双工数据交换，广泛应用于智能家居系统、工业自动化领域以及医疗设备等场景中的数据传输与通信。与 USART 不同，UART 是在 USART 基础上裁剪掉了同步通信功能，只保留了异步通信功能。异步通信不需要对外提供时钟输出，我们平时使用 USART 进行通信时，大多也是使用其异步通信功能。

在 STM32F103 系列微处理器中，不同型号微处理器的 USART 端口数和引脚数目也不尽相同，通过芯片数据手册可以查看不同封装类型芯片的引脚分布和功能。

10.2.1　USART 的内部结构

STM32F103 微控制器内部集成了 3 个 USART(USART1、USART2、USART3)和 2 个 UART(UART4、UART5)。USART 可以利用分数波特率发生器提供灵活的波特率选择；支持同步单向通信和半双工通信，也支持 LIN(Local Interconnect Network，局部互联网络)、智能卡协议和 IrDA(Infrared Data Association，红外数据组织)SIR ENDEC 规范，以及调制解调器 RTS/CTS(Request To Send/Clear To Send，请求发送/清除发送)操作，还允许多处理器通信；使用多缓冲器配置的 DMA 方式，也可以实现高速数据通信。USART 的模式配置见表 10.2。

USART 的内部结构

表 10.2　USART 的模式配置

USART 模式	USART1	USART2	USART3	UART4	UART5
异步模式	X	X	X	X	X
硬件流控制	X	X	X	NA	NA
多缓存通信(DMA)	X	X	X	X	X
多处理器通信	X	X	X	X	X
同步	X	X	X	NA	NA
智能卡	X	X	X	NA	NA
半双工(单线模式)	X	X	X	X	X
IrDA	X	X	X	X	X
LIN	X	X	X	X	X

注：X = 支持该应用，NA = 不支持该应用。

STM32F103 微控制器的 USART 主要具有以下特性：

(1) 支持全双工异步通信，也支持单线半双工通信；

(2) 支持 NRZ 标准格式，使用高、低两种电平状态来表示二进制数据，信号在每个位周期内保持恒定，不会回到零电平(即中间状态)；

(3) 分数波特率发生器系统，可编程波特率最高达 4.5 Mb/s；

(4) 可编程数据字长度(8 位或 9 位)；

(5) 可配置停止位，支持 1 或 2 个停止位；

(6) 发送方可以为同步传输提供时钟；

(7) 具有单独的发送器和接收器使能位；

(8) 具有接收缓冲器满、发送缓冲器空、传输结束等检测标志；

(9) 具有溢出错误、噪声错误、帧错误、校验错误等错误检测标志；

(10) 具有 9 个带标志的中断源，如发送数据寄存器空、发送完成、接收数据寄存器满等。

STM32F103 微控制器的 USART 内部结构如图 10.2 所示。

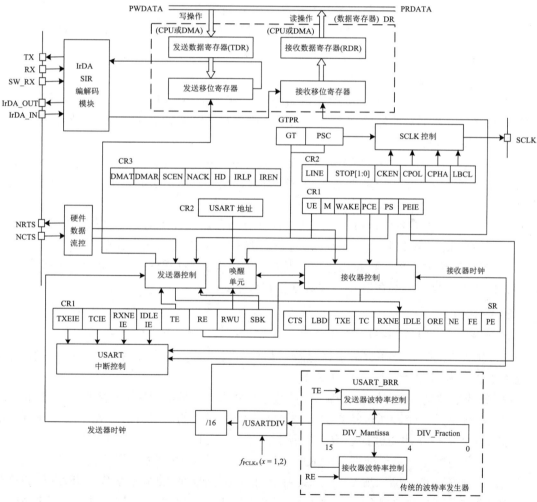

图 10.2　USART 内部结构图

1. 功能引脚

功能引脚有以下类型：

(1) TX：接收数据串行输入。通过采样技术来区别数据和噪声，从而恢复数据。

(2) RX：发送数据串行输出。当发送器被禁止时，该引脚恢复到它的 I/O 端口配置。当发送器被激活并且不发送数据时，该引脚处于高电平状态。

(3) SCLK：在同步传输模式下输出同步时钟信号。

(4) IrDA_OUT：IrDA 模式下的数据输出引脚。

(5) IrDA_IN：IrDA 模式下的数据输入引脚。

(6) NCTS：硬件数据流控，清除发送。当使能硬件数据流控时，该引脚若为低电平，则在当前数据传输结束后可继续传输下一个数据；若为高电平，则在当前数据传输结束后不再进行下一次数据发送。

(7) NRTS：发送请求。该引脚若为低电平，则表明 USART 已经准备好接收数据，向对方设备发送信号，请求对方设备开始发送数据。当 USART 的接收数据寄存器已满，无法再接收新数据时，该引脚会被置为高电平，通知对方设备停止发送数据。

在 USART 实际应用中，一般使用 RX 引脚和 TX 引脚实现基本的数据传输。

2. 数据寄存器(DR)

数据寄存器主要有以下类型：

(1) 发送数据寄存器(TDR)：用于存储待发送的数据。当 MCU 需要发送数据时，先将数据写入这个寄存器，然后硬件自动将数据从该寄存器转移到发送移位寄存器，并产生发送数据寄存器已空事件 TXE。

(2) 发送移位寄存器：将数据按照设定的波特率一位一位地从数据发送引脚 TX 发送出去，确保数据稳定传输。当数据从发送移位寄存器全部发送出去时，会产生数据发送完成事件 TC。

(3) 接收数据寄存器(RDR)：存储从接收移位寄存器接收到的数据，供 MCU 读取。通常采用 FIFO(First Input First Output，先进先出)结构，支持连续接收数据。

(4) 接收移位寄存器：根据设定的波特率，从数据接收引脚(RX)一位一位地接收数据，并将其移动到接收数据寄存器，确保数据稳定传输。

3. 控制器

控制器主要有以下功能：

(1) 发送器控制：管理数据发送过程，如检测发送数据寄存器的状态、产生发送完成标志等，确保发送过程的正确性和高效性。

(2) 接收器控制：管理接收过程，如检测接收数据寄存器的状态、产生接收完成标志等。

(3) 唤醒单元：允许通过特定的串口地址来唤醒指定的串口外设。这一功能确保只有明确被唤醒了的设备才会进行通信，在需要管理多个串口设备时非常有用。

(4) 中断控制器：用于处理 USART 的中断请求，如接收完成、发送完成等。

(5) 控制寄存器：包括 USART_CR1(用于配置发送和接收的基本参数)、USART_CR2(用于配置地址匹配、中断使能等更高级的功能)和 USART_CR3(用于配置硬件数据流控制、智能卡模式等更高级的功能)。

(6) 状态寄存器：只读寄存器，包括多个状态标志位，可实时反映 USART 当前的发送/接收状态，在串口通信中起着重要作用。

4. 时钟和波特率产生单元

(1) 时钟发生器：负责为发送器和接收器产生基础时钟。

(2) 发送器时钟：作为数据发送过程中的时钟信号，确保数据能正确地发送出去。在同步发送模式下，发送时钟引脚可能被用于同步发送数据。在异步发送模式下，发送器时钟由波特率发生器产生，并且与接收器时钟异步但传输时使用相同的波特率。

(3) 接收器时钟：作为数据接收过程中的时钟信号，确保数据能正确地接收。在同步接收模式下，接收器时钟需与外部输入时钟或内部时钟同步。在异步接收模式下，接收器时钟由波特率发生器产生，并且需要接收方和发送方协商使用相同的波特率进行比特位的传输。

(4) 传统的波特率发生器：传统的波特率发生器主要依赖于波特率寄存器(USART_BRR)的设置来产生分数波特率信号，从而控制数据传输的速度。波特率的计算公式为

$$波特率 = \frac{f_{PCLKx(x=1,2)}}{16 \times USARTDIV}$$

其中，f_{PCLK} 是外设时钟频率。由于 USART2、USART3、UART4、UART5 均挂接在 APB1 总线上，因此使用的外设时钟是 PLCK1(最高 36MHz)；UASRT1 挂接在 APB2 总线上，使用的外设时钟是 PCLK2(最高 72MHz)。USARTDIV 是一个无符号定点数，是预分频值的整数部分，可以通过 16 位寄存器 USART_BRR 的高 12 位来设置，USARTDIV = DIV_Mantissa + (DIV_Fraction/16)；DIV_Fraction 是波特率预分频值的小数部分($0 \sim 15$)，可以通过 16 位寄存器 USART_BRR 的低 4 位来设置。

再如，当 DIV_Mantissa = 27，DIV_Fraction = 12(USART_BRR = 0x01BC)时，

$$Mantissa(USARTDIV) = 27，Fraction(USARTDIV) = 12/16 = 0.75$$

所以，USARTDIV = 27.75。

再如，要求 USARTDIV = 25.62，则

$$DIV\_Fraction = 16 \times 0.62 = 9.92$$

最接近的整数是 10 即 0x0A，DIV_Mantissa = 25 = 0x19，所以，USART_BRR = 0x19A。

由于 DIV_Fraction 的精度限制，可能无法精确生成所有可能的分数波特率，加之系统时钟精度的影响，波特率设置时存在一定的误差。因此，在需要高精度波特率的应用中，可能需要使用外部时钟源或进行时钟校准。

10.2.2　USART 的数据传输过程

1. USART 的通信时序

USART 的通信时序主要包括以下几个阶段：

(1) 起始信号：在异步模式下，通信双方约定好波特率后，发送方会发送一个起始位，标志着一帧数据开始传输。在同步模式下，起始信号由共享时钟信号触发。

USART 异步通信的
数据传输过程

(2) 数据传输：指一系列的数据字节传输，每个字节后跟随一个停止位。在异步模式下，每个数据字节的传输与各自的时钟信号同步；在同步模式下，所有数据的传输都与共享时钟信号同步。

(3) 结束信号：一帧数据的最后会发送一个结束信号，标志着这一帧数据的传输结束。

在异步模式下，结束信号由发送方独立控制；在同步模式下，结束信号由共享时钟信号触发。

2. USART 的异步数据发送过程

发送数据被打包成数据帧，每个数据帧由一个低电平的起始位、8 位或 9 位有效数据字(由寄存器 USART_CR1 的 M 位状态来确定)、可能的奇偶校验位、停止位(可配置为 0.5、1、1.5 或 2 个停止位)组成，如图 10.3 所示。

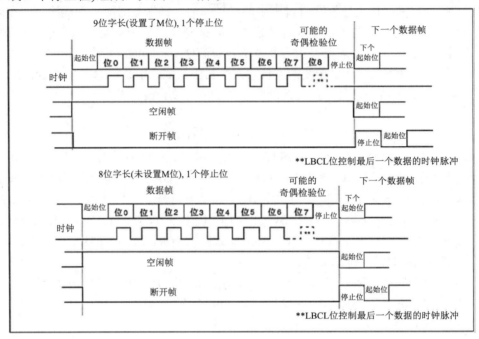

图 10.3 不同字长的数据帧

USART 支持多种停止位的配置，包括 0.5、1、1.5 和 2 个停止位，可以通过寄存器 USART_CR2 的位 13、12 进行编程。其中：

(1) 1 个停止位：停止位位数的默认值。

(2) 2 个停止位：可用于常规 USART 模式、单线模式以及调制解调器模式。

(3) 0.5 个停止位：在智能卡模式下接收数据时使用。

(4) 1.5 个停止位：在智能卡模式下发送和接收数据时使用。

在 USART 发送期间，当寄存器 USART_CR1 的发送使能位(TE)被置位时，在 TX 引脚上首先移出数据帧的最低有效位，然后依次逐比特进行传输。置位 TE 将使 USART 在第一个数据帧前发送一个空闲帧。

USART 单缓冲器数据发送过程的配置步骤如下：

(1) 通过在 USART_CR1 寄存器上置位 UE 位来激活 USART。

(2) 编程 USART_CR1 的 M 位来定义数据字的字长。

(3) 在 USART_CR2 中编程停止位的位数。

(4) 利用 USART_BRR 寄存器选择要求的波特率。

(5) 置位 USART_CR1 中的 TE 位，发送一个空闲帧作为第一次数据发送。

(6) 把要发送的数据写进 USART_DR 寄存器(该动作将清除 TXE 位)。

(7) 在 USART_DR 寄存器中写入最后一个数据字后，要等待 TC = 1，它表示最后一个数据帧的传输结束。当需要关闭 USART 或需要进入停机模式之前，需要确认传输结束，避免破坏最后一次传输。对每个待发送的数据重复步骤(7)。

寄存器 USART_SR 的 TXE 位表示发送数据寄存器 TDR 是否为空。当 TDR 寄存器中的数据被转移到发送移位寄存器时，TXE 位被硬件置位，表明此时数据发送已经开始，TDR 寄存器已被清空，下一个数据可以被写进 USART_DR 寄存器而不会覆盖先前的数据。若寄存器 USART_CR1 中的 TXEIE 位被置位，则产生中断。对数据寄存器的写操作将清零 TXE 位。

当一帧数据发送完成(停止位发送后)并且设置了 TXE 位时，TC 位将被置位；如果 USART_CR1 寄存器中的 TCIE 位被置起，则会产生中断。读或写一次 USART_SR 寄存器均可清除 TC 位。

3. USART 的异步数据接收过程

USART 可以根据 USART_CR1 的 M 位接收 8 位或 9 位的数据字。

当 USART 检测到一个特殊的采样序列时，就认为侦测到一个起始位。此时设置 RXNE 标志位，如果 RXNEIE = 1，则产生中断。在 USART 接收期间，数据的最低有效位首先从 RX 引脚移进接收移位寄存器。

USART 单缓冲器数据接收过程的配置步骤如下：

(1) 将 USART_CR1 寄存器的 UE 置 1 来激活 USART。

(2) 编程 USART_CR1 的 M 位定义字长。

(3) 在 USART_CR2 中编写停止位的个数。

(4) 利用波特率寄存器 USART_BRR 选择希望的波特率。

(5) 设置 USART_CR1 的 RE 位。激活接收器，使它开始寻找起始位。

当 USART 接收到一个字符时，RXNE 位被置位。它表明接收移位寄存器的内容被转移到了 RDR 并且可以被读出(包括与之有关的错误标志)。此时如果 RXNEIE 位被置位，将产生中断。在接收期间如果检测到帧错误、噪声或溢出错误，则错误标志将被置位。

RXNE 位必须在下一字符接收结束前被清零，以避免溢出错误。对寄存器 USART_DR 的读操作和对 RXNE 标志写 0 都可以清除 RXNE 位。

4. USART 的同步模式

USART 允许用户以主模式方式控制双向同步串行通信，CK 引脚可以输出发送器时钟。

同步模式下，USART 发送器和异步模式的工作一模一样，但是 TX 引脚上的数据是随 CK 同步发出的。发送数据时，USART 根据时钟信号的上升沿或下降沿来判断数据位的变化。数据传输的时刻通常是在每个时钟信号的下降沿或上升沿进行的。每个数据位都映射到一个时钟信号周期，发送方按照时钟信号的节拍，将数据帧按位发送。接收数据时，接收方也根据时钟信号的上升沿或下降沿来采样传输的数据。接收方在每个时钟信号的节拍来临时，采样接收到的数据位。

用户可以通过置位 USART_CR2 寄存器的 CLKEN 位来选择同步模式，此时 USART_CR2 寄存器中的 LINEN 位和 USART_CR3 寄存器中的 SCEN、HDSEL、IREN 位必须保持清零状态。

10.2.3　USART 中断

STM32F103 的 USART 中断事件一共有 9 种，如表 10.3 所示。

表 10.3　USART 中断事件

中断事件	事件标志	使能位
发送数据寄存器空	TXE	TXEIE
CTS 标志	CTS	CTSIE
发送完成	TC	TCIE
接收数据就绪可读	RXNE	RXNEIE
检测到数据溢出	ORE	
检测到空闲线路	IDLE	IDLEIE
奇偶校验错误	PE	PEIE
断开标志	LBD	LBDIE
噪声标志，多缓冲通信中的溢出错误和帧错误	NE 或 ORE 或 FE	EIE

注：仅当使用 DMA 接收数据时，才使用 EIE 位。

USART 的各种中断事件被连接到同一个中断向量(见图 10.4)，有以下各种中断事件：

(1) 发送期间：发送完成、清除发送、发送数据寄存器空。

(2) 接收期间：空闲总线检测、溢出错误、接收数据寄存器非空、校验错误、LIN 断开符号检测、噪声标志(仅在多缓冲器通信)和帧错误(仅在多缓冲器通信)。

如果设置了对应的使能控制位，则这些事件就可以产生各自的中断。

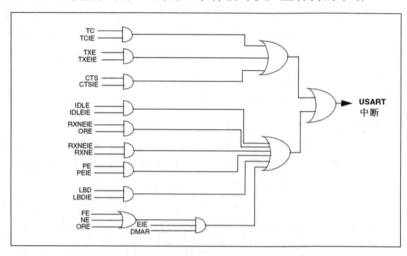

图 10.4　USART 的中断映像

在项目开发过程中，最常用的是接收数据就绪可读中断(RXNE)与检测到空闲线路中断(IDLE)。本章实例中就使用了接收数据就绪可读中断——当虚拟终端发送数据到 STM32F103R6 开发板上时，开发板会产生中断，在中断服务程序中接收数据并且对数据进行处理，判断相应 LED 灯的亮灭状态。

10.2.4　USART 内部寄存器

STM32F103 微控制器中 USART 的地址范围如表 10.4 所示。

表 10.4　USART 的地址范围

地址范围	外　设	总　线
0x40014000～0x40017FFF	保留	APB2 (0x40010000 ～ 0x40017FFF)
…	…	
0x40013800～0x40013BFF	USART1	
…	…	
0x40010000～0x400103FF	AFIO	
0x40007800～0x4000FFFF	保留	APB1 (0x40000000 ～ 0x4000FFFF)
…	…	
0x40001400～0x400017FF	UART5	
0x40001000～0x400013FF	UART4	
0x40000C00～0x40000FFF	USART3	
0x40000800～0x40000BFF	USART2	
…	…	
0x40000000～0x400003FF	TIM2	

STM32F103 的每个 USART 都有以下寄存器(见表 10.5)，通过配置这些寄存器就可以实现 USART 串口通信以及相关中断。

表 10.5　USART 主要内部寄存器

通用名称	位宽	描　述	访问	复位值	地址偏移
USART_SR	32	USART 状态寄存器，用来保存 USART 的状态	读写	0x00C0	0x00
USART_DR	32	USART 数据寄存器，bit[8:0]：数据值(Data Value)，包含发送或接收的数据。由于它是由两个寄存器组成的，一个用于数据发送(TDR)，一个用于数据接收(RDR)，该寄存器兼具读和写的功能	读写	不确定	0x04
USART_BRR	32	USART 波特比率寄存器，用于设置 USART 的波特率	写	0x0000	0x08
USART_CR1	32	USART 控制寄存器 1，通过设置该寄存器的对应位，可以实现不同的功能(详见表 10.6)	写	0x0000	0x0C

续表

通用名称	位宽	描述	访问	复位值	地址偏移
USART_CR2	32	USART 控制寄存器 2，设置帧同步、数据长度、停止位长度等	写	0x0000	0x10
USART_CR3	32	USART 控制寄存器 3，包含 USART 的各种控制位，包括使能 DMA、智能卡模式等	写	0x0000	0x14
USART_GTPR	32	USART 保护时间和预分频寄存器	写	0x0000	0x18

1) 寄存器 USART_CR1

该寄存器的 bit[31:14]为保留位，硬件强制为 0，其余各位均为可读可写，具体功能定义见图 10.5，其余更详细的内容可查阅参考手册。

31…14	13	12	11	10	9	8	7	6	5	4	3	2	1	0
保留	UE	M	WAKE	PCE	PS	PEIE	TXEIE	TCIE	RXNEIE	IDLEIE	TE	RE	RWU	SBK

图 10.5 寄存器 USART_CR1

(1) bit[13]：UE，USART 使能。当该位被清零时，表示 USART 接口被禁用，在当前字节传输完成后，USART 的分频器和输出将停止工作，以减少功耗。该位由软件设置和清零。

0——USART 分频器和输出被禁止；

1——USART 模块使能。

(2) bit[12]：M，字长位，该位定义了数据字的长度，由软件对其设置和清零。在数据传输过程中(发送或者接收时)，不能修改这个位。

0——1 个起始位，8 个数据位，n 个停止位；

1——1 个起始位，9 个数据位，n 个停止位。

(3) bit[11]：WAKE，唤醒的方法。

(4) bit[10]：PCE，校验控制使能。

(5) bit[9]：PS，校验选择。

(6) bit[8]：PEIE，PE 中断使能，该位由软件设置或清除。

0——禁止产生中断；

1——当 USART_SR 中的 PE 为"1"时，产生 USART 中断。

(7) bit[7]：TXEIE，发送缓冲区空中断使能，该位由软件设置或清除。

0——禁止产生中断；

1——当 USART_SR 中的 TXE 为"1"时，产生 USART 中断。

(8) bit[6]：TCIE，发送完成中断使能，该位由软件设置或清除。

0——禁止产生中断；

1——当 USART_SR 中的 TC 为"1"时，产生 USART 中断。

(9) bit[5]：RXNEIE，接收缓冲区非空中断使能，该位由软件设置或清除。

0——禁止产生中断；

1——当 USART_SR 中的 ORE 或者 RXNE 为"1"时，产生 USART 中断。

(10) bit[4]：IDLEIE，IDLE 中断使能。该位由软件设置或清除。

0——禁止产生中断；

1——当 USART_SR 中的 IDLE 为"1"时，产生 USART 中断。

(11) bit[3]：TE，发送使能。该位由软件设置或清除。

0——禁止发送；

1——使能发送。

(12) bit[2]：RE，接收使能。该位由软件设置或清除。

0——禁止接收；

1——使能接收，并开始搜寻 RX 引脚上的起始位。

(13) bit[1]：RWU，接收唤醒，该位用来决定是否把 USART 置于静默模式。

0——接收器处于正常工作模式；

1——接收器处于静默模式。

(14) bit[0]：SBK，发送断开帧，使用该位来发送断开字符。

0——没有发送断开字符；

1——将要发送断开字符。

2) 寄存器 USART_SR

该寄存器的 bit[31:10]为保留位，硬件强制为 0，其余各位段的功能定义见图 10.6，更详细的内容可查阅参考手册。

31	...	10	9	8	7	6	5	4	3	2	1	0
保留			CTS	LBD	TXE	TC	RXNE	IDLE	ORE	NE	FE	PE
			rc w0	rc w0	r	rc w0	rc w0	r	r	r	r	r

注：rc w0 是指 read/clear，软件可以读此位，也可以通过写"0"清除此位，写"1"对此位无影响。

图 10.6　寄存器 USART_SR

(1) bit[9]：CTS 标志位，若 CTSE = 1，当 NCTS 输入状态发生变化时，该位被硬件设置为"1"。

(2) bit[8]：LBD，LIN 断开检测标志。

(3) bit[7]：TXE，发送数据寄存器空，单缓冲器传输中使用该位。当 TDR 寄存器中的数据被硬件转移到移位寄存器的时候，该位被硬件置位。如果 USART_CR1 寄存器中的 TXEIE 为 1，则产生中断。对 USART_DR 的写操作，将该位清零。

0——数据还没有被转移到移位寄存器；

1——数据已经被转移到移位寄存器。

(4) bit[6]：TC，发送完成。当包含有数据的一帧发送完成，并且 TXE=1 时，由硬件将该位置"1"。如果 USART_CR1 中的 TCIE 为"1"，则产生中断。由软件序列清除该位(先读 USART_SR，然后写入 USART_DR)。TC 位也可以通过写"0"来清除，只有在多缓冲通信中才推荐这种清除程序。

0——发送还未完成；

1——发送完成。

（5）bit[5]：RXNE，读数据寄存器非空。当 RDR 移位寄存器中的数据被转移到 USART_DR 寄存器中时，该位被硬件置位。如果 USART_CR1 寄存器中的 RXNEIE 为"1"，则产生中断。对 USART_DR 的读操作可以将该位清零。RXNE 位也可以通过写入"0"来清除，只有在多缓冲通信中才推荐这种清除程序。

0——数据没有收到；

1——收到数据，可以读出。

（6）bit[4]：IDLE，监测到总线空闲。

（7）bit[3]：ORE，过载错误。

（8）bit[2]：NE，噪声错误标志。

（9）bit[1]：FE，帧错误。

（10）bit[0]：PE，校验错误。

3）寄存器 USART_BRR

该寄存器的 bit[31:16]为保留位，硬件强制为 0，其余各位均为可读可写，其具体功能定义见图 10.7。

寄存器
USART_BRR

31	...	16	15	...	4	3	2	1	0
保留			DIV_Mantissa[11:0]			DIV_Fraction[3:0]			

图 10.7　寄存器 USART_BRR

• bit[15:4]：DIV_Mantissa[11:0]，这 12 位定义了 USART 分频器除法因子 USARTDIV 的整数部分。

• bit[3:0]：DIV_Fraction[3:0]，这 4 位定义了 USART 分频器除法因子 USARTDIV 的小数部分。

其余寄存器的详细定义可查阅参考手册。

10.3　基于寄存器操作的 USART 应用实例仿真与实现

本节介绍基于寄存器操作方式来实现 USART 串口通信，从而控制 LED 灯亮灭的 Proteus 仿真过程。

基于寄存器操作的
USART 应用实例

10.3.1　功能描述与硬件设计

1. 功能描述

基于寄存器操作方式，利用两个 GPIO 引脚连接虚拟终端，另外 4 个 GPIO 引脚分别连接 4 个 LED 灯；当程序开始运行时，LED0 会不断闪烁表明程序正在运行，同时虚拟终端也会接收 STM32F103R6 开发板发送的字符串，虚拟终端会等待用户输入数字，并将该数字发送到开发板。开发板对接收的数据进行分析，并根据分析结果控制 3 个 LED 灯的亮灭：如果用户输入的是数字 1，则 LED1 亮，LED2 与 LED3 灭；如果是数字 2，则 LED2

亮，LED1 与 LED3 灭；如果输入的是数字 3，则 LED3 亮，LED1 与 LED2 灭。

2. 硬件设计

采用 MCU STM32F103R6 搭建最小系统；外设 LED0～LED3 正极分别经 100 Ω 的电阻 R2～R5 接到 3.3 V 电源，负极分别连接 GPIOA 的引脚 PA8～PA11；虚拟终端的 RXD 引脚连接到开发板的 GPIOA 的引脚 PA2，TXD 引脚连接到开发板的 GPIOA 引脚 PA3。

LED0～LED3 初始化为熄灭状态。当虚拟终端接收到用户输入的数据并发送回开发板后，通过分析所得数据，将对应的 LED 灯点亮。其电路原理图见图 10.1。

10.3.2　软件设计与仿真实现

1. 系统流程

USART 串口设置的基本步骤如下：

(1) 串口时钟使能，GPIO 端口时钟使能。

由于串口的 TX 和 RX 引脚都是使用 GPIO 引脚的复用功能，因此，时钟使能时，不仅要使能串口的时钟，还需要使能对应 GPIO 端口的时钟。

(2) 串口复位。

当外设出现异常的时候可以通过复位设置实现该外设的复位，然后重新配置这个外设，使其正常工作。串口初始化时，一般会先执行复位该串口的操作。

(3) GPIO 端口模式设置。

除了连接 LED 灯的 GPIO 引脚工作模式的设置外，还需要将复用为 USART 引脚 TX、RX 的 GPIO 端口对应的引脚设置为复用功能模式。

(4) 串口参数初始化，包括串口波特率、M 位、奇偶校验位、停止位、串口工作模式等参数的初始化。

(5) NVIC 初始化。

设置串口的中断优先级组、抢占优先级和响应优先级，并使能串口中断，例如接收到数据中断(读数据寄存器非空)、数据发送完成(TC = 1)中断等。

(6) 串口使能。

在串口开始数据传输之前，首先需要将寄存器 USART_CR1 的使能位 UE 置位，使能 USART 接口；然后，将 USART_CR1 的发送使能位 TE 和接收使能位 RE 均置位，实现数据发送使能和接收使能。

(7) 编写中断服务程序。

对应第(5)步使能的串口中断类型和应用需求，对每种中断均编写中断服务程序，实现相应的数据处理功能。

在本实例的 main 函数中主要进行硬件初始化，包括 LED 灯初始化、USART 串口初始化、时钟初始化等。在初始化完成后，首先需要向虚拟终端发送提示信息，提示用户输入数字；用户在看到提示信息后，会输入数字并发送到 STM32F103R6 开发板上，开发板接收并产生接收数据中断，在中断处理函数中处理数据并控制 LED 灯的亮灭。等待中断到来期间，LED0 不断闪烁。具体流程如图 10.8 所示。

本实例中使用了 LED0～LED3，共 4 盏灯，分别对应于 GPIOA 的引脚 PA8～PA11。这 4 个引脚全部设置为推挽输出，并初始化为高电平。在中断处理函数中通过设置对应位为低电平或高电平来控制 LED 灯的亮灭。LED 函数的初始化流程如图 10.9 所示。

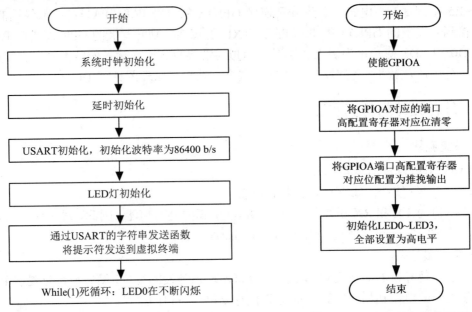

图 10.8　main 函数流程图　　　　　　　图 10.9　LED 灯的初始化流程

本实例中使用 USART2 与虚拟终端进行通信，GPIOA 端口的 PA2 和 PA3 引脚分别用作其 TXD 端口和 RXD 端口。在初始化 USART2 的过程中，需要实现发送、接收字符与发送字符串函数。USART2 的配置流程如图 10.10 所示。

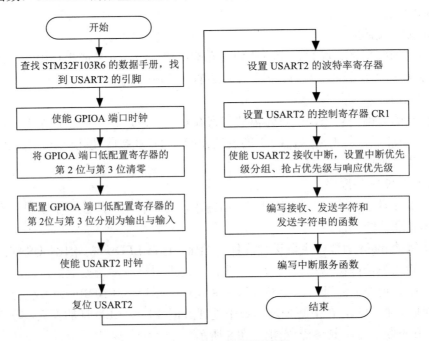

图 10.10　USART2 配置流程

　　USART2 中断处理流程主要包括发送数据，判断是否接收到数据，对接收到的数据进行处理，清除中断标志位等步骤。具体流程如图 10.11 所示。

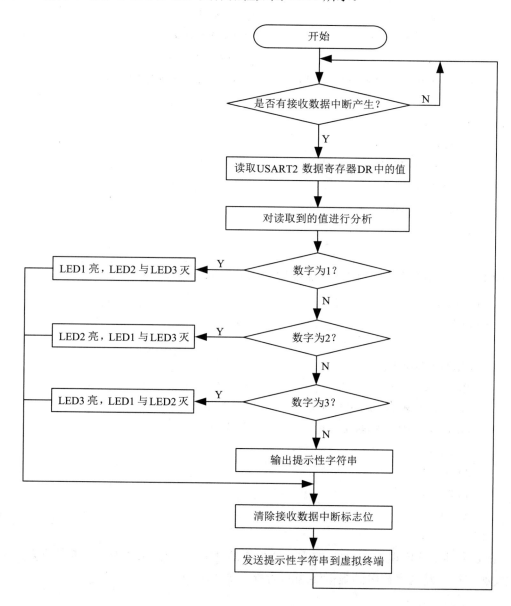

图 10.11　中断处理函数流程

2. 核心代码实现

main.c 文件主要实现各种硬件初始化的功能，源代码如下：

```
#include "sys.h"

#include "delay.h"

#include "uart.h"

#include "led.h"
```

```
int main(){
    Stm32_Clock_Init(9);                          //时钟初始化
    delay_init(72);                               //延时初始化
    Usart2_Init(36, 86400);                       //USART2 初始化
    LED_Init();                                    //LED 灯的初始化
    Usart2_Send_str("请输入数字(1-3)：");          //发送提示性信息到虚拟端口

    while(1) {
        LED0 = 0;
        delay_ms(300);
        LED0 = 1;
        delay_ms(300);
    }
}
```

led.c 文件主要实现 LED 的寄存器配置的功能，源代码如下：

```
#include "led.h"
#include "sys.h"

void LED_Init(void){
    RCC-> APB2ENR |= 1<<2;            //使能 GPIOA
    GPIOA->CRH &= 0xFFFF0000;         //对应位清零
    GPIOA->CRH |= 0x00003333;         //推挽输出
    LED0 = 1;
    LED1 = 1;
    LED2 = 1;
    LED3 = 1;
}
```

uart.c 文件主要实现 USART2 的寄存器配置的功能，包括 USART2 中断的配置，实现接收发送字符、发送字符串到虚拟终端的功能。源代码如下：

```
#include "uart.h"
#include "delay.h"

void Usart2_Init(u32 pclk1,u32 bound)
{
    //GPIO 初始化
    RCC->APB2ENR |= 1<<2;            //使能 GPIOA 口时钟
    GPIOA->CRL &= 0XFFFF00FF;        //I/O 状态设置——清零
```

```
        GPIOA->CRL |= 0X00008B00;              //I/O 状态设置——置 1

        //Usart2 初始化
        RCC->APB1ENR |= 1<<17;                 //使能串口时钟，在 APB1ENR 寄存器的第 17 位
        RCC->APB1RSTR |= 1<<17;                //复位串口 2
        RCC->APB1RSTR &= ~(1<<17);             //停止复位
        USART2->BRR=(pclk1*1000000)/(bound);   //波特率设置
        USART2->CR1 |= 0X200C;                 //1 位停止，无校验位.

        USART2->CR1|=1<<5;                      //接收缓冲区非空中断使能
        MY_NVIC_Init(3,3,USART2_IRQn,2);       //优先级组 2，最低优先级
    }

    void Usart2_Send_Byte(u8 data)
    {
        while(!(USART2->SR & (1<<6)));          //等待之前的发送完成
        USART2->DR = data;                      //将要发送的数据发送给数据寄存器
    }

    u8 Usart2_Receive_Byte(void)
    {
        u8 str;
        while(!(USART2->SR & (1<<5)));          //等待接收完成
        str = USART2->DR;                       //读取数据寄存器的数据
        return str;
    }

    void Usart2_Send_str(char *str)             //串口 2 发送一个字符串
    {
        int i = 0;
        while(str[i] != '\0'){
            Usart2_Send_Byte(str[i]);
            i++;
        }
    }
```

exit.c 文件主要实现中断处理函数，源代码如下：

```
    #include "exit.h"
    #include "uart.h"
    #include "led.h"
```

```
#include "delay.h"
#include "stdio.h"

void USART2_IRQHandler()                    //串口 2 中断处理函数
{
    u8 res;
    int num;
    if(USART2->SR&(1<<5))                    //接收到数据
    {
        Usart2_Send_str("\r\n");
        res=USART2->DR;
        if(res == '1')
        {
            LED1 = 0;
            LED2 = 1;
            LED3 = 1;
        }else if(res == '2')
        {
            LED1 = 1;
            LED2 = 0;
            LED3 = 1;
        }else if(res == '3')
        {
            LED1 = 1;
            LED2 = 1;
            LED3 = 0;
        }else{
            Usart2_Send_str("输入错误");
            Usart2_Send_str("\r\n");
        }
    }
    USART2->SR &= (0<<5);   //清除中断位
    Usart2_Send_str("请输入数字(1-3)：");
}
```

3. 下载调试验证

通过 Keil 将程序编译完成后生成 hex 文件，将生成的 hex 文件添加到 Proteus 工程中，按图 10.12 所示进行设置。

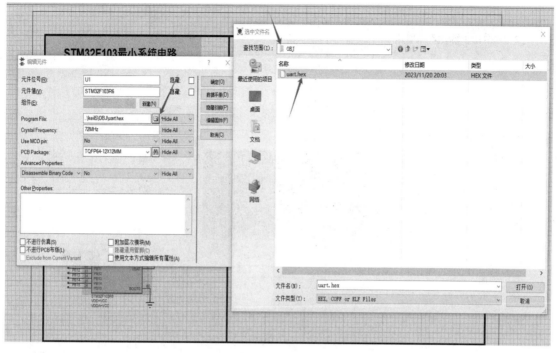

图 10.12　Proteus 中添加 hex 文件

　　导入 hex 文件后运行 Proteus 进行仿真，在虚拟终端输入数字 1～3，分别点亮 LED1、LED2、LED3。在整个过程中，LED0 不断闪烁，表明程序正在执行。具体仿真结果如图 10.13 所示。

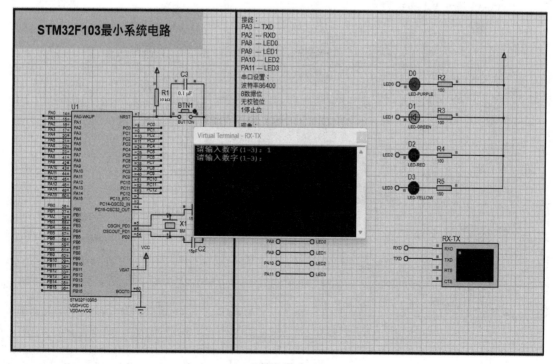

(a) 输入数字 1

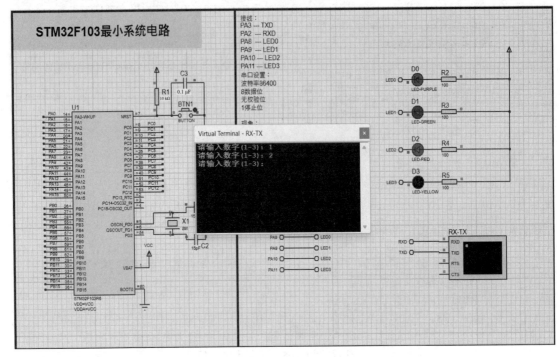

(b) 输入数字 2

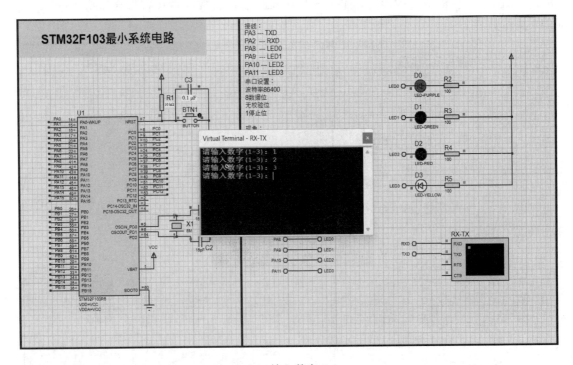

(c) 输入数字 3

图 10.13　仿真结果

10.4　基于标准外设库的 USART 应用实例仿真与实现

本节以 STM32 标准外设库 V3.5.0 版本为基础,简要介绍 USART 的标准外设库接口函数和查看函数原型的方法,并给出实例——"基于标准外设库来实现 USART 通信控制 LED 亮灭"的仿真与实现过程。

10.4.1　标准外设库中与 USART 相关的接口函数

标准外设库中与 USART 相关的接口函数主要分为初始化及复位函数、使能及数据处理函数和其他函数三大类,具体见表 10.6。

表 10.6　标准外设库的 USART 接口函数

类别	函　数	功　能
初始化及复位函数	USART_Init	根据 USART_InitTypeDef 中指定的参数初始化外设 USART
	USART_DeInit	串口复位
	USART_StructInit	把 USART_InitTypeDef 中的每一个参数按缺省值填入
	USART_ClockInit	根据 USART_CLOCK InitStruct 中的指定参数初始化 USARTx 外设时钟
使能及数据处理函数	USART_ITConfig	启用或禁用指定的 USART 中断
	USART_DMACmd	启用或禁用 USART 的 DMA 接口
	USART_Cmd	启用或禁用指定的 USART 模块
	USART_SmartCardCmd	智能卡模式使能
	USART_IrDACmd	启用或禁用 USART 的 IrDA 接口
	USART_IrDAConfig	配置 USART 的 IrDA 接口
	USART_ReceiveData	返回 USARTx 外设最近接收到的数据
	USART_SendData	通过 USARTx 外设传输单个数据
其他函数	USART_GetFlagStatus	检查是否设置了指定的 USART 标志
	USART_ClearFlag	清除 USARTx 的标志位
	USART_GetITStatus	检查指定的 USART 中断是否发生
	USART_ClearITPending Bit	清除 USARTx 的中断位

10.4.2　软件设计与仿真实现

1. 标准外设库中与 USART 相关接口函数的配置

本实例中用到了 GPIO、USART、NVIC 的结构体，其中，USART 结构体的定义如下：

```
typedef struct
{
    uint32_t   USART_BaudRate;                /* 配置 USART 通信波特率*/
    uint16_t   USART_WordLength;              /* 每个数据帧中的数据位数*/
    uint16_t   USART_StopBits;                /* 每个数据帧之后的停止位数*/
    uint16_t   USART_Parity;                  /* 奇偶校验位的配置*/
    uint16_t   USART_Mode;                    /* USART 模式的配置*/
    uint16_t   USART_HardwareFlowControl;     /* 硬件流控制的配置*/
} USART_InitTypeDef;
```

其中，USART 的模式配置有 USART_Mode_Rx(接收模式，USART_CR1 的 RE 位被置位)、USART_Mode_Tx(发送模式，USART_CR1 的 TE 位被置位)、USART_Mode_TxRx(发送和接收模式，USART_CR1 的 RE 位和 TE 位均被置位)等几种取值。

配置 USART 可分为以下几个步骤：

(1) 串口时钟使能，GPIO 端口时钟使能。

USART2 挂接在 APB1 总线上，GPIOA 端口挂接在 APB2 总线上，因此，调用函数 RCC_APB1PeriphClockCmd()配置 USART2 的时钟；调用函数 RCC_APB2PeriphClockCmd() 配置 GPIOA 的时钟(函数原型详见第 7.5.2 节)，具体为：

```
RCC_APB1PeriphClockCmd(RCC_APB1Periph_USART2, ENABLE);
RCC_APB2PeriphClockCmd(RCC_APB2Periph_GPIOA, ENABLE);
```

(2) 串口复位。

调用函数 USART_DeInit()来复位 USART，其函数原型如下：

```
void   USART_DeInit(USART_TypeDef*   USARTx)
```

该函数的主要作用是将 USART 外设的所有寄存器重置到复位状态，其参数是 USART_TypeDef 类型的指针。

(3) GPIO 端口模式设置。

本实例中将 PA2 复用为 USART2 的 TX 引脚、PA3 复用为 USART2 的 RX 引脚，因此，需要调用函数 GPIO_Init()将 PA2 设置为复用推挽输出模式，输出速率可设置为 50 MHz；同时，将 PA3 设置为浮空输入模式。

GPIO_Init 的函数原型详见 7.5.2 节。

(4) 串口参数初始化。

调用函数 USART_Init()来设置串口的基本参数，其函数原型如下：

```
void USART_Init(USART_TypeDef*   USARTx,   USART_InitTypeDef*   USART_InitStruct)
```

该函数的第 1 个参数是 USART_TypeDef 指针，指向想要初始化的 USART 外设。第二个参数是 USART_InitTypeDef 指针，指向一个包含 USART 初始化设置的结构体。该函数不返回任何值，而是通过修改 USART 外设的寄存器来配置 USART 的波特率、数据帧中包含的有效数据位数、奇偶校验位、停止位、USART 模式、硬件流控制等参数。

(5) NVIC 初始化。

首先调用函数 NVIC_PriorityGroupConfig() 来配置优先级分组，然后再调用函数 NVIC_Init() 来配置 USART2 的抢占优先级和响应优先级，并使能 USART2 中断。

这两个函数的原型详见 9.5.2 节。

(6) 串口使能。

首先，需要调用函数 USART_ITConfig() 来使能 USART 数据传输过程中指定的相关中断，其函数原型如下：

```
void USART_ITConfig(USART_TypeDef* USARTx, uint16_t USART_IT, FunctionalState NewState);
```

该函数的第 1 个参数 USARTx 是 USART_TypeDef 结构体指针，指向要配置的 USART 的寄存器基地址；第 2 个参数 USART_IT 是中断标识符，表示要启用或禁用的中断，这是一个位掩码，可以是以下取值的组合：

- USART_IT_CTS：CTS 改变中断。
- USART_IT_LBD：线路空闲电平检测中断。
- USART_IT_TXE：传输寄存器为空中断。
- USART_IT_TC：传输完成中断。
- USART_IT_RXNE：接收寄存器非空中断。
- USART_IT_IDLE：闲置线路检测中断。
- USART_IT_PE：奇偶校验错误中断。
- USART_IT_ERR：错误中断(FE、NE、OR)。

第 3 个参数 NewState 是一个枚举类型变量，可以取值为 ENABLE 或 DISABLE，表示启用或禁用中断。

例如，可以调用函数 USART_ITConfig() 来使能串口 2 的接收中断：

```
USART_ITConfig(USART2,　USART_IT_RXNE,　ENABLE);
```

需要注意的是，在调用函数 USART_ITConfig() 之前，需要确保 USART 已经被正确配置，否则该函数可能不会如预期一样工作。

接下来，还需要调用函数 USART_Cmd() 来启动串口 2 工作，其函数原型如下：

```
void USART_Cmd(USART_TypeDef* USARTx, FunctionalState NewState);
```

该函数的第 1 个参数 USARTx 表示外设的地址，第 2 个参数 NewState 可以取值为 ENABLE 或 DISABLE，表示启动或停止工作。

(7) 编写中断处理程序。

编写中断处理程序 void USART2_IRQHandler(void)，根据具体需求来实现相应 USART 中断事件的处理过程。

2. 系统流程图

库函数版的实现思路与寄存器版基本一致，具体流程如图 10.14 所示。

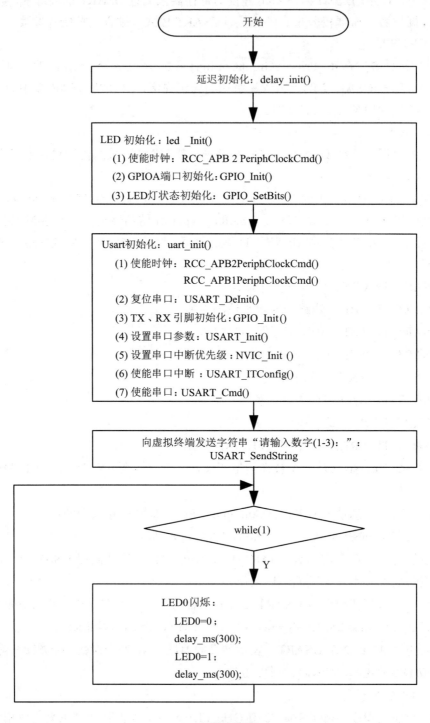

(a) 主程序流程

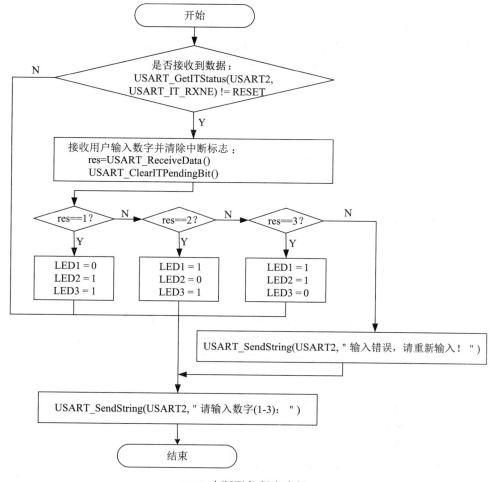

(b) 中断服务程序流程

图 10.14　系统流程图

3. 核心代码实现

(1) 新建一个 usart.h 头文件。该文件定义了 USART 模块的初始化函数、发送字符串函数以及 USART2 的中断处理函数。代码如下：

```
#ifndef __USART_H
#define __USART_H
#include "stdio.h"
#include "sys.h"

void uart_init(u32 bound);
void USART_SendString(USART_TypeDef* USARTx, char *DataString);
void USART2_IRQHandler();

#endif
```

(2) 新建一个 usart.c 文件。该文件用于初始化 USART2 模块并通过 USART 发送字符串。它会循环发送字符串中的每个字符，并等待每个字符发送完成后再发送下一个字符。

当 USART2 接收到数据时触发中断，在函数内部进行以下操作：读取接收到的数据，并根据不同的输入控制 LED 的状态；发送提示信息到 USART2，要求用户重新输入。代码如下：

```c
#include "usart.h"
#include "sys.h"
#include "led.h"


void uart_init(u32 bound){
    //GPIO 端口设置
    GPIO_InitTypeDef   GPIO_InitStructure;
    USART_InitTypeDef   USART_InitStructure;
    NVIC_InitTypeDef   NVIC_InitStructure;

    //使能 USART2，GPIOA 时钟
    RCC_APB1PeriphClockCmd(RCC_APB1Periph_USART2, ENABLE); //使能 USART2 时钟
    RCC_APB2PeriphClockCmd(RCC_APB2Periph_GPIOA, ENABLE);   //使能 GPIOA 时钟
    USART_DeInit(USART2);    //串口复位

    //USART2_TX    GPIOA.2 初始化
    GPIO_InitStructure.GPIO_Pin = GPIO_Pin_2;
    GPIO_InitStructure.GPIO_Speed = GPIO_Speed_50 MHz;
    GPIO_InitStructure.GPIO_Mode =    GPIO_Mode_AF_PP;        //复用推挽输出
    GPIO_Init(GPIOA, &GPIO_InitStructure); //初始化 GPIOA.2

    //USART2_RX    GPIOA.3 初始化
    GPIO_InitStructure.GPIO_Pin = GPIO_Pin_3;
    GPIO_InitStructure.GPIO_Mode = GPIO_Mode_IN_FLOATING; //浮空输入
    GPIO_Init(GPIOA, &GPIO_InitStructure); //初始化 GPIOA.3

    //Usart2 NVIC  配置
    NVIC_InitStructure.NVIC_IRQChannel = USART2_IRQn;
    NVIC_InitStructure.NVIC_IRQChannelPreemptionPriority=3 ;    //抢占优先级 3
    NVIC_InitStructure.NVIC_IRQChannelSubPriority = 3;            //子优先级 3
    NVIC_InitStructure.NVIC_IRQChannelCmd = ENABLE;            //IRQ 通道使能
    NVIC_Init(&NVIC_InitStructure);    //根据指定的参数初始化 VIC 寄存器

    //USART 初始化设置
    USART_InitStructure.USART_BaudRate = bound;                //串口波特率
```

```c
    USART_InitStructure.USART_WordLength = USART_WordLength_8b;//字长为 8 位数据格式
    USART_InitStructure.USART_StopBits = USART_StopBits_1;        //一个停止位
    USART_InitStructure.USART_Parity = USART_Parity_No;           //无奇偶校验位
    USART_InitStructure.USART_HardwareFlowControl = USART_HardwareFlowControl_None;
                                                                  //无硬件数据流控制
    USART_InitStructure.USART_Mode = USART_Mode_Rx | USART_Mode_Tx;    //收发模式
    USART_Init(USART2, &USART_InitStructure);                     //初始化串口 2
    USART_ITConfig(USART2, USART_IT_RXNE, ENABLE);               //开启串口接收中断
    USART_Cmd(USART2, ENABLE);                                    //使能串口 2
}


void USART_SendString(USART_TypeDef* USARTx, char *DataString)
{
    int i = 0;
    USART_ClearFlag(USART2,USART_FLAG_TC);            //发送字符前清空标志位
    while(DataString[i] != '\0')//字符串结束符
    {
        USART_SendData(USARTx,DataString[i]);         //每次发送字符串的一个字符
        while(USART_GetFlagStatus(USARTx,USART_FLAG_TC) == 0);   //等待数据发送成功
        USART_ClearFlag(USARTx,USART_FLAG_TC);        //发送字符后清空标志位
        i++;
    }
}


void USART2_IRQHandler()
{
    u8 res;
    if(USART_GetITStatus(USART2, USART_IT_RXNE) != RESET)    //接收数据寄存器非空中断
    {
        res=USART_ReceiveData(USART2);
        USART_ClearITPendingBit(USART2,USART_IT_RXNE);      //清除中断标志
        //USART_SendData(USART2, res);        //数据发送到虚拟端口(回显)
        USART_SendString(USART2, "\r\n");
        if(res == '1'){
            LED1 = 0;
            LED2 = 1;
            LED3 = 1;
        }else if(res == '2'){
            LED1 = 1;
```

```
        LED2 = 0;
        LED3 = 1;
    }else if(res == '3'){
        LED1 = 1;
        LED2 = 1;
        LED3 = 0;
    }else{
        USART_SendString(USART2, "输入错误，请重新输入！");
        USART_SendString(USART2, "\r\n");
    }
    }
    USART_SendString(USART2,"请输入数字(1-3)：");
}
```

(3) 新建一个 main.c 文件。该文件初始化延时函数、LED、USART，并在主循环中通过 USART 发送提示信息，实现 LED 的闪烁。代码如下：

```
#include "led.h"
#include "delay.h"
#include "sys.h"
#include "uart.h"

int main(void)
{
    delay_init();                          //延时函数初始化
    LED_Init();                            //初始化与 LED 连接的 GPIO 引脚
    uart_init(86400);                      //初始化串口
    NVIC_PriorityGroupConfig(NVIC_PriorityGroup_2);    //设置中断优先级分组 2
    USART_SendString(USART2,"请输入数字(1-3)：");
    while(1)
    {                                      //LED0 不断闪烁，表示程序正在运行
        LED0 = 0;
        delay_ms(300);
        LED0 = 1;
        delay_ms(300);
    }
}
```

(4) 新建一个 led.h 文件。该文件定义了 LED 模块的初始化函数、LED 灯的宏定义。代码如下：

```
#ifndef __LED_H
#define __LED_H
```

```
#include "sys.h"

#define LED0 PAout(8)                    // PA8
#define LED1 PAout(9)                    // PA9
#define LED2 PAout(10)                   // PA10
#define LED3 PAout(11)                   // PA11

void LED_Init(void);                     //初始化

#endif
```

(5) 新建一个 led.c 文件。该文件实现了 LED 模块的初始化函数，将 GPIOA8～GPIOA11 定义为推挽输出，并且初始化为高电平。代码如下：

```
#include "led.h"

//LED IO 初始化
void LED_Init(void)
{
    GPIO_InitTypeDef    GPIO_InitStructure;

    RCC_APB2PeriphClockCmd(RCC_APB2Periph_GPIOA, ENABLE);       //使能 PA 端口时钟

    GPIO_InitStructure.GPIO_Pin = GPIO_Pin_8| GPIO_Pin_9| GPIO_Pin_10| GPIO_Pin_11; //端口配置
    GPIO_InitStructure.GPIO_Mode = GPIO_Mode_Out_PP;            //推挽输出
    GPIO_InitStructure.GPIO_Speed = GPIO_Speed_50 MHz;          //IO 口速度为 50 MHz
    GPIO_Init(GPIOA, &GPIO_InitStructure);                      //根据设定参数初始化 GPIOA
    GPIO_SetBits(GPIOA, GPIO_Pin_8);                            //PA.8 输出高
    GPIO_SetBits(GPIOA, GPIO_Pin_9);                            //PA.9 输出高
    GPIO_SetBits(GPIOA, GPIO_Pin_10);                           //PA.10 输出高
    GPIO_SetBits(GPIOA, GPIO_Pin_11);                           //PA.11 输出高
}
```

4. 下载调试验证

通过 Keil 将程序编译完成后生成 hex 文件，将生成的 hex 文件添加到 Proteus 工程，然后运行 Proteus 进行仿真。此时分别在虚拟终端输入数字 1～3，分别点亮 LED1、LED2、LED3。在整个过程中，LED0 不断闪烁，表明程序正在执行。具体仿真结果与寄存器版仿真运行结果(图 10.13)相同。

本 章 小 结

STM32F103 微控制器中的 USART 是实现串行通信的重要接口，具有全双工通信、高

精度波特率发生器、灵活的数据帧格式、丰富的中断功能，支持多种通信模式和 DMA 传送方式等优点，应用十分广泛。例如，在智能家居系统中，STM32F103 微控制器可以通过 USART 与各种智能设备进行通信，实现家居环境的智能化控制；在工业自动化领域，STM32F103 微控制器可以通过 USART 接收来自 PLC、传感器等设备的信号，并控制执行单元进行相应操作；在医疗设备中，USART 还可以用于监护仪、血糖仪等设备的数据采集和传输。

本章介绍了数据通信的基本概念，详细介绍了 STM32F103 微控制器 USART 的内部结构、数据异步传输过程、内部寄存器的用法，以及 USART 接口配置的基本流程，并以 USART 接收、发送数字来控制 LED 灯亮灭为例，详细介绍了基于寄存器开发和基于库函数调用开发的具体过程，结合实例，介绍了相关库函数原型及其使用方法，以便帮助读者更好地理解 STM32F103 微控制器 USART 接口异步通信的实现过程。

习   题

1. 数据通信可以分为哪几类？
2. 什么是串行通信，什么是并行通信？各有什么特点？
3. 什么是异步通信，什么是同步通信？各有什么特点？
4. 什么是波特率？串行通信对波特率的基本要求是什么？
5. 如何设置串口通信的波特率？
6. USART 数据帧由哪几部分组成？
7. NVIC 如何实现中断/异常的屏蔽与使能？
8. 简要描述 STM32F103 USART 的主要特点。
9. 简要介绍 STM32F103 USART 的内部结构。
10. 简要介绍 STM32F103 USART 的数据传输过程。
11. 简要介绍 STM32F103 USART 初始化的一般步骤。
12. STM32F103 USART 有哪些中断事件？
13. 已知异步通信接口的帧格式由 1 个起始位、8 个数据位、无奇偶校验位、1 位停止位组成。若该接口每分钟传送 3600 个字符，试计算其波特率。
14. 编程实现以下功能：某嵌入式系统开发板通过串口接收上位机发送过来的无符号数 N，计算累加和 $sum = 1 + 2 + \cdots + N$，然后将 sum 的值传回上位机。

第 11 章

I²C 串行通信原理及应用

  I²C 串行通信仅使用 SCL(Serial Clock Line，时钟线)和 SDA(Serial Data，串行数据线)进行数据传输，硬件实现简单，扩展性强，非常适合于在资源受限的嵌入式系统中使用。

  本章内容包括 I²C 串行通信原理、STM32F103 微控制器中的 I²C 接口，以及通过 I²C 接口读写 E²PROM(Electrically-Erasable Programmable Read-Only Memory，电可擦除可编程只读存储器)的实例等。首先，介绍 I²C 串行通信的基本概念、常见的 I²C 通信系统和本章开发并仿真实现的 E²PROM 读写实例；其次，介绍 STM32F103 微控制器中 I²C 接口的主要特性、内部结构、工作模式、数据格式和数据传送过程，然后依次介绍主设备发送、主设备接收模式下的数据传送序列；接下来介绍 I²C 接口内部主要寄存器的功能和用法；最后，以读写 E²PROM 为例，分别介绍基于寄存器操作和基于库函数调用两种开发方式实现 I²C 通信的过程。通过本章学习，读者能够了解 STM32F103 微控制器内 I²C 接口的主要功能及基本用法，掌握 I²C 通信应用程序的开发过程，以及各环节所涉及的关键知识点和所要用到的库函数等，加深对同步串行通信过程的理解。

本章知识点与能力要求

  ◆ 理解 I²C 同步串行通信的基本概念和通信过程；

  ◆ 了解 STM32F103 微控制器中 I²C 接口的内部结构、主要特性，理解其工作原理；

  ◆ 掌握 STM32F103 微控制器中 I²C 接口内部寄存器的功能和用法，以及基于寄存器结构体操作和基于库函数调用的开发过程；

  ◆ 结合本章实例，熟练掌握裸机版嵌入式应用系统中实现 I²C 通信的整体流程，以及相关工具软件的使用方法和程序仿真、调试方法，能独立完成包含 I²C 通信的嵌入式系统设计与开发。

11.1 I²C 串行通信原理

I²C 串行通信简介

  I²C(Inter-Integrated Circuit)总线是一种由 NXP(原 PHILIPS)公司开发的两线式双向、半双工同步串行总线通信协议，通常用于在嵌入式系统中连接微控制器与多个低速外围设备，通过 SCL(时钟线，一般由主控制器产生用于同步数据传输的时钟信号)和 SDA(数据线，用于传输地址信号和实际的数据位，一般由通信双方共享)实现主控制器和从器件之间的半双工通信，具有传输数据量较少、传输距离较短等特点，被广泛应用于传感器、E²PROM、实时时钟等各种数字设备之间的低速、低功耗通信。

一条 I²C 总线上可以挂载多个设备，所有设备的时钟线 SCL 都连接到 I²C 总线的 SCL 上，所有设备的串行数据线 SDA 也都连接到 I²C 总线的 SDA 上。为了保证数据的稳定性，减少干扰，SCL 和 SDA 都需要外接上拉电阻，其大小由速度和容性负载决定，见图 11.1。

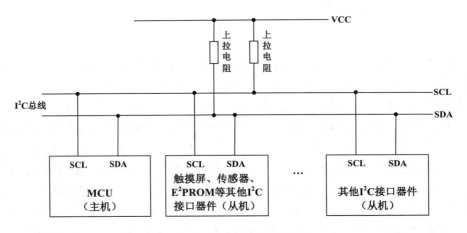

图 11.1　常见的 I²C 通信系统

在 I²C 通信过程中，设备均有唯一的用于标识身份的地址，且可以由通信协议和软件逻辑共同来决定其作为主设备(Master)还是从设备(Slave)。任意时刻，I²C 总线上可以有多个从设备，但只能有一个主设备。I²C 的主设备就是发起通信的设备，通常由微控制器或主机来担任，负责产生时钟信号(控制时钟线 SCL 上高低电平的转换)、发送起始信号、从设备地址和读写请求，以及停止信号，从而控制管理整个通信流程；I²C 的从设备就是响应主设备通信请求的设备，一般由外部器件或其他 I²C 接口芯片担任，具备可编程的 I²C 地址检测和停止位检测能力，在被寻址后能够根据请求发送或接收数据，协同主设备共同完成数据传输过程。

由于 I²C 通信属于同步通信，在通信过程中，需要在主、从设备之间通过时钟信号和应答信号实现严格的同步。首先，主设备发送开始信号、从设备地址信号，在接收到从设备的应答信号之后，正式开始数据传输过程。此时，发送方每发送一个数据，接收方都需要发送一个表示正确接收的应答信号(ACK)；发送方接收到该应答信号后才会继续发送下一个数据。最后，由主设备发送停止信号来结束整个数据传输过程。需要注意的是，主设备可以是发送方(主设备将数据写入从设备)也可以是接收方(主设备读取从设备的数据)，从设备同样可以是发送方也可以是接收方。总之，I²C 就是通过对主、从设备之间 SCL 和 SDA 线上高低电平时序的控制，来产生 I²C 总线协议所需要的信号，从而实现数据传输过程。

本章实例主要演示微控制器 STM32F103R6 通过 I²C 总线读、写 E²PROM 的过程，其电路原理图见图 11.2。

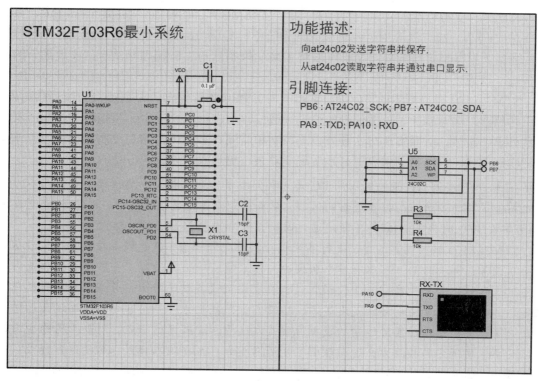

图 11.2　Proteus 电路原理图

具体而言,包括以下几个关键步骤:

首先,完成相关 GPIO 引脚及 I²C 接口的初始化。微控制器 STM32F103R6 的 GPIOB 口引脚 PB6、PB7 分别复用为内置 I²C 接口的 SCL 线和 SDA 线,连接 E²PROM 芯片 AT24C02 的引脚 SCK、SDA,在通信过程中分别用于传送时钟信号和地址/数据信号。因此,初始化阶段,应该分别为引脚 PB6、PB7 和 I²C 设置相关参数,为后续正确进行通信做好准备。

其次,进行 E²PROM 芯片的数据读写操作。微控制器 STM32F103R6 通过 I²C 接口将预先定义好的字符串写入存储器 AT24C02 的 Block0。为了验证字符串是否正确写入了存储器,再通过 I²C 接口读取存储器 AT24C02 中存储的字符串,并写入字符数组中。

最后,显示读取的数据。为了更直观地看到从存储器 AT24C02 中读取的数据,可以配置串口 USART1,以便使用 printf 函数将字符数组的内容通过串口显示出来。

该实例结合了 I²C 通信的初始化、AT24C02 存储器的数据读写,以及通过 USART 实时显示从存储器读取到的数据,构建了一个完整的数据交互过程,展示了微控制器 STM32F103R6 分别工作于主发送器模式和主接收器模式时的 I²C 通信过程。

11.2　STM32F103 中的 I²C 接口

STM32F103 微控制器的 I²C 接口是一种高效、灵活的同步串行通信接口,连接微控制器和 I²C 总线,支持标准 I²C 规范,提供多主机功能,控制所有 I²C 总线特定的时序、协议、仲裁和定时，支持标准和快速两种模式，并且与 SMBus2.0(System Management Bus，系统管理总线)兼容，被广泛应用于各种嵌入式系统中，实现与外部器件、传感器、存储器等部件的通信。根据特定设备的需要，可以将 DMA 控制器与 I^2C 接口相结合，实现数据的高效传输，以减轻 CPU 的负担。

STM32F103 微控制器的 I^2C 接口常用于与 E^2PROM 存储器、温度传感器、湿度传感器、气压传感器、加速度计、陀螺仪等外设进行通信，用户可以通过 I^2C 接口轻松读取或写入这些外设的数据，从而实现对这些外设的控制和监测。了解 I^2C 接口的基本特性、工作原理和实现方式，可以帮助用户更好地实现更复杂、更强大的外设通信功能。

注意：STM32F103 微控制器的 I^2C 是一种同步串行通信接口，建议读者在学习本章内容之前，了解同步通信与异步通信的区别，从而理解在 I^2C 通信过程中，发送方(也叫发送器)和接收方(也叫接收器)需要不断地通过时钟信号和应答信号进行严格同步。

STM32F103 微控制器的 I^2C 支持多主机功能，允许一条 I^2C 总线上挂载多个主设备和多个从设备；同一时刻，可以有多个从设备，但只能有一个主设备。一般而言，总是由主设备发送开始信号来开启整个 I^2C 通信过程，也由主设备发送停止信号来结束通信过程。但是，这并不意味着主设备就是发送方、从设备就是接收方。简而言之，谁发送开始信号谁就是主设备，谁发送实际传输的数据谁就是发送方。理解了这一点，有助于区分主设备与从设备、发送方与接收方，进而理解主发送器模式、主接收器模式、从发送器模式、从接收器模式这 4 种工作模式。

11.2.1　STM32F103 微控制器 I^2C 接口简介

STM32F103 微控制器的 I^2C 接口允许连接到标准或快速 I^2C 总线，完成数据的串并转换或并串转换，从而在多个主设备和从设备之间实现高效的双向通信。其小容量产品一般只有 1 个 I^2C 接口，中等容量和大容量产品有 2 个 I^2C 接口。

STM32F103 微控制器的 I^2C 接口主要有以下特点：

(1) 支持多主机功能：所有 I^2C 接口均既可以作为主设备也可以作为从设备，可以作为数据发送方也可以作为数据接收方。

(2) 作为 I^2C 主设备时，能够产生 SCL 时钟信号、串行通信开始信号和停止信号。

(3) 作为 I^2C 从设备时，可编程检测 I^2C 地址和停止位，可响应 2 个从地址。

(4) 可产生和检测 7 位/10 位地址和广播呼叫。

(5) 支持不同的通信速度，标准模式速度高达 100 kHz，快速模式速度高达 400 kHz。

(6) 具有发送器/接收器模式标志、字节发送结束标志、I^2C 总线忙标志等多个状态标志，以及主模式时的仲裁丢失、地址/数据传输后的应答错误、检测到错位的起始或停止条件、禁止拉长时钟功能时的上溢或下溢等错误标志。

(7) 具有 2 个中断向量，1 个用于地址/数据通信成功中断，1 个用于错误中断。

(8) 可通过内置的 I^2C 外设或通过 GPIO 模拟 I^2C 时序来实现 I^2C 通信。

总之，STM32F103 微控制器的 I^2C 通信硬件连接和通信协议都较为简单，支持多主从设备和灵活的地址分配，以及同步通信与应答机制，具有低速率、低功耗、易于调试等特点，在嵌入式系统中应用非常广泛。

11.2.2　STM32F103 微控制器 I²C 接口工作原理

STM32F103 微控制器 I²C 接口内部结构较为复杂，由多个功能模块分工协作，共同完成数据传输和通信控制。

1．I²C 的内部结构

I²C 内部结构包括时钟控制模块、数据控制模块、逻辑控制模块、内部寄存器、外部引脚等部件，其功能框图如图 11.3 所示。

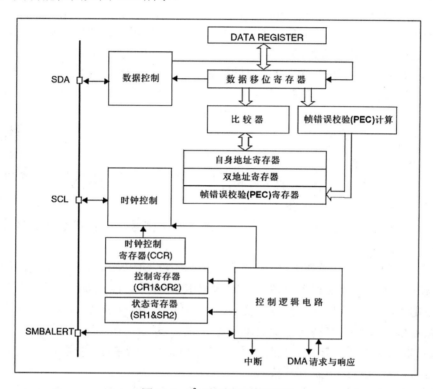

图 11.3　I²C 的内部功能框图

1) 时钟控制模块

时钟控制模块负责根据时钟控制寄存器(CCR)和控制寄存器(CR1、CR2)中的设置产生时钟线 SCL 上的信号，确保时钟信号的准确性和稳定性，这是 I²C 通信的基础。

2) 数据控制模块

数据控制模块负责数据的接收和发送，具体而言，就是在接收数据时将串行接收到的逐比特数据转换成并行的字节数据，然后送给微控制器；在发送数据时，将微控制器发过来的字节数据转换成串行数据后逐比特发送出去。该模块确保数据在 SDA 总线上的正确传输，是实现 I²C 数据通信的关键。

3) 逻辑控制模块

逻辑控制模块通过复杂的逻辑判断和处理，实现 I²C 的总线仲裁、中断、DMA 等功能，确保多个设备在 I²C 总线上有序通信。

4) 内部寄存器

STM32F103 微控制器 I^2C 接口的内部寄存器均为 16 位寄存器，包括时钟控制寄存器 (CCR)、控制寄存器(CR1、CR2)、状态寄存器(SR1、SR2)、自身地址寄存器(OAR1、OAR2)、数据寄存器(DR)、TRISE 寄存器等。这些寄存器的功能和用法见 11.2.3 节。

5) 外部引脚

STM32F103 微控制器 I^2C 接口有 3 个外部引脚，分别是：

(1) SCL：时钟线，用于提供通信时序的时钟信号，由主设备产生。

(2) SDA：数据线，用于传输实际的数据位，由主设备和从设备共享。

(3) SMBALERT：系统管理总线的警告信号。通过 SMBALERT 引脚，STM32F103 能够轻松集成到使用 SMBus 协议的系统中。该引脚还可以在检测到 SMBus 上的错误或特定事件时，通过中断方式通知微控制器，使微控制器可以实时获取 SMBus 上的状态信息，从而及时响应和处理各种事件，保证了系统的稳定性和可靠性。在 SMBus 模式下，SMBALERT 是可选信号。如果禁止了 SMBus，则不能使用该信号。

2. I^2C 接口的工作模式

I^2C 接口有以下 4 种工作模式：

(1) 主发送器模式：作为通信的主设备，产生开始信号，并担任数据的发送方，数据发送结束后产生结束信号。

I^2C 的工作模式

(2) 主接收器模式：作为通信的主设备，产生开始信号，并担任数据的接收方，数据接收结束后产生结束信号。

(3) 从发送器模式：作为通信的从设备，并担任数据的发送方，监测到匹配的从地址后，开始发送数据，当接收到主设备发送的 NACK 信号后，停止发送数据。

(4) 从接收器模式：作为通信的从设备，并担任数据的接收方，监测到匹配的从地址后，开始接收数据，每接收到一个数据均应给主设备发送一个 ACK 信号。

I^2C 接口默认工作于从模式，在产生开始信号后又自动切换到主模式；当仲裁丢失或产生结束信号时，从主模式切换到从模式。

I^2C 通信过程中，某器件担任主设备还是从设备，可以通过软件逻辑和通信协议来设置。

主设备产生 SCL 线上的时钟信号，发送通信开始信号、从设备地址及读写模式信号。然后，主设备若作为发送器，则开始发送数据；若作为接收器，则等待接收从设备发来的数据。最后，主设备要产生结束信号来终止整个数据传输过程。

从设备监测 SDA 线上的地址信号，若与自己的地址匹配，或者是广播呼叫地址，则根据内部相关寄存器的设置和主设备的指令，进行数据发送(从模式发送器)或接收(从模式接收器)，否则表示该设备没有被选中，它将忽略之后 SDA 线上传输的数据信号。

一般来说，I^2C 设备的地址由三部分组成，如图 11.4 所示：

(1) 器件固有地址：bit[7:4]，设备地址的高 4 位，通常由厂商确定，可以查阅设备的数据手册或技术规格书来确定该地址。例如，E^2PROM 芯片 AT24C02 地址的高 4 位为 1010。

(2) 引脚地址：bit[3:1]，设备地址的低 3 位，可提供 000~111 共 8 个地址，从而确保每个设备的地址都不一样。例如，可将某个 I^2C 设备的地址引脚 $A_2 \sim A_0$ 均接地，使该 3 位地址值为 000。

(3) 读/写标志：bit[0]，R/$\overline{\text{W}}$，表示数据传输方向。当 bit[0] = 0 时，主设备写，数据由主设备传输给从设备；当 bit[0] = 1 时，主设备读，数据由从设备传输给主设备。

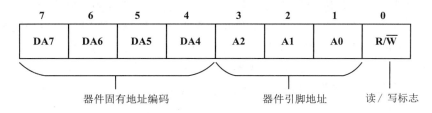

7	6	5	4	3	2	1	0
DA7	DA6	DA5	DA4	A2	A1	A0	R/$\overline{\text{W}}$

器件固有地址编码　　　　　器件引脚地址　　读 / 写标志

图 11.4　7 位 I²C 设备地址格式

在通信过程中，I²C 设备的地址往往是固定不变的。

3. I²C 总线上的信号

I²C 通信过程中，除了实际传输的数据信号外，总线上传输的信号还可以分为开始信号、结束信号和应答信号三类。

(1) 开始信号(S)：SCL 为高电平时，SDA 由高电平向低电平跳变，标志着数据传输开始，如图 11.5 的"START"所示。

(2) 结束信号(P)：SCL 为高电平时，SDA 由低电平向高电平跳变，标志着数据传输结束，如图 11.5 的"STOP"所示。

(3) 应答信号：接收器在接收到 8 bit 数据后，向发送器发出特定的低电平脉冲，即应答信号 ACK(图 11.5 的"ACK")，表示已收到数据。发送器接收到 ACK 信号后，根据实际情况做出是否继续传输数据的判断；若未收到 ACK 信号，可判断为接收器出现了故障。若接收器是主设备，那么在接收到最后一个数据后，主设备要向发送器回复一个 NACK 的应答信号，表示不想再接收数据，并紧随其后发出通信结束信号。

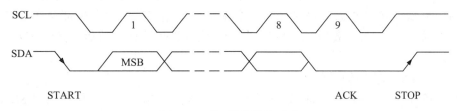

图 11.5　I²C 总线协议时序

I²C 的所有设备都是连接在同一根总线上的，但通信时往往只涉及几个设备，此时其余的空闲设备可能会受到总线干扰，或者干扰总线。为了避免总线上信号的混乱，各设备连接到总线的输出端时必须是漏极开路(Open Drain，OD)输出或集电极开路(Open Collector，OC)输出，并外接上拉电阻。在总线空闲状态时，SCL 和 SDA 被上拉电阻拉高，使 SDA 和 SCL 线都保持高电平，不能进行正常通信，也不会干扰其他设备。

4. I²C 的数据传输过程

I²C 数据线上传送的数据包括地址帧和数据帧。

(1) 地址帧是指通信开始时主设备发送的从设备地址，以便选择与

I²C 串行通信的
数据传输过程

之通信的从设备。地址帧包含了从设备的地址和读写位(R/$\overline{W}$)。地址可以是 7 位或 10 位，取决于设备的寻址能力。读写位为 1 位，"1"表示读操作，"0"表示写操作。

(2) 数据帧是指主设备选择了从设备后，实际传送的一个或多个数据字。每个数据帧包含 8 位有效数据和一个应答位。当接收器成功接收一个数据字节时，就会拉低 SDA 线以发出应答信号 ACK。如果接收器不能接收数据(例如，它正在处理其他任务)，它将保持 SDA 线高电平，不发送应答信号。此时，发送器不能继续发送下一个数据。

地址帧和数据帧均按字节高位在前、低位在后进行传输，其总线协议时序见图 11.5。

I^2C 的数据传输过程如下：

(1) 主设备发送开始信号。

I^2C 通信的起始条件(Start Condition)就是主设备发送开始信号：当主设备检测到总线为空闲状态(即 SDA、SCL 均为高电平)时，将 SDA 拉为低电平，标志着通信开始。

在同一通信会话中，主设备还可以发出重复的起始条件，以便与同一或不同的从设备进行新的通信。

(2) 主设备发送从地址及读写模式信号。

主设备需要在 SDA 线上发送包含从设备地址及读写模式信号的地址帧，以指定与之通信的从设备。地址帧的高 7 位为从设备地址，最低位为读写模式位。每一位都是在 SCL 上升沿到来时开始传输，在 SCL 高电平时保持；在发送完 8 bit 地址帧后，释放 SDA，使其保持高电平。

(3) 从设备检测地址并确认。

从设备识别 SDA 线上的地址帧并与自身地址进行比较，若能匹配或者识别为广播呼叫地址，则将 SDA 拉为低电平，以便向主设备发送一个 ACK 应答信号。

(4) 发送器发送数据帧。

发送器可能是主设备，也可能是从设备。在从设备确认地址后，发送器正式开始按字节从高位到低位传输数据，每次传送一个字节。数据字节的每一位都是在 SCL 上升沿到来时开始传输，在 SCL 高电平时保持；在发送完 8 bit 数据字节后，释放 SDA，使其保持高电平。

(5) 接收器发送应答信号。

接收器可能是主设备，也可能是从设备。在接收到数据字节后，接收器将 SDA 拉为低电平，以便向发送器发送一个 ACK 应答信号。若接收器没有接收到数据，或当前无法接收数据，则不需要发送 ACK 应答信号。

当需要传输多个数据字节时，重复步骤(4)、(5)。

当接收到最后一个数据字节时，若接收器为从设备，仍然向发送器发送一个 ACK 应答信号；若接收器为主设备，向发送器发送一个 NACK 应答信号，表示不需要再发送下一个数据。

如果在通信过程中发生错误(如从设备未响应或发生校验错误)，主设备通常需要执行预定的错误处理。

(6) 主设备发送结束信号。

I^2C 通信的停止条件(Stop Condition)就是主设备发出结束信号：在 SCL 为高电平时，

SDA 产生从低电平到高电平的跳变，标志着整个通信的结束，随后释放 SDA。

　　在整个通信中，地址、数据信息总是在 SCL 低电平期间准备，在 SCL 高电平期间保持稳定，以便接收方能正确采样数据。以 7 位从设备地址为例，主设备发送、从设备接收的传送序列见图 11.6，主设备接收、从设备发送的传送序列见图 11.7。

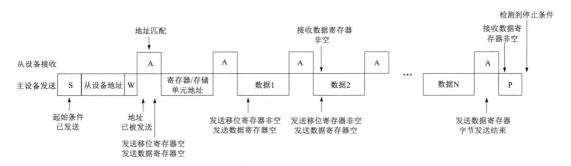

图 11.6　主设备发送、从设备接收的传送序列

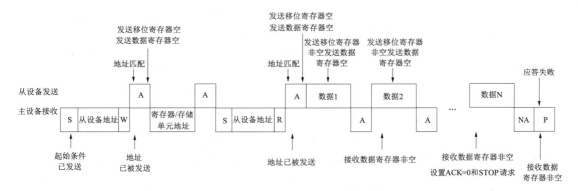

图 11.7　主设备接收、从设备发送的传送序列

　　图 11.6 和图 11.7 中，"S"表示开始信号，"W"表示写操作，"R"表示读操作，"A"表示正确接收的应答信号 ACK，"NA"表示应答失败信号 NACK，"P"表示结束信号，"↓"表示从设备的事件，"↑"表示主设备的事件。

　　一般情况下，如果从设备内部有多个寄存器或存储单元，在正式开始数据传输前，主设备往往还需要发送即将读/写的寄存器或存储单元地址，以指定具体的读/写操作位置。但是，以下 3 种情况下主设备均不需要发送寄存器或存储单元地址：

　　(1) 从设备内部没有多个寄存器；

　　(2) 不需要指定寄存器地址(例如，某些简单的 E²PROM 或传感器可以直接通过地址选择线来选择存储位置)；

　　(3) 从设备支持自动增量地址功能。

11.2.3　STM32F103 微控制器 I²C 内部寄存器

STM32F103 微控制器中两个 I²C 接口的地址范围如表 11.1 所示。

I²C 内部寄存器

表 11.1　I^{2}C 接口的地址范围

地址范围	外　设	总　线
0x40007800 ～ 0x4000FFFF	保留	APB1 (0x40000000 ～ 0x4000FFFF)
…	…	
0x40005800 ～ 0x40005BFF	I2C2	
0x40005400 ～ 0x400057FF	I2C1	
…	…	
0x40000000 ～ 0x400003FF	TIM2	

STM32F103 的每个 I^{2}C 接口都有以下内部寄存器(见表 11.2)，对这些寄存器按照半字(16 位)或字(32 位)方式操作就可以实现 I^{2}C 串口通信。

表 11.2　I^{2}C 内部相关寄存器及其主要功能

通用名称	位宽	描　述	访问	复位值	地址偏移
控制寄存器 1 I2C_CR1	16	主要具备通信使能与禁用、传输模式配置、时钟和波特率控制，以及应答错误指示等其他控制功能	读写	0x0000	0x00
控制寄存器 2 I2C_CR2	16	主要具备时钟控制、数据传输控制、中断和 DMA 控制，以及地址匹配等其他控制功能	读写	0x0000	0x04
自身地址寄存器 1 I2C_OAR1	16	用于存储第 1 个从设备的地址	读写	0x0000	0x08
自身地址寄存器 2 I2C_OAR2	16	用于存储双地址模式下第 2 个从设备的地址	读写	0x0000	0x0C
数据寄存器 I2C_DR	16	低 8 位用作数据寄存器，存放接收到的数据或将发送到总线的数据	读写	0x0000	0x10
状态寄存器 1 I2C_SR1	16	保存可反映当前通信状态的各种状态标志位，如数据传输的开始、结束、错误等，可用于监测通信状态	读	0x0000	0x14
状态寄存器 2 I2C_SR2	16	保存数据包出错检测、发送/接收数据、总线忙等通信状态标志位	读	0x0000	0x18
时钟控制寄存器 I2C_CRR	16	可在 I^{2}C 关闭时设置时钟相关参数	读写	0x0000	0x1C
TRISE 寄存器 I2C_TRISE	16	可在 I^{2}C 关闭时设置快速/标准模式下的最大上升时间(主模式)	读写	0x0002	0x20

1. 控制寄存器(I2C_CR1 和 I2C_CR2)

控制寄存器在 I^{2}C 通信中扮演着至关重要的角色。STM32F103 微控制器用两个 16 位控制寄存器 I2C_CR1 和 I2C_CR2 来实现对整个通信过程的管理。

I^2C_CR1 主要用于配置通信使能与禁用、传输模式控制，以及应答错误指示等控制功能。除 bit[14]和 bit[2]保留、硬件强制为 0 外，其他各比特均为可读可写，其具体定义如图 11.8 所示。

15	14	13	12	11	10	9	8	7	6	5	4	3	2	1	0
SWRST	保留	ALERT	PEC	POS	ACK	STOP	START	NO STRETCH	ENGE	ENPEC	ENARP	SMB TYPE	保留	SMBUS	PE

图 11.8　寄存器 I2C_CR1

各比特的功能如下：

(1) bit[15]：SWRST，软件复位。

(2) bit[13]：ALERT，SMBus 提醒位。

(3) bit[12]：PEC，数据包出错检测。

(4) bit[11]：POS，应答，或用于数据接收的 PEC 位置。

(5) bit[10]：ACK，应答使能。软件可设置或清除该位。当 PE=0 时，由硬件清除该位。其中，

0—无应答返回；

1—在接收到一个字节后返回一个应答(匹配的地址或数据)。

(6) bit[9]：STOP，停止条件产生。软件可以设置或清除该位。当检测到停止条件时，由硬件清除该位。当检测到超时错误时，硬件将其置位。其中，

0—无停止条件产生；

1—在主模式下，表示在当前字节传输或在当前起始条件发出后产生停止条件；在从模式下，表示在当前字节传输或释放 SCL 和 SDA 线后产生停止条件。

(7) bit[8]：START，起始条件产生。软件可以设置或清除该位，或当起始条件发出后或 PE=0 时，由硬件清除该位。其中，

0—无起始条件产生；

1—在主模式下，重复产生起始条件；在从模式下，当总线空闲时产生起始条件。

(8) bit[7]：NO STRETCH，在从模式下禁止时钟延长。

(9) bit[6]：ENGC，广播呼叫使能。

(10) bit[5]：ENPEC，PEC 使能。

(11) bit[4]：ENARP，ARP 使能。

(12) bit[3]：SMBTYPE，SMBus 类型。

(13) bit[1]：SMBUS，SMBus 模式。

(14) bit[0]：PE，I^2C 模块使能。其中，

0—禁用 I^2C 模块；

1—启用 I^2C 模块：根据 SMBus 位的设置，相应 I/O 口需配置为复用功能。

说明：

(1) 若设置了 STOP、START 或 PEC 位，则在硬件清除这个位之前，软件不要执行任何对 I2C_CR1 的写操作，否则有可能会第 2 次设置 STOP、START 或 PEC 位。

(2) 若清除 PE 位时通信正在进行，在当前通信结束后，I^2C 模块被禁用并返回空闲状态。在主模式下，通信结束之前绝对不能清除 PE 位。

(3) 本节仅介绍了部分最常用控制位的含义，其余位段详情请查阅参考手册。

I²C_CR2 主要用于配置时钟、中断和 DMA 等控制功能。除 bit[15:13]和 bit[7:6]保留、硬件强制为 0 外，其他比特均为可读可写，具体定义如图 11.9 所示，详情请查阅参考手册。

15 ··· 13	12	11	10	9	8	7　6	5 ··· 0
保留	LAST	DMA EN	ITBUF EN	ITEVT EN	ITERR EN	保留	FREQ[5:0]

图 11.9　寄存器 I2C_CR2

各比特的功能如下：

(1) bit[12]：LAST，DMA 最后一次传输。

(2) bit[11]：DMAEN，DMA 请求使能。

(3) bit[10]：ITBUFEN，缓冲器中断使能。

(4) bit[9]：ITEVTEN，事件中断使能。

(5) bit[8]：ITERREN，出错中断使能。

(6) bit[5:0]：FREQ[5:0]，I²C 模块时钟频率，用于设置 I²C 时钟频率的预分频值，与外设时钟 PCLK1 一起用于生成 I²C 的 SCL 时钟频率。为了产生正确的时序，必须设定 I²C 模块的输入时钟，标准模式下输入时钟的频率至少必须是 2 MHz，快速模式下至少是 4 MHz。计算公式如下：

$$f_{SCL} = \frac{f_{PCLK1}}{I2C\_CLK\_SPEED \times (2^{PRESC} + 1)}$$

其中，f_{PCLK1} 是 PCLK1 的时钟频率，I2C_CLK_SPEED 是 I²C 标准或快速模式下的最大速度(标准模式下通常是 100 kHz，快速模式下通常是 400 kHz)，PRESC 是通过 PREQ[5:0]设置的预分频值。

2. 自身地址寄存器(I2C_OAR1 和 I2C_OAR2)

STM32F103 微控制器的 I²C 模块支持主设备同时与多个从设备通信，每个设备可以有 2 个从地址，因此有 2 个地址寄存器。其中，I2C_OAR1 用于设置 I²C 设备的主地址。除 bit[14:10]保留、硬件强制为 0 外，其余比特均可读可写，其具体定义如图 11.10 所示。

15	14 ··· 10	9　8	7 ··· 1	0
ADD MODE	保留	ADD[9:8]	ADD[7:1]	ADD0

图 11.10　寄存器 I²C_OAR1

各比特的功能如下：

(1) bit[15]：ADDMODE，从模式的寻址模式位。其中，

0～7 位从地址(不响应 10 位地址)；

1～10 位从地址(不响应 7 位地址)。

(2) bit[9:8]：ADD[9:8]，10 位地址模式时接口地址的第 9～8 位，采用 7 位地址模式时不用考虑这个位段。

(3) bit[7:1]：ADD[7:1]，接口地址的第 7～1 位。

(4) bit[0]：ADD0，10 位地址模式时接口地址的第 0 位。采用 7 位地址模式时，不须关心该比特的取值，它将被替换为读/写标志位(数据传输方向位，参见图 11.4)。

I2C_OAR2 用于设置双地址模式下从设备的第 2 个地址。除 bit[15:8]保留、硬件强制为 0 外，其余比特均为可读可写，其具体定义如图 11.11 所示。

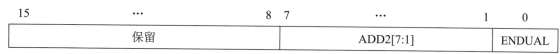

15	...	8	7	...	1	0
保留			ADD2[7:1]			ENDUAL

图 11.11　寄存器 I2C_OAR2

各比特的功能如下：

(1) bit[7:1]：ADD2[7:1]，双地址模式下从设备第 2 个接口地址的 7～1 位。

(2) bit[0]：ENDUAL，双地址模式使能位。其中：

0——在 7 位地址模式下，只有 1 个从设备地址，仅寄存器 OAR1 中的地址被识别；

1——在 7 位地址模式下，有 2 个从设备地址，寄存器 OAR1 和 OAR2 中的地址均被识别。

3. 数据寄存器(I2C_DR)

该寄存器的高 8 位保留，低 8 位用作数据寄存器 DR[7:0]，可读可写。

在发送器模式下，当写一个字节至 DR 寄存器时，自动启动数据传输。一旦传输开始 (TxE = 1)，如果能及时把下一个需要传输的数据写入 DR 寄存器，I²C 模块将进行连续的数据发送。

在接收器模式下，接收到的字节被复制到 DR 寄存器(RxNE = 1)。在接收到下一个字节 (RxNE = 1)之前读出 DR 寄存器的值，I²C 模块就可以实现连续的数据读取。

值得注意的是，在从模式下，地址不会被复制到 DR 数据寄存器。

4. 状态寄存器(I2C_SR1 和 I2C_SR2)

STM32F103 微控制器用 2 个状态寄存器来保存 I²C 模块通信过程中各状态标志位的值。其中，I2C_SR1 除了 bit[13]和 bit[5]保留外，其余比特的读写属性和具体定义如图 11.12 所示。

15	14	13	12	11	10	9	8	7	6	5	4	3	2	1	0
SMB ALERT	TIME OUT	保留	PEC ERR	OVR	AF	ARLO	BERR	TxE	RxNE	保留	STOPF	ADD10	BTF	ADDR	SB

图 11.12　寄存器 I2C_SR1

各比特的功能如下：

(1) bit[15]：SMB ALERT，SMBus 提醒位。读写属性：rcw0。

(2) bit[14]：TIMEOUT，超时或 Tlow 错误。读写属性：rcw0。

(3) bit[12]：PECERR，在接收时发生 PEC 错误。读写属性：rcw0。

(4) bit[11]：OVR，过载/欠载。读写属性：rcw0。

(5) bit[10]：AF，应答失败。读写属性：rcw0。该位由软件写 "0" 清除，或在 PE = 0 时由硬件清除。其中：

0——没有应答失败；

1——应答失败。当没有返回应答时，硬件将置该位为 "1"。

(6) bit[9]：ARLO，主模式下仲裁丢失。读写属性：rcw0。

(7) bit[8]：BERR，总线出错。读写属性：rcw0。

(8) bit[7]：TxE，发送时数据寄存器为空。读写属性：r。其中：

0——数据寄存器非空；

1——数据寄存器空。

在发送数据，数据寄存器 DR 为空时该位被置"1"，但在发送地址阶段不设置该位。软件写数据到 DR 寄存器可清除该位；或在发生一个起始或停止条件后，或当 PE = 0 时由硬件自动清除该位。如果收到一个 NACK，或下一个要发送的字节是 PEC(PEC = 1)，该位将不被置位。

在写入第 1 个要发送的数据后，或者设置了 BTF 时写入数据，都不能清除该位，因为 DR 寄存器仍然为空。

(9) bit[6]：RxNE，接收时数据寄存器非空。读写属性：r。其中：

0——数据寄存器为空；

1——数据寄存器非空。

在接收时，当数据寄存器 DR 不为空，该位被置"1"。在接收地址阶段，该位不被置位。软件对 DR 寄存器的读操作将清除该位，或当 PE = 0 时由硬件清除该位。若设置了 BTF，读取数据不能清除该位，因为 DR 寄存器仍然为满。

(10) bit[4]：STOPF，从模式的停止条件检测位(StopDetection)。读写属性：r。其中：

0——没有检测到停止条件；

1——检测到停止条件。

在一个应答之后(若 ACK = 1)，当从设备在总线上检测到停止条件时(SCL=1 且 SDA 由 0 向 1 跳变)，硬件将该位置"1"。

(11) bit[3]：ADD10，主模式下 10 位头序列已发送。读写属性：r。其中：

0——没有 ADD10 事件发生；

1——主设备已经将第 1 个地址字节发送出去。在 10 位地址模式下，当主设备已经将第 1 个字节发送出去时，硬件将该位置"1"。

(12) bit[2]：BTF，字节发送结束。读写属性：r。其中：

0——字节发送未完成；

1——字节发送结束。

当 NOSTRETCH = 0 时，在下列情况下硬件将该位置"1"：

① 在接收时，当收到一个新字节(包括ACK脉冲)且数据寄存器DR还未被读取(RxNE = 1)；

② 在发送时，当一个新数据将被发送且数据寄存器 DR 还未被写入新的数据(TxE = 1)。

在软件读取 SR1 寄存器后，对数据寄存器 DR 的读或写操作将清除该位；或在传输中发送一个起始或停止条件后，或当 PE=0 时，由硬件清除该位。若下一个要传输的字节是 PEC，则该位不会被置位。

(13) bit[1]：ADDR，主模式下地址已被发送，从模式下地址匹配。读写属性：r。在软件读取 SR1 寄存器后，对 SR2 寄存器的读操作将清除该位，或当 PE = 0 时，由硬件清除该位。

主模式下地址已被发送，其中：

0——地址发送没有结束；

1——地址发送结束。

10 位地址模式时，当收到地址的第 2 个字节的 ACK 后该位被置"1"；7 位地址模式时，当收到地址的 ACK 后该位被置"1"。

从模式下的地址匹配，其中：

0——地址不匹配或没有收到地址；

1——收到的地址匹配。

当收到的从地址与 OAR 寄存器中的内容相匹配，或发生广播呼叫，或 SMBus 设备默认地址或 SMBus 主机识别出 SMBus 提醒时，硬件就将该位置"1"(当对应的设置被使能时)。

(14) bit[0]：SB，主模式的起始位。读写属性：r。其中：

0——未发送起始条件；

1——起始条件已发送。

当发送出起始条件时该位被置"1"。软件读取 SR1 寄存器后，写数据寄存器 DR 的操作将清除该位；或当 PE=0 时，由硬件清除该位。

说明：

(1) 软件读取 SR1 寄存器后，对 CR1 寄存器的写操作将清除 STOPF 位和 ADD10 位；当 PE = 0 时，由硬件清除 STOPF 位和 ADD10 位。

(2) 在收到 NACK 后，STOPF 位、ADD10 位、BTF 位、ADDR 位均不会被置位。

由上可知，I2C_SR1 寄存器存储了 I²C 所有事件中断标志和错误中断标志，见表 11.3。

表 11.3 I²C 的中断请求

中断事件	事件标志	开启控制位	中断类型号	中断名称	中断向量表中的地址
起始位已发送(主)	SB	ITEVFEN	31 33	I2C1_EV I2C2_EV	0x000000BC 0x000000C4
地址已发送(主)或地址匹配(从)	ADDR				
10 位头段已发送(主)	ADD10				
已收到停止(从)	STOPF				
数据字节传输完成	BTF				
接收缓冲区非空	RxNE	ITEVFEN 和 ITBUFEN			
发送缓冲区空	TxE				
总线错误	BERR	ITERREN	32 34	I2C1_ER I2C2_ER	0x000000C0 0x000000C8
仲裁丢失(主)	ARLO				
响应失败	AF				
过载/欠载	OVR				
PEC 错误	PECERR				
超时/Tlow 错误	TIMEOUT				
SMBus 提醒	SMBALERT				

I2C_SR2 寄存器除了 bit[3]保留外，其余比特均为只读属性，其具体定义如图 11.13 所示。

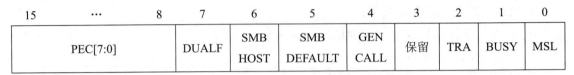

15	...	8	7	6	5	4	3	2	1	0
PEC[7:0]			DUALF	SMB HOST	SMB DEFAULT	GEN CALL	保留	TRA	BUSY	MSL

图 11.13　寄存器 I2C_SR2

各比特的功能如下：

(1) bit[15:8]：PEC[7:0]，数据包出错检测。

当 ENPEC = 1 时，PEC[7:0]用于存放内部的 PEC 值。

(2) bit[7]：DUALF，从模式的双标志。其中：

0——接收到的地址与 OAR1 内的内容相匹配；

1——接收到的地址与 OAR2 内的内容相匹配。

在产生一个停止条件或一个重复的起始条件时，或 PE = 0 时，硬件将清除该位，表示默认情况下，只有一个从设备。

(3) bit[6]：SMBHOST，从模式的 SMBus 主机头系列。

(4) bit[5]：SMBDEFAULT，从模式的 SMBus 设备默认地址。

(5) bit[4]：GENCALL，从模式的广播呼叫地址。

(6) bit[2]：TRA，发送/接收。其中：

0——接收到数据；

1——数据已发送。

在整个地址传输阶段的结尾，该位根据地址字节的 R/$\overline{\text{W}}$ 位来设定。在检测到停止条件(STOPF=1)、重复的起始条件或总线仲裁丢失(ARLO = 1)后，或当 PE = 0 时，硬件将清除该位。

(7) bit[1]：BUSY，总线忙(BusBusy)，用于表示当前正在进行总线通信，当 PE = 0 时该信息仍然会被更新。其中：

0——在总线上无数据通信；

1——在总线上正在进行数据通信。

在检测到 SDA 或 SCL 为低电平时，硬件将该位置"1"。当检测到一个停止条件时，硬件将该位清除。

(8) bit[0]：MSL，主从模式(Master/Slave)。其中：

0——从模式；

1——主模式。

当接口处于主模式(SB = 1)时，硬件将该位置"1"。当总线上检测到一个停止条件、总线仲裁丢失(ARLO = 1)时，或当 PE = 0 时，硬件将清除该位。

5. 时钟控制寄存器(I2C_CCR)

该寄存器用于控制串行时钟线 SCL 的时钟频率，通过调整该寄存器的值，可以改变 SCL 时钟的频率，从而控制 I²C 通信的速率。该寄存器的 bit[13:12]保留，其余位均为可读可写，其具体定义如图 11.14 所示。

15	14	13	12	11	...	0
F/S	DUTY	保留			CCR[11:0]	

图 11.14 寄存器 I2C_CCR

各比特的功能如下：

(1) bit[15]：F/S，I²C 主模式选项(I²C Master Mode Selection)。其中：

0——标准模式的 I²C；

1——快速模式的 I²C。

(2) bit[14]：DUTY，快速模式时的占空比(Fast Mode Duty Cycle)。其中：

0——快速模式下，$T_{low}/T_{high}=2$；

1——快速模式下，$T_{low}/T_{high}=16/9$。

(3) bit[11:0]：CCR[11:0]，主模式下快速/标准模式的时钟控制分频系数(Clock Control Register in Fast / Standard Mode)，用于设置主模式下的 SCL 时钟。

- 在 I²C 标准模式或 SMBus 模式下，$T_{high}=CCR \times T_{PCLK1}$，$T_{low}=CCR \times T_{PCLK1}$
- 在 I²C 快速模式下，

当 DUTY = 0：$T_{high}=CCR \times T_{PCLK1}$，$T_{low}=2 \times CCR \times T_{PCLK1}$

当 DUTY = 1：$T_{high}=9 \times CCR \times T_{PCLK1}$，$T_{low}=16 \times CCR \times T_{PCLK1}$

说明：

(1) 只有当 PE = 0 时才能设置 CCR 寄存器；

(2) f_{PCLK1} 必须是 10 MHz 的整数倍，这样才可以正确地产生 400 kHz 的快速时钟；

(3) CCR[11:0]允许设定的最小值是 0x04，在快速 DUTY 模式下允许的最小值为 0x01；

(4) 由于 CCR 寄存器只能接受整数类型的时钟因子，且存在计算误差和硬件限制，因此，实际的 SCL 时钟频率可能会略低于通过 CCR 寄存器设置的期望值，但这种偏差一般不会对 I²C 通信造成明显影响；

(5) 在配置 CCR 寄存器之前，还需要确保 I²C 外设和相关的 GPIO 引脚已经被正确初始化，并根据实际需求正确配置了 I²C 的其他相关寄存器。

6. TRISE 上升时间寄存器(I2C_TRISE)

I2C_TRISE 寄存器主要用于控制 SCL 信号在上升沿时的延迟时间，通过调整该寄存器的值，可以精确地控制 SCL 信号从低电平跳变到高电平所需的时间。这个延迟时间有助于总线上的设备在 SCL 信号稳定后，有足够的时间来准备数据或响应信号。

主设备该寄存器的 bit[15:6]保留，bit[5:0]用于存储在快速/标准模式下的最大上升时间。

11.3 基于寄存器操作的 I²C 应用实例仿真与实现

本节介绍基于寄存器操作方式实现 STM32F103 微控制器通过 I²C 总线读写 E²PROM 的方法。

基于寄存器操作的
I²C 应用实例

11.3.1　功能描述与硬件设计

1. 功能描述

I^2C 通信前的准备工作：在系统开机时，执行与 I^2C 通信相关的初始化工作。通过 I^2C 总线上的信号交互，主设备检测系统是否连接了 AT24C02 设备。这个阶段的任务是确认 AT24C02 设备的存在，为后续读写操作做好准备。

数据读写操作：通过 I^2C 通信实现对 AT24C02 存储器的数据读写。开机时将自定义数据写入 AT24C02 存储器，然后主动从 AT24C02 存储器中读取数据。

将读取的数据显示出来：通过串口 USART 将从 AT24C02 存储器中读出的数据显示出来。

这一流程结合了 I^2C 通信的初始化、AT24C02 存储器的数据读写，以及通过串口实时显示读取到的数据，构建了一个完整的数据交互过程。

2. 硬件设计

存储器采用 2K 位串行 CMOS E^2PROM 芯片 AT24C02，工作电压为 +1.8 V～6.0 V；其内部含有 256 个 8 位字节，还有一个 16 字节页写缓冲器，可以通过 I^2C 总线接口进行操作。AT24C02 的芯片地址是 1010(由厂商决定)，与引脚 A2、A1、A0(由硬件连接确定)共同构成的 7 位编码就是其地址码。

微控制器采用 STM32F103R6，其 GPIOB 端口的引脚 PB6、PB7 用于与存储器 E^2PROM AT24C02 之间进行串行通信。STM32F103R6 可以通过 I^2C 总线将数据写入 AT24C02，也可以将 AT24C02 中存储的数据读出并通过 USART 显示出来。

具体连接方式如下：

(1) PB6：复用为 I^2C1 的 SCL，连接到 AT24C02_SCK，用于向 AT24C02 E^2PROM 传输时钟信号。

(2) PB7：复用为 I^2C1 的 SDA，连接到 AT24C02_SDA，用于读写 AT24C02 E^2PROM 时传输数据信号。

(3) AT24C02 的地址线 A0～A2、写保护引脚 WP 均接地。

(4) PA9：复用为 USART1 的 TX 引脚。

(5) PA10：复用为 USART1 的 RX 引脚。

电路原理图见图 11.2。

11.3.2　软件设计与仿真实现

1. 系统流程

I^2C 接口设置的基本步骤如下：

(1) 使能 GPIO 端口时钟，初始化 GPIO 端口相关引脚。

本实例中分别用到引脚 PB6、PB7，因此，需要使能端口 GPIOB 的时钟，并将引脚 PB6、PB7 均初始化为复用开漏输出，输出速度为 50 MHz。

(2) 初始化 I^2C 接口。

在该实例中，STM32F103 微控制器通过 I²C1 接口与 E²PROM 通信，因此，需要设置 I²C1 的时钟、工作模式、设备地址等，最后还需要使能 I²C1 外设并将 I²C1 总线设置为空闲状态。

(3) 初始化 USART。

本实例中分别将引脚 PA9、PA10 复用为 USART1 的 TX 和 RX 引脚，因此，需要分别开启端口 GPIOA 和 USART1 的时钟；将 PA9 设置为复用推挽输出、速度为 50 MHz，将 PA10 设置为浮空输入模式；然后，设置 USART1 的波特率、有效数据位、停止位、奇偶校验位、收发模式等参数，并使能 USART1。设置好 USART 后，可以采用 printf 函数将字符串通过串口显示出来。

(4) 分别编写读、写 E²PROM 的 I²C 通信函数。

遵循 I²C 通信协议，首先编写将测试数据写入 E²PROM 的函数。然后，编写将测试数据从 E²PROM 读出的函数。最后，编写将测试数据送往 USART 显示的函数。

(5) 在主函数中调用 I²C 通信函数。

按顺序调用 GPIO、I²C、USART 初始化函数和通信函数。

系统流程图见图 11.15。

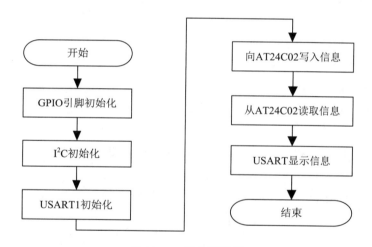

图 11.15　系统流程图

初始化 I²C：初始化 GPIO 和相关的硬件配置，以便使用 I²C 通信。在代码中，通过 I2C_EEPROM_Init() 函数初始化 I²C 通信所需的 GPIO。

写入数据到 E²PROM：在 main 函数中，调用函数 I2C_EEPROM_BufferWrite()，将数组 I2C_Buf_Write 中的测试字符串 "HelloWorld！" 写入到 AT24C02 Block0 的 0 地址处。

从 E²PROM 读取数据：调用函数 I2C_EEPROM_BufferRead()，从 AT24C02 Block0 的 0 地址处读取数据到数组 I2C_Buf_Read 中。

显示读取到的数据：通过 USART1 显示从 E²PROM 读取到的数据。

本实例采用事件查询方式来确保通信正常进行，所以不需要进行中断相关设置。

2. 核心代码实现

实现本实例的源代码较为庞杂，此处仅给出部分核心代码。

I^2C 初始化函数 I2C_Init()源代码如下：

```
voidI2C_Init(void)
{
    RCC->APB1ENR|=1<< 21;        /*使能 I²C1 时钟*/
    GPIOB->CRL|=0x0FF000000;      /*PB6、PB7 设置为复用开漏输出、50 MHz*/
    I2C->CR1 &= 0x0FFFD;          /*bit[1] = 0，I²C 模式*/
    I2C->CCR &= 0x0BFFF;          /*bit[14] = 0，占空比为 2:1*/
    I2C->OAR1 = 0x40A0;           /*设置自身地址*/
    I2C->CR1 |= 1<<10;            /*bit[10] = 1，应答使能*/
    I2C->CR2|= 1<<2;              /*FREQ[5:0] = 000010，时钟频率为 2 MHz*/
    I2C->CR1 |= 1<<0;             /*bit[0] = 1，使能 I²C1*/
    GPIOB->BSRR |= 0x03<<6; /*PB6(SCL) = 1，PB7(SDA) = 1，表示 I²C1 总线初始化为空闲状态*/
}
```

I^2C 起始信号发送函数 I2C_Start()，其源代码如下：

```
void I2C_Start(void)
{
    GPIOB->CRL|= 0x0F0000000;      /*PB7 设置为复用开漏输出、50 MHz*/
    GPIOB->BSRR |= 0x03<<6;        /*PB6(SCL)=1，PB7(SDA)=1 */
    delay_us(4);
    GPIOB->BRR |= 0x01<<7;         /*PB7(SDA) = 0 */
    delay_us(4);
    GPIOB->BRR |= 0x01<<6;         /*PB6(SCL) = 0，钳住 I²C 总线，准备发送或接收数据*/
}
```

I^2C 停止信号发送函数 I2C_Stop()，其源代码如下：

```
void I2C_Stop(void)
{
    GPIOB->CRL|= 0x0F0000000;      /*PB7 设置为复用开漏输出、50 MHz*/
    GPIOB->BRR |= 0x03<<6;         /*PB6(SCL) = 0，PB7(SDA) = 0*/
    delay_us(4);
    GPIOB->BSRR |= 0x03<<6;     /*PB6(SCL) = 1，PB7(SDA) = 1：发送 I²C 总线结束信号*/
    delay_us(4);
}
```

I^2C 发送一个字节的函数 I2C_Send_Byte()，其源代码如下：

```
void I2C_Send_Byte(u8data)
{
    u8 t;
    GPIOB->CRL|= 0x0F0000000;              /*PB7 设置为复用开漏输出、50 MHz*/
```

```
    GPIOB->BRR |= 0x01<<6;                    /*PB6(SCL) = 0，拉低时钟，准备开始传输数据*/
    for(t=0;t<8;t++)
    {
        GPIOB->ODR=(data&0x80)>>7;            /*从 SDA 逐比特输出数据*/
        data<<=1;
        delay_us(2) ;
        GPIOB->BSRR |= 0x01<<6;               /*PB6(SCL) = 1*/
        delay_us(2) ;
        GPIOB->BRR |= 0x01<<6;                /*PB6(SCL) = 0*/
        delay_us(2) ;
    }
}
```

从 I²C 读取一个字节的函数 I2C_Receive_Byte()，其源代码如下：

```
u8 I2C_Receive_Byte(unsignedcharack)
{
    unsigned char I, receive=0;
    GPIOB->CRL|= 0x40000000;                  /*PB7(SDA)设置为浮空输入模式*/
    for(i=0;i<8;i++)
    {
        GPIOB->BRR |= 0x01<<6;                /*PB6(SCL) = 0*/
        delay_us(2) ;
        GPIOB->BSRR |= 0x01<<6;               /*PB6(SCL) = 1 */
        receive<<=1;
        if((GPIOB->IDR&=0x00000080))          /*若 SDA = 1，则 receive++ */
            receive++;
        delay_us(1) ;
    }
    if(!ack)
        I2C_NAck();
    else
        I2C_Ack();
    return receive;
}
```

I²C 等待 ACK 信号的函数 I2C_Wait_Ack()，其源代码如下：

```
u8 I2C_Wait_Ack(void)
{
    u8 ErrTime=0;
```

```
    GPIOB->CRL|= 0x40000000;              /*PB7(SDA)设置为浮空输入模式*/
    GPIOB->BSRR |= 0x01<<7;               /*PB7(SDA) = 1 */
    delay_us(1) ;
    GPIOB->BSRR |= 0x01<<6;               /*PB6(SCL) = 1 */
    delay_us(1) ;
    while((GPIOB->IDR & 0x00000080))
    {
        ErrTime++;
        if(ErrTime>250)
        {
            I2C_Stop();
            return 1;
        }
    }
    GPIOB->BRR |= 0x01<<6;                 /*PB6(SCL) = 0*/
    return    0;
}
```

I^2C 发送 ACK 信号的函数 I2C_Ack()，其源代码如下：

```
void I2C_Ack(void)
{
    GPIOB->BRR |= 0x01<<6;                 /*PB6(SCL) = 0*/
    GPIOB->CRL|= 0x0F000000;               /*PB7 设置为复用开漏输出、50 MHz*/
    GPIOB->BRR |= 0x01<<7;                 /*PB7(SDA) = 0*/
    delay_us(2) ;
    GPIOB->BSRR |= 0x01<<6;                /*PB6(SCL) = 1*/
    delay_us(2) ;
    GPIOB->BRR |= 0x01<<6;                 /*PB6(SCL) = 0*/
}
```

I^2C 不发送 ACK 信号的函数 I2C_NAck()，其源代码如下：

```
void I2C_NAck(void)
{
    GPIOB->BRR |= 0x01<<6;                 /*PB6(SCL) = 0*/
    GPIOB->CRL|= 0x0F000000;               /*PB7 设置为复用开漏输出、50 MHz*/
    GPIOB->BSRR |= 0x01<<7;                /*PB7(SDA) = 1*/
    delay_us(2) ;
    GPIOB->BSRR |= 0x01<<6;                /*PB6(SCL) = 1*/
    delay_us(2) ;
```

```
GPIOB->BRR |= 0x01<<6;          /*PB6(SCL) = 0*/
}
```

3. 下载调试验证

将 Keil 下生成的 hex 文件关联到 Proteus 电路原理图中的微控制器 STM32F103R6 后，运行结果如图 11.16 所示。

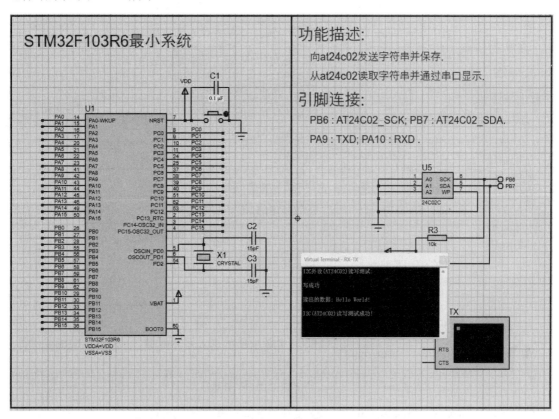

图 11.16　运行结果

11.4　基于标准外设库的 I²C 应用实例仿真与实现

本节以 STM32 标准外设库 V3.5.0 版本为基础，简要介绍标准外设库中与 I²C 相关的接口函数和查看函数原型的方法，并给出 E²PROM 读写实例的仿真与实现过程。

11.4.1　标准外设库中与 I²C 相关的接口函数

STM32 标准外设库提供了一系列操作 I²C 接口的常用库函数，见表 11.4。通过调用这些库函数，可以方便地实现从外部设备读取数据、向外部设备发送数据等操作，从而帮助开发人员在微控制器上实现与外部设备的 I²C 通信。

表 11.4　标准外设库的常用 I²C 相关接口函数

类别	函 数	功 能
初始化 I²C 接口	I2C_DeInit	将 I²C 外设复位到默认状态
	I2C_Init	根据 I2C_InitStruct 中指定的参数初始化外设 I²Cx 寄存器
发送和接收数据	I2C_SendData	向 I²C 总线发送一个字节的数据
	I2C_ReceiveData	从 I²C 总线接收一个字节的数据
	I2C_ReadRegister	读取指定的 I²C 寄存器并返回其值
设置/发送地址	I2C_OwnAddress2Config	设置指定 I²C 的自身地址 2
	I2C_Send7bitAddress	发送 I²C 设备的 7 位地址和读写方向位，用于寻址和指定数据传输方向
生成起始和停止条件	I2C_GenerateSTART	生成 I²C 起始条件，用于开始数据传输
	I2C_GenerateSTOP	生成 I²C 停止条件，用于结束数据传输
等待和检查事件/标志	I2C_CheckEvent	检查指定的 I²C 事件是否发生
	I2C_GetFlagStatus	检查指定的 I²C 标志位是否已被设置
	I2C_GetITStatus	检查指定的 I²C 中断是否发生
清除标志位	I2C_Clear Flag	清除 I²Cx 的待处理标志位
	I2C_ClearITPendingBit	清除 I²Cx 的中断待处理位
使能或禁用	I2C_AcknowledgeConfig	配置 I²C 应答模式，可以设置为应答(ACK)或非应答(NACK)
	I2C_Cmd	使能或禁用 I²C 外设
	I2C_DualAddressCmd	使能或禁用指定 I²C 的双地址模式
	I2C_GeneralCallCmd	使能或禁用指定 I²C 的广播呼叫功能
	I2C_ITConfig	使能或禁用指定的 I²C 中断

11.4.2　软件设计与仿真实现

1. 标准外设库 I²C 相关接口函数的配置

本实例中用到了 GPIO、USART、I²C 的结构体，其中，I²C 结构体的定义如下：

```
typedef  struct
{
    unit32_t  I2C_ClockSpeed;        /*设置 I²C 的传输速率，不得高于 400 kHz*/
    unit16_t  I2C_Mode;              /*设置 I²C 的使用方式，可选 I2C 模式或 SMBus 模式*/
    unit16_t  I2C_DutyCycle;         /*设置 SCL 线时钟占空比，可选 16:9 或 2:1*/
```

```
    unit16_t    I2C_OwnAddress1;              /*设置 STM32 的 I²C 设备自己的 7 位或 10 位地址*/
    unit16_t    I2C_Ack;                      /*设置应答使能*/
    unit16_t    I2C_AcknowlegedAddress;       /*设置寻址模式是 7 位还是 10 位*/
}I2C_InitTypeDef;
```

其中，I2C_Mode 表示采用 I²C 通信协议还是 SMBus 协议，共有 3 种取值，分别是 I2C_Mode_I2C、I2C_Mode_SMBusDevice、I2C_Mode_SMBusHost；I2C_DutyCycle 有 2 种取值，分别是 I2C_DutyCycle_16_9(占空比为 16:9)和 I2C_DutyCycle_2(占空比为 2:1)；I2C_Ack 有 2 种取值，分别是 I2C_Ack_Enable、I2C_Ack_Disable。

实现 I²C 通信大致可分为以下几个步骤：

(1) 使能 GPIO 端口时钟，初始化 GPIO 端口相关引脚。具体操作方法参见第 7 章相关内容。

(2) 初始化 I²C 接口。

调用函数 I2C_Init()来完成 I²C 接口参数的初始化，其函数原型如下：

```
    void I2C_Init(I2C_TypeDef* I2Cx, I2C_InitTypeDef* I2C_InitStruct)
```

该函数的第一个参数是 I2C_TypeDef 指针，指向想要初始化的 I²C 外设。第二个参数是 I2C_InitTypeDef 指针，指向一个包含 I²C 初始化设置的结构体。该函数不返回任何值，而是根据预先定义好的结构体修改 I²C 外设的寄存器，从而配置 I²C 的模式、占空比、自身地址、允许应答、寻址模式、通信速率等参数。

然后，调用函数 I2C_Cmd()来使能 I²C 接口，其函数原型如下：

```
    void I2C_Cmd(I2C_TypeDef* I2Cx, Functional StateNewState)
```

该函数的第一个参数是 I2C_TypeDef 指针，指向需要设置的 I²C 外设。第二个参数指明该 I²C 外设的状态，可取值为 ENABLE 或 DISABLE，实际上就是将寄存器 I2Cx_CR1 的 PE 位置位或清零。

(3) 初始化 USART。

具体操作方法参见第 10 章相关内容。

(4) 读、写 E²PROM。

以上是实现 I²C 通信的关键步骤，需要遵循 I²C 协议的规定进行操作，具体流程涉及的相关库函数及其用法如下：

(1) 调用函数 I2C_GetFlagStatus()来判断 I²C 总线的状态，只有 I²C 总线处于空闲状态时才能启动通信过程。该函数原型如下：

```
    FlagStatus I2C_GetFlagStatus(I2C_TypeDef* I2Cx, uint32_t I2C_FLAG)
```

该函数的第二个参数 I2C_FLAG 指定要检测的标志位是否置位。该参数有 I2C_FLAG_TRA(发送/接收标志)、I2C_FLAG_BUSY(总线忙标志)、I2C_FLAG_MSL(主/从标志)、I2C_FLAG_TXE(发送数据寄存器空标志)、I2C_FLAG_RXNE(接收数据寄存器非空标志)、I2C_FLAG_STOPF(从设备检测停止标志)、I2C_FLAG_SB(主设备发送起始条件标志)等多种取值，实际上是读取寄存器 I2C_SR1、I2C_SR2 对应的标志位，判断其是否置位或清零。

(2) 调用函数 I2C_GenerateSTART()来发送通信开始信号。该函数原型如下：

```
    void I2C_GenerateSTART(I2C_TypeDef* I2Cx, FunctionalState NewState)
```

该函数的第一个参数指明选定的 I^2C 接口；第二个参数指明该 I^2C 接口的状态，一般有 ENABLE 和 DISABLE 两种取值，实际上就是设置寄存器 I2Cx_CR1 的 START 位；ENABLE 表示将 START 位置位，从而产生 I^2C 通信的起始条件，标志着通信开始。

(3) 调用函数 I2C_CheckEvent()等待相关事件。该函数原型如下：

ErrorStatus I2C_CheckEvent(I2C_TypeDef* I2Cx, uint32_t I2C_EVENT)

该函数的第二个参数用来指定要检测的事件，有 EV1～EV9 等多种取值，分别代表不同的事件。例如，本实例中，需要检测以下事件：

• I2C_EVENT_MASTER_MODE_SELECT：EV5，BUSY = 1、MSL = 1、SB = 1，表示主设备已发送出起始信号，开始进行通信；

• I2C_EVENT_MASTER_TRANSMITTER_MODE_SELECTED：EV6，BUSY = 1、MSL = 1、ADDR = 1、TXE = 1、TRA = 1，表示当前为主模式，主设备已发送地址，发送数据寄存器为空；

• I2C_EVENT_MASTER_BYTE_TRANSMITTED：EV8，BUSY = 1、MSL = 1、TXE = 1、TRA = 1、BTF = 1，表示主模式下数据已发送，发送数据寄存器为空，字节发送结束。

其他更多事件定义请查阅参考手册和标准外设库。

(4) 调用函数 I2C_Send7bitAddress()发送从设备地址和读写模式位。该函数原型如下：

void I2C_Send7bitAddress(I2C_TypeDef* I2Cx, uint8_t Address, uint8_t I2C_Direction)

该函数的第二个参数 Address 给定了选中的从设备的 7 位地址。第三个参数 I2C_Direction 是读写模式位，也叫数据传输方向位，它是从设备地址的 bit[0]位，该位置 1 表示读操作，清零表示写操作。

(5) 调用函数 I2C_SendData()来发送一个字节数据。该函数原型如下：

void I2C_SendData(I2C_TypeDef* I2Cx, uint8_t Data)

该函数表示将待传输的 8 位数据 Data 送给 I^2Cx 的数据寄存器 DR，然后交给移位寄存器逐比特发送出去。

(6) 调用函数 I2C_ReceiveData()来接收一个字节数据。该函数原型如下：

uint8_t I2C_ReceiveData(I2C_TypeDef* I2Cx)

该函数将返回最近从 I^2Cx 接收的 8 位数据。

(7) 调用函数 I2C_AcknowledgeConfig()来使能或失能指定 I^2C 接口的应答功能。该函数原型如下：

void I2C_AcknowledgeConfig(I2C_TypeDef* I2Cx, FunctionalState NewState)

该函数就是设置寄存器 I2Cx_CR1 的 ACK 位。若取值为 ENABLE，表示置位 ACK 位，在接收到一个字节后返回一个应答；若取值为 DISABLE，表示清零 ACK 位，无应答返回。

(8) 调用函数 I2C_GenerateSTOP()来发送一个通信结束信号。该函数原型如下：

void I2C_GenerateSTOP(I2C_TypeDef* I2Cx, FunctionalState NewState)

该函数的用法与 I2C_GenerateSTART()类似，区别在于设置寄存器 I^2Cx_CR1 的 STOP 位。若取值为 ENABLE，在主模式下表示在当前字节传输后或在当前起始条件发出后产生停止条件，结束通信；在从模式下表示在当前字节传输后释放 SCL 和 SDA 线。

2. 系统流程图

系统流程与基于寄存器操作的流程大体一致，主要区别是直接对寄存器的操作替换成了相应的库函数调用，见图 11.17。

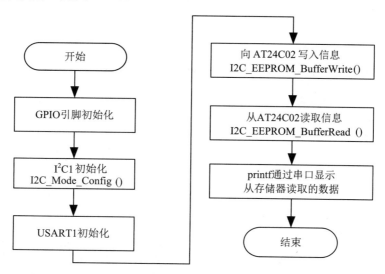

图 11.17　系统流程图

(1) 初始化 I²C：初始化 GPIO 和相关的硬件配置，以便使用 I²C 通信。在代码中，通过 at24cx_iic_init()函数初始化 I²C 通信所需的 GPIO。

(2) 写入数据到 E²PROM：在 main 函数中，将一个测试数据 test_num 写入到 write_buf 缓冲区的第一个位置。调用 at24c02_Save 函数，将 write_buf 缓冲区的内容写入 E²PROM 的指定位置(0)。

(3) 从 E²PROM 读取数据：调用 at24c02_Read 函数，从 E²PROM 的指定位置(0)读取数据到 read_buf 缓冲区。

(4) 打印读取到的数据：在 main 函数中，通过 printf 函数打印从 E²PROM 读取到的数据，并且用 OLED 显示数据。

3. 代码实现

实现本实例的源代码较为庞杂，此处仅给出部分核心代码。

main.c 文件主要调用 USART1 初始化函数、E²PROM 初始化函数和 E²PROM 的读写测试函数，源代码如下：

```
#include "stm32f10x.h"
#include "bsp_usart1.h"
#include "bsp_i2c_ee.h"
#include "bsp_led.h"
#include <string.h>


#define    EEP_Firstpage        0x00              /*E²PROM 的起始地址*/
char I2C_Buf_Write[256]="Hello World!\n";
```

```
char I2C_Buf_Read[256];
void I2C_EEPROM_Test(void);

int main(void)
{
    USART1_Config();              /*初始化 USART1，以备显示从 AT24C02 读出的字符串*/
    I2C_EEPROM_Init();            /*初始化 AT24C02，以备对其进行读写操作*/
    printf("\r\n   I2C 外设(AT24C02)读写测试：  \r\n");
    I2C_EEPROM_Test();           /*对 AT24C02 进行读写操作，并将读出的字符串通过串口显示*/
    while (1)
    {
    }
}
```

　　USART1 的初始化函数将引脚 PA9 设置为复用推挽输出，速度为 50 MHz，作为 USART1 的输出引脚 TX；将引脚 PA10 设置为浮空输入，作为 USART1 的输入引脚 RX；然后设置 USART1 的各项参数并使能 USART1，具体过程及源代码请参考第 10 章的相关内容。

　　函数 I2C_EEPROM_Init()主要完成 GPIO 相关引脚的初始化和 I^2C 接口各参数的配置，其源代码如下：

```
void I2C_EEPROM_Init(void)
{
    I2C_GPIO_Config();   /*初始化 GPIO 引脚，将 PB6、PB7 设置为复用开漏输出模式、50 MHz*/
    I2C_Mode_Config();   /*初始化 I²C 接口，设置其各项参数*/

                         /*选择 E²PROM 中要写入字符串的地址*/
    #ifdef EEPROM_Block0_ADDRESS    EEPROM_ADDRESS = EEPROM_Block0_ADDRESS;
    #endif
    #ifdef EEPROM_Block1_ADDRESS    EEPROM_ADDRESS = EEPROM_Block1_ADDRESS;
    #endif
    #ifdef EEPROM_Block2_ADDRESS    EEPROM_ADDRESS = EEPROM_Block2_ADDRESS;
    #endif
    #ifdef EEPROM_Block3_ADDRESS    EEPROM_ADDRESS = EEPROM_Block3_ADDRESS;
    #endif
}
```

　　具体完成 I^2C 接口各参数的配置函数是 I^2C_Mode_Config()，其源代码如下：

```
static void I2C_Mode_Config(void)
{
    I2C_InitTypeDef   I2C_InitStructure;
    I2C_InitStructure.I2C_Mode = I2C_Mode_I2C;          /*设置为 I²C 模式而不是 SMBus 模式*/
    I2C_InitStructure.I2C_DutyCycle = I2C_DutyCycle_2; /*占空比设置为 2:1*/
```

```
        I2C_InitStructure.I2C_OwnAddress1 =I2C1_OWN_ADDRESS7;
                        /* 设置提前宏定义好的自身 7 位地址，与器件地址不同即可*/
        I2C_InitStructure.I2C_Ack = I2C_Ack_Enable ;          /*设置为允许应答*/
        I2C_InitStructure.I2C_AcknowledgedAddress = I2C_AcknowledgedAddress_7bit; /*设置 7 位寻址模式*/
        I2C_InitStructure.I2C_ClockSpeed = I2C_Speed;
                        /*设置提前宏定义好的通信速率，不能超过 400 kHz*/
        I2C_Init(I2C1, &I2C_InitStructure);
        I2C_Cmd(I2C1, ENABLE);              /*使能 I²C1*/
    }
```

接下来是编写 E²PROM 的读写测试函数 I2C_EEPROM_Test()，主要实现的功能是将字符串写入 E²PROM，然后再读出，若读出正确则通过串口显示出来。其源代码如下：

```
    void I2C_EEPROM_Test(void)
    {
        u16 N=strlen(I2C_Buf_Write);
        u16 i;
        I2C_EEPROM_BufferWrite(I2C_Buf_Write, EEP_Firstpage,N);   /*向 AT24C02 写入 N 个字符*/
        printf("\n\r 写成功\n\r");
        printf("\n\r 读出的数据:");
        I2C_EEPROM_BufferRead(I2C_Buf_Read, EEP_Firstpage,N); /*将读出的数据按顺序存入数组中*/
        for (i=0; i<N+1; i++)      /*将数组 I2C_Buf_Read 中的数据通过串口显示出来*/
        {
            if(I2C_Buf_Read[i] != I2C_Buf_Write[i]) /*若读出的数据与写入数据不一致则显示错误提示*/
            {
                printf("\r\n");
                printf("%c", I2C_Buf_Read[i]);
                printf("错误:I2C EEPROM 写入与读出的数据不一致\n\r");
                return;
            }
            printf("%c", I2C_Buf_Read[i]);
            if(i%16 == 15)
                printf("\n\r");
        }
        printf("\r\n");
        printf("\r\n I2C(AT24C02)读写测试成功!\n\r");
    }
```

向 AT24C02 写入字符串的函数是 I2C_EEPROM_BufferWrite()，其源代码如下：

```
    void I2C_EEPROM_BufferWrite(char * pBuffer, u8 WriteAddr, u16 Num)
    {
        while(I2C_GetFlagStatus(I2C1, I2C_FLAG_BUSY));     /*若 I²C 总线忙则等待其空闲*/
```

```
I2C_GenerateSTART(I2C1, ENABLE);            /*发送通信开始信号*/
while(!I2C_CheckEvent(I2C1, I2C_EVENT_MASTER_MODE_SELECT));
            /*等待 EV5：BUSY=1(I²C 总线忙)，MSL=1(主模式)，SB=1(起始条件已发送) */
I2C_Send7bitAddress(I2C1, EEPROM_ADDRESS, I2C_Direction_Transmitter); /*发送从设备地址 */
while(!I2C_CheckEvent(I2C1, I2C_EVENT_MASTER_TRANSMITTER_MODE_SELECTED));
            /*等待 EV6：主模式下地址已被发送*/
I2C_SendData(I2C1, WriteAddr);     /*发送 AT24C02 中待写入字符的地址*/
while(!I2C_CheckEvent(I2C1, I2C_EVENT_MASTER_BYTE_TRANSMITTED));
            /*等待 EV8：数据寄存器空，移位寄存器非空，地址发送完毕*/
while(Num--)
{
    I2C_SendData(I2C1, *pBuffer);       /*往 AT24C02 指定地址处写入一个字符*/
    pBuffer++;                          /* 修改指针，指向下一个要写入的字符*/
    while(!I2C_CheckEvent(I2C1, I2C_EVENT_MASTER_BYTE_TRANSMITTED));
            /*等待 EV8：数据寄存器空，移位寄存器非空，一个字符数据发送完毕*/
}

    I2C_GenerateSTOP(I2C1, ENABLE);  /*发送通信结束信号*/
}
```

从 AT24C02 读出字符串的函数是 I2C_EEPROM_BufferRead()，其源代码如下：

```
void I2C_EEPROM_BufferRead(char* pBuffer, u8 ReadAddr, u16 NumByteToRead)
{
    while(I2C_GetFlagStatus(I2C1, I2C_FLAG_BUSY));      /*若 I²C 总线忙则等待其空闲*/

    I2C_GenerateSTART(I2C1, ENABLE);                /* 发送通信开始信号*/
    while(!I2C_CheckEvent(I2C1, I2C_EVENT_MASTER_MODE_SELECT));
            /*等待 EV5：BUSY=1(I²C 总线忙)，MSL=1(主模式)，SB=1(起始条件已发送) */
    I2C_Send7bitAddress(I2C1, EEPROM_ADDRESS, I2C_Direction_Transmitter);
                            /*发送从设备地址，R/W=0*/
    while(!I2C_CheckEvent(I2C1, I2C_EVENT_MASTER_TRANSMITTER_MODE_SELECTED));
            /*等待 EV6：主模式下地址已被发送*/
    I2C_Cmd(I2C1, ENABLE);                /*重新使能 I²C1，PE=1，清除 EV6*/
    I2C_SendData(I2C1, ReadAddr);         /*发送 AT24C02 中待读出字符的地址*/
    while(!I2C_CheckEvent(I2C1, I2C_EVENT_MASTER_BYTE_TRANSMITTED));
            /*等待 EV8：数据寄存器空，移位寄存器非空，地址发送完毕*/
    I2C_GenerateSTART(I2C1, ENABLE);     /*重新发送通信开始信号*/
    while(!I2C_CheckEvent(I2C1, I2C_EVENT_MASTER_MODE_SELECT));
            /*等待 EV5：BUSY=1(I²C 总线忙)，MSL=1(主模式)，SB=1(起始条件已发送) */
```

```
I2C_Send7bitAddress(I2C1, EEPROM_ADDRESS, I2C_Direction_Receiver);
                     /*发送从设备地址，R/W=1，设置为主设备接收模式*/
while(!I2C_CheckEvent(I2C1, I2C_EVENT_MASTER_RECEIVER_MODE_SELECTED));
                     /*等待 EV6：主模式下地址已被发送*/
while(NumByteToRead)                    /*循环接收从 AT24C02 发过来的字符数据*/
{
    if(NumByteToRead == 1)
    {
        I2C_AcknowledgeConfig(I2C1, DISABLE); /*接收到最后一个字节，发送 NACK 应答信号*/
        I2C_GenerateSTOP(I2C1, ENABLE);        /*发送通信结束信号*/
    }

    if(I2C_CheckEvent(I2C1, I2C_EVENT_MASTER_BYTE_RECEIVED))
    {            /*等待 EV7：接收数据寄存器非空，表示接收到新的数据*/
        *pBuffer = I2C_ReceiveData(I2C1);    /*将接收到的数据存入指针 pBuffer 指向的数组*/
        pBuffer++;                          /*修改指针*/
        NumByteToRead--;                    /*修改待读出的字符个数*/
    }
}
I2C_AcknowledgeConfig(I2C1, ENABLE);   /*使能 I²C1 应答*/
}
```

4. 下载调试验证

基于标准外设库函数调用开发的应用程序，其运行结果与基于寄存器操作的应用程序一致，见图 11.16。

本 章 小 结

STM32F103 微控制器 I²C 接口硬件连接简单、灵活，支持多种数据传输速率，具备多设备连接能力和一定的抗干扰能力，且功耗低，非常适合于连接温湿度传感器、光照传感器、加速度计等多种类型的传感器，作为主设备的微控制器能够实时读取这些作为从设备的传感器采集的数据，并进行相应处理或反馈。I²C 接口也常用于连接 E²PROM 等设备，微控制器可以通过 I²C 通信读取、写入存储器中的数据，实现存储空间管理功能。I²C 接口还可以用于连接 LCD、LED、音频编解码器等各种外设，实现数据显示、控制或音频处理功能。随着物联网和嵌入式技术的不断发展，I²C 接口的应用将越来越广泛。

本章介绍了 I²C 同步串行通信的基本概念、STM32F103 微控制器 I²C 接口内部结构、主要特性和工作原理，以及主要内部寄存器的用法，并以读、写 I²C 外设 E²PROM 为例，介绍了基于寄存器开发和基于标准外设库函数调用开发的具体过程，帮助读者更好地理解

STM32F103 微控制器 I^{2}C 通信的实现过程。

本章实例以事件查询方式来实现 I^{2}C 通信读写 E^{2}PROM 的操作，读者可以参考第 9 章中断及 NVIC 编程的相关内容，尝试以中断方式来实现 I^{2}C 通信功能。

习　题

1. 简要分析 I^{2}C 同步串行通信的主要优缺点。

2. I^{2}C 总线上最多可以挂载多少个设备？为什么？

3. 简要描述 I^{2}C 通信的数据传输过程。

4. 为什么 I^{2}C 总线的 SCL 和 SDA 都需要外接上拉电阻？

5. STM32F103 微控制器的 I^{2}C 外设有哪几种工作模式？如何确定通信双方谁是主设备、谁是从设备？

6. I^{2}C 设备的地址由哪几部分组成？如何指定主设备和从设备的地址？

7. I^{2}C 总线上传输的信号可以分为哪几类？

8. 在 STM32F103 微控制器 I^{2}C 通信过程中，主设备一定是发送器，从设备一定是接收器吗？

9. 简要描述以中断方式实现 I^{2}C 通信过程的编程思路。

10. 将 256 个字节数据写入 I^{2}C 外设 E^{2}PROM，然后又从该存储器读出并输出到 I^{2}C 外设 OLED。画出 Proteus 电路原理图，编程实现上述功能并进行仿真调试。

第 12 章

ADC 原理及应用

ADC(Analog-to-Digital Converter，模/数字转换器)是连接模拟世界和数字世界的桥梁，被广泛应用于消费电子、工业控制、医疗设备等领域，是嵌入式系统开发中非常重要的外设接口。

本章内容包括 ADC 的相关概念和基本原理、STM32F103 中 ADC 的内部结构和工作原理，以及 ADC 应用实例等。首先介绍 A/D 转换的基本原理和本章开发和仿真实现的一个 ADC 应用实例；其次介绍 STM32F103 中 ADC 的主要特性、内部结构、工作原理及内部寄存器。最后以滑动变阻器作为 ADC 模块的模拟输入来控制不同 LED 灯亮灭为例，分别介绍 STM32F103 微控制器 ADC 应用的基于寄存器操作和基于标准外设库函数调用这两种开发方式。通过本章学习，读者能够了解 STM32F103 微控制器 ADC 的工作原理、典型应用场景及基本用法，掌握 ADC 应用的开发过程，以及各环节所涉及的关键知识点和所要用到的库函数等，初步形成裸机版嵌入式应用系统中 ADC 功能实现的整体思路。

≫ 本章知识点与能力要求

◆ 理解 ADC 的相关概念和基本原理；

◆ 了解 STM32F103 中 ADC 的主要特性、内部结构，理解其工作原理，掌握其内部寄存器的功能和用法；

◆ 理解 STM32F103 中 ADC 规则通道和注入通道的区别及其工作过程，掌握基于寄存器操作和基于标准外设库函数调用的 ADC 应用程序开发过程；

◆ 结合本章实例，熟练掌握裸机版嵌入式应用系统中 ADC 功能实现的整体流程，以及相关工具软件的使用方法和程序仿真、调试方法，能独立完成包含 ADC 应用的嵌入式系统设计与开发。

12.1　ADC 概述

ADC 简介

众所周知，计算机只能处理、存储离散的用二进制表示的数字信号，而现实世界中，许多信号是连续变化的模拟信号，无法直接送入计算机中进行处理。模拟/数字转换器在两者之间搭起了桥梁，它可以通过采样、量化、编码将模拟信号转换为数字信号，方便计算机处理、存储和传输。

ADC 的应用非常广泛：在通信系统中，ADC 模块可以将模拟音频信号转换为数字信号进行传输和处理；在测量仪器中，ADC 模块可以将各种模拟传感器采集的信号转换为数字信号进行分析；在数字信号处理中，ADC 模块可以将模拟信号转换为数字信号进行数字滤波、压缩等处理。在这些应用场景中，ADC 模块的大致工作过程如图 12.1 所示。

图 12.1　ADC 模块的工作过程

ADC 的基本工作原理是通过采样、量化、编码这 3 个步骤将连续的模拟信号转换为离散的数字信号。具体步骤介绍如下：

(1) 采样：在一定时间间隔内对模拟信号进行测量，获取模拟信号的离散样本。采样的频率决定了每秒采集的样本量。采样频率越高，越能逼真地还原原始信号波形信息，同时，采样数据量也会越大。一般而言，为了避免采样失真，采样频率必须大于信号最高频率的两倍。

(2) 量化：将采样得到的模拟信号电压值按照一定的方式进行划分，使之映射到相应的离散电平上。量化的精度由 ADC 的分辨率决定，分辨率越高，越能够精细地区分模拟信号的变化。

(3) 编码：将量化后的离散数值按照一定规则用对应代码来表示，通常使用二进制表示。

ADC 的性能参数包括分辨率、采样率、信噪比等。

(1) 分辨率表示 ADC 能够区分的最小电压或电流变化量。它通常以位数表示，如 8 位、12 位、16 位等。分辨率越高，表示 ADC 越能够精细地量化模拟信号。

(2) 采样率表示 ADC 每秒钟进行采样的次数。采样率决定了能够还原模拟信号的频率范围。

(3) 信噪比表示 ADC 输出的数字信号中有效信号与噪声的比值。信噪比越高，表示 ADC 输出的数字信号质量越好，噪声对信号的影响越小。

本章实例为采用滑动变阻器作为 ADC 模块的模拟信号输入，通过调整滑动变阻器滑片的位置来控制输入电压的大小，然后通过 ADC 模块将输入电压转化为数字信号，进而利用数字信号的大小来控制不同 LED 灯(LED1～LED4)的亮灭状态。其电路原理图见图 12.2。

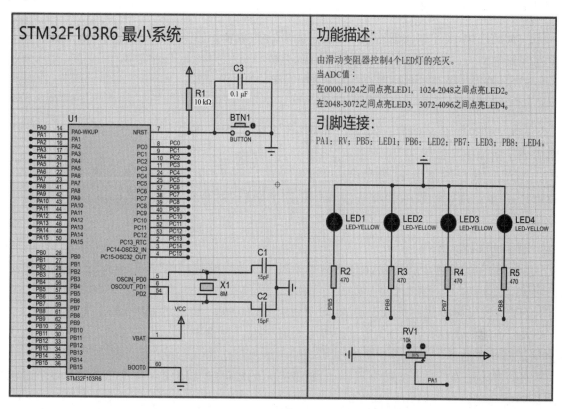

图 12.2　滑动变阻器作为输入的 ADC 电路原理图

该实例使用 STM32F103R6 的 ADC 模块实现了简单的模数转换功能。输入设备 RV1 连接到 GPIO 的引脚 PA1，输出设备 LED1～LED4 分别连接到 GPIO 的引脚 PB5～PB8。STM32F103R6 微控制器持续读取引脚 PA1 的状态，并通过 ADC 模块将获取的模拟信号——输入电压转换为 0～4096 的数字信号。当数字信号的数值位于 0～1024 区间时，从引脚 PB5 输出高电平，点亮 LED1；位于 1024～2048 区间时，从引脚 PB6 输出高电平，点亮 LED2；位于 2048～3072 区间时，从引脚 PB7 输出高电平，点亮 LED3；位于 3072～4096 区间时，从引脚 PB8 输出高电平，点亮 LED4。

在该实例中，引脚 PB5～PB8 被设置为推挽输出工作方式，LED 灯为高电平点亮、低电平熄灭；引脚 PA1 被设置为模拟输入工作方式，读取该引脚上的输入电压，通过 ADC 模块转换为数字信号，根据转换结果判断应该从引脚 PB5～PB8 输出低电平还是高电平，从而实现 LED1～LED4 的亮灭控制功能。

12.2　STM32F103 中的 ADC 接口

STM32F103 中的
ADC 接口

12.2.1　ADC 接口简介

STM32F103 微控制器拥有 12 位逐次逼近型模/数转换器 ADC，具有高精度、多模式、灵活配置等特点，被广泛应用于需要精确测量模拟信号的嵌入式系统中。

STM32F103 微控制器中 ADC 的主要特征有：

1) 分辨率与数据对齐

ADC 具有 12 位分辨率，能够识别并转换多达 2^{12}(即 4096)个不同的模拟电压值，能够精确表示模拟信号强度。

ADC 的转换结果为 12 位数据，可以按照左对齐或右对齐的方式存储在 16 位数据寄存器中，便于读取。数据的对齐方式可以在 ADC 控制寄存器 2(ADC_CR2)的 bit[11]中设置。

2) 转换模式

STM32F103 微控制器的 ADC 支持单次转换模式、连续转换模式、自动扫描模式和间断模式。

(1) 单次转换模式：每次启动 ADC 只进行一次转换，转换结束后 ADC 就停止；

(2) 连续转换模式：ADC 连续不断地进行转换，也就是说，在完成一个通道的转换后会马上自动启动下一个通道的转换；

(3) 自动扫描模式：支持从通道 0 到通道 n 的自动扫描模式，且允许自动对多个通道进行顺序转换。

(4) 间断模式：支持将一组 ADC 转换通道分成多个短序列，每次外部触发时间将执行一个短序列的扫描转换，而不是一次性转换所有通道。这种模式在需要分组转换并控制各组之间时间间隔的场景中特别有用。

3) 转换特性

STM32F103 微控制器的 ADC 具有自校准功能，可以减小因为内部电容器组变化而引起的精度误差。在启动 ADC 进行转换之前，最好先进行校准复位和校准操作。

STM32F103 微控制器的 ADC 具有模拟看门狗特性，允许应用程序检测输入电压是否超出用户定义的高/低阈值，从而保护系统免受过压或过流等异常情况的影响。

4) 通道与采样

STM32F103 微控制器的每个 ADC 都有多达 18 个通道，可测量 16 个外部信号源(如温湿度传感器)和 2 个内部信号源(如内部参考电压)，其采样时间间隔可以按照通道分别编程，以适应不同的应用需求。

5) 触发与中断

ADC 的规则转换和注入转换均有外部触发方式，可以通过定时器捕获、EXTI 线等外部事件来触发 A/D 转换。

当规则转换结束、注入转换结束或发生模拟看门狗事件时，可以产生中断，方便用户程序处理转换结果或异常情况。

6) 转换时间与速率

ADC 的转换时间取决于采样时间和 ADC 的时钟频率。

STM32F103 微控制器 ADC 的输入时钟通常是由 APB2 总线时钟 PCLK2(默认频率为 72 MHz)分频产生的。为了保证高精度的 A/D 转换，ADC 需要足够的时间来稳定地采样和转换输入信号，因此，时钟频率不能过高，以免采样时间不足。STM32F103 微控制器 ADC 的采样时间至少为 1.5 个时钟周期。当 ADC 的时钟频率为 14 MHz 时，其转换时间(采样时间和转换过程所需的时间)刚好能够满足 STM32F103 微控制器 ADC 的性能要求，此时最大转换速率为 1 MHz，转换时间为 1 μs。若 ADC 的时钟频率超过 14 MHz，采样、转换时间将不足，导致转换结果准确度下降。

7) 供电与输入范围

STM32F103 微控制器的 ADC 供电电压范围为 2.4～3.6 V。ADC 的输入电压范围由 V_{REF-} 和 V_{REF+} 决定，通常为 0～3.3 V(当 V_{REF+} 接 3.3 V 时)。

8) 其他特性

· STM32F103 微控制器的 ADC 支持双重模式，允许两个 ADC 同时工作，以提高 A/D 转换效率。

· 在 ADC 规则通道转换期间，可以产生 DMA 请求，将转换结果自动传输到 SRAM 中，从而避免 MCU 干预并提高数据传输效率。

注意：STM32F103 系列微控制器中，不同型号产品的内置 ADC 数量、ADC 通道与 GPIO 引脚的复用关系均可能不同。例如，STM32F103 系列小、中、大容量产品分别有 2 个、1 个、3 个 ADC，本章并未着眼于不同型号产品的这种差异，而是着重介绍 ADC 的工作原理及编程应用方法，实际应用中请仔细查阅对应的数据手册和参考手册，根据具体需求选用 ADC 并进行正确的配置。

ADC 的外部通道有规则转换通道和注入转换通道之分，在学习过程中，要注意这两种转换的区别，能根据应用需求选择合适的转换通道。ADC 的规则转换通道在进行多个数据的连续转换时，可以产生 DMA 请求，以提高数据传输效率。关于 DMA 传输的相关内容，本章不作介绍，请自行查阅参考手册等相关资料。

12.2.2　ADC 的内部结构

STM32F103 微控制器中 ADC 的内部结构主要由模拟/数字转换器、通道选择器(模拟多路开关)、规则通道与注入通道、转换结果寄存器(包括注入通道数据寄存器和规则通道数据寄存器)、状态寄存器(包括 EOC、JEOC、AWD 等多个标志位)、控制寄存器(包括 EOCIE、JEOCIE、AWDIE 等多个使能位)、参考电压与电源、模拟看门狗等多个部分组成，如图 12.3 所示。

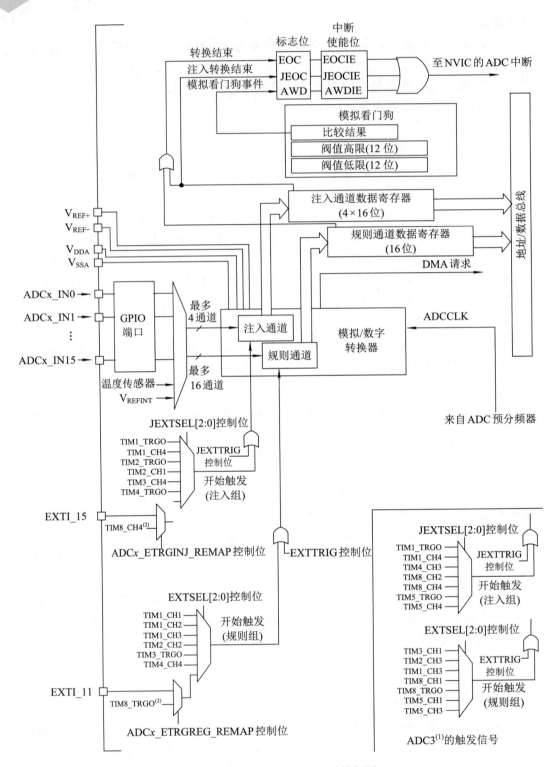

图 12.3　单个 ADC 的内部结构框图

注：(1) ADC3 的规则转换与注入转换的触发事件与 ADC1 和 ADC2 不同。

(2) TIM8_CH4 和 TIM8_TRGO 及它们的重映射存在于大容量产品中。

12.2.3　STM32F103 的 ADC 工作原理

1. ADC 输入通道

ADC 外部输入通道对应图 12.3 中的 ADCx_IN0～ADCx_IN15。具体的 ADC 通道如表 12.1 所示。

表 12.1　ADC1～ADC3 用于规则通道的外部触发

ADC1	IO	ADC2	IO	ADC3	IO
通道 0	PA0	通道 0	PA0	通道 0	PA0
通道 1	PA1	通道 1	PA1	通道 1	PA1
通道 2	PA2	通道 2	PA2	通道 2	PA2
通道 3	PA3	通道 3	PA3	通道 3	PA3
通道 4	PA4	通道 4	PA4	通道 4	PF6
通道 5	PA5	通道 5	PA5	通道 5	PF7
通道 6	PA6	通道 6	PA6	通道 6	PF8
通道 7	PA7	通道 7	PA7	通道 7	PF9
通道 8	PB0	通道 8	PB0	通道 8	PF10
通道 9	PB1	通道 9	PB1	通道 9	连接内部 V_{SS}
通道 10	PC0	通道 10	PC0	通道 10	PC0
通道 11	PC1	通道 11	PC1	通道 11	PC1
通道 12	PC2	通道 12	PC2	通道 12	PC2
通道 13	PC3	通道 13	PC3	通道 13	PC3
通道 14	PC4	通道 14	PC4	通道 14	连接内部 V_{SS}
通道 15	PC5	通道 15	PC5	通道 15	连接内部 V_{SS}

2. ADC 规则组和注入组

STM32F103 微控制器的 ADC 有 16 个通道，可以分为规则组和注入组两种，它们之间存在显著差异，具体区别如表 12.2 所示。合理配置和使用这两种通道，可以更高效地实现 STM32F103 微控制器 ADC 的数据采集和处理功能。

ADC 接口的规则
通道与注入通道

表 12.2　STM32F103 微控制器 ADC 的规则组通道与注入组通道

	规则组通道	注入组通道
功能定义	用于常规、连续或周期性转换的通道集合。这些通道按照预先定义好的顺序和参数设置进行 A/D 转换	用于处理需要中断常规 A/D 转换流程的特殊需求或突发转换请求。当注入组转换被触发时，会立即中断正在进行的规则组转换(如果有的话)，并优先执行注入组通道的转换
用途	适用于需要持续监测或周期性采样的场景，如温度、压力监测等	适用于处理突发事件或特殊需求，如紧急情况下的数据采集、故障检测等
优先级	比注入组通道的优先级低，按照预先设置的顺序和参数进行转换	比规则组通道的优先级高。当注入组转换被触发时，会立即抢占规则组通道的转换资源，以确保重要数据的及时采集和处理
配置方式	较为简单，通过 ADC 的相关寄存器进行设置即可	较为灵活，可以根据实际应用需求选择恰当的触发源、转换顺序等
同一转换序列的通道数量	最多可以有 16 个通道以任意顺序进行一系列转换，从而构成成组转换	最多只有 4 个通道以任意顺序构成组转换

规则组和注入组的执行优先级对比如图 12.4 所示。

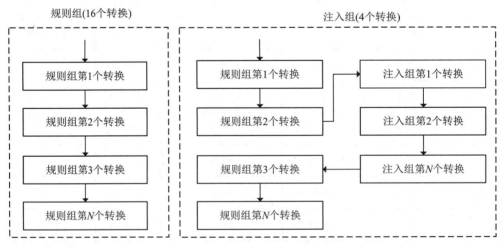

图 12.4　规则组和注入组优先级

3. ADC 规则序列和注入序列

多个通道以预先定义好的顺序构成成组转换，进行 A/D 转换时，按照约定的顺序和规则对各个通道进行采样和转换的过程就是转换序列。规则通道(简称规则组)和注入通道(简称注入组)都有一个独立的转换序列。

规则组最多允许 16 个输入通道进行转换，因此需要设置通道转换的顺序，即规则序列。规则序列寄存器有 3 个，分别为 SQR1、SQR2 和 SQR3，其控制关系如表 12.3 所示。

表 12.3　规则序列寄存器控制关系

寄存器	位　　段	功　　能	取　　值
ADCx_SQR3	bit[0:4]：SQ1[4:0]	设置第 1 个转换的通道	通道 0～17
	bit[9:5]：SQ2[4:0]	设置第 2 个转换的通道	通道 0～17
	bit[14:10]：SQ3[4:0]	设置第 3 个转换的通道	通道 0～17
	bit[19:15]：SQ4[4:0]	设置第 4 个转换的通道	通道 0～17
	bit[24:20]：SQ5[4:0]	设置第 5 个转换的通道	通道 0～17
	bit[29:25]：SQ6[4:0]	设置第 6 个转换的通道	通道 0～17
ADCx_SQR2	bit[0:4]：SQ7[4:0]	设置第 7 个转换的通道	通道 0～17
	bit[9:5]：SQ8[4:0]	设置第 8 个转换的通道	通道 0～17
	bit[14:10]：SQ9[4:0]	设置第 9 个转换的通道	通道 0～17
	bit[19:15]：SQ10[4:0]	设置第 10 个转换的通道	通道 0～17
	bit[24:20]：SQ11[4:0]	设置第 11 个转换的通道	通道 0～17
	bit[29:25]：SQ12[4:0]	设置第 12 个转换的通道	通道 0～17
ADCx_SQR1	bit[0:4]：SQ13[4:0]	设置第 13 个转换的通道	通道 0～17
	bit[9:5]：SQ14[4:0]	设置第 14 个转换的通道	通道 0～17
	bit[14:10]：SQ15[4:0]	设置第 15 个转换的通道	通道 0～17
	bit[19:15]：SQ16[4:0]	设置第 16 个转换的通道	通道 0～17
	bit[23:20]：SQL[3:0]	设置规则序列要转换的通道数	1～16

从表 12.3 可知，当需要设置 ADC 的某个输入通道在规则序列的第 1 个转换，只需要把相应输入通道号写入寄存器 SQR3 的 SQ1[4:0]位即可。

注意：若将 0 写入寄存器 SQR1 的 SQL[3:0]位，表示这个规则序列有 1 个输入通道，而不是 0 个输入通道。

注入序列与规则序列类似，用于确定注入组的顺序，由寄存器 JSQR 进行设置，其控制关系如表 12.4 所示：

表 12.4　注入序列寄存器控制关系

寄存器	寄存器位	功　　能	取　　值
ADCx_JSQR	JSQR1[4:0]	设置第 1 个转换的通道	通道 0～17
	JSQR2[4:0]	设置第 2 个转换的通道	通道 0～17
	JSQR3[4:0]	设置第 3 个转换的通道	通道 0～17
	JSQR4[4:0]	设置第 4 个转换的通道	通道 0～17
	JL[1:0]	设置注入序列要转换的通道数	1～4

注入序列有多少个输入通道，只需要把输入通道个数写入到 JL[1:0]位，范围是 0～3。如果 JL[1:0]的长度小于 4，则注入序列的转换顺序从 JSQx[4:0] (x = 4 − JL[1:0])开始。例如：JL [1:0] = 10、JSQ4[4:0] = 00100、JSQ3[4:0] = 00011、JSQ2[4:0] = 00111、JSQ1[4:0] = 00010，则 x = 4 − JL [1:0] = 4 − 2 = 2，则转换从 JSQ2[4:0]开始，意味着这个注入序列的转换顺序是 JSQ2[4:0]、JSQ3[4:0]、JSQ4[4:0]，即 7、3、4，而不是 JSQ1[4:0]、JSQ2[4:0]、JSQ3[4:0] (2、7、3)。如果 JL[1:0]=00，那么转换顺序是从 JSQ4[4:0]开始。

4. ADC 触发源

ADC 的触发转换有软件触发和外部事件触发转换两种方式。

1) 软件触发

软件触发是一种通过软件指令来启动 ADC 转换的方式。在 STM32F103 微控制器中，可以通过设置寄存器 ADC_CR2 中的相关位来实现软件触发。例如，寄存器 ADC_CR2 的 bit[0](ADON 位，控制 A/D 转换器的开启/关闭)为"0"时，ADC 处于关闭状态并进入断电模式，写入"1"将把 ADC 从断电模式下唤醒；该位为"1"时，ADC 处于开启状态，写入"1"并且不改变该寄存器其他位时，将启动 A/D 转换。这种控制 ADC 启动转换的方式非常简单。

2) 外部触发转换

外部触发转换如图 12.5 所示，可以通过外部事件触发转换，例如定时器捕获、EXTI 线，可以分为规则组外部触发和注入组外部触发。

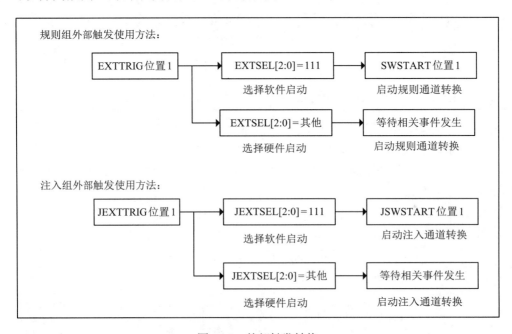

图 12.5　外部触发转换

规则组外部触发使用方法是将 EXTTRIG 位置 1，并且通过 EXTSEL[2:0]位选择规则组启动转换的触发源。如果 EXTSEL[2:0] = 111，那么可以通过将 SWSTART 位置 1 来启动 ADC 转换，相当于软件触发。

注入组外部触发使用方法是将 JEXTTRIG 位置 1，并且通过 JEXTSEL[2:0] 位选择注入组启动转换的触发源。如果 JEXTSEL[2:0] = 111，那么可以通过将 JSWSTART 位置 1 来启动 ADC 转换，相当于软件触发。ADC1 和 ADC2 的触发源是一样的，ADC3 的触发源和 ADC1/2 有所不同。

5. ADC 转换时间

1）ADC 时钟

ADC 的输入时钟是由 PCLK2 经过分频产生的，分频系数可以由 RCC_CFGR 寄存器的 ADCPRE[1:0] 位来设置。

2）转换时间

STM32F103 的 ADC 总转换时间 T_{CONV} = 采样时间 + 12.5 个周期

采样时间可通过 ADC_SMPR1 和 ADC_SMPR2 寄存器中的 SMPx[2:0]（$x = 0 \sim 17$）来设置。

ADC_SMPR1 控制通道为 10～17，ADC_SMPR2 控制通道为 0～9。每个输入通道都支持通过编程来选择不同的采样时间，采样时间可选范围如下：

(1) SMP = 000：1.5 个 ADC 时钟周期。

(2) SMP = 001：7.5 个 ADC 时钟周期。

(3) SMP = 010：13.5 个 ADC 时钟周期。

(4) SMP = 011：28.5 个 ADC 时钟周期。

(5) SMP = 100：41.5 个 ADC 时钟周期。

(6) SMP = 101：55.5 个 ADC 时钟周期。

(7) SMP = 110：71.5 个 ADC 时钟周期。

(8) SMP = 111：239.5 个 ADC 时钟周期。

可以看出，当采样时间取最小值即 1.5 个 ADC 时钟周期时，可以得到最短的转换时间：

T_{CONV} = 1.5 个 ADC 时钟周期 + 12.5 个 ADC 时钟周期 = 14 个 ADC 时钟周期

假设 PCLK2 时钟经分频后的 ADC 时钟频率为 12 MHz，代入上式可得到：

$$T_{CONV} = 14 \text{ 个 ADC 时钟周期} = \frac{1}{12\,000\,000} \times 14 \text{ s} = 1.17 \text{ μs}$$

6. 中断

ADC 中断可分为规则组转换结束中断、注入组转换结束中断、设置了模拟看门狗状态位中断三种。它们都有独立的中断使能位，分别由 ADC_CR 寄存器的 EOCIE、JEOCIE、AWDIE 位设置，对应的标志位分别是 EOC、JEOC、AWD。

模拟看门狗中断发生条件：首先通过 ADC_LTR 和 ADC_HTR 寄存器设置低阈值和高阈值，然后开启模拟看门狗中断后，当被 ADC 转换的模拟电压低于低阈值或者高于高阈值时，就会产生中断。例如设置高阈值是 3.0 V，那么模拟电压超过 3.0 V 的时候，就会产生模拟看门狗中断，低阈值的情况与之类似。

7. DMA 请求

规则组和注入组的转换结束后，除了可以产生中断外，还可以产生 DMA 请求，以便及时把转换好的数据传输到指定的内存里，防止数据被覆盖。

在 STM32F103 系列微控制器中，只有 ADC1 和 ADC3 可以产生 DMA 请求。

8. ADC 工作时序

ADC 在开始精确转换前需要一个稳定时间 t_{STAB}。完成一次 ADC 转换，EOC 标志被置位，16 位 ADC 数据寄存器将保存转换结果。开始下一次转换前，清除 EOC 标志位。

ADC 的工作时序如图 12.6 所示。

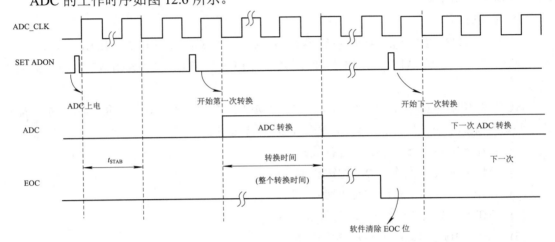

图 12.6 ADC 工作时序图

12.2.4 ADC 内部寄存器

在 STM32F103 微控制器中，ADC1～ADC3 均挂载在外设总线 APB2 上，其地址范围见表 12.5。

ADC 的内部寄存器

表 12.5 ADC 接口的地址范围

地 址 范 围	外 设	总 线
0x40014000～0x40017FFF	保留	APB2 (0x40010000 ～ 0x40017FFF)
…	…	
0x40013C00～0x40013FFF	ADC3	
…	…	
0x40012800～0x40012BFF	ADC2	
0x40012400～0x400127FF	ADC1	
…	…	
0x40010000～0x400103FF	AFIO	

STM32F103 的每个 ADC 接口都有以下内部寄存器(见表 12.6)，用于配置和控制 ADC 的工作，这些寄存器均须按照字(32 位)方式操作。

表 12.6　ADC 内部相关寄存器及其主要功能

通用名称	位宽	描　述	访问	复位值	地址偏移
状态寄存器 ADC_SR	32	保存各种状态标志位	rcw0	0x0000_0000	0x00
控制寄存器 1 ADC_CR1	32	配置 ADC 的工作模式、转换序列、数据对齐方式、外部触发源等参数	读写	0x0000_0000	0x04
控制寄存器 2 ADC__CR2	32	配置 ADC 的启动、停止、转换模式、数据对齐方式、外部事件触发方式等参数	读写	0x0000_0000	0x08
采样时间寄存器 1 ADC_SMPR1	32	配置 ADC 通道 10~17 的采样时间	读写	0x0000_0000	0x0C
采样时间寄存器 2 ADC_SMPR2	32	配置 ADC 通道 0~9 的采样时间	读写	0x0000_0000	0x10
注入通道数据偏移寄存器 x ADC_JOFRx (x = 1~4)	32	保存注入通道的数据偏移	读写	0x0000_0000	0x14~ 0x20
看门狗高阈值寄存器 ADC_HTR	32	定义模拟看门狗的阈值上限	读写	0x0000_0000	0x24
看门狗低阈值寄存器 ADC_LTR	32	定义模拟看门狗的阈值下限	读写	0x0000_0000	0x28
规则序列寄存器 1 ADC_SQR1	32	定义规则通道序列长度和规则序列中第 13~16 个转换通道的编号	读写	0x0000_0000	0x2C
规则序列寄存器 2 ADC_SQR2	32	定义规则序列中的第 7~12 个转换通道的编号	读写	0x0000_0000	0x30
规则序列寄存器 3 ADC_SQR3	32	定义规则序列中的第 1~6 个转换通道的编号	读写	0x0000_0000	0x34
注入序列寄存器 ADC_JSQR	32	定义注入通道序列长度和注入序列中第 1~4 个转换通道的编号	读写	0x0000_0000	0x38
注入通道数据寄存器 x ADC_JDRx (x = 1~4)	32	存储注入通道的转换结果	只读	0x0000_0000	0x3C~ 0x48
规则通道数据寄存器 ADC_DR	32	存储规则通道的转换结果	只读	0x0000_0000	0x4C

下面给出部分寄存器的位段定义，更详细的信息请查阅参考手册。

1. 状态寄存器(ADC_SR)

该寄存器存储模/数转换过程中非常重要的标志位，其 bit[31:5]保留，必须保持为 0；其余比特可读，也可通过写入 0 来清除对应标志，写入 1 无效。该寄存器各位段的具体定义如图 12.7 所示。

31	...	5	4	3	2	1	0
保留			STRT	JSTRT	JEOC	EOC	AWD

图 12.7 寄存器 ADC_SR

(1) bit[4]：STRT，规则通道开始位。其取值含义如下：

0——规则通道转换未开始；

1——规则通道转换已开始。

(2) bit[3]：JSTRT，注入通道开始位。其取值含义如下：

0——注入通道组转换未开始；

1——注入通道组转换已开始。

(3) bit[2]：JEOC，注入通道转换结束位。其取值含义如下：

0——转换未完成；

1——转换完成。

(4) bit[1]：EOC，转换结束位。其取值含义如下：

0——转换未完成；

1——转换完成。

(5) bit[0]：AWD，模拟看门狗标志位。其取值含义如下：

0——没有发生模拟看门狗事件；

1——发生模拟看门狗事件。

2. 控制寄存器(ADC_CR1、ADC_CR2)

1) 寄存器 ADC_CR1

该寄存器用于配置 ADC 的工作模式、分辨率、扫描模式等，例如，设置 SCAN 位启用扫描模式。该寄存器的 bit[31:24]、bit[21:20]保留，必须保持为 0，其余比特均为可读可写，其具体定义如图 12.8 所示。

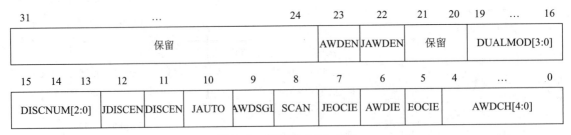

31	...	24	23	22	21	20	19	...	16
保留			AWDEN	JAWDEN	保留		DUALMOD[3:0]		

15	14	13	12	11	10	9	8	7	6	5	4	...	0
DISCNUM[2:0]			JDISCEN	DISCEN	JAUTO	AWDSGL	SCAN	JEOCIE	AWDIE	EOCIE	AWDCH[4:0]		

图 12.8 寄存器 ADC_CR1

(1) bit[7]：JEOCIE，允许产生注入通道转换结束中断。其取值含义如下：

0——禁止 JEOC 中断；

1——允许 JEOC 中断。当硬件设置 JEOC 位时产生中断。

(2) bit[5]：EOCIE，允许产生规则通道转换结束中断。其取值含义如下：

0——禁止 EOC 中断；

1——允许 EOC 中断。当硬件设置 EOC 位时产生中断。

该寄存器其他各比特详情请查阅参考手册。

2) 寄存器 ADC_CR2

该寄存器用于配置 ADC 的触发方式、DMA 模式、对齐方式等，例如，设置 EXTSEL
位选择外部触发源，设置 DMA 位启用 DMA 模式。该寄存器的 bit[31:24]、bit[16] 、bit[10:9]、
bit[7:4]保留，必须保持为 0，其余比特均为可读可写，其具体定义如图 12.9 所示。

图 12.9　寄存器 ADC_CR2

(1) bit[23]：TSVREFE，温度传感器和 V_{REFINT} 使能，仅出现在 ADC1 中。

(2) bit[22]：SWSTART，开始转换规则通道。其取值含义如下：

0——复位状态；

1——开始转换规则通道。

(3) bit[21]：JSWSTART，开始转换注入通道。其取值含义如下：

0——复位状态；

1——开始转换注入通道。

(4) bit[20]：EXTTRIG，规则通道的外部触发转换模式。其取值含义如下：

0——不用外部事件启动转换；

1——使用外部事件启动转换。

(5) bit[19:17]：EXTSEL[2:0]，选择启动规则通道组转换的外部事件。该位段 ADC1 和
ADC2 的触发配置相同，ADC3 的触发配置与之不同，详情请查阅参考手册。

(6) bit[15]：JEXTTRIG，注入通道的外部触发转换模式。

(7) bit[14:12]：JEXTSEL[2:0]，选择启动注入通道组转换的外部事件。

(8) bit[11]：ALIGN，数据对齐。由于采样数据往往为 12 位，因此转换后按 16 位存储
时可以选择数据对齐方式。其取值含义如下：

0——右对齐；

1——左对齐。

(9) bit[8]：DMA，直接存储器访问模式。当转换的数据较多、存储效率要求较高时，
选择 DMA 模式能更快地将数据写入存储器。仅 ADC1 和 ADC3 能产生 DMA 请求。其取
值含义如下：

0——不使用 DMA 模式；

1——使用 DMA 模式。

(10) bit[3]：RSTCAL，复位校准。该位由软件设置并在校准寄存器被初始化后由硬件
清除。其取值含义如下：

0——校准寄存器已初始化；

1——初始化校准寄存器。

(11) bit[2]：CAL，A/D 校准。该位由软件设置以开始校准，并在校准结束时由硬件清除。其取值含义如下：

0——校准完成；

1——开始校准。

(12) bit[1]：CONT，连续转换。该位由软件设置和清除。若设置了该位，则转换将连续进行直到该位被清除。

(13) bit[0]：ADON，开/关 A/D 转换器。该位由软件设置和清除。其取值含义如下：

0——关闭 ADC 转换/校准，并进入断电模式；当该位为 0 时，若写入 1 将把 ADC 从断电模式下唤醒；

1——开启 ADC 并启动转换；当该位为 1 时，若写入 1 将启动转换，但从转换器上电至转换开始还有一个延迟 t_{STAB}。

3. 采样时间寄存器(ADC_SMPR1、ADC_SMPR2)

这 2 个采样时间寄存器可以独立地配置每个通道的采样时间。在采样周期中通道选择位必须保持不变。

寄存器 ADC_SMPR1 的 bit[31:24]保留，必须保持为 0，其余各位可读可写，用于设置通道 10～通道 17 的采样时间，其具体定义如图 12.10 所示。与之类似，寄存器 ADC_SMPR2 用于设置通道 0～通道 9 的采样时间，其各位段的具体定义如图 12.11 所示。

…		24 23 22 21	20	…	3	2 1 0
保留		SMP17[2:0]	SMP16[2:0]	…	SMP11[2:0]	SMP10[2:0]

图 12.10 寄存器 ADC_SMPR1

31	30 29 28 27	20	…	3	2 1 0
保留	SMP9[2:0]	SMP8[2:0]	…	SMP1[2:0]	SMP0[2:0]

图 12.11 寄存器 ADC_SMPR2

在图 12.10 和图 12.11 中，SMPx[2:0]表示选择通道 x(x=0～17)的采样时间。该位段取值与采样时间的对应关系如下：

000：1.5 周期；　　001：7.5 周期；　　010：13.5 周期；　　011：28.5 周期；

100：41.5 周期；　　101：55.5 周期；　　110：71.5 周期；　　111：239.5 周期。

4. 注入通道数据寄存器(ADC_JDRx，x=1～4)

该寄存器的高 16 位保留，低 16 位用于存储 ADC 注入通道的转换结果，见图 12.12。数据存储时可以是左对齐或右对齐。每个注入转换通道都有自己的数据寄存器。

31	…	16	15	…	0
保留			JDATA[15:0]		

图 12.12 寄存器 ADC_JDRx(x = 1～4)

5. 规则通道数据寄存器(ADC_DR)

该寄存器用于存储 ADC 规则通道的转换结果，其各位段的定义如图 12.13 所示。

31	⋯	16	15	⋯	0
ADC2DATA[15:0]			DATA[15:0]		

图 12.13　寄存器 ADC_DR

(1) bit[31:16]：在 ADC1_DR 中，双模式下，该位段存储 ADC2 转换的规则通道数据；在 ADC2_DR 和 ADC3_DR 中，不使用该位段。

(2) bit[15:0]：存储规则通道转换的数据，数据存储时可以是左对齐或右对齐。所有 12 个规则转换通道共用这个数据寄存器。

12.3　基于寄存器操作的 ADC 应用实例仿真与实现

基于寄存器的开发方式简单、直接、高效，主要适用于嵌入式系统底层开发，或者对代码的执行速度和系统资源有严格要求的场合。

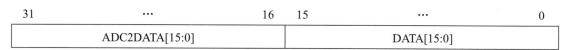

基于寄存器操作的
ADC 应用实例

12.3.1　功能描述与硬件设计

1. 功能描述

采用基于寄存器操作的设计方式，利用 1 个 GPIO 引脚连接滑动变阻器的滑片，作为 ADC 模块的输入，另外 4 个 GPIO 引脚连接 4 个 LED 灯。随着滑动变阻器滑片位置的变化，接入电路中的电阻值不同，ADC 模块转换后得到的滑动变阻器阻值也不同。因此，可以多次滑动滑片并读取 AD 转换的值，根据该值所在不同区间来点亮对应的 LED 灯，具体如下：

(1) 转换结果取值在 0～1024，点亮 LED1；

(2) 转换结果取值在 1024～2048，点亮 LED2；

(3) 转换结果取值在 2048～3072，点亮 LED3；

(4) 转换结果取值在 3072～4096，点亮 LED4。

2. 硬件设计

采用 MCU STM32F103R6 搭建最小系统；外设 LED1～LED4 负极接公共地，正极分别经 470 Ω 的电阻 R2～R5 接到引脚 PB5～PB8，滑动变阻器两端分别接入 3.3 V 和公共地，中间可滑动部分接到引脚 PA1。系统启动即开始读取 A/D 转换的值，LED1～LED4 的初始状态根据滑动变阻器的初始位置决定。其电路原理图见图 12.2。

12.3.2　软件设计与仿真实现

1. 系统流程

本实例中使用的是 ADC 模块的规则转换功能，ADC 设置的基本步骤如下：

(1) ADC 时钟使能，GPIO 端口时钟使能。

本实例涉及 ADC1 模块、GPIO 端口 A、GPIO 端口 B，因此，首先就要使能 ADC1、

GPIOA、GPIOB 的时钟，然后才能分别进行 GPIO 相关引脚初始化和 ADC 相关参数设置。

(2) GPIO 引脚初始化。

将连接 LED1～LED4 的 GPIO 引脚 PB5～PB8 初始化为通用推挽输出模式；将连接滑动变阻器滑片的 GPIO 引脚 PA1 设置为模拟输入模式。

(3) 初始化 ADC，包括设置 ADC 的时钟源和分频系数、配置规则组通道和其他参数。

ADC 的工作时钟频率最大不能超过 14 MHz，否则将影响模/数转换过程，因此，需要对时钟源和分频系数进行设置。ADC1 支持多达 18 个通道，使用时需要根据实际应用情况对规则序列进行设置。此外，还需要设置是否禁用看门狗、工作模式、扫描模式、数据对齐方式、触发方式、单次转换还是连续转换等参数，为 ADC 正确进行规则转换做好充分准备。

(4) 使能和校准 ADC。

在 ADC 各项参数设置好、开始规则转换之前，还需要使能 ADC 并完成 ADC 校准。

(5) 编写规则转换和结果读取函数。

系统流程图见图 12.14。

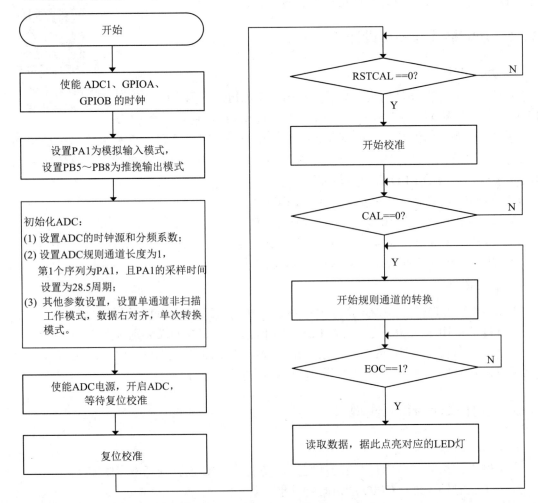

图 12.14　系统流程图(寄存器操作版)

2. 核心代码实现

为了便于理解，除了必要的寄存器操作函数外，其他自定义操作都写在 main.c 文件中。核心代码如下：

(1) 时钟使能和 GPIO 引脚初始化。

```
/*分别设置 ADC1、GPIOA、GPIOB 的时钟*/
    RCC->APB2ENR |= 0x00000200;          //使能 ADC1 时钟
    RCC->APB2ENR |= 0x00000004;          //使能 GPIOA 时钟
    RCC->APB2ENR |= 0x00000008;          //使能 GPIOB 时钟
/*由于 CRL、CRH 复位值为 0x44444444，设置 GPIO 引脚输入输出模式前
  应先清除需要操作的位*/
    GPIOA->CRL &= 0xFFFFFF0F;             //清除 PA1 位置
    GPIOB->CRL &= 0x000FFFFF;             //清除 PB5～PB7 位置
    GPIOB->CRH &= 0xFFFFFFF0;             //清除 PB8 位置
/*设置 GPIO 引脚的输入输出模式*/
    GPIOA->CRL |= 0x0000000;              //设置 PA1 为模拟输入模式
    GPIOB->CRL |= 0x33300000;             //设置 PB5-PB7 引脚为输出模式，最大频率 50 MHz
    GPIOB->CRH |= 0x00000003;             //设置 PB8 引脚为输出模式，最大频率 50 MHz
```

(2) ADC 初始化。

```
/*设置时钟源分频值*/
    RCC->CFGR = 0x00008000;              //时钟 6 分频：72 MHz/6 = 12 MHz
/*配置 ADC 规则序列*/
    ADC1->SQR1 |= 0x00000000;            //规则通道序列长度，只有一个，所以设置为默认的 1
    ADC1->SQR3 |= 0x00000001;            //设置第一个转换为通道 1(PA1)
/*设置采样时间*/
    ADC1->SMPR2 |= 0x00000018;           //设置 PA1 采样时间为 28.5 周期
/*通过 ADC 控制寄存器 CR1、CR2 设置其他相关参数*/
    ADC1->CR1 |= 0x00000000;             //禁用看门狗，使用单通道、非扫描工作模式
    ADC1->CR2 |= 0x00000000;             //数据右对齐(默认)
    ADC1->CR2 |= 0x001E0000;             //单次转换模式；软件触发模式
```

(3) 使能和校准 ADC。

```
/*使能 ADC*/
    ADC1->CR2 |= 0x00000001;             //使能 ADC 电源，开启 ADC
/*校准 ADC。建议在每次上电后执行一次校准*/
    ADC1->CR2 |= 0x00000008;             //CR2[3] = 1，复位校准
    while(ADC1->CR2 & 0x00000008);       //等待校准初始化完成；如果校准完成该位
                                           变为 0，跳出循环
```

```
ADC1->CR2 |= 0x00000004;              //CR2[2] = 1，开始校准
while(ADC1->CR2 & 0x00000004);        //等待校准完成(CR2[2]变为 0)
```

(4) 执行 ADC 规则转换并根据转换结果控制对应 LED 灯的亮灭。

这是程序的主循环部分。因为是单次转换模式，所以每次循环都要进行开启转换的操作。将寄存器 ADC1_CR2 的 bit[22]置位，以开始规则通道的转换；若寄存器 ADC1_SR 的 bit[1] = 1，则规则转换已经完成。

转换完成后，可以读取规则数据寄存器 ADC1_DR 的 bit[11:0]的数据，通过读取到的数据范围来控制 LED1～LED4 的亮灭。代码如下：

```
while(1)
{
    /*开始规则转换并读取转换后的数据*/
    ADC1->CR2 |= 0x00400000;          //开始规则通道的转换
    while(!(ADC1->SR & 0x02));        //等待转换完成
    uint16_t result = ADC1->DR;       //读取数据(低 16 位，只有 12 位包含信息)
    if(result>=0 && result<1024)
    {
        GPIOB->ODR = 0x00000020;      //PB5 亮
    }
    else if(result>=1024 && result<2048)
    {
        GPIOB->ODR = 0x00000040;      //PB6 亮
    }
    else if(result>=2048&& result<3072)
    {
        GPIOB->ODR = 0x00000080;      //PB7 亮
    }
    else if(result>=3072 && result<4096)
    {
        GPIOB->ODR = 0x00000100;      //PB8 亮
    }
}
```

3. 下载调试验证

设置 Keil 的 output 选项，使之生成可执行的 hex 文件。在 Proteus 中将微控制器与该 hex 文件关联起来，时钟频率设置为 8 MHz，单击"仿真"按钮开始仿真，调整滑动变阻器，仿真结果如下：

(1) 当 AD 转换值在 0～1024 时，LED1 亮，其他 LED 都熄灭，如图 12.15 所示。

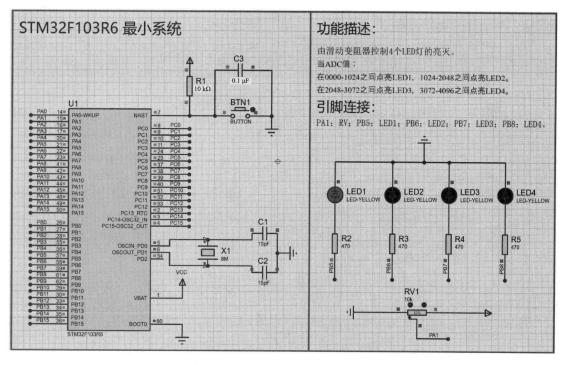

图 12.15　Proteus 仿真运行结果(0～1024)

(2) 当 AD 转换值在 1024～2048 时，LED2 亮，其他 LED 都熄灭，如图 12.16 所示。

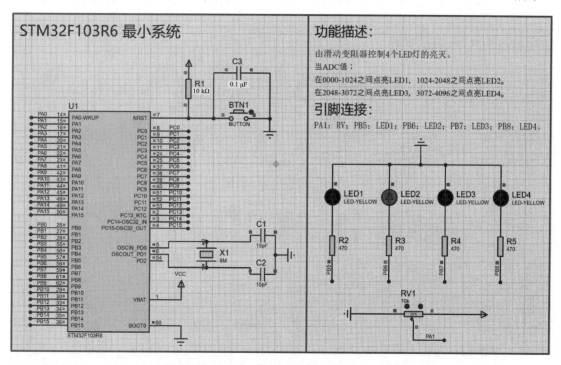

图 12.16　Proteus 仿真运行结果(1024～2048)

(3) 当 AD 转换值在 2048～3072 时，LED3 亮，其他 LED 都熄灭，如图 12.17 所示。

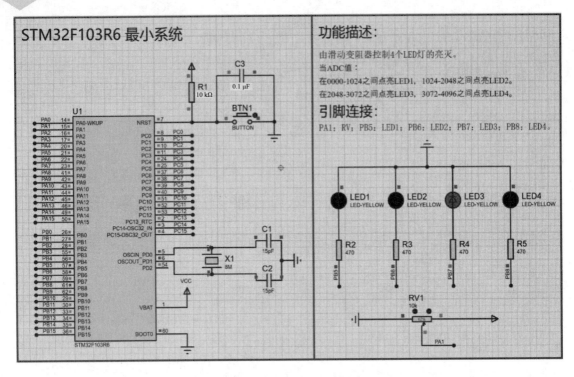

图 12.17　Proteus 仿真运行结果(2048～3072)

(4) 当 AD 转换值在 3072～4096 时，LED4 亮，其他 LED 都熄灭，如图 12.18 所示。

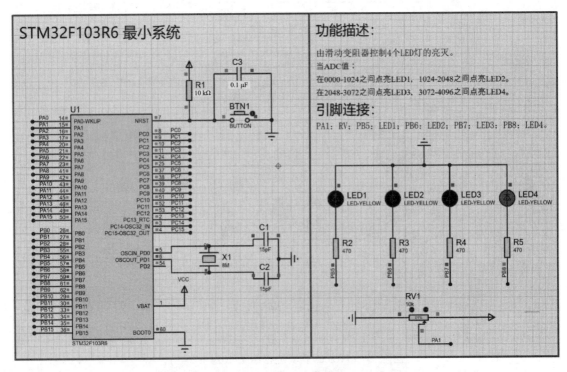

图 12.18　Proteus 仿真运行结果(3072～4096)

12.4　基于标准外设库的 ADC 应用实例仿真与实现

意法半导体公司开发了标准外设库、HAL 库和 LL 库供开发人员使用。本节以 STM32 标准外设库 V3.5.0 版本为基础，简要介绍标准外设库中 ADC 相关接口函数和查看函数原型的方法，并给出实例——ADC 的仿真与实现过程。

12.4.1　标准外设库中与 ADC 相关的接口函数

标准外设库中 ADC 相关接口函数主要分为初始化操作函数、状态检测操作函数和其他函数三大类，其常用接口函数见表 12.7。

表 12.7　标准外设库中与 ADC 相关的接口函数

类型	函　　数	功　　能
初始化操作函数	ADC_RegularChannelConfig	设置指定 ADC 的规则组通道，设置它们的转换顺序和采样时间
	ADC_Init	根据 ADC_InitStruct 中指定的参数初始化外设 ADCx 的寄存器
	ADC_Cmd	使能或者失能指定的 ADC
	ADC_ResetCalibration	重置指定 ADC 的校准寄存器
状态检测操作函数	ADC_GetCalibrationStatus	获取指定 ADC 的校准程序的状态
	ADC_GetResetCalibrationStatus	获取 ADC 重置校准寄存器的状态
	ADC_GetFlagStatus	检查指定 ADC 标志位是否置 1
其他函数	ADC_StartCalibration	开始指定 ADC 的校准状态
	ADC_SoftwareStartConvCmd	使能或者失能指定 ADC 模块的软件转换启动功能
	ADC_GetConversionValue	返回最近一次 ADCx 规则组的转换结果

12.4.2　软件设计与仿真实现

1. 标准外设库中 ADC 相关接口函数的配置

本实例中用到了 GPIO、ADC 的结构体，其中，ADC 结构体的定义如下：

```
typedef struct
{
uint32_t ADC_Mode;
FunctionalState ADC_ScanConvMode;
FunctionalState ADC_ContinuousConvMode;
```

```
    uint32_t ADC_ExternalTrigConv;
    uint32_t ADC_DataAlign;
    uint8_t ADC_NbrOfChannel;
}ADC_InitTypeDef;
```

其中，各变量含义如下：

• ADC_Mode：设置 ADC 的工作模式，可以是 ADC_Mode_Independent(独立模式，即单个 ADC 独立工作)，也可以设置为双 ADC 模式。

• ADC_ScanConvMode：使能或禁用 ADC 的扫描转换模式，其取值有 ENABLE、DISABLE。

• ADC_ContinuousConvMode：使能或禁用 ADC 的连续转换模式，其取值有 ENABLE、DISABLE。在连续转换模式下，ADC 会在完成一次转换后自动开始下一次转换。

• ADC_ExternalTrigConv：设置 ADC 转换的外部触发源。

• ADC_DataAlign：设置 ADC 转换结果的数据对齐方式，可配置为 ADC_DataAlign_Right(右对齐)或 ADC_DataAlign_Left(左对齐)。

• ADC_NbrOfChannel：设置在扫描模式下要转换的通道数量，取值为 1～16。

ADC 应用编程的大致步骤如下：

(1) ADC 时钟使能，GPIO 端口时钟使能。

ADC1、GPIOA 端口和 GPIOB 端口均挂接在 APB2 总线上，因此，调用函数 RCC_APB2PeriphClockCmd()来使能 ADC1、GPIOA、GPIOB 的时钟(函数原型详见第 7.5.2 节)，具体为：

```
    RCC_APB2PeriphClockCmd(RCC_APB2Periph_ADC1, ENABLE);
    RCC_APB2PeriphClockCmd(RCC_APB2Periph_GPIOA| RCC_APB2Periph_GPIOB, ENABLE);
```

(2) GPIO 引脚初始化。

调用函数 GPIO_Init()将引脚 PB5～PB8 初始化为通用推挽输出模式，并设置输出速率。函数原型和具体调用方法可参考第 7.5.2 节。

(3) 初始化 ADC。

首先，调用函数 RCC_ADCCLKConfig()配置 ADC1 的时钟分频系数，其函数原型如下：

```
    void RCC_ADCCLKConfig(uint32_t RCC_PCLK2)
```

参数 RCC_PCLK2 指定了 ADC1 时钟源的分频系数，可以取值为：

• RCC_PCLK2_Div2：ADC_Clock = PCLK2/2，2 分频；

• RCC_PCLK2_Div4：ADC_Clock = PCLK2/4，4 分频；

• RCC_PCLK2_Div6：ADC_Clock = PCLK2/6，6 分频；

• RCC_PCLK2_Div8：ADC_Clock = PCLK2/8，8 分频。

本实例中可以设置为 6 分频，即将 72 MHz 分频为 12 MHz。

然后，调用函数 ADC_RegularChannelConfig()配置规则组通道，其函数原型如下：

```
    ADC_RegularChannelConfig(ADC_TypeDef*  ADCx, u8  ADC_Channel, u8  Rank,  u8
ADC_SampleTime)
```

其中，第一个参数 ADCx，指定要配置的 ADC 模块；

第二个参数 ADC_Channel，一共有 18 个通道，该参数指定要配置的通道，其取值范围为 ADC_Channel_0 ～ ADC_Channel_17；

第三个参数 Rank，指定规则组序列的位置，其取值范围为 1～16；

第四个参数 ADC_SampleTime，指定采样时间，其取值范围与采样时间对应关系如下：

- ADC_SampleTime_1Cycles5：采样时间为 1.5 个周期；
- ADC_SampleTime_7Cycles5：采样时间为 7.5 个周期；
- ADC_SampleTime_13Cycles5：采样时间为 13.5 个周期；
- ADC_SampleTime_28Cycles5：采样时间为 28.5 个周期；
- ADC_SampleTime_41Cycles5：采样时间为 41.5 个周期；
- ADC_SampleTime_55Cycles5：采样时间为 55.5 个周期；
- ADC_SampleTime_71Cycles5：采样时间为 71.5 个周期；
- ADC_SampleTime_239Cycles5：采样时间为 239.5 个周期。

最后，定义 ADC 结构体变量，调用函数 ADC_Init()初始化 ADC 的其他参数，其函数原型如下：

  void ADC_Init(ADC_TypeDef* ADCx, ADC_InitTypeDef* ADC_InitStruct)

该函数的第二个参数是指向结构体变量 ADC_InitStruct 的指针，根据定义好的结构体各成员的值来初始化 ADC 模块的工作模式、数据对齐方式等其他参数。

(4) 使能和校准 ADC。

首先，调用函数 ADC_Cmd()来使能 ADC1，其函数原型如下：

  void ADC_Cmd(ADC_TypeDef* ADCx, FunctionalState NewState)

该函数的第二个参数 NewState 指定是否使能该 ADC 模块。当取值为 ENABLE 时，使能 ADC 模块；当取值为 DISABLE 时，关闭 ADC 模块。

其次，调用函数 ADC_ResetCalibration()来复位校准，其函数原型如下：

  void ADC_ResetCalibration(ADC_TypeDef* ADCx)

最后，调用函数 ADC_StartCalibration()来校准 ADC 模块，其函数原型如下：

void ADC_StartCalibration(ADC_TypeDef* ADCx)

该函数用于启动 ADC 校准过程。在进行 ADC 转换之前，需要先进行校准操作。

(5) 编写规则转换及转换结果读取函数。

首先，调用函数 ADC_SoftwareStartConvCmd()启动软件触发转换，其函数原型如下：

  void ADC_SoftwareStartConvCmd(ADC_TypeDef* ADCx, FunctionalState NewState)

该函数的第二个参数 NewState 指定是否启动软件触发转换。当该参数取值为 ENABLE 时，启动软件触发 ADC 转换；当取值为 DISABLE 时，停止软件触发 ADC 转换。

然后，调用函数 ADC_GetConversionValue()读取 16 位转换结果数据，其函数原型如下：

  u16 ADC_GetConversionValue(ADC_TypeDef* ADCx)

该函数用于读取 ADC 转换后的值(即模拟电压转换成的数字量)，返回值为 u16 类型的数据，表示转换后的结果。该 16 位数据仅 bit[15:4](数据左对齐)或 bit[11:0]有效(数据右对齐)，由 ADC 模块初始化时设置的数据对齐方式来决定。

2. 系统流程图

采用库函数调用方式的系统流程与基于寄存器操作的流程基本一致，如图 12.19 所示。

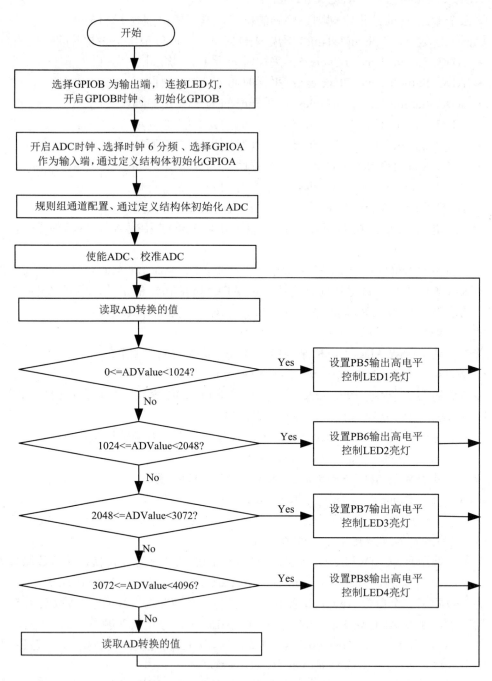

图 12.19   系统流程图(库函数调用版)

3. 核心代码实现

(1) 头文件 ADC.h 用于定义封装 ADC 相关操作的函数。代码如下：

```
#ifndef __AD_H
#define __AD_H
```

```
        void AD_Init(void);                //AD 模块初始化函数声明
        uint16_t AD_GetValue(void);        //获取 AD 转换值函数声明, 返回值为 uint16_t 类型
        #endif
```

(2) 文件 ADC.c 用于实现 ADC.h 中的函数。代码如下:

```c
#include "stm32f10x.h"
void AD_Init(void)//    ADC1 模块及相关 GPIO 引脚 PA1 的初始化
{
    /*开启时钟*/
    RCC_APB2PeriphClockCmd(RCC_APB2Periph_ADC1, ENABLE);       //开启 ADC1 的时钟
    RCC_APB2PeriphClockCmd(RCC_APB2Periph_GPIOA, ENABLE);      //开启 GPIOA 的时钟

    /*设置 ADC 时钟*/
    RCC_ADCCLKConfig(RCC_PCLK2_Div6); //选择时钟 6 分频, ADCCLK = 72 MHz/6 = 12 MHz
    /*GPIO 初始化*/
    GPIO_InitTypeDef GPIO_InitStructure;
    GPIO_InitStructure.GPIO_Mode = GPIO_Mode_AIN;
    GPIO_InitStructure.GPIO_Pin = GPIO_Pin_1;
    GPIO_InitStructure.GPIO_Speed = GPIO_Speed_50 MHz;
    GPIO_Init(GPIOA, &GPIO_InitStructure);            //将 PA1 引脚初始化为模拟输入

    /*规则组通道配置: 规则组序列 1 的位置, 配置为通道 1*/
    ADC_RegularChannelConfig(ADC1, ADC_Channel_1, 1, ADC_SampleTime_28Cycles5);

    /*ADC 初始化*/
    ADC_InitTypeDef ADC_InitStructure;                         //定义结构体变量
    ADC_InitStructure.ADC_Mode = ADC_Mode_Independent;   //模式, 独立模式, 即单独使用 ADC1
    ADC_InitStructure.ADC_DataAlign = ADC_DataAlign_Right;     //数据对齐, 选择右对齐
    ADC_InitStructure.ADC_ExternalTrigConv = ADC_ExternalTrigConv_None;  //使用软件触发
    ADC_InitStructure.ADC_ContinuousConvMode = DISABLE;        //失能连续转换
    ADC_InitStructure.ADC_ScanConvMode = DISABLE;              //失能扫描模式
    ADC_InitStructure.ADC_NbrOfChannel = 1;                    //通道数为 1
    ADC_Init(ADC1, &ADC_InitStructure);               //将结构体变量给 ADC_Init, 配置 ADC1

    /*ADC 使能*/
    ADC_Cmd(ADC1, ENABLE);                            //使能 ADC1, ADC 开始运行

    /*ADC 校准*/
    ADC_ResetCalibration(ADC1);                       //固定流程, 内部电路会自动执行校准
    while (ADC_GetResetCalibrationStatus(ADC1) == SET);
```

```
        ADC_StartCalibration(ADC1);
        while (ADC_GetCalibrationStatus(ADC1) == SET);
    }

    uint16_t AD_GetValue(void)        //启动软件触发转换并读取转换后的数据
    {
        ADC_SoftwareStartConvCmd(ADC1, ENABLE);              //软件触发 AD 转换一次
        while (ADC_GetFlagStatus(ADC1, ADC_FLAG_EOC) == RESET);        //等待 AD 转换结束
        return ADC_GetConversionValue(ADC1);              //读数据寄存器，得到 AD 转换的结果
    }
```

(3) 头文件 LED.h 用于定义封装 GPIO 相关操作的函数。代码如下：

```
#ifndef __LED_H
#define __LED_H
void LED_Init(void);          // LED 模块初始化函数声明
void LED1_ON(void);           // LED1 点亮函数声明
void LED1_OFF(void);          // LED1 熄灭函数声明
void LED2_ON(void);           // LED2 点亮函数声明
void LED2_OFF(void);          // LED2 熄灭函数声明
void LED3_ON(void);           // LED3 点亮函数声明
void LED3_OFF(void);          // LED3 熄灭函数声明
void LED4_ON(void);           // LED4 点亮函数声明
void LED4_OFF(void);          // LED4 熄灭函数声明
#endif
```

(4) 文件 LED.c 用于实现 LED.h 中的函数。代码如下：

```
#include "stm32f10x.h"                // 设备头文件
void LED_Init(void)
{
    RCC_APB2PeriphClockCmd(RCC_APB2Periph_GPIOB, ENABLE);      //开启 GPIOB 的时钟
    GPIO_InitTypeDef GPIO_InitStructure;
    GPIO_InitStructure.GPIO_Mode = GPIO_Mode_Out_PP;
    GPIO_InitStructure.GPIO_Pin = GPIO_Pin_5 | GPIO_Pin_6 | GPIO_Pin_7 | GPIO_Pin_8;
    GPIO_InitStructure.GPIO_Speed = GPIO_Speed_50 MHz;
    GPIO_Init(GPIOB, &GPIO_InitStructure);    //将 PB5、PB6、PB7、PB8 引脚初始化为推挽输出
}

void LED1_ON(void)
{
    GPIO_SetBits(GPIOB, GPIO_Pin_5);              //设置 PB5 引脚为高电平
}
```

```c
void LED1_OFF(void)
{
    GPIO_ResetBits(GPIOB, GPIO_Pin_5);        //设置 PB5 引脚为低电平
}
```

其他 LED 等的亮、灭操作函数与 LED1_ON()、LED1_OFF()类似，不再一一列出。

(5) 文件 main.c 用于实现主程序流程。代码如下：

```c
#include "stm32f10x.h"
#include "AD.h"
#include "LED.h"
#include "Delay.h"
uint16_t ADValue;               //定义存储 A/D 转换值的变量
int main(void)
{
    LED_Init();
    AD_Init();
    while(1)
    {
        ADValue = AD_GetValue();                        //获取 A/D 转换的值
        if(ADValue>=0 && ADValue<1024)
        {
            LED1_ON();              // LED1 亮
            LED2_OFF();
            LED3_OFF();
            LED4_OFF();
        }
        else if(ADValue>=1024 && ADValue<2048)
        {
            LED1_OFF();
            LED2_ON();              // LED2 亮
            LED3_OFF();
            LED4_OFF();
        }
        else if(ADValue>=2048&& ADValue<3072)
        {
            LED1_OFF();
            LED2_OFF();
            LED3_ON();              // LED3 亮
            LED4_OFF();
        }
```

```
    else if(ADValue>=3072 && ADValue<4096)
    {
        LED1_OFF();
        LED2_OFF();
        LED3_OFF();
        LED4_ON();                    // LED4 亮
    }
  }
}
```

4. 下载调试验证

设置 Keil 的 output 的 hex 选项,在 Proteus 中选相应的 hex 文件,时钟频率设置为 8 MHz,单击"仿真"按钮开始仿真,调整滑动变阻器,得到的仿真结果与基于寄存器操作的仿真结果相同,如图 12.15～图 12.18 所示。

本 章 小 结

在嵌入式系统中,温度、湿度、压力、光照、加速度等传感器是较为常见的输入设备,它们将现实世界中的物理量转换为可测量的模拟信号,再经模/数转换后供 MCU 进行处理。STM32F103 微控制器的 ADC 模块正是在模拟信号与数字信号之间架起了沟通的桥梁,经过采样、量化、编码 3 个阶段的处理,将连续的模拟信号转换为离散的数字信号,使之便于处理、存储和传输,同时也大大提高了嵌入式系统对外部环境中各种模拟信号的感知能力,加强了嵌入式系统对环境变化的监测和管控能力。

STM32F103 微控制器的 ADC 模块支持多达 16 个外部通道(具体数量取决于封装),这些通道可以配置为规则通道或注入通道。规则通道组最多有 16 个通道,注入通道组最多有 4 个通道,它们可以分别由多个同类通道按照任意顺序构成组转换通道。其中,规则转换通道的优先级较低,可以按照预先定义好的顺序和参数设置进行连续的、周期性的转换,适用于需要持续监测或周期性采样的场景,支持 DMA 传输,以提高数据传输效率。注入转换通道优先级较高,当预先设置好的触发源产生触发事件时,可以立刻抢占正在进行的规则转换通道的资源,以确保重要数据的及时采集和处理,适用于处理突发事件,或者紧急情况下的数据采集、故障检测等特殊需求。注入转换通道的配置方式较为灵活,可以根据实际应用需求选择合适的触发源和转换顺序。

本章首先介绍了 A/D 转换的基本概念,然后介绍了 STM32F103 微控制器 ADC 的主要特点、内部结构、工作原理及内部寄存器的用法,并以滑动变阻器作为 ADC 的模拟输入来控制不同 LED 灯亮灭为例,详细介绍了基于寄存器操作和基于标准外设库函数调用的开发过程,帮助读者更好地理解 STM32F103 微控制器 ADC 的工作机制。

本章实例仅用到了 ADC 的 1 个规则通道,功能较为简单。读者可以在此基础上,设计采用多个规则通道构成规则序列,并有注入通道来中断规则通道的应用场景,考虑如何编程实现其功能，以进一步加深对 STM32F103 微控制器 ADC 工作过程的理解。

习　　题

1. 什么是 A/D 转换？

2. 什么情况下需要用到 A/D 转换？

3. STM32F103 微控制器 ADC 的规则通道和注入通道有什么区别？

4. 简要介绍 ADC 的基本工作原理。

5. STM32F103 微控制器 ADC 主要由哪几部分组成？简要介绍各部分的功能。

6. STM32F103 微控制器 ADC 有哪些主要特点？

7. STM32F103 微控制器 ADC 有哪几种转换模式？简单比较这几种转换模式。

8. 在 STM32F103 微控制器 ADC 进行规则转换期间，启动 DMA 传输有什么好处？

9. 改写本章实例，使之在每次规则通道 A/D 转换结束后产生中断，并给出转换结束的提示信息，然后继续进行下一次转换。

10. 用 ADC 模块读取温度传感器的值并进行转换，将转换结果通过串口打印出来。画出 Proteus 电路原理图并进行仿真调试。

第13章

基于嵌入式操作系统的应用程序开发

嵌入式操作系统在嵌入式系统中扮演着至关重要的角色，它负责系统资源管理与调度，提供硬件接口与设备驱动、实时性与并发控制，以及通信与同步机制，通常还提供丰富的软件库和开发工具，可以帮助开发人员更高效地利用系统资源，降低开发复杂度，实现嵌入式系统的可靠性和实时性要求，是嵌入式系统能够高效、可靠、安全地运行的关键所在。

本章首先从嵌入式系统开发调试环境的建立、基于嵌入式处理器的直接编程技术和基于嵌入式操作系统的编程技术等方面，介绍了嵌入式应用程序开发的特点；然后简要介绍了 μC/OS-Ⅱ 应用程序结构，并从任务划分、任务间行为同步、共享资源同步，以及任务间数据通信等方面介绍了基于 μC/OS-Ⅱ 的程序设计技术；接下来详细介绍了将 μC/OS-Ⅱ 移植到 STM32F103R6 的具体过程；最后，以 3 个任务分别控制 3 个 LED 灯亮灭为例，介绍了基于 μC/OS-Ⅱ 开发简单多任务嵌入式系统应用程序的方法。通过本章学习，读者能够直观地了解基于嵌入式处理器的直接编程技术和基于嵌入式操作系统的编程技术的区别，初步掌握嵌入式操作系统移植，以及基于嵌入式操作系统进行应用程序开发的大致思路。

≫ 本章知识点与能力要求

◆ 理解嵌入式应用程序开发的特点，能够构建嵌入式交叉开发调试环境；

◆ 理解基于嵌入式处理器的直接编程技术与基于嵌入式操作系统的编程技术在适用场景、开发难度、开发过程等方面的差异；

◆ 了解常用的嵌入式操作系统，以 μC/OS-Ⅱ 为例，能理解嵌入式操作系统应用程序的基本结构，理解并掌握嵌入式操作系统任务划分方法，以及任务间行为同步、共享资源和数据通信方法；

◆ 了解将嵌入式操作系统移植到目标开发板的大致过程，掌握其移植方法；

◆ 结合本章实例，熟练掌握基于嵌入式操作系统的编程技术，以及相关工具软件的使用方法和程序仿真、调试方法，能独立完成嵌入式操作系统移植，以及应用程序的设计与开发。

13.1 嵌入式应用程序开发的特点

嵌入式系统在现代科技中发挥着越来越重要的作用，在军事国防、工业控制、消费电子、医疗设备、家庭自动化、物联网等领域，嵌入式系统的身影无处不在。嵌入式系统往往是嵌入到目标对象中运行，需要根据实际应用场景和需求来定制软硬件，进行协同开发。因此，嵌入式系统本身的专用性、嵌入性、软硬件可裁剪性、开发环境与目标运行环境有显著差异等特点及应用环境的特定需求，使得嵌入式应用程序开发与通用 PC 机上的应用程序开发有很大不同。

13.1.1　开发调试环境的建立

一个高效、可靠的嵌入式系统开发调试环境，能够为嵌入式系统应用程序开发提供有力支持。建立开发调试环境主要包括以下几个方面：

1) 选择开发平台

选择开发平台包括确定合适的目标机系统和选择合适的宿主机系统。

(1) 确定合适的目标机系统。嵌入式系统的硬件和软件都需要根据具体应用场景和需求进行定制，因此，在进行嵌入式系统应用程序开发之前，应该先根据需求分析结果选择合适的目标机系统，即确定嵌入式系统的硬件平台，包括嵌入式开发板、传感器、通信接口和其他外设资源等，这是嵌入式应用程序的最终运行环境。

(2) 选择合适的宿主机系统。嵌入式系统交叉开发的特点使得选择一个功能强大、安装有常用操作系统、具备必要网络连接能力的计算机作为宿主机，更有助于嵌入式软件的开发和调试。

2) 配置开发工具

配置开发工具包括配置交叉编译器、安装集成开发环境和选择调试工具三部分。

(1) 配置交叉编译器。在嵌入式系统开发中，目标平台的架构与主机 PC 不同，且目标平台的资源有限，通常无法直接在目标机上编译软件，需要使用交叉编译器来生成目标平台的执行文件。因此，需要根据目标平台的架构、嵌入式操作系统版本、开发环境配置等选择合适的交叉编译器。常用的交叉编译器有 GCC(GNU Compiler Collection)系列交叉编译器，如 arm-linux-gnueabi-gcc、arm-none-eabi-gcc、arm-none-uclinuxeabi-gcc 等；ARM 公司推出的编译器 armcc(通常与 ARM 的开发工具套件 Keil MDK、ADS、RVDS 等一起使用)；以及其他第三方提供的交叉编译器。

(2) 安装集成开发环境 IDE。IDE 是一种综合性的软件工具套件，往往集成了代码编辑器、编译器、调试器、仿真器等多种关键工具，支持多种编程语言和硬件平台，能够为嵌入式系统的设计、开发、调试和测试提供一站式解决方案，大大提高开发效率。常见的嵌入式开发 IDE 包括 Keil MDK、IAR Embedded Workbench、System Workbench for STM32、STM32CubeIDE 等。这些 IDE 各具特色，需要根据项目的复杂性、硬件要求和功能需求、个人喜好、经验水平等因素来选择合适的 IDE。

(3) 选择调试工具。嵌入式系统交叉开发过程中离不开调试工具的帮助，包括调试器、仿真器等。调试器用于在宿主机上控制目标机的执行，设置断点、查看变量等，例如，JTAG/SWD 调试器(如 J-Link、ST-Link 等)支持在目标机芯片内部设置断点、单步执行代码、读取和修改内存等，为用户提供高效的调试体验。仿真器则可以在宿主机上模拟目标机的运行环境，便于进行软件调试。通常 IDE 会提供集成的调试工具，允许设置断点、监视变量和执行单步调试等操作。

3) 搭建调试环境

搭建调试环境包括连接宿主机和目标机、配置调试参数，以及加载和调试程序。

(1) 连接宿主机和目标机。通过以太网、串口线、ICE(In Circuit Emulator，在线仿真器)或 ROM 仿真器等方式连接宿主机和目标机，确保两者之间的通信畅通无阻。

(2) 配置调试参数。在 IDE 中设置目标机的调试参数，如 IP 地址、端口号、调试协议等。这些参数将用于建立宿主机和目标机之间的调试连接。

(3) 加载和调试程序。将编译好的程序加载到目标机上，并在 IDE 中启动调试会话。通过调试工具对程序进行单步执行、断点设置、变量监视等操作，发现和修复程序中的错误。

4) 其他注意事项

其他注意事项包括以下内容：

(1) 硬件支持。确保目标机的硬件资源满足开发需求，包括处理器性能、内存大小、外设接口等。

(2) 软件兼容性。在选择开发工具和调试工具时，要注意它们与目标机硬件和操作系统的兼容性。

(3) 文档和资料。充分利用开发工具和硬件平台提供的文档和资料，以便更好地理解和使用它们。

13.1.2　基于嵌入式处理器的直接编程技术

基于嵌入式处理器的
直接编程技术

从有无嵌入式操作系统的角度来看，嵌入式系统应用程序开发技术可以分为基于嵌入式处理器的直接编程技术和基于嵌入式操作系统的编程技术两大类，两者有很大不同。

基于嵌入式处理器的直接编程技术要求开发者具备深厚的硬件知识和较强的编程能力，能够统观全局，合理分配、使用和管理嵌入式系统中的软硬件资源，能够选择合适的编程语言，使用特定的开发环境和开发工具，编写硬件驱动程序和应用程序，进行系统调试、性能优化，实现嵌入式系统在有限资源下的高效运行。

这种直接编程的方式，由于没有操作系统来管理系统资源和进行任务调度，往往不太适合用于功能较为复杂，或者要求多任务调度执行的应用场景。第 7 章～第 12 章介绍的接口应用实例都属于基于嵌入式处理器的直接编程。

采用这种直接编程技术，开发者可以通过以下两种方式来进行嵌入式系统应用程序开发：

(1) 寄存器级编程(Register-Level Programming)：在编程时，用户可以直接配置和操作相关寄存器来控制 MCU 和各种外设的行为，例如设置时钟频率、中断处理、GPIO 输入输出控制、USART 通信等。

(2) 库函数调用编程：创建一个硬件抽象层(Hardware Abstraction Layer，HAL)，屏蔽掉底层硬件细节，将底层硬件操作按照功能封装成不同的功能函数，需要操作底层硬件时按要求调用相应的功能函数即可。采用这种编程方式，开发者更容易从应用入手，快速掌握嵌入式系统开发技术；同时，应用程序可以与底层硬件保持相对独立，从而提高其可移植性。

13.1.3　基于嵌入式操作系统的编程技术

基于嵌入式操作系统的编程技术

当嵌入式系统有资源管理与优化、实时性、多任务、通信与同步、电源管理、固件更新与维护等方面的需求时，使用嵌入式操作系统是非常必要的。嵌入式操作系统(Embedded Operating System，EOS)是一种运行在嵌入式设备上的实时操作系统，它负责管理和控制嵌入式设备的硬件资源，为上层应用程序提供稳定、高效的运行环境。常见的嵌入式操作系统有嵌入式 Linux、FreeRTOS、μC/OS、VxWorks、Windows CE 等。

基于嵌入式操作系统的编程技术具有以下特点：

(1) 实时性：嵌入式操作系统支持实时任务调度和中断处理，确保系统能够在规定时间内响应外部事件，以满足嵌入式系统高实时性的要求。

(2) 资源受限：嵌入式系统的硬件资源(如处理器速度、内存大小等)通常较为有限，因此，基于嵌入式操作系统的编程技术需要优化代码和资源使用，以提高系统的整体性能和效率。

(3) 模块化设计：采用模块化设计思想，将系统划分为多个独立的模块，每个模块负责特定的功能，以降低系统复杂性，提高系统可维护性。

(4) 硬件抽象：嵌入式操作系统为上层应用程序提供了硬件抽象层 HAL，使得应用程序可以不必直接操作硬件，而是通过调用操作系统提供的 API 来实现对硬件的控制和管理。

基于嵌入式操作系统的编程通常遵循以下开发流程：

(1) 需求分析：明确系统的功能需求和性能要求。

(2) 硬件选型：根据需求分析结果选择合适的嵌入式硬件平台。

(3) 系统设计：它包括系统架构设计、任务划分与调度策略设计等。嵌入式操作系统支持多任务处理。系统设计期间，应根据系统的实时性要求和应用需求，合理划分任务并设计任务调度策略，确保系统能够高效、有序地执行任务。此外，还需要考虑使用信号量、消息队列等机制实现任务之间的通信和同步，以及使用互斥锁和信号量来访问共享资源，避免竞争条件，确保任务之间的协同和数据完整性。

(4) 软件开发：它包括编写嵌入式操作系统、设备驱动和应用程序等代码。具体有以下内容：

• 内存管理：由于嵌入式系统的内存资源有限，嵌入式操作系统需要优化内存使用，包括动态内存分配与释放、内存碎片整理等，避免内存泄漏和内存碎片，实现有效的内存管理。

• 嵌入式操作系统通常支持定时器和定时任务。开发人员可以使用这些功能来实现定时操作，例如轮询传感器或发送周期性数据。

• 由于嵌入式系统需要处理各种外部中断，嵌入式操作系统需要支持中断的优先级管理和中断的嵌套处理等。开发人员需要编写中断服务程序来响应这些中断事件，确保及时处理。

- 由于嵌入式系统需要与各种外设进行交互，因此需要编写设备驱动程序。这些驱动程序允许应用程序与硬件设备(如传感器、执行器、通信接口)进行交互。
- 开发人员需要根据项目需求编写应用程序，实现相应的功能。

(5) 集成测试：将各个模块集成在一起进行测试，如使用交叉编译工具链进行编译、使用仿真器和调试器进行调试等，确保系统能够正常运行。

(6) 部署与维护：将系统部署到实际环境中，并进行后续的维护和升级工作。

注意：在嵌入式应用程序开发中，基于嵌入式处理器的直接编程技术与基于嵌入式操作系统的编程技术在编程层次、资源管理与调度、实时性与多任务处理能力、开发环境与工具、系统安全性与可靠性等多个方面存在显著差异。基于嵌入式处理器的直接编程技术可以直接控制底层硬件，在对实时性要求极高的嵌入式系统中更具优势，但也需要开发者对硬件的规格、工作原理有深入的了解，能够编程实现资源的分配和管理，通常需要使用专门的硬件仿真器、调试器等工具来进行开发和调试。基于嵌入式操作系统的编程技术是在操作系统的抽象层进行编程，开发者不需要关注底层硬件资源细节，可以专注于应用程序的逻辑实现，然后通过调用操作系统提供的丰富的 API 来访问和控制硬件资源，由操作系统来实现资源管理和任务调度功能、多任务处理功能，以及较强的安全性和可靠性，降低了编程的复杂度，提高了开发效率，增强了程序的可移植性和可维护性。

在实际应用中，需要根据具体需求来综合考虑，选用合适的编程方式。

13.2 μC/OS-Ⅱ应用程序结构分析

嵌入式操作系统
μC/OS-Ⅱ

μC/OS-Ⅱ是由 Micrium 公司提供的一种功能强大、灵活可配置、基于优先级的抢占式多任务实时操作系统(RTOS)。该系统专为嵌入式系统设计，源代码公开，具有高度的可移植性、可固化性、可裁剪性和实时性。

μC/OS-Ⅱ主要包括以下几个模块：

(1) 内核：负责任务的创建、切换和调度，以及系统资源管理。

(2) 任务管理：提供任务的创建、删除、挂起和恢复等管理功能。

(3) 时间管理：通过定时中断实现时间管理，支持任务的延时等操作。

(4) 内存管理：提供内存的动态分配和释放功能，避免产生内存碎片。

(5) 通信同步：提供信号量、邮箱、消息队列等同步机制，实现任务间的通信和同步。

μC/OS-Ⅱ应用程序一般包括以下内容，其层次结构如图 13.1 所示。

(1) 应用程序。用户根据实际需求编写的实现特定功能的代码，一般会定义和声明应用任务。这些任务将在嵌入式实时操作系统的调度下并发执行。

(2) 半导体厂商提供的库函数。这些库函数通常由芯片制造商提供，用于访问和控制硬件的特定功能，便于开发者更容易地与硬件交互。

(3) 板级支持包(Board Support Package，BSP)和底层硬件驱动程序。板级支持包提供了一组硬件抽象层 HAL 函数，这些函数封装了与特定硬件板卡相关的初始化代码和驱动代码。底层驱动程序则直接控制硬件设备的操作。

(4) 与 CPU 无关的 μC/OS-II 源码，可以不做任何修改移植到任何 CPU 架构上运行。这是嵌入式实时操作系统的核心，负责提供任务调度、任务间通信、内存管理等功能。

(5) 与 CPU 架构相关的代码，例如任务堆栈的初始化、上下文切换的实现等，将 μC/OS-II 移植到不同的 CPU 平台时，需要修改这部分代码。

(6) 封装与 CPU 相关的功能，通常包括 CPU 的一些工作模式设置(如中断处理、电源管理等)和服务函数(如时钟节拍中断服务函数)等。

(7) μC/OS-II 官方提供的一系列通用函数源文件，一部分函数用于替代 stdlib 库中的函数，例如字符串处理函数、常用数学计算函数等。这些函数使得嵌入式实时操作系统在资源受限的环境下能更加高效地运行。

(8) 配置文件。通过在配置文件中定义宏的值可以轻易地裁剪 μC/OS-II 的功能，使之可以根据实际需求进行定制，从而优化资源使用和性能。

(8) 配置文件 cpu_cfg.h lib_cfg.h os_cfg.h os_cfg_app.h	**(1) 应用程序** app.c app.h

(4) μC/OS-II 代码(与CPU无关)

os_cfg_app.c	os_type.h
os_core.c	os_dgb.c
os_flag.c	os_int.c
os_mem.c	os_msg.c
os_mutex.c	os_pend_multi.c
os_prio.c	os_q.c
os_sem.c	os_stat.c
os_tick.c	os_time.c
os_tmr.c	os_var.c
os.h	

(7) LIB库

lib_ascii.c	lib_ascii.h
lib_math.c	lib_math.h
lib_mem_a.asm	lib_def.h
lib_mem.c	lib_mem.h
lib_str.c	lib_str.h

(5) μC/OS-II 与CPU架构相关的代码 os_cpu.h os_cpu_a.asm os_cpu_c.c	**(6) μC/OS-II** 封装与CPU相关的功能 cpu_def.h cpu_c.c cpu_core.c cpu_core.h cpu_a.asm	**(3) BSP板级支持包** bsp.h bsp.c	**(2) 库函数** *.c *.h

软件/固件

硬件

CPU	定时器	中断控制器

图 13.1 μC/OS-II 应用程序结构

13.3　基于 μC/OS-Ⅱ的程序设计技术

13.3.1　任务划分与设计

μC/OS-Ⅱ是一个专为嵌入式应用设计的抢占式实时多任务操作系统，能够确保高优先级任务得到及时响应。在 μC/OS-Ⅱ中，任务就是程序实体，μC/OS-Ⅱ通过管理和调度这些任务来实现应用程序的功能。

任务可以看作是一个简单的程序，每个任务被赋予一定的优先级，有对应的 CPU 寄存器和堆栈空间，以保证任务运行所需的系统资源。任务划分情况将直接影响系统的性能、可维护性和可扩展性。一般来说，任务划分时需要考虑以下几个方面：

(1) 功能独立性：每个任务尽可能独立完成一个特定功能，减少任务间的耦合度，使得系统更加模块化。例如，将设备依赖性较强的控制输入/输出设备的程序划分为不同的任务(键盘任务、显示任务、数据采集任务等)；将长任务或复杂任务分割成若干个相对独立的小任务，以提高系统的实时性和响应速度。

(2) 资源利用率：根据系统资源的分配情况合理划分任务，避免某个任务过多占用资源，确保资源的高效利用。

(3) 实时性要求：在实时性要求较高的系统中，还需要根据紧急程度和截止时间，将关键功能划分为独立的任务，并赋予其最高优先级，确保关键任务能够得到及时处理。

μC/OS-Ⅱ中的任务可分为系统任务和用户任务两种。系统任务是操作系统提供的任务，为系统应用程序或系统本身提供服务；用户任务是由用户编写的实现应用程序功能的任务。

1. 系统任务

从系统角度来看，μC/OS-Ⅱ有 5 个默认的系统任务：

(1) 空闲任务：μC/OS-Ⅱ自动创建且必须创建的第一个系统任务，不需要用户手动创建。

(2) 时钟节拍任务：此任务也是必须创建的系统任务。

(3) 统计任务：可选系统任务，用于统计 CPU 使用率和各个任务的堆栈使用量，由宏 OS_CFG_STAT_TASK_EN 来控制是否使用此任务。

(4) 定时任务：用来向用户提供定时服务，也是可选的系统任务，由宏 OS_CFG_TMR_EN 来控制是否使用此任务。

(5) 中断服务管理任务：可选的系统任务，由宏 OS_CFG_ISR_POST_DEFERRED_EN 来控制是否使用此任务。

2. 任务的状态

从用户的角度来看，μC/OS-Ⅱ中每个任务的代码通常被编写为一个无限循环的 C 函数，任务一旦启动就会不断重复执行其代码体，直至被明确删除或系统关闭才停止。每个任务都有 5 种状态，分别如下：

(1) 休眠态(Dormant)：任务只是以任务函数的方式存在，并未用 OSTaskCreate()函数创建这个任务，任务不会被内核调度，也无法被 CPU 调度运行。

(2) 就绪态(Ready)：任务具备了运行的条件，并根据任务的优先级在系统的就绪表中排队，等待获得 CPU 的使用权。

(3) 运行态(Running)：正在运行的任务。任意时刻只能有一个任务处于运行态，调度器根据任务的优先级，使优先级最高的任务得到运行。

(4) 等待态(Pending)：正在运行的任务需要等待某个事件或某个条件满足时才能继续运行，暂时让出 CPU 的使用权，进入等待事件状态。

(5) 中断服务态(Interrupted)：正在执行的任务被中断打断，CPU 转去执行中断服务程序，此时这个任务就会被挂起，进入中断服务状态。

任务的这 5 种状态及其相互转换情况如图 13.2 所示。

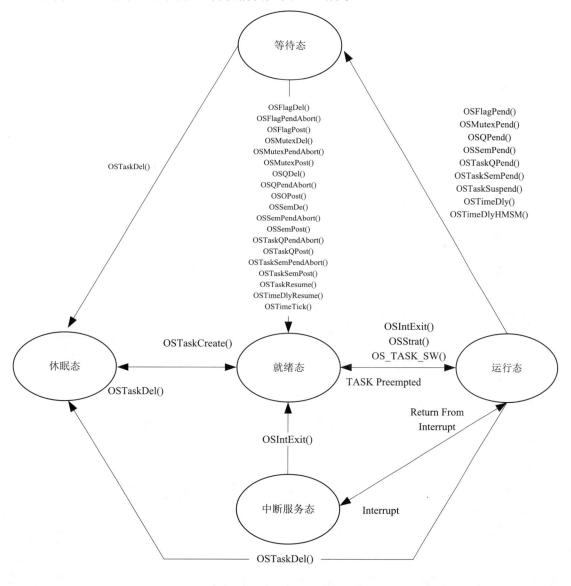

图 13.2　μC/OS-Ⅱ任务状态

3. 任务的组成

μC/OS-Ⅱ中的任务由任务控制块(Task Control Block, TCB)、任务堆栈和任务函数三部分组成。

1) 任务控制块

任务控制块就是用来记录与任务相关的信息的数据结构,如任务堆栈指针、任务当前状态、任务优先级等。任务控制块记录了任务的全部静态和动态信息,相当于任务的"身份证"。每个任务都必须有各自的任务控制块。每个任务也都有一个唯一的优先级,通常也用任务的优先级作为这个任务的标识。在多任务操作系统中,每个任务都有名字。

μC/OS-Ⅱ把系统所有任务的控制块链接为两条链表来管理各个任务,分别是空任务控制块链表和任务控制块链表。

(1) 空任务控制块链表有以下特点:

* 链表中的任务控制块都没有分配具体的任务;
* 该链表在系统调用初始化函数 OSInit()时建立;
* 通过一个 OS_TCB 结构类型的数组 OSTCBTbl[]来建立空任务控制链表,数组中的每个元素都是一个任务控制块;
* 利用结构体中的两个指针 OSTCBNext 和 OSTCBPre,将任务控制块链接成一个链表。

(2) 任务控制块链表有以下特点:

* 链表中的任务控制块都已分配任务;
* 该链表在调用函数 OSTaskCreate()时建立;
* 创建任务时,系统从空任务控制块链表的首部分配一个空任务控制块给该任务,并将它加入到任务控制块链表中。

2) 任务堆栈

任务堆栈在任务切换时用来保存任务的运行环境。

每个任务都有自己的专用堆栈,彼此之间不能共用。使用函数 OSTaskCreate()创建任务时,分配任务控制块的同时把所创建的任务堆栈传递给该任务。任务堆栈基地址与堆栈的增长方向有关,堆栈的增长方向有两种:

(1) 向上增长:从低地址向高地址增长,任务堆栈基地址为&START_TASK_STK[0];

(2) 向下增长:从高地址向低地址增长,任务堆栈基地址为&START_TASK_STK[START_STK_SIZE-1]。

3) 任务函数

任务函数是由用户编写的任务处理代码,是应用程序功能的具体实现。

13.3.2　任务间行为同步

μC/OS-Ⅱ可以通过消息邮箱、消息队列、事件标志组等机制来实现任务间的行为同步和通信。这些机制各有特点,适用于不同的应用场景(见表 13.1)。

表 13.1　μC/OS-Ⅱ行为同步和通信机制

机　制	功　能	特　点	适用场景
消息邮箱	用于任务间传递消息，通常是一个指针，指向要传递的数据	每次只能传递一个消息；发送方需等待接收方接收消息后才能继续执行；适用于数据量不大且不需要同时传递多个消息的场景	简单的任务间数据交换，如通知、状态更新等
消息队列	用于任务间异步通信，可以存储多个消息，实现消息的临时堆积	支持多个发送方和接收方；消息队列中的消息按照一定顺序排列，接收方可以按照顺序接收消息；适用于消息产生速度可能快于消费速度的场景，能够有效解决消息临时堆积问题	复杂的多任务系统，需要高效、可靠的消息传递机制
事件标志组	由一组事件标志位组成，每个事件标志位表示一个特定的事件，每个事件标志都可以独立地被设置或清除	提供了灵活的等待条件，允许任务等待一个或多个事件发生；适用于需要同时等待多个事件发生的场景	复杂的同步需求

　　如果要在两个任务之间传递一个数据，为了适应不同数据的需要，最好在存储器中建立一个数据缓存区，然后以这个缓存区为中介来实现任务间的数据传递。把这个数据缓存区的指针赋给事件控制块(ECB)的成员 OSEventPtr，同时使事件控制块的成员 OSEventType 取值为常数 OS_EVENT_TYPE_MBOX，那么，这个事件控制块就是一个消息邮箱。

　　消息邮箱通过在 2 个需要通信的任务之间传递数据缓冲区指针进行通信。由于消息邮箱里只能存放一条消息，所以使用消息邮箱进行任务的同步时，需要满足一个条件：消息的产生速度总要慢于消息的消费速度，即被控制任务总是在等待消息，否则会导致消息丢失。

　　当一个任务与多个任务发生同步时，往往用事件标志组来实现任务间的通信和同步。任务可以等待特定的事件发生，并在事件发生时被唤醒。

　　在 μC/OS-Ⅱ中，事件标志组的相关 API 函数如表 13.2 所示。

表 13.2　事件标志组的 API 函数

函　数	说　明
OSFlagCreate()	创建事件标志组
OSFlagDel()	删除事件标志组
OSFlagPend()	等待事件标志组
OSFlagPendAbort()	取消等待事件标志组
OSFlagPendGetFlagsRdy()	获取使任务就绪的事件标志
OSFlagPost()	向事件标志组发布标志

消息队列允许任务之间通过发送和接收消息来进行通信，因此，消息队列可以用来传递数据和命令，实现任务间的同步和协作。消息队列可以存放多条消息，适用于消息的产生速度可能快于消息的消费速度的情况，能够有效解决消息的临时堆积问题。但消息队列的使用仍然需满足消息的平均产生速率比消息的平均消费速率低，以免消息队列溢出。

消息队列的使能配置位于文件 os_cfg.h 中。源代码如下：

```
/* --------- MESSAGE QUEUES -------------- */
#define OS_CFG_Q_EN            1u              /使能或禁用消息队列
#define OS_CFG_Q_DEL_EN        1u              //使能或禁用 OSQDel()函数
#define OS_CFG_Q_FLUSH_EN      1u              //使能或禁用 OSQFlush()函数
#define OS_CFG_Q_PEND_ABORT_EN 1u              //使能或禁用 OSQPendAbort()函数
```

在 µC/OS-II 中，消息队列的相关 API 函数如表 13.3 所示。

表 13.3　消息队列的 API 函数

函　数	说　　明
OSQCreate()	建立一个消息队列
OSQPost()	向消息队列发布一条消息
OSQPend()	等待一个消息队列的消息，与 OSQPost()相对应
OSQPendAbort()	取消或中止对一个消息队列的等待
OSQDel()	删除一个消息队列
OSQFlush()	清空一个消息队列

13.3.3　任务间共享资源同步

信号量机制用于控制对共享资源的保护，当有多个任务同时访问共享资源时，设立一个标志，用于表示该共享资源的占用情况。信号量一般分为以下 3 种。

1. 二值型信号量

当特定资源的信号量为 1 时，该资源可供使用；若资源的信号量为 0，则等待该信号量的任务将被排入等待队列。在等待信号量的过程中，还可设置超时机制，若任务在设定时间内未获得信号量，则该任务将进入就绪状态。任务通过"发信号"的方式对信号量进行操作。值得注意的是，若一个信号量为二进制信号量，则每次只能有一个任务获得对共享资源的访问权限。

2. 多值型信号量

在一些情境下，需要允许多个任务同时访问共享资源。在这种情况下，二进制信号量不再适用，可以用计数型信号量来解决这一问题。计数型信号量允许多个任务同时访问共享资源，初值为 N，有任务请求时，该信号量的值就会减 1，当有任务释放共享资源时，该信号量的值就会加 1。在 µC/OS-II 中，多值型信号量的相关 API 函数如表 13.4 所示。

表 13.4　多值型信号量的 API 函数

函　数	说　　明
OSSemCreate()	建立一个多值型信号量
OSSemPost()	释放或发布一个多值型信号量
OSSemPend()	等待一个多值信号量，与 OSSemPost() 相对应
OSSemPendAbort()	取消或中止对一个多值信号量的等待
OSSemDel()	删除一个多值信号量
OSSemSet()	设置多值信号量的计数值

3. 互斥信号量

互斥信号量是一种特殊的二值信号量，解决了优先级反转问题，用于实现对临界资源的独占式处理。

当互斥信号量未被任何任务持有时，它处于开锁状态，表示任何任务都可以尝试获取该互斥信号量。当互斥信号量被某个任务持有时，它处于闭锁状态，表示该任务获得了对临界资源的独占访问权，其他任务无法再获取该互斥信号量。

在实时操作系统中，高优先级的任务可能因为等待低优先级任务释放互斥信号量而被阻塞，从而导致优先级翻转问题。为了解决这个问题，互斥信号量通常采用了优先级继承机制。当一个高优先级的任务尝试获取一个已被低优先级任务持有的互斥信号量时，系统会临时将低优先级任务提升至与高优先级任务的优先级相同。这样，低优先级任务就能更快地释放互斥信号量，从而减少高优先级任务的等待时间。低优先级任务释放互斥信号量后，将恢复其原来的优先级。

μC/OS-Ⅱ允许用户嵌套使用互斥型信号量，一旦一个任务获得了一个互斥型信号量，则该任务可以多次获取该互斥信号量而不会导致死锁，当然该任务只有释放相同的次数才能真正释放这个互斥信号量。互斥信号量必须是同一个任务申请，同一个任务释放，其他任务释放无效。μC/OS-Ⅱ中互斥信号量的相关 API 函数如表 13.5 所示。

表 13.5　互斥信号量的 API 函数

函　数	说　　明
OSMutexCreate()	创建一个互斥信号量
OSMutexDel()	删除一个互斥型信号量
OSMutexPend()	等待一个互斥型信号量
OSMutexPendAbort()	取消等待
OSMutexPost()	释放一个互斥型信号量

在 μC/OS-Ⅱ中需要使用信号量机制时，应先在文件 os_cfg.h 中使能信号量。源代码如下：

```
/* --------------------- MUTUAL EXCLUSION SEMAPHORES ------------------- */
#define OS_CFG_MUTEX_EN        1u              //使能或禁用互斥型信号量
```

```
#define OS_CFG_MUTEX_DEL_EN    1u                //使能或禁用 OSMutexDel() 函数
#define OS_CFG_MUTEX_PEND_ABORT_EN    1u          //使能或禁用 OSMutexPendAbort() 函数
/* --------------------------- SEMAPHORES --------------------------- */
#define OS_CFG_SEM_EN    1u                       //使能或禁用多值信号量
#define OS_CFG_SEM_DEL_EN     1u                  //使能或禁用 OSSemDel()函数
#define OS_CFG_SEM_PEND_ABORT_EN    1u            //使能或禁用 OSSemPendAbort()函数
#define OS_CFG_SEM_SET_EN    1u                   //使能或禁用 OSSemSet()函数
```

13.3.4 任务间数据通信

任务间数据通信是指一个任务或者中断服务程序和另一个任务进行消息传递。任务间的消息传递可以通过以下两种途径来实现。

1. 通过全局变量来实现消息传递

任务要想与中断服务通信只能通过全局变量。使用全局变量来传递消息时，每一个任务或者中断服务程序都必须保证其对变量的独占访问。如果有中断服务程序参与，那么唯一能保证对共享变量独占访问的方法就是在访问期间关中断。

2. 通过发布消息来实现消息传递

消息可以通过消息队列作为中介发布给任务，也可以直接发布给任务，因为在 μC/OS-Ⅱ中，每个任务都内嵌有消息队列。当有多个子任务在等待消息的时候，可以使用外部的消息队列；而如果只有一个任务需要对接收的数据进行处理，则应该直接向任务发布消息。

13.4　μC/OS-Ⅱ在 ARM 微处理器上的移植

13.4.1　μC/OS-Ⅱ对处理器的要求

μC/OS-Ⅱ对处理器的要求如下：

(1) 处理器的 C 编译器能产生可重入代码。

(2) 用 C 语言就可以打开和关闭中断。

(3) 处理器支持中断，并且能产生定时中断(通常在 10～100 Hz)作为系统的时间基准。

(4) 处理器支持能够容纳一定量数据(可能是几千字节)的硬件堆栈。

(5) 处理器有将堆栈指针和其他 CPU 寄存器读出和存储到堆栈或内存中的指令。

13.4.2　μC/OS-Ⅱ移植相关文件

μC/OS-Ⅱ源代码文件夹如图 13.3 所示，移植时涉及 EvalBoards 和 μC/OS-Ⅱ文件夹中的文件。

图 13.3　μC/OS-Ⅱ源代码文件

1. EvalBoards

EvalBoards 文件夹里面包含评估板相关文件，在移植时只需提取 includes.h 和 os_cfg.h 这 2 个文件，具体见图 13.4，在工程模板中的 UCOS-Ⅱ文件夹下新建一个 CONFIG 文件夹，然后将 includes.h 和 os_cfg.h 这 2 个文件复制到 CONFIG 文件夹下。

图 13.4　EvalBoards 文件

其中，includes.h：系统的全局头文件，需要在所有的源码中包含该文件； os_cfg.h：μC/OS-Ⅱ系统的全局配置文件。

2. μCOS-Ⅱ->Ports

μC/OS 是软件，开发板是硬件，软硬件必须有桥梁来连接，这些与处理器架构相关的代码被称为 RTOS 硬件接口层，它们位于 μCOSⅡ->Ports 文件夹下(见图 13.5)。

在不同的编译器中应该选择不同的文件，例如，若使用 MDK 作为开发环境，就需要使用 RealView 文件夹下的文件，这些文件不需要修改，直接使用即可。

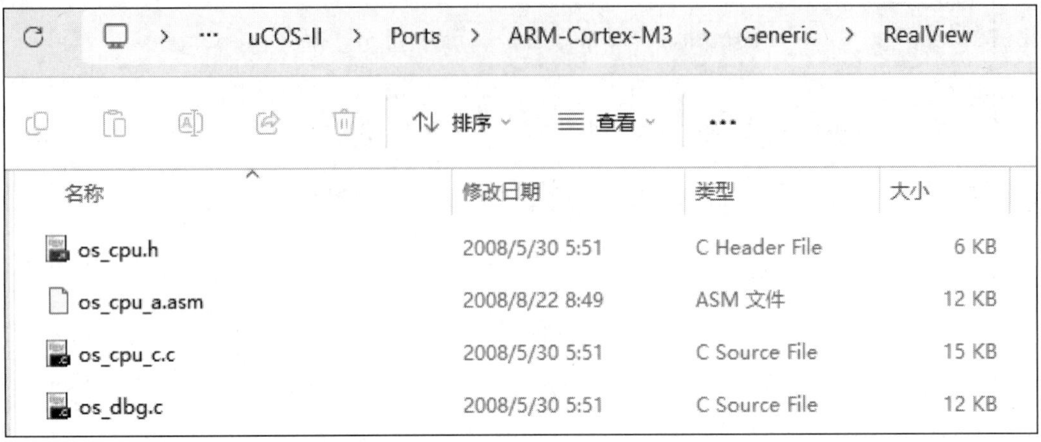

图 13.5　μCOS-Ⅱ→Ports 文件夹下的文件

其中，各文件功能如下：

- os_cpu.h：定义数据类型、处理器相关代码、声明函数原型。
- oc_cpu_a.asm：与处理器相关的汇编代码，主要是与任务切换相关。
- os_cpu_c.c：定义用户钩子函数，提供扩充软件功能的接口。

3. μCOS-Ⅱ->Source

Source 文件夹中的文件是 μC/OS-Ⅱ 的源码文件(见图 13.6)，这些是 μC/OS 核心文件，在移植时必须将它们添加到自己的工程中去。

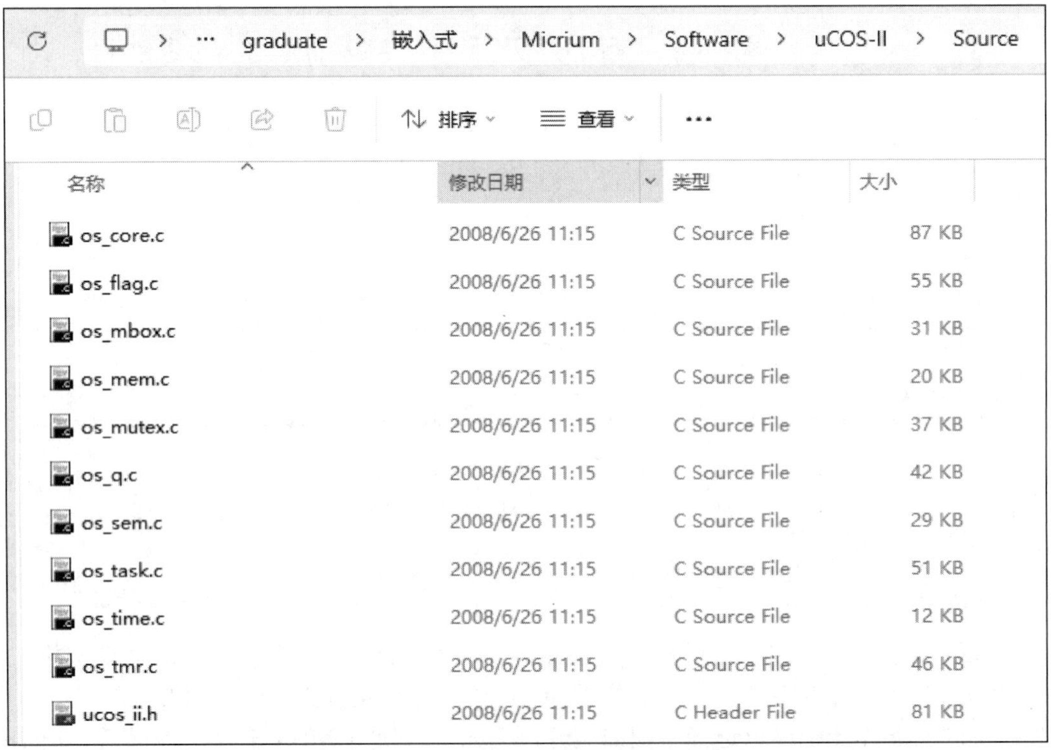

图 13.6　Source 文件夹中的 μC/OS-Ⅱ源码文件

这些文件的功能作用具体见表 13.6。

表 13.6　Source 中文件的功能

文　件	功　能
os_core.c	系统初始化，开启多任务环境等
os_flag.c	事件标志组管理
os_mbox.c	消息邮箱管理
os_mem.c	内存管理
os_mutex.c	互斥型信号量管理
os_q.c	消息队列管理
os_sem.c	信号量管理
os_task.c	任务管理
os_time.c	时间管理
ucos_ii.c	包含内核的其他 C 语言源文件

13.4.3　μC/OS-Ⅱ 移植过程

1. 下载 μC/OS-Ⅱ 源码

（1）在移植之前，首先需要获取 μC/OS-Ⅱ 的官方源码包：打开 Micrium 公司软件和文档网站(https://www.silabs.com/developers/micrium)，单击"μC/OS"的"Software"，如图 13.7 所示。

μC/OS-Ⅱ 的
移植过程

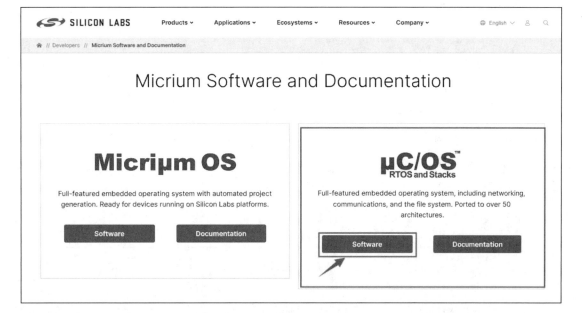

图 13.7　Micrium 公司软件和文档网站

（2）然后单击"EXAMPLES"，并选择 STM 系列的芯片相关实例，如图 13.8 所示。

(a) 步骤 1

(b) 步骤 2

图 13.8   选择 STM 系列的芯片相关实例

（3）选择 ST 相关芯片之后，在搜索栏输入所需要使用的芯片类型。本章实例是将 μC/OS-Ⅱ 操作系统移植到 STM32F103R6 上，因此，选择同系列的 STM32F10B 系列实例下载即可。具体操作如图 13.9 所示。

(a) 步骤 1

(b) 步骤 2

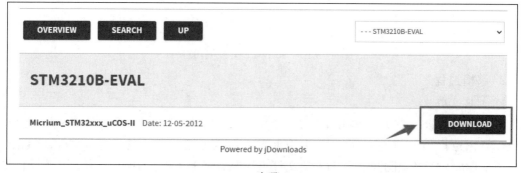

(c) 步骤 3

图 13.9　选择 STM32F10B 系列实例

（4）下载完成后，将文件"micrium_stm32xxx_ucos-ii.exe"对应的源码文件解压到指定的目录下，如图 13.10 所示。

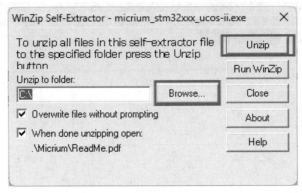

图 13.10 　ucos-ii 源码文件解压

（5）解压完成之后，打开对应路径，所需要用到的内容如图 13.11、图 13.12 所示。

名称	修改日期	类型	大小
AppNotes	2023/11/19 11:19	文件夹	
Licensing	2023/11/19 11:19	文件夹	
Software	2023/11/19 11:20	文件夹	
ReadMe.pdf	2008/8/22 14:40	WPS PDF 文档	679 KB

图 13.11 　μC/OS-Ⅱ源码文件内容

名称	修改日期	类型
CPU	2023/11/19 11:19	文件夹
EvalBoards	2023/11/19 11:19	文件夹
uC-CPU	2023/11/19 11:19	文件夹
uC-LCD	2023/11/19 11:19	文件夹
uC-LIB	2023/11/19 11:20	文件夹
uCOS-II	2023/11/19 11:20	文件夹
uC-Probe	2023/11/19 11:20	文件夹

图 13.12 　Software 文件夹内容

2. 移植过程

1）创建文件夹

在工程中新建一个 μC/OS-Ⅱ文件夹，然后在该文件夹下新建 3 个子文件夹 CONFIG、CORE 和 PORT。其中 CONFIG 文件夹用来存放 μC/OS-Ⅱ操作系统的配置文件，CORE 文件夹用来存放 μC/OS-Ⅱ的源码，PORT 文件夹用来存放和 CPU 的接口文件。具体操作如图 13.13 所示。

(a) 新建 UCOS Ⅱ文件夹   (b) 新建子文件夹

图 13.13 新建 UCOS Ⅱ文件夹及其子文件夹

2) 向 CONFIG 文件夹移植文件

向 CONFIG 文件夹移植如图 13.14 所示的 2 个文件，其中 includes.h 里面是头文件，os_cfg.h 文件主要用来配置和裁剪 μC/OS-Ⅱ。这 2 个文件可以从源码里获取，具体路径为 Micrium\Software\EvalBoards\ST\STM3210B-EVAL\RVMDK\OS-Probe。

C ⟩ 💻 ⟩ … 新加卷 (D:) ⟩ graduate ⟩ 嵌入式 ⟩ LEDs ⟩ UCOSII ⟩ CONFIG

名称	修改日期	类型	大小
includes.h	2023/11/19 12:14	C Header File	2 KB
os_cfg.h	2023/11/19 12:17	C Header File	11 KB

(a) CONFIG 文件夹移植文件

C ⟩ 💻 ⟩ … EvalBoards ⟩ ST ⟩ STM3210B-EVAL ⟩ RVMDK ⟩ OS-Probe

名称	修改日期	类型	大小
app.c	2008/9/3 7:41	C Source File	32 KB
app_cfg.h	2008/8/22 7:31	C Header File	5 KB
includes.h	2008/8/22 7:31	C Header File	2 KB
os_cfg.h	2008/8/22 7:31	C Header File	11 KB
probe_com_cfg.h	2008/8/22 7:31	C Header File	8 KB
stm32f10x_conf.h	2008/8/22 7:31	C Header File	6 KB
STM3210B-EVAL-OS-Probe.Opt	2008/9/4 7:58	OPT 文件	10 KB
STM3210B-EVAL-OS-Probe.Uv2	2008/9/4 7:58	礦ision2 & 礦isio...	9 KB
STM3210B-EVAL-OS-Probe_Flash.dep	2008/9/4 7:57	DEP 文件	53 KB
vectors.s	2008/9/3 7:16	S 文件	11 KB

(b) CONFIG 文件夹源码文件获取位置

图 13.14 向 CONFIG 文件夹移植文件

3) 向 CORE 文件夹移植 μC/OS-Ⅱ 的源码

内核源码可以从源码里获取，具体路径为 Micrium\Software\uCOS-Ⅱ\Source，如图 13.15、图 13.16 所示。

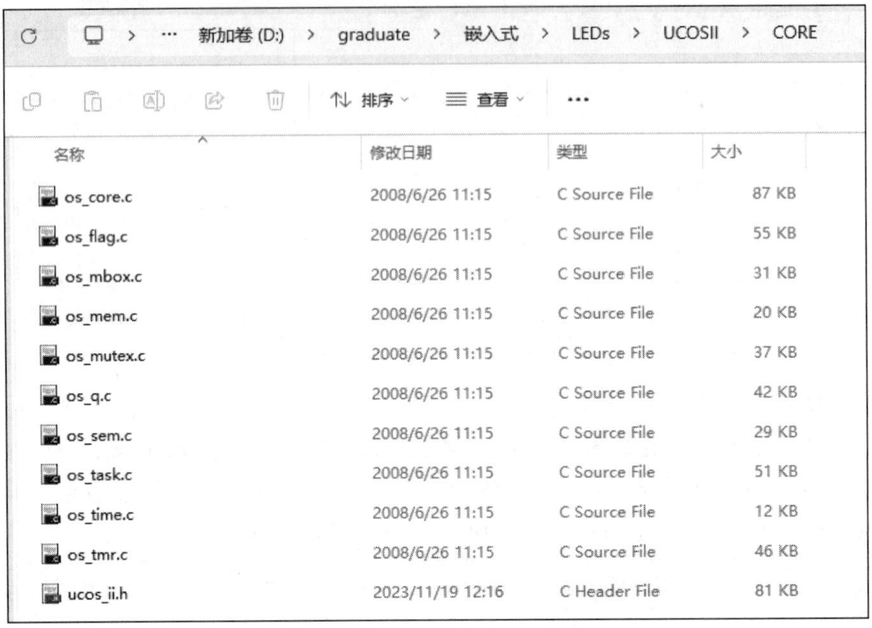

图 13.15　CORE 文件夹移植文件

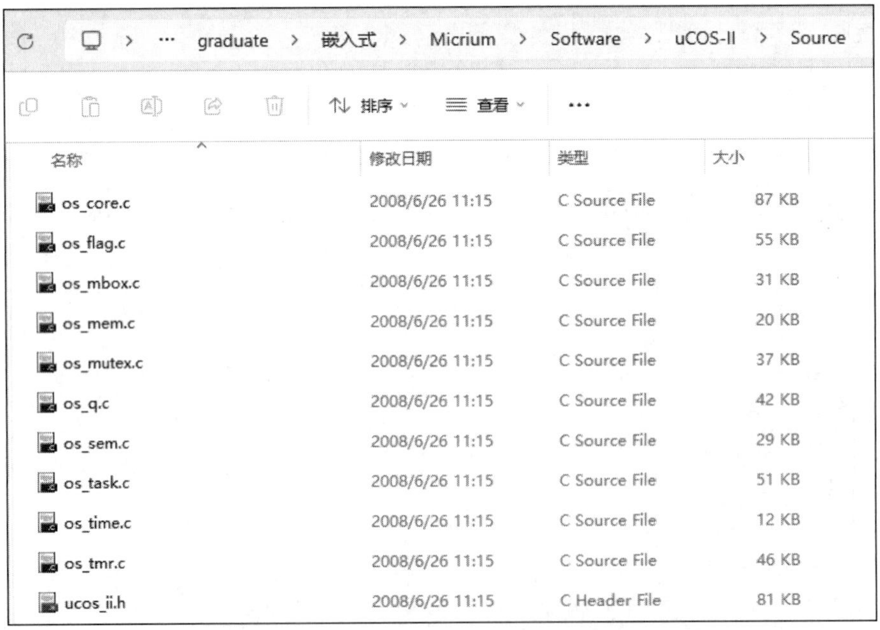

图 13.16　CORE 文件夹源码文件获取位置

4) 向 PORT 文件夹移植 CPU 接口文件

描述文件在源码中的具体路径为 Micrium\Software\uCOS-Ⅱ\Ports\ARM-Cortex-M3\Generic\RealView，如图 13.17、图 13.18 所示。

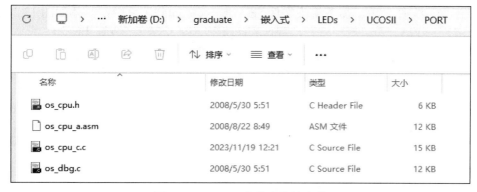

图 13.17 PORT 文件夹移植文件

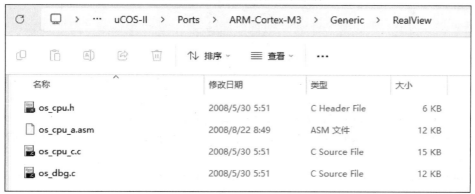

图 13.18 PORT 文件夹源码文件获取位置

3. 工程配置

(1) 在工程目录中创建 3 个分组，如图 13.19 所示。

(2) 分别向 3 个目录中添加对应的 .c 文件和 .h 文件，文件添加完成后的效果如图 13.20 所示。

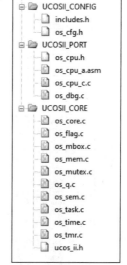

图 13.19 工程目录新建分组   图 13.20 目录添加对应的文件夹

(3) 添加完文件之后，需要将头文件的路径一起添加到工程中，具体如图 13.21 所示。

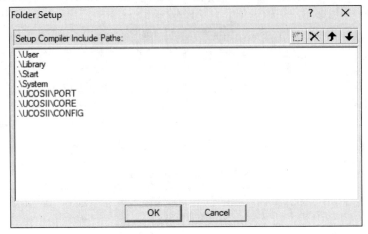

图 13.21　添加头文件路径

(4) 直接编译会提示找不到 app_cfg.h 文件(见图 13.22)，因为没有将这个文件添加到项目的目录中，所以直接将#include <app_cfg.h> 替换为#include "includes.h"。然后修改includes.h 文件，屏蔽掉(裁剪)无关的头文件。具体操作如图 13.23 所示。

```
.\UCOSII\CORE\ucos_ii.h(44): error:  #5: cannot open source input file "app_cfg.h": No such file or directory
   #include <app_cfg.h>
UCOSII\CORE\os_time.c: 0 warnings, 1 error
compiling os_tmr.c...
.\UCOSII\CORE\ucos_ii.h(44): error:  #5: cannot open source input file "app_cfg.h": No such file or directory
   #include <app_cfg.h>
```

图 13.22　找不到 app_cfg.h 文件报错

```
     includes.h
34   #include  <ctype.h>
35   #include  <stdlib.h>
36   #include  <stdarg.h>
37
38   #include  <ucos_ii.h>
39
40   //#include  <cpu.h>
41   //#include  <lib_def.h>
42   //#include  <lib_mem.h>
43   //#include  <lib_str.h>
44
45   //#include  <stm32f10x_conf.h>
46   //#include  <stm32f10x_lib.h>
47
48   //#include  <app_cfg.h>
49   //#include  <lcd.h>
50   //#include  <bsp.h>
51
52   //#if (APP_OS_PROBE_EN == DEF_ENABLED)
53   //#include  <os_probe.h>
54   //#endif
55
56   //#if (APP_PROBE_COM_EN == DEF_ENABLED)
57   //#include  <probe_com.h>
58
59   //#if (PROBE_COM_METHOD_RS232 == DEF_ENABLED)
60   //#include  <probe_rs232.h>
61   //#endif
62   //#endif
63
64
65
66   #endif
67
```

图 13.23　剪裁无关的头文件

(5) 屏蔽之后还会提示一些钩子函数未定义，此时需要在配置文件中关闭钩子函数，找到 os_cfg.h 文件中的宏定义 OS_APP_HOOKS_EN，将其取值改为 0 即可。源代码如下：

```
#ifndef   OS_CFG_H
#define   OS_CFG_H
#define   OS_APP_HOOKS_EN    0
#define   OS_ARG_CHK_EN      0
#define   OS_CPU_HOOKS_EN    1
…
```

(6) 修改完之后再次进行编译，会提示另外一个函数未定义，如图 13.24 所示。

```
.\Objects\UCOSII.axf: Error: L6218E: Undefined symbol OS_CPU_SysTickClkFreq (referred from os_cpu_c.o).
```

图 13.24　OS_CPU_SysTickClkFreq()函数未定义报错

(7) 找到 os_cpu_c.c 文件，将函数 OS_CPU_SysTickInit()中变量 cnts 的取值由 OS_CPU_SysTickClkFreq()函数的返回值直接替换为嵌入式系统的时钟频率"72000000"。源代码如下所示：

```
…
void OS_CPU_SysTickInit(void)
{
    INT32U    cnts;
    // cnts = OS_CPU_SysTickClkFreq() / OS_TICKS_PER_SEC;
    cnts = 72000000 / OS_TICKS_PER_SEC;
    OS_CPU_CM3_NVIC_ST_RELOAD = ( cnts-1);
    OS_CPU_CM3_NVIC_ST_CTRL      |=      OS_CPU_CM3_NVIC_ST_CTRL_CLK_SRC      |
OS_CPU_CM3_ NVIC_ST_CTRL_ENABLE;   //使能 timer
    OS_CPU_CM3_NVIC_ST_CTRL |= OS_CPU_CM3_NVIC_ST_CTRL_INTEN; //使能 timer 中断
}
```

(8) 此时编译没有报错，但还需要在文件"stm32f10x_it.c"中将 μC/OS II 系统运行所依赖的函数放到系统定时器的中断函数里运行，使 μC/OS II 系统跑起来。源代码如下所示：

```
…
#include "includes.h"
#define delay_osrunning OSRunning   // OS 是否运行标记，0：不运行，1：在运行
void SysTick_Handler(void)
{
    if (delay_osrunning == 1)            // OS 开始运行，执行正常的调度处理
    {
        OSIntEnter();                    //进入中断
        OSTimerTick();                   //调用 μC/OS 的时钟服务程序
        OSIntExit();                     //触发任务切换软中断
    }
}
```

```
        }
        …
```

将 STM32 启动文件里出现 pendSV_Handler 的地方全部修改为 OS_CPU_PendSVHandler，因为移植了操作系统之后，上下文切换的中断将由 ucos-ii 来执行。

在文件"startup_stm32f10x_ld.s"的异常向量表中，修改 pendSV_Handler 异常向量，修改为如下内容：

```
                …
            AREA    RESET,  DATA,  READONLY
            EXPORT   _Vectors
            EXPORT   _Vectors_End
            EXPORT   _Vectors_Size
 __Vectors  DCD     __intial_sp              ;堆栈的栈顶指针
            DCD     Reset_Handler            ;复位异常向量
            DCD     NMI_Handler              ; NMI 中断向量
            DCD     HardFault_Handler        ; HardFault 异常向量
            DCD     MemManage_Handler        ; MPUFault 异常向量
            DCD     BusFault_Handler         ; BusFault 异常向量
            DCD     UsageFault_Handler       ; UsageFault 异常向量
            DCD     0                        ;保留
            DCD     0                        ;保留
            DCD     0                        ;保留
            DCD     0                        ;保留
            DCD     SVC_Handler              ; SVCall  异常向量
            DCD     DebugMon_Handler         ; Debug Monitor  异常向量
            DCD     0                        ;保留
            DCD     OS_CPU_PendSVHandler     ; PendSV 异常向量
            DCD     SysTick_Handler          ; SysTick 异常向量
                …
```

在文件"startup_stm32f10x_ld.s"中，将 PendSV_Handler 异常服务程序修改为以下内容：

```
                …
OS_CPU_PendSVHandler   PROC
            EXPORT   OS_CPU_PendSVHandler             [WEAK]
            B       .
            ENDP
                …
```

(9) 在主函数 main.c 中，创建 3 个任务分别控制 LED4、LED5 和 LED6，根据优先级抢占共享资源，并通过互斥锁独立访问，从而实现三盏灯轮流亮起。源代码如下：

```
    /*  任务代码 */
    #define   TASK1_PRIO        6           //设置任务优先级
```

```
#define    TASK1_STK_SIZE    64              //设置任务堆栈大小
OS_STK    task1_stk[TASK1_STK_SIZE];        //任务堆栈
static void task1(void *p_arg)              //任务函数 1
{
    for(;;)
    {
        OSSemPend(Mutex, 0, &err);          //请求互斥量
        GPIO_SetBits(GPIOC, GPIO_Pin_4);    //从引脚 PC4 输出高电平
        OSTimeDly(1000);                    //延迟
        GPIO_ResetBits(GPIOC, GPIO_Pin_4);  //从引脚 PC4 输出低电平
        OSSemPost(Mutex);                   //释放互斥量
        OSTimeDly(1800);                    //延迟
    }
}


#define    TASK2_PRIO         6             //设置任务优先级
#define    TASK2_STK_SIZE    64             //设置任务堆栈大小
OS_STK    task2_stk[TASK1_STK_SIZE];        //任务堆栈
static void task2(void *p_arg)              //任务函数 2
{
    for(;;)
    {
        OSSemPend(Mutex, 0, &err);          //请求互斥量
        GPIO_SetBits(GPIOC, GPIO_Pin_5);    //从引脚 PC5 输出高电平
        OSTimeDly(1000);                    //延迟
        GPIO_ResetBits(GPIOC, GPIO_Pin_5);  //从引脚 PC4 输出低电平
        OSSemPost(Mutex);                   //释放互斥量
        OSTimeDly(1800);                    //延迟
    }
}
```

13.5　应用程序设计实例

基于 μC/OS-Ⅱ 的应用
程序设计实例

13.5.1　功能描述与硬件设计

1. 功能描述

本章设计并实现一个基于嵌入式操作系统 μC/OS-Ⅱ 的简单应用实例。该实例中划分了

3 个任务，分别控制 3 个 LED 灯以不同的方式亮灭。

任务 1：控制 LED1 长亮后熄灭；

任务 2：控制 LED2 以较快频率闪烁后熄灭；

任务 3：LED3 以较慢频率闪烁后熄灭。

这 3 个任务的优先级设置为任务 1 优先级最高，任务 2 次之，任务 3 优先级最低。

2. 硬件设计

采用 MCU STM32F103R6 搭建最小系统；外设 LED1～LED3 负极分别经 300 Ω 的电阻 R5～R7 接到 GND，正极分别连接 GPIOC 的引脚 PC4～PC6。

将 LED1～LED3 初始化为熄灭状态。当开始仿真时，LED1～LED3 轮流亮起，其中 LED1 长亮后熄灭，LED2 以较快频率闪烁后熄灭，LED3 以较慢频率闪烁后熄灭。其电路原理图如图 13.25 所示。

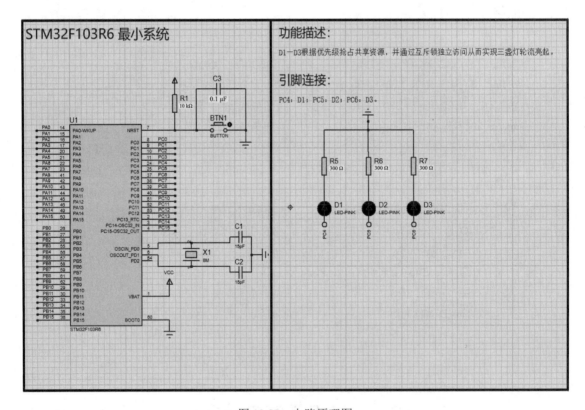

图 13.25　电路原理图

13.5.2　应用程序设计

1. 系统流程图

系统流程图如图 13.26 所示。

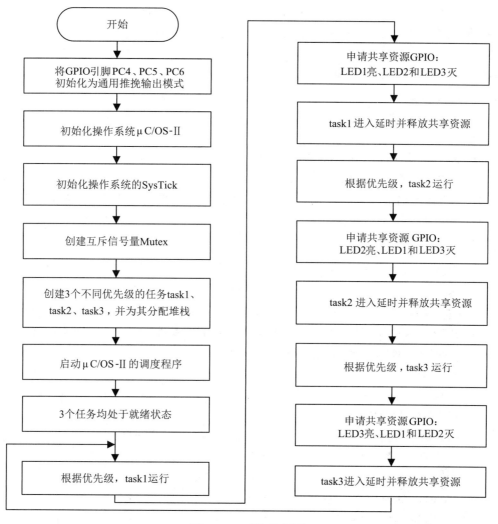

图 13.26　系统流程图

各工序介绍如下：

(1) 使用 GPIO_Configuration()函数对 GPIO 引脚进行配置,初始化 GPIOC 的 PC4～PC6 引脚,将它们配置为推挽输出模式,并设置输出速度为 50 MHz,从而可以控制连接 LED 灯的引脚。

(2) 使用 OSInit()函数对操作系统 μC/OS-Ⅱ进行初始化,包括初始化任务管理器、配置调度器等,准备和配置 μC/OS-Ⅱ的内核,使其能够开始管理任务和资源。

(3) 使用 systick_init()定时器初始化操作系统的时钟,使其按照 μC/OS-Ⅱ中定义的每秒 tick(系统的相对时间单位)数量运行。这个定时器会以特定的频率触发中断,在 μC/OS-Ⅱ中用于管理任务调度、延时等与时间相关的功能。

(4) 创建互斥信号量 Mutex,确保同一时刻只有一个任务获取共享资源,只有一个 GPIO 引脚运行。

(5) 创建 3 个不同优先级的任务：task1、task2、task3,并为其分配堆栈。

(6) 启动 μC/OS-Ⅱ调度程序。

(7) 开始时，3 个任务均处于就绪状态，但还没有开始执行。

(8) 根据优先级，task1 的优先级最高，先运行，此时 task1 处于运行态，task2 和 task3 仍处于就绪态。

(9) task1 进行延时，将 task1 挂起，并释放共享资源，task1 处于等待态。

(10) task2 和 task3 抢占共享资源，task2 优先级高，先运行。

(11) task2 申请共享资源 GPIOC5。此时 task1 处于等待态，task2 处于运行态，task3 处于就绪态。

(12) task2 进行延时，将 task2 挂起，并释放共享资源，task2 处于等待态。

(13) task3 申请共享资源 GPIOC6。此时 task1 和 task2 处于等待态，task3 处于运行态。

(14) 3 个任务均执行完成，task1 和 task2 等待结束，重新开始循环，根据优先级抢占共享资源。

2. 代码实现

main.c 文件主要实现初始化系统并启动 µC/OS-Ⅱ开始执行任务的功能，具体包括 6 个函数：

(1) main 函数：对硬件外设初始化，具体包括对 GPIO 引脚的初始化，操作系统初始化，滴答定时器初始化，创建互斥量实现共享资源互斥访问，创建优先级不同的应用程序任务 task1、task2、task3。源代码如下：

```
int main(void)
{
    //硬件外设初始化
    GPIO_Configuration();            //初始化 GPIO 引脚 PC4~PC6
    OSInit();                        //初始化操作系统
    systick_init();                  //初始化滴答定时器
    Mutex = OSSemCreate(1) ;         //创建互斥信号量
    /*创建应用程序任务*/
    OSTaskCreate(task1, (void *)0, &task1_stk[TASK1_STK_SIZE-1], TASK1_PRIO);
    OSTaskCreate(task2, (void *)0, &task2_stk[TASK2_STK_SIZE-1], TASK2_PRIO);
    OSTaskCreate(task3, (void *)0, &task3_stk[TASK3_STK_SIZE-1], TASK3_PRIO);
    OSStart();                       //启动操作系统
    while (1)
    {}
}
```

(2) GPIO_Configuration 函数：用于配置 GPIO，将 PC4～PC6 引脚设置为推挽输出模式，具体包括使用 GPIO_InitTypeDef 结构体类型配置 GPIO 的初始化参数，配置使能 GPIO 对应的时钟，开启 GPIOC 的时钟，设置需要初始化的引脚，即 PC4～PC6，设置引脚的输出速率为 50 MHz，配置引脚工作模式为推挽输出。源代码如下：

```
void GPIO_Configuration(void)
{
```

```
    GPIO_InitTypeDef GPIO_InitStructure;
    RCC_APB2PeriphClockCmd(RCC_APB2Periph_GPIOC,ENABLE); //使能端口 GPIOC 的时钟
    /*LED 引脚初始化*/
    GPIO_InitStructure.GPIO_Pin =    GPIO_Pin_4 | GPIO_Pin_5 | GPIO_Pin_6;
    GPIO_InitStructure.GPIO_Speed = GPIO_Speed_50 MHz;
    GPIO_InitStructure.GPIO_Mode = GPIO_Mode_Out_PP;
    GPIO_Init(GPIOC, &GPIO_InitStructure);//将引脚 PC4~PC6 初始化为通用推挽输出、50 MHz
}
```

(3)　systick_init 函数：初始化系统滴答定时器，具体包括创建 RCC_ClocksTypeDef 结构体类型的变量 rcc_clocks，用于存储时钟频率的信息，调用 RCC_GetClocksFreq 函数，获取系统各个时钟源的频率信息，把这些信息填充到 rcc_clocks 结构体，并配置系统时钟 SysTick 的工作方式。源代码如下：

```
static void systick_init(void)
{
    RCC_ClocksTypeDef rcc_clocks;
    RCC_GetClocksFreq(&rcc_clocks);
    SysTick_Config(rcc_clocks.HCLK_Frequency / OS_TICKS_PER_SEC);
}
```

(4)　task1、task2、task3 函数：用于创建操作系统任务，为每个任务设置任务优先级，并且分配任务堆栈。在每个任务调用过程中，首先请求互斥量确保对共享资源的独立访问，然后使用不同的 LED 灯闪烁频率来区别每个任务。源代码如下：

```
#define TASK1_PRIO              6           //设置任务优先级
#define TASK1_STK_SIZE          64          //设置任务堆栈大小
OS_STK task1_stk[TASK1_STK_SIZE];           //任务堆栈
static void task1(void *p_arg)              //任务函数 1
{
    for (;;)
    {
        OSSemPend(Mutex, 0, &err);              //请求互斥量
        GPIO_SetBits(GPIOC,GPIO_Pin_4);         //从引脚 PC4 输出高电平
        OSTimeDly(200);                         //延迟
        GPIO_ResetBits(GPIOC,GPIO_Pin_4);       //从引脚 PC4 输出低电平
        OSSemPost(Mutex);                       //释放互斥量
        OSTimeDly(360);                         //延迟
    }
}
#define TASK2_PRIO              7           //设置任务优先级
#define TASK2_STK_SIZE          64          //设置任务堆栈大小
OS_STK task2_stk[TASK2_STK_SIZE];           //任务堆栈
```

```
static void task2(void *p_arg)                          //任务函数 2
{
    for (;;)
    {
        OSSemPend(Mutex, 0, &err);                      //请求互斥量
        int i = 0;
        for(i=0;i<10;i++){
            GPIO_SetBits(GPIOC,GPIO_Pin_5);             //从引脚 PC5 输出高电平
            OSTimeDly(10);                              //延迟
            GPIO_ResetBits(GPIOC,GPIO_Pin_5);           //从引脚 PC5 输出低电平
            OSTimeDly(10);                              //延迟
        }
        OSSemPost(Mutex);                               //释放互斥量
        OSTimeDly(360);                                 //延迟
    }
}

#define TASK3_PRIO              8                        //设置任务优先级
#define TASK3_STK_SIZE          64                       //设置任务堆栈大小
OS_STK task3_stk[TASK3_STK_SIZE];                        //任务堆栈

static void task3(void *p_arg)                          //任务函数 3
{
    for (;;)
    {
        OSSemPend(Mutex, 0, &err);                      //请求互斥量
        int i = 0;
        for(i=0;i<5;i++)
        {
            GPIO_SetBits(GPIOC,GPIO_Pin_6);             //从引脚 PC6 输出高电平
            OSTimeDly(20);                              //延迟
            GPIO_ResetBits(GPIOC,GPIO_Pin_6);           //从引脚 PC6 输出低电平
            OSTimeDly(20);}                             //延迟
        OSSemPost(Mutex);                               //释放互斥量
        OSTimeDly(360);                                 //延迟
    }
}
```

3. 下载调试验证

(1) 单击"options for target"按钮设置输出，如图 13.27 所示。

图 13.27 设置输出

(2) 选择输出文件位置，选择生成 hex 文件，如图 13.28 所示。

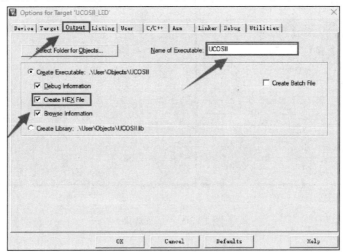

图 13.28 选择"生成 hex 文件"

(3) 打开 Proteus 仿真原理图，单击 STM32F103R6 芯片，选择 hex 文件进行仿真，如图 13.29 所示。

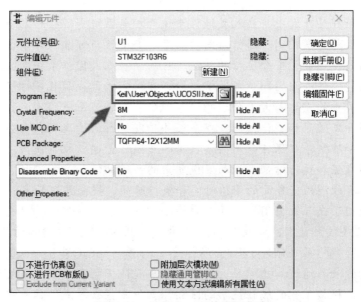

图 13.29 选择 hex 文件进行仿真

(4) 单击开始仿真，查看仿真结果，如图 13.30 所示。

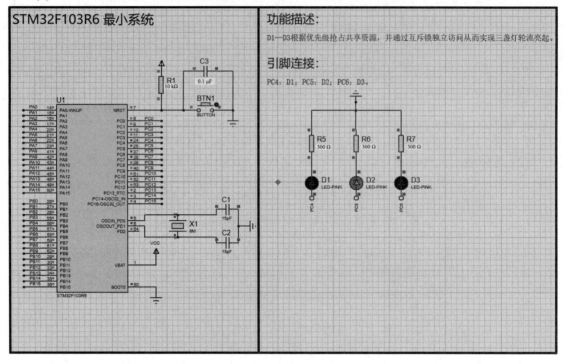

图 13.30　仿真结果

本 章 小 结

在嵌入式应用程序开发中，嵌入式操作系统承担着系统资源管理与调度、硬件接口与设备驱动、实时性与并发控制、通信与同步、系统安全性与可靠性等多方面的重任，是嵌入式系统能够高效、可靠、安全运行的关键。在基于嵌入式操作系统的应用程序开发中，任务的划分与设计、任务间的同步与通信是能够直接影响到应用程序性能、可靠性、实时性以及整体设计质量的重要因素。合理的任务划分能够满足系统的实时性要求，降低系统的复杂性，提高开发效率和整体性能。在多任务并发执行的情况下，任务间的同步机制可以避免数据竞争和冲突，确保任务间共享数据的正确性；通信机制使得任务之间可以相互传递信息、共享数据和执行结果，从而实现复杂的系统功能和业务流程。合理的任务同步与通信策略可以有效缩短任务间的等待时间和执行时间，提高系统的实时性。

本章首先介绍了嵌入式应用程序开发的特点、μC/OS-Ⅱ 应用程序结构；然后介绍了基于 μC/OS-Ⅱ 的程序设计技术，以及将 μC/OS-Ⅱ 移植到 STM32F103R6 的具体过程；最后，以 3 个任务分别控制 3 个 LED 灯亮灭为例，介绍了基于 μC/OS-Ⅱ 开发简单多任务嵌入式系统应用程序的方法。通过本章学习，读者能够直观地了解基于嵌入式处理器的直接编程技术和基于嵌入式操作系统的编程技术的区别，初步掌握嵌入式操作系统移植，以及基于嵌入式操作系统进行应用程序开发的大致思路。

习　题

1. 嵌入式操作系统与嵌入式系统有什么区别与联系？
2. 嵌入式操作系统通常具有哪些功能？
3. 基于嵌入式处理器的直接编程技术和基于嵌入式操作系统的编程技术有何区别？
4. 简要介绍 μC/OS-Ⅱ 的内核结构。
5. 简要介绍将 μC/OS-Ⅱ 移植到 STM32F103R6 的过程。
6. μC/OS-Ⅱ 如何实现任务间的行为同步？
7. μC/OS-Ⅱ 如何进行任务划分？
8. 消息邮箱与消息队列有何区别？

参 考 文 献

[1] YIU J. ARM Cortex-M3 与 Cortex-M4 权威指南[M]. 3 版. 吴常玉，曹孟娟，王丽红，译. 北京：清华大学出版社，2015.

[2] 王益涵，孙宪坤，史志才. 嵌入式系统原理及应用：基于 ARM Cortex-M3 内核的 STM32F103 系列微控制器[M]. 北京：清华大学出版社，2016.

[3] 谭贵，易确，熊立宇. 跟工程师学嵌入式开发：基于 STM32 和 μC/OS-III[M]. 北京：电子工业出版社，2017.

[4] 卢有亮. 基于 STM32 的嵌入式系统原理与设计[M]. 北京：机械工业出版社，2014.

[5] 毕盛. 嵌入式微控制器原理及设计：基于 STM32 及 Proteus 仿真开发[M]. 北京：电子工业出版社，2022.

[6] 刘黎明，王建波，赵纲领. 嵌入式系统基础与实践：基于 ARM Cortex-M3 内核的 STM32 微控制器[M]. 北京：电子工业出版社，2020.

[7] 徐灵飞，黄宇，贾国强. 嵌入式系统设计：基于 STM32F4[M]. 北京：电子工业出版社，2020.

[8] 王博，姜义. 精通 Proteus 电路设计与仿真[M]. 北京：清华大学出版社，2018.

[9] 邱铁. ARM 嵌入式系统结构与编程[M]. 3 版. 北京：清华大学出版社，2020.

[10] 王忠民. 嵌入式系统原理与应用[M]. 北京：高等教育出版社，2011.

[11] 俞建新，王健，宋健建. 嵌入式系统基础教程[M]. 2 版. 北京：机械工业出版社，2015.

[12] 严海蓉，李达，杭天昊，等. 嵌入式微处理器原理与应用：基于 ARM Cortex-M3 微控制器(STM32 系列)[M]. 2 版. 北京：清华大学出版社，2019.

[13] 冯新宇. ARM Cortex-M3 体系结构与编程[M]. 北京：清华大学出版社，2016.